动力机械振动与噪声

（第2版）

林杰威　张俊红　高文志　刘月辉　戴胡伟　编著

天津大学出版社
TIANJIN UNIVERSITY PRESS

内容提要

本书主要介绍动力机械振动与噪声的基础理论、产生机理、测试评价方法和控制技术，系统阐述了内燃机的轴系振动、整机振动，以及整机噪声的理论分析方法、噪声源识别方法和控制策略，并在轴系扭振减振器、整机悬置、整机噪声源识别、声品质评价等方面进行了案例分析。本书实用性强、理论与实践结合度高，可作为动力工程类、汽车工程类专业教材，也可作为动力机械等相关工程行业技术人员的参考书。

图书在版编目(CIP)数据

动力机械振动与噪声：第2版 / 林杰威等编著. -- 2版. -- 天津：天津大学出版社，2023.9

“双一流”高校建设“十四五”规划系列教材

ISBN 978-7-5618-7577-3

Ⅰ. ①动… Ⅱ. ①林… Ⅲ. ①动力机械－机械振动－高等学校－教材②动力机械－机器噪声－高等学校－教材 Ⅳ. ①TB53

中国国家版本馆CIP数据核字(2023)第155663号

出版发行	天津大学出版社
地　　址	天津市卫津路92号天津大学内（邮编:300072）
电　　话	发行部:022-27403647
网　　址	www.tjupress.com.cn
印　　刷	天津泰宇印务有限公司
经　　销	全国各地新华书店
开　　本	787mm×1092mm　1/16
印　　张	16.75
字　　数	418千
版　　次	2023年9月第1版
印　　次	2023年9月第1次
定　　价	56.00元

前　言

动力机械在使用过程中产生的振动与噪声会造成环境污染，影响人的身心健康。我国于 2002 年、2008 年、2018 年相继颁布了 3 项涉及内燃机及车辆振动噪声测量方法和限值的国家标准：《汽车加速行驶车外噪声限值及测量方法》（GB 1495—2002）、《中小功率柴油机 振动测量及评级》（GB/T 7184—2008）和《往复式内燃机 噪声限值》（GB/T 14097—2018）。随着相关标准的颁布，我国对动力机械振动与噪声的控制更趋严格，考察工况更复杂、限值更低。全国人民代表大会于 2018 年、2021 年两次修订了《中华人民共和国噪声污染防治法》，对在工业生产、建筑施工、交通运输和社会生活中产生的干扰周围生活环境的声音做了进一步规定，这反映了我国加大环境噪声治理力度的决心。同时，不断加严的法规限值也对动力机械振动与噪声控制技术的发展和进步提出了迫切要求。在动力机械产品的设计开发阶段或使用阶段，只有掌握相关振动与噪声的基本理论、分析方法、计算工具和测试技术，才能进行有效的声振控制。可以说，振动与噪声的相关知识已成为动力机械设计和研究人员不可或缺的基础知识。

此外，动力机械振动与噪声是振动力学、声学、机械动力学、信号处理、人工智能等多个学科的交叉，既要求从事该领域设计与研究的人员有相应的基础和专业知识，又要求有可实施的解决问题的能力。上述要求对理论与实践结合、多学科交叉的新工科人才培养有重要的指导意义。本书在第 1 版的基础上，从动力机械的振动和噪声两部分讲述振动噪声基础知识、振动噪声机理与控制、振动噪声测试及应用。全书共包括 8 章：第 1 章为振动基础；第 2 章为轴系振动，主要介绍轴系振动与减振；第 3 章为内燃机整机振动及隔振；第 4 章为振动测试技术及应用，主要介绍振动测试技术在动力机械故障诊断中的应用；第 5 章为噪声基础；第 6 章为动力机械噪声机理与抑制；第 7 章为声品质评价与预测；第 8 章为噪声测试技术。

党的二十大报告指出，必须坚持科技是第一生产力、人才是第一资源、创新是第一动力，深入实施科教兴国战略、人才强国战略、创新驱动发展战略，开辟发展新领域新赛道，不断塑造发展新动能新优势。坚持教育优先发展，科技自立自强，人才引领驱动，响应国家人才强国战略，为党育人、为国育才，是本书编撰的核心价值；响应天津大学新工科发展战略，推陈出新，面向新一阶段动力机械振动噪声科技发展和专业人才培养，是本书编撰的核心目标。

为响应国家卓越工程人才培养和“新工科”建设天大方案，本书在除振动与声学基础以外的章节中均增加了与章节内容对应的案例分析，尝试帮助和引导学生、读者在掌握基础知识和原理后进行一定程度的工程实践或案例分析，以加深认识，开阔思路。本书可作为动力工程类、汽车工程类专业教材，也可作为动力机械等相关工程行业技术人员的参考书。

编者在编写过程中参考了大量的著作、资料、样本、说明书，在此向有关人员表示真诚的感谢。由于作者水平有限，书中难免有不妥和错漏之处，恳请读者批评指正。

编者

2022 年 10 月

目　　录

第 1 章　振动基础

建立与实际振动系统相对应的动力学模型，使用解析或数值方法求解系统响应，进而开展相应的时、频分析，是定性、定量研究动力机械振动的基本方法。这些建模、求解、分析的基本方法均基于振动基本原理和基础知识。因此，本章介绍振动运动方程的建立方法、求解方法和模态分析方法等的相关基础知识。

1.1　单自由度振动系统振动

单自由度振动系统是最基本的振动系统，对其进行研究可以了解动力机械振动的基本特性。本节主要介绍单自由度无阻尼自由振动系统、单自由度有阻尼自由振动系统及单自由度有阻尼振动系统在简谐激励作用下的振动特性。

1.1.1　单自由度无阻尼自由振动系统

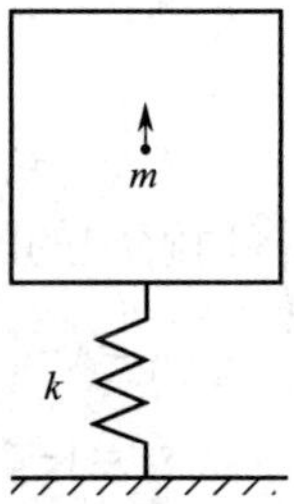

图 1-1　单自由度无阻尼自由振动系统

图 1-1 所示为单自由度无阻尼自由振动系统，其运动方程为

$$m\ddot{x}+kx=0 \tag{1-1}$$

式中：m 为物体质量；k 为弹簧的刚度系数。

设其解具有如下形式：

$$x(t)=\bar{x}\mathrm{e}^{st} \tag{1-2}$$

代入式（1-1）得

$$(-\omega^2 m+k)\bar{x}\mathrm{e}^{st}=0 \tag{1-3}$$

式中：ω 为圆频率（rad/s）。

若系统的振动不恒为零，则有

$$s^2 m+k=0 \tag{1-4}$$

式（1-4）为系统特征方程，其解 $s_{1,2}=\pm \mathrm{j}\omega_{\mathrm{n}}$ 称为特征根，其中 ω_{n}（rad/s）为系统的固有圆频率。ω_{n} 的表达式为

$$\omega_{\mathrm{n}}=\sqrt{\frac{k}{m}} \tag{1-5}$$

系统固有频率 f_{n}（Hz）为

$$f_{\mathrm{n}}=\frac{1}{2\pi}\sqrt{\frac{k}{m}} \tag{1-6}$$

该系统的运动方程有两个特征解，根据线性系统叠加原理，式（1-1）的通解为两个特征解的线性叠加，表达式为

$$x(t)=a_1\cos\omega_{\mathrm{n}}t+a_2\sin\omega_{\mathrm{n}}t \tag{1-7}$$

即单自由度无阻尼振动系统的自由振动响应为两个频率为 ω_n 的简谐运动的叠加，仍为一频率为 ω_n 的简谐运动，因此可表示为

$$x(t)=a\cos(\omega_n t+\varphi) \tag{1-8}$$

式中：a 和 φ 为系数，由系统的初始条件确定。

1.1.2 单自由度有阻尼自由振动系统

图 1-2 所示为单自由度有阻尼自由振动系统，其运动方程为

$$m\ddot{x}+c\dot{x}+kx=0 \tag{1-9}$$

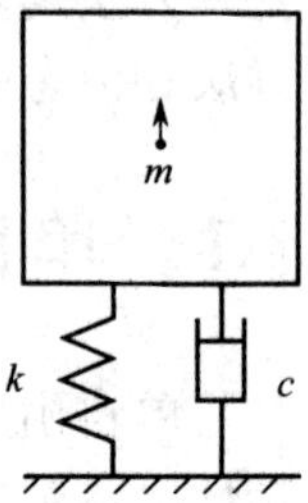

图 1-2 单自由度有阻尼自由振动系统

对于初始条件 $x=x_0$，$\dot{x}=\dot{x}_0$，其解仍具有式（1-2）的形式。将式（1-2）代入式（1-9），得到该系统的特征方程

$$s^2m+cs+k=0 \tag{1-10}$$

定义阻尼比为

$$\zeta=\frac{c}{2\sqrt{km}}=\frac{c}{2m\omega_n} \tag{1-11}$$

对于不同的阻尼比，将存在不同的特征根。

当 $\zeta>1$ 时，系统为过阻尼状态，特征根为一对互异实根，运动方程的通解为

$$x(t)=a_1\mathrm{e}^{(-\zeta+\omega_n\sqrt{\zeta^2-1})\omega_n t}+a_2\mathrm{e}^{(-\zeta-\omega_n\sqrt{\zeta^2-1})\omega_n t} \tag{1-12a}$$

将通解中的两个指数函数的指数分别写作 s_1 和 s_2，即

$$\left.\begin{aligned}s_1&=(-\zeta+\omega_n\sqrt{\zeta^2-1})\omega_n t\\ s_2&=(-\zeta-\omega_n\sqrt{\zeta^2-1})\omega_n t\end{aligned}\right\} \tag{1-12b}$$

则运动方程的通解可写为

$$x(t)=a_1\mathrm{e}^{s_1 t}+a_2\mathrm{e}^{s_2 t} \tag{1-12c}$$

若指数 s_1 和 s_2 均为负值，则 $\mathrm{e}^{s_1 t}$ 与 $\mathrm{e}^{s_2 t}$ 为两条下降的指数曲线。因此，系统运动形式为最多越过平衡位置一次后就逐渐回到平衡位置，不再振荡。

当 $\zeta=1$ 时，系统为临界阻尼状态，特征根是一对相等的实根，运动方程的通解为

$$x(t)=(a_1+a_2 t)\mathrm{e}^{-\omega_n t} \tag{1-13}$$

当 $\zeta<1$ 时，系统为欠阻尼状态，特征根为一对共轭的复根，运动方程的通解为

$$x(t)=\mathrm{e}^{-\zeta\omega_n t}(a_1\cos\omega_d t+a_2\sin\omega_d t) \tag{1-14}$$

其中

$$\omega_d=\omega_n\sqrt{1-\zeta^2} \tag{1-15}$$

ω_d 称为系统的阻尼振动频率或自然频率。运动方程的通解亦可写作

$$x(t)=a\mathrm{e}^{-\zeta\omega_n t}(\cos\omega_d t+\varphi) \tag{1-16}$$

根据初始条件可解得

$$
\left.\begin{aligned}
a &= \sqrt{x_0^2 + \left(\frac{\dot{x}_0 + \zeta\omega_n x_0}{\omega_d}\right)^2} \\
\varphi &= \arctan\frac{\omega_d x_0}{\dot{x}_0 + \zeta\omega_n x_0}
\end{aligned}\right\} \tag{1-17}
$$

根据运动方程的解可知，单自由度有阻尼自由振动系统的运动形式为在平衡位置附近做往复振动，幅值逐渐衰减，且不再是周期运动。单自由度有阻尼自由振动系统具有三种不同阻尼比的单自由度振动系统响应，具体参见 1.1.3 小节。

1.1.3 单自由度有阻尼受迫振动系统

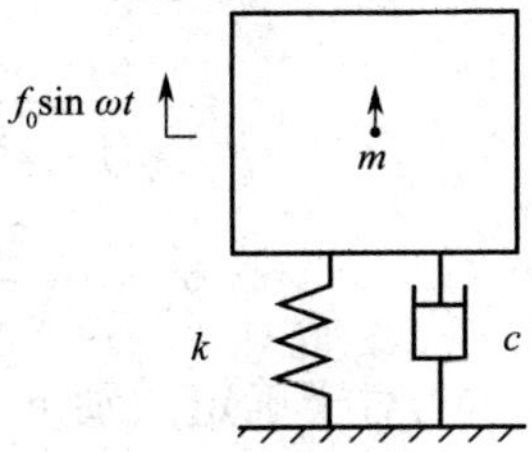

图 1-3 简谐激励下的单自由度有阻尼受迫振动系统

图 1-3 所示为简谐激励下的单自由度有阻尼受迫振动系统，其运动方程为

$$
m\ddot{x} + c\dot{x} + kx = f_0 \sin\omega t \tag{1-18}
$$

式(1-18)是一个二阶线性非齐次常微分方程，它的解是齐次方程(1-9)的通解 $\tilde{x}(t)$ 和非齐次方程式(1-18)的一个特解 $x^*(t)$ 的线性叠加。对于欠阻尼振动系统，齐次方程式(1-9)的通解由式(1-16)给出。非齐次方程式(1-18)的特解的表达式为

$$
x^*(t) = B_d \sin(\omega t + \psi_d) \tag{1-19}
$$

将式(1-19)代入式(1-18)，利用比较系数法可解出

$$
B_d = \frac{f_0}{\sqrt{(k - m\omega^2) + (c\omega)^2}} \tag{1-20a}
$$

$$
\tan\psi_d = -\frac{c\omega}{k - m\omega^2} \tag{1-20b}
$$

对于简谐激励下的单自由度有阻尼受迫振动系统的振动响应，由于是自由振动，其振动微分方程的解为通解 $\tilde{x}(t)$ 与特解 $x^*(t)$ 的叠加，因此具有以下特征：①最初的系统响应由两部分叠加而成，呈现较为复杂的波形，称为瞬态振动；②通解 $\tilde{x}(t)$ 随时间逐渐衰减，直至忽略不计，称为过渡过程，系统阻尼越大，过渡过程越短；③响应仅剩特解部分 $x^*(t)$，且将随外界激励持续作用而一直持续，称为稳态过程，稳态振动是与外界激励频率 ω 相同的简谐激励，仅与激励幅值和系统参数有关，与初始条件无关。该系统的典型响应形式如图 1-4 所示。

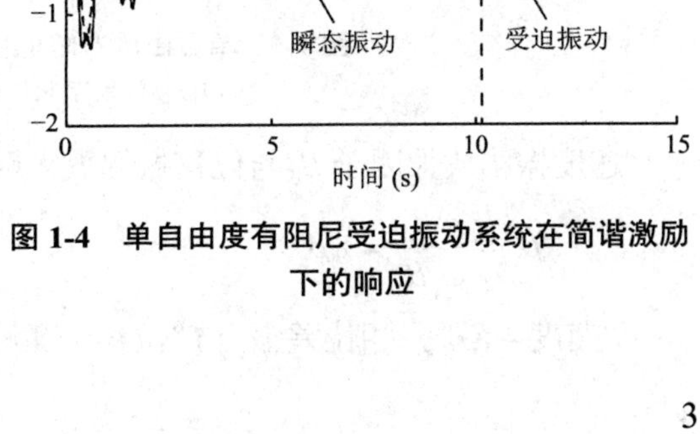

图 1-4 单自由度有阻尼受迫振动系统在简谐激励下的响应

对于常见的机械系统，因为其过渡阶段很短，通常只考察稳态过程。定义频率比 λ 和位移振幅放大因子 β_d，其中频率比 λ 为激

励频率与系统固有圆频率之比，位移振幅放大因子 β_d 为稳态振动振幅与静态振幅位移之比，二者的表达式分别为

$$\lambda = \frac{\omega}{\omega_n} \tag{1-21}$$

$$\beta_d = \frac{B_d}{B_0} = \frac{B_d}{f_0 / k} \tag{1-22}$$

式中：B_d 为稳态振动幅值，$B_0 = f_0 / k$，为静态简谐激励力幅值 f_0 的系统位移。式(1-20a)和式(1-20b)可化为

$$\left.\begin{aligned} \beta_d &= \frac{1}{\sqrt{(1-\lambda^2)+(2\zeta\lambda)^2}} \\ \tan\psi_d &= -\frac{2\zeta\lambda}{1-\lambda^2} \end{aligned}\right\} \tag{1-23}$$

对于确定激励下的一个确定系统，响应特性与激励频率之间的关系通过位移振幅放大因子 β_d 和频率比 λ 之间的关系、稳态振动响应相位 ψ_d 与频率比 λ 之间的关系来描述，二者分别称为位移幅频特性曲线和位移相频特性曲线，如图 1-5 所示。

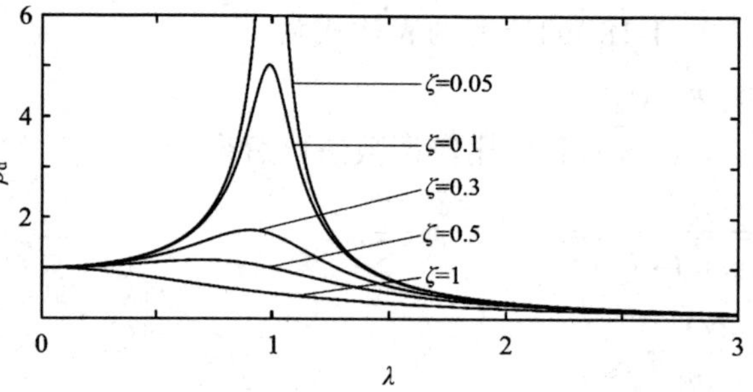

(a)

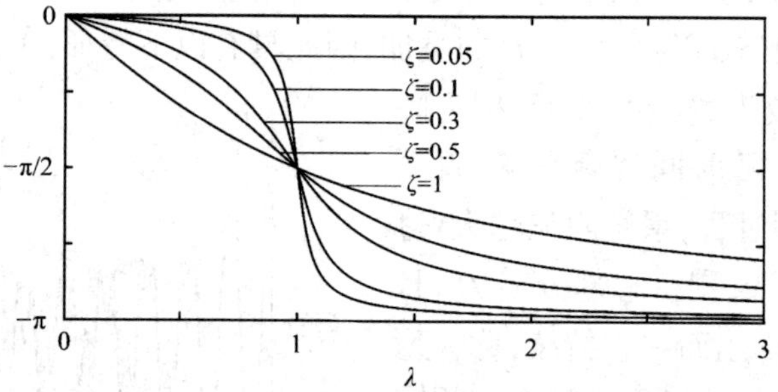

(b)

图 1-5　单自由度有阻尼受迫振动系统的位移特性曲线

(a)位移幅频特性曲线　(b)位移相频特性曲线

速度振幅放大因子 β_v 与位移振幅放大因子 β_d 存在如下关系：

$$\beta_v = \frac{\omega B_d}{\omega_n B_0} = \lambda\beta_d \tag{1-24}$$

“速度－激励”相位差 ψ_v 与“位移－激励”相位差 ψ_d 存在如下关系：

$$\psi_{\mathrm{v}} = \psi_{\mathrm{d}} + \frac{\pi}{2} \tag{1-25}$$

加速度振幅放大因子 β_{a} 与位移振幅放大因子 β_{d} 存在如下关系：

$$\beta_{\mathrm{a}} = \frac{\omega^2 B_{\mathrm{d}}}{\omega_{\mathrm{n}}^{\ 2} B_0} = \lambda^2 \beta_{\mathrm{d}} \tag{1-26}$$

“加速度 – 激励”相位差与“位移 – 激励”相位差存在如下关系：

$$\psi_{\mathrm{a}} = \psi_{\mathrm{d}} + \pi \tag{1-27}$$

典型的速度和加速度响应曲线分别如图 1-6 和图 1-7 所示。

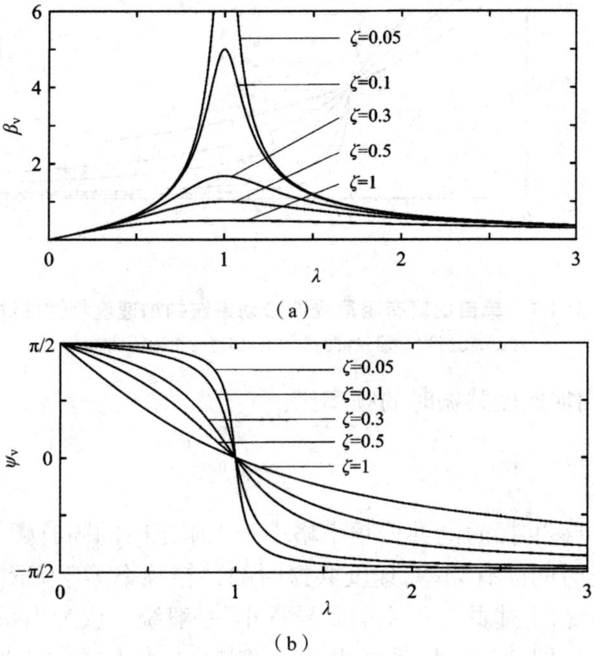

图 1-6　单自由度有阻尼受迫振动系统的速度特性曲线

（a）速度幅频特性曲线　（b）速度相频特性曲线

可以看出，相频特性具有如下特点：

1）在 $\lambda = 1$ 处，不管阻尼比如何变化，位移在相位上总是落后于激励 $\pi/2$；

2）当阻尼比较小时，在 $\lambda = 1$ 左右两侧相位差接近 π，因此称 $\lambda = 1$ 为反相点。

在将幅频特性作为讨论的重点时，可以发现如下特点。

对于单自由度欠阻尼振动系统，在 $\lambda = 1$ 附近时，系统响应达到峰值，系统发生强烈振动，这种现象称为共振。对式（1-20a）求极值，可以得到位移共振时的频率比：

$$\lambda_{\mathrm{d}} = \sqrt{1 - 2\zeta^2} \tag{1-28}$$

类似地，可以得到速度共振时的频率比：

$$\lambda_{\mathrm{v}} = 1 \tag{1-29}$$

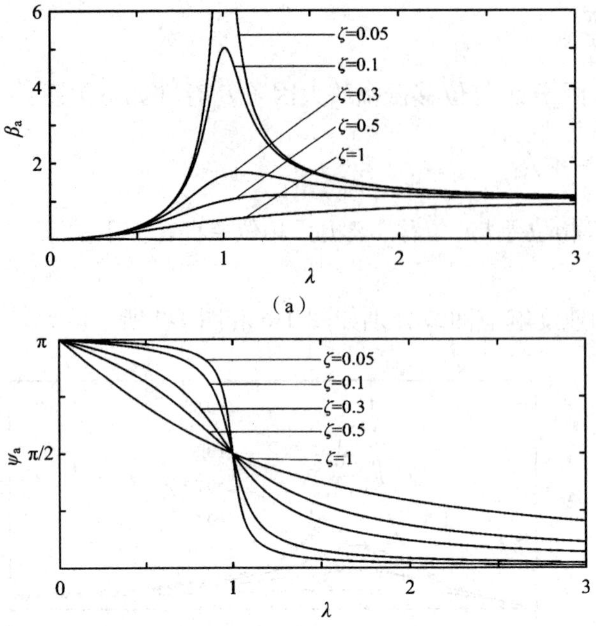

（a）

（b）

图 1-7　单自由度有阻尼受迫振动系统的加速度特性曲线

（a）加速度幅频特性曲线　（b）加速度相频特性曲线

此外，还可以得到加速度共振时的频率比：

$$\lambda_a = \frac{1}{\sqrt{1-2\zeta^2}} \tag{1-30}$$

可见，系统发生位移共振时的共振频率略小于无阻尼时的固有频率，加速度共振时的共振频率略大于无阻尼时的固有频率，速度共振时的共振频率等于无阻尼时的固有频率。对于常见的小阻尼比系统，上述共振频率的差异很小，一般统一认为当系统的激励频率等于无阻尼时的固有频率时，即 $\lambda=1$ 时，系统共振。将 $\lambda=1$ 代入式（1-20a）、式（1-24）和式（1-26），可以得到计算系统的位移、速度、加速度振幅放大因子均为

$$\beta_d\big|_{\lambda=1} = \beta_v\big|_{\lambda=1} = \beta_a\big|_{\lambda=1} = \frac{1}{2\zeta} \tag{1-31}$$

应该注意，共振现象发生时，系统不止在共振频率处发生剧烈振动，系统在其共振频率附近的一个频带内，都会出现较为明显的响应。通常，将速度振幅放大因子 β_v 下降到峰值的 $1/\sqrt{2}$ 时，即功率降为 1/2 时所对应的频段定义为共振区。

由于

$$\left(\beta_v\big|_{\lambda=\lambda_a,\lambda_b}\right)^2 = \left(\frac{1}{2}\beta_v\big|_{\lambda=1}\right)^2$$

即

$$\frac{\lambda^2}{(1-\lambda^2)+(2\zeta\lambda)^2} = \frac{1}{8\zeta^2} \tag{1-32}$$

可解出 2 个半功率点（图 1-8）：

$$\left.\begin{aligned}\lambda_a &= \sqrt{1+\zeta^2}-\zeta \\ \lambda_b &= \sqrt{1+\zeta^2}+\zeta\end{aligned}\right\} \tag{1-33}$$

共振区宽度为

$$\Delta\lambda = |\lambda_a - \lambda_b| = 2\zeta \tag{1-34}$$

这表明，阻尼比越小，共振区越窄，共振峰越陡峭；阻尼比越大，共振区越宽、越平坦。

由于共振时系统呈阻尼特性，因此可利用共振现象实测系统阻尼。通常，在幅频特性曲线上确定半功率带宽后，即可利用下式确定阻尼比：

$$\zeta = \frac{\Delta\lambda}{2} \tag{1-35}$$

用式（1-35）测系统阻尼比的方法，称为半功率法。

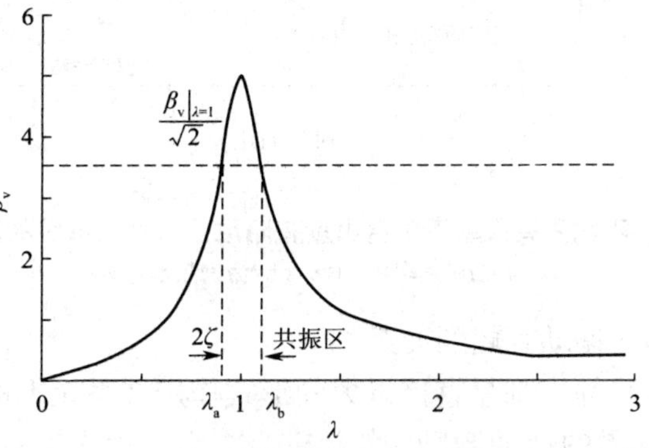

图 1-8　共振区和半功率点

在远离共振区的频率范围内，单自由度有阻尼受迫振动系统的幅频特性曲线的特点如下。

1）当 $\lambda \ll 1$ 时，β_d 接近于 1。这意味着当激励频率相对系统固有频率很低时，系统响应接近静态位移 f_0/k；

2）当 $\lambda \gg 1$ 时，β_d 接近于 0。这意味着当激励频率相对系统固有频率很高时，系统几乎不会被激起振动，稳态时几乎保持不动。

以上分析表明，在接近 0 Hz 的低频激励下，振动响应不会衰减，针对这一频率范围内的减振问题，只能通过提升系统刚度，降低静态位移实现。然而，这对于衰减激励频率高于共振区的振动是不利的。对于频率相对较高的激励，只有激励频率相对系统固有频率足够高，振动响应才会被弹簧阻尼衰减。因此，往往期望系统固有频率较低，才可以获得宽广的减振频率范围。

如图 1-9 所示，阻尼比相同、固有频率不同的两个单自由度有阻尼受迫振动系统，在低频 0.1 Hz 的简谐激励下，固有频率较高（3 Hz）系统的静态位移较小，因此稳态振动幅值也较小；但是对于高于共振区的 5 Hz 的简谐激励，固有频率较低（1 Hz）系统的稳态振动幅值较小。

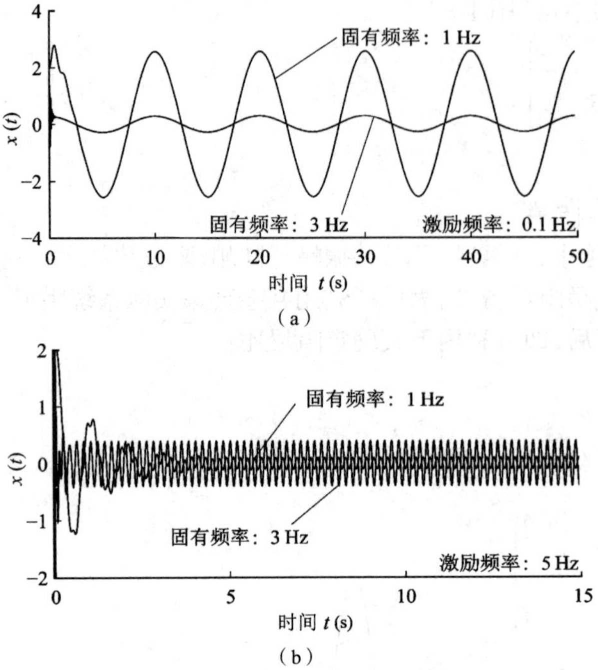

图 1-9　不同固有频率下单自由度有阻尼受迫振动系统的激励响应

（a）激励频率：0.1 Hz　（b）激励频率：5 Hz

下面讨论激励频率与振动衰减的关系。

真实系统受到的激励并非都是直接以力的形式作用在系统上的，而是受到来自基础或支承的运动激励（称为基础位移激励或支承位移激励），如图 1-10 所示。下面使用一种模型进行讨论，该系统的运动方程为

$$m\ddot{x}+c(\dot{x}-\dot{x}_0)+k(x-x_0)=0 \tag{1-36}$$

整理可得

$$m\ddot{x}+c\dot{x}+kx=c\dot{x}_0+kx_0 \tag{1-37}$$

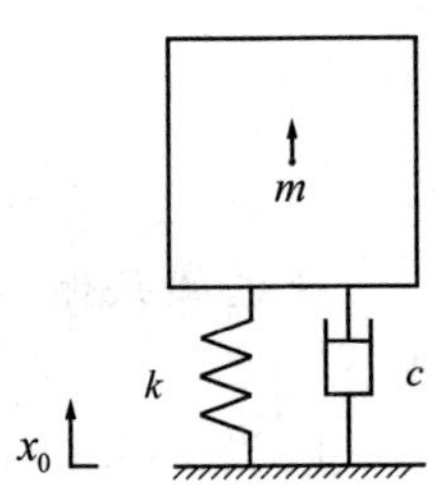

图 1-10　支承位移激励下的单自由度有阻尼受迫振动系统

前文中通过对单自由度有阻尼振动系统的运动方程求解析解，获得了该系统的幅频特性曲线和相频特性曲线。另一方面，在频域（拉普拉斯域）也可以非常方便地对微分方程求解，进而求得位移幅值放大系数。

设式（1-37）的响应为

$$x(t)=X\mathrm{e}^{\mathrm{i}\omega t} \tag{1-38}$$

将式（1-37）代入式（1-38）得到

$$(-\omega^2 m+\mathrm{i}\omega c+k)X\mathrm{e}^{\mathrm{i}\omega t}=(\mathrm{i}\omega c+k)X_0\mathrm{e}^{\mathrm{i}\omega t} \tag{1-39}$$

定义频域上响应幅值与激励幅值之比为振动位移传递率，表达式为

$$T(\omega)=\frac{X}{X_0}=\frac{\mathrm{i}\omega c+k}{k-\omega^2 m+\mathrm{i}\omega c} \tag{1-40}$$

整理得

$$T(\omega)=\frac{k(k-\omega^2 m)+(c\omega)^2-\mathrm{i}m\omega^2 c\omega}{k-\omega^2 m+(c\omega)^2} \tag{1-41}$$

其幅值为

$$T_{\mathrm{d}}(\omega)=\left|T(\omega)\right|=\sqrt{\frac{k^2+(c\omega)^2}{k-\omega^2 m+(c\omega)^2}} \tag{1-42}$$

即

$$T_{\mathrm{d}}(\lambda)=\sqrt{\frac{1+(2\zeta\lambda)^2}{(1-\lambda)^2+(2\zeta\lambda)^2}} \tag{1-43}$$

T_{d}是支承位移激励下的单自由度有阻尼受迫振动系统的位移幅值放大系数，或称绝对运动传递率。

对于前文中提到的直接受到简谐力激励的单自由度有阻尼受迫振动系统，也可以通过类似方法计算其位移幅值放大系数，这类系统频域上的运动方程表示为

$$(-\omega^2 m+\mathrm{i}\omega c+k)X\mathrm{e}^{\mathrm{i}\omega t}=F\mathrm{e}^{\mathrm{i}\omega t} \tag{1-44}$$

其位移–激励力传递率的幅值为

$$\left|\frac{X}{F}\right|=\frac{1}{k}\frac{1}{\sqrt{\left(1-\lambda^2\right)^2+\left(2\zeta\lambda\right)^2}} \tag{1-45}$$

直接受到简谐力激励的单自由度有阻尼受迫振动系统的位移幅频特性可通过下式计算：

$$\beta_{\mathrm{d}}=k\left|\frac{X}{F}\right| \tag{1-46}$$

对于支承位移激励下的单自由度有阻尼受迫振动系统，绘制其绝对运动传递率 T_{d} 与频率比 λ 的关系，即位移幅频特性曲线（图 1-11）。观察发现：在 $\lambda \ll 1$ 的低频范围内，绝动运动传递率接近 1，系统响应幅值与激励幅值接近；在 $\lambda \gg 1$ 的高频区域内，绝动运动传递率接近 0，即系统几乎不被激励所激振。

尽管不同阻尼比的幅频特性曲线不同：阻尼比越小，共振点的绝对运动传递率幅值越大，即共振现象越明显，与之对应的是共振区越小，远离共振频率的范围内系统响应衰减越快；但是，不同阻尼比曲线都在 $\lambda=\sqrt{2}$ 处有 $T_{\mathrm{d}}=1$，在频率比高于 $\sqrt{2}$ 的高频部分绝动运动传递率开始小于 1。也就是说，不论系统的阻尼比为多少，当激励频率大于系统固有频率的 $\sqrt{2}$ 倍时，系统响应幅值小于激励幅值，振动得到了衰减。利用这一特性，将系统固有频率控制在较低的频率范围内，便可有效地衰减特定高频范围内的振动，获得宽广的减振范围。

值得注意的是，虽然系统固有频率主要由惯性和弹性参数控制，但也受阻尼参数的影响。对于有阻尼振动系统，系统固有频率可以通过式（1-15）计算。

对于一般的机械系统减振设计而言，惯性与弹性参数受多方面因素的影响，如在保证强度、成本等要求的基础上，系统质量的改变范围十分有限；又比如弹性参数的调整往往受静挠度要求的限制，一味地降低弹性参数，虽然有利于降低系统固有频率并在相对高频范围内获得十分明显的减振效果，但是静态变形可能超出设计要求。因此，动力学结构设计是一个

需要综合考虑多方面因素的系统工程，在以减振为目标的优化中，也应当充分注意其他性能指标的限制。

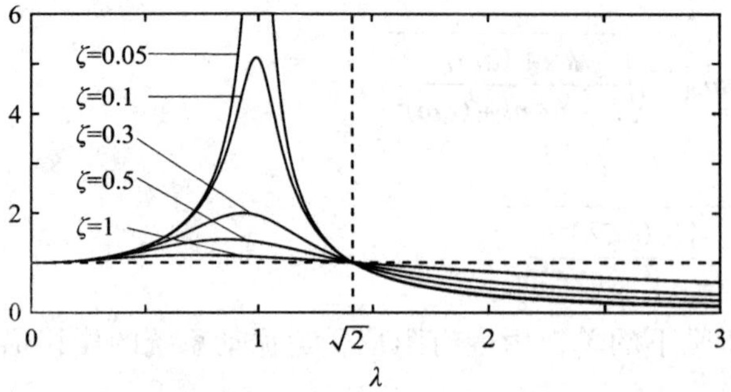

图 1-11　支承位移激励下的单自由度有阻尼受迫振动系统的绝对运动传递率曲线

1.2　运动方程的建立

从动力学角度看，任何一个实际的系统，都可分解为惯性（质量）、弹性和阻尼 3 种构成要素（元件）。惯性元件是承载运动的实体，弹性元件提供振动恢复力，阻尼元件在振动过程中消耗系统能量或吸收外界能量。本节以多自由度振动系统为例，对系统运动方程的建立方法进行介绍。

1.2.1　牛顿定律法

牛顿第二定律（或达朗贝尔原理）是描述物体动力学关系的基本原理，也是建立系统运动微分方程的基础手段，它引入了惯性力的概念，将运动方程的建立转化为静力平衡关系，使多自由度振动系统运动方程的建立变得十分直观。

图 1-12（a）所示为一个二自由度有阻尼振动系统，所有质量块仅做水平方向运动，不计摩擦阻尼，建立其运动微分方程的过程如下。

原点分别取在各质量块静平衡位置，用坐标 x_1、x_2 描述系统运动。设某一瞬时质量 m_1、m_2 分别有位移 x_1、x_2 及加速度 $\ddot{x}_1$、$\ddot{x}_2$，使用隔离法进行受力分析。如图 1-12（b）所示，根据达朗贝尔原理，建立受力方程：

$$\left.\begin{aligned} m_1\ddot{x}_1 + k_1x_1 + k_2\left(x_1 - x_2\right) + c_1\dot{x}_1 + c_1(\dot{x}_1 - \dot{x}_2) = F_1(t) \\ m_2\ddot{x}_2 + k_2\left(x_2 - x_1\right) + k_3x_2 + c_2(\dot{x}_2 - \dot{x}_1) + c_3\dot{x}_2 = F_2(t) \end{aligned}\right\} \tag{1-47}$$

整理得

$$\left.\begin{aligned} m_1\ddot{x}_1 + \left(k_1 + k_2\right)x_1 - k_2x_2 + \left(c_1 + c_2\right)\dot{x}_1 - c_2\dot{x}_2 = F_1(t) \\ m_2\ddot{x}_2 - k_2x_1 + \left(k_2 + k_3\right)x_2 - c_2\dot{x}_1 + \left(c_2 + c_3\right)\dot{x}_2 = F_2(t) \end{aligned}\right\} \tag{1-48}$$

在式（1-48）及系统的运动微分方程中，每一项的量纲都是力，式（1-48）可以用矩阵简洁地表示为

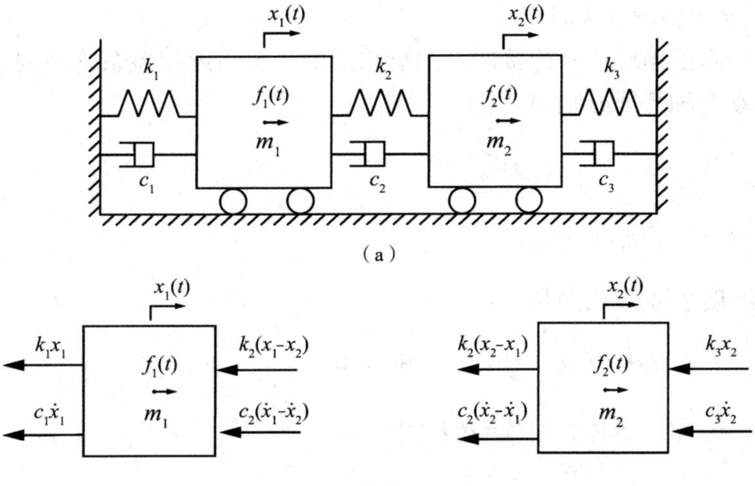

图 1-12　二自由度有阻尼振动系统及受力分析

（a）二自由度有阻尼振动系统　（b）质量块受力分析

$$\begin{bmatrix} m_1 & 0 \\ 0 & m_2 \end{bmatrix}\begin{bmatrix} \ddot{x}_1 \\ \ddot{x}_2 \end{bmatrix}+\begin{bmatrix} c_1+c_2 & -c_2 \\ -c_2 & c_2+c_3 \end{bmatrix}\begin{bmatrix} \dot{x}_1 \\ \dot{x}_2 \end{bmatrix}+\begin{bmatrix} k_1+k_2 & -k_2 \\ -k_2 & k_2+k_3 \end{bmatrix}\begin{bmatrix} x_1 \\ x_2 \end{bmatrix}=\begin{bmatrix} f_1(t) \\ f_2(t) \end{bmatrix}$$

其中：$\begin{bmatrix} m_1 & 0 \\ 0 & m_2 \end{bmatrix}$为质量矩阵 $\boldsymbol{M}$；$\begin{bmatrix} k_1+k_2 & -k_2 \\ -k_2 & k_2+k_3 \end{bmatrix}$为刚度矩阵 $\boldsymbol{K}$；$\begin{bmatrix} c_1+c_2 & -c_2 \\ -c_2 & c_2+c_3 \end{bmatrix}$为阻尼矩阵 $\boldsymbol{C}$。

在质量矩阵 $\boldsymbol{M}$ 中，主对角线上的元素不为零，其他元素都为 0。该对角矩阵表明该系统不存在惯性耦合；而刚度矩阵 $\boldsymbol{K}$ 和阻尼矩阵 $\boldsymbol{C}$ 不是对角矩阵，表明系统刚度、阻尼存在耦合作用，但它们仍然是对称矩阵，即 $k_{ij}=k_{ji}$，$c_{ij}=c_{ji}$。

机械系统运动方程都可以统一表示为矩阵形式

$$\boldsymbol{M}\ddot{\boldsymbol{x}}+\boldsymbol{C}\dot{\boldsymbol{x}}+\boldsymbol{K}\boldsymbol{x}=\boldsymbol{f}(t) \tag{1-49}$$

式中：$\boldsymbol{x}$、$\dot{\boldsymbol{x}}$、$\ddot{\boldsymbol{x}}$ 分别是位移向量、速度向量和加速度向量；$\boldsymbol{f}(t)$ 是激励力向量；方阵 $\boldsymbol{M}$、$\boldsymbol{K}$、$\boldsymbol{C}$ 分别是质量矩阵、刚度矩阵和阻尼矩阵。

对于一个 n 自由度系统，该方程的形式保持不变，$\boldsymbol{x}$、$\dot{\boldsymbol{x}}$、$\ddot{\boldsymbol{x}}$ 和 $\boldsymbol{f}(t)$ 变为 n 维向量，$\boldsymbol{M}$、$\boldsymbol{K}$、$\boldsymbol{C}$ 变为 n 阶方阵。

1.2.2　拉格朗日法

应用牛顿定律法建立系统运动方程依赖于受力分析，当系统复杂程度增加时，建立运动方程的难度和复杂程度也大幅增加。因此，可以从能量角度建立系统的运动微分方程，典型的方法包括能量守恒方法和拉格朗日法。

作为保守系统，没有阻尼耗散的机械系统的机械能守恒。给出该系统的动能、势能，利用下式就可以建立运动方程：

$$\frac{\mathrm{d}\left(T_j+V_j\right)}{\mathrm{d}t}=0 \tag{1-50}$$

式中:T 为动能;V 为势能;t 为时间。

以图 1-13 所示的由轻质杆连接的两圆盘构成的二自由度扭振系统为例,对于圆盘 1 的转动惯量 I_1,其动能和势能分别为

$$T_1 = \frac{1}{2} I_1 \dot{\theta}_1^2 \tag{1-51}$$

$$V_1 = \frac{1}{2} k_1 \theta_1^2 + \frac{1}{2} k_1 (\theta_1 - \theta_2)^2 \tag{1-52}$$

式中:k 为扭转刚度系数;θ 为角位移。

$$\frac{\mathrm{d}(T_1 + V_1)}{\mathrm{d}t} = [I_1 \ddot{\theta}_1 + k_1 \theta_1 + k_2 (\theta_1 - \theta_2)] \dot{\theta}_1 = 0 \tag{1-53}$$

$$\dot{\theta}_1 = 0 \text{ 或 } I_1 \ddot{\theta}_1 + k_1 \theta_1 + k_2 (\theta_1 - \theta_2) = 0 \tag{1-54}$$

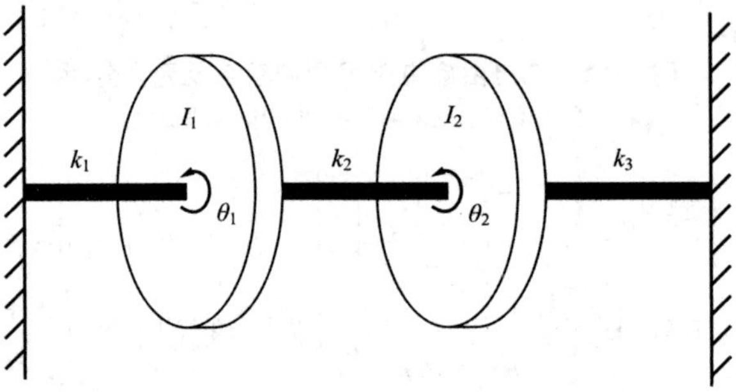

图 1-13　二自由度无阻尼扭转系统

对于圆盘 2 的转动惯量 I_2,其动能和势能分别为

$$T_2 = \frac{1}{2} I_2 \dot{\theta}_2^2 \tag{1-55}$$

$$V_2 = \frac{1}{2} k_3 \theta_2^2 + \frac{1}{2} k_2 (\theta_2 - \theta_1)^2 \tag{1-56}$$

$$\frac{\mathrm{d}(T_2 + V_2)}{\mathrm{d}t} = [I_2 \ddot{\theta}_2 + k_3 \theta_2 + k_2 (\theta_2 - \theta_1)] \dot{\theta}_2 = 0 \tag{1-57}$$

$$\dot{\theta}_2 = 0 \text{ 或 } I_2 \ddot{\theta}_2 + k_3 \theta_2 + k_2 (\theta_2 - \theta_1) = 0 \tag{1-58}$$

对于系统,$\dot{\theta}_1 \neq 0$, $\dot{\theta}_2 \neq 0$,可建立系统运动方程为

$$\left.\begin{aligned} I_1 \ddot{\theta}_1 + k_1 \theta_1 + k_2 (\theta_1 - \theta_2) = 0 \\ I_2 \ddot{\theta}_2 + k_2 (\theta_2 - \theta_1) + k_3 \theta_2 = 0 \end{aligned}\right\} \tag{1-59}$$

根据材料力学知识,轻质杆的扭转刚度为

$$k_i = \frac{G_i J_i}{l_i} \quad (i = 1, 2, 3) \tag{1-60}$$

式中:G 为杆的剪切模量;J 为杆截面对圆心的极惯性矩;l 为杆长。

拉格朗日法也是一种基于能量关系建立系统运动微分方程的方法。分析力学给出了一般完整约束系统的拉格朗日方程:

$$\frac{\mathrm{d}}{\mathrm{d}t}\left(\frac{\partial L}{\partial \dot{q}_j}\right)-\frac{\partial L}{\partial q_j}=f_j \tag{1-61}$$

式中：L 称为拉格朗日函数 $L=T-V$，其中 T 为系统动能，U 为系统势能；q_j 为系统 j 自由度的广义坐标；f_j 为系统 j 自由度上的作用力。

因此，拉格朗日方程也可以写为

$$\frac{\mathrm{d}}{\mathrm{d}t}\left(\frac{\partial T}{\partial \dot{q}_j}\right)-\frac{\partial T}{\partial q_j}+\frac{\partial V}{\partial q_j}=f_j \tag{1-62}$$

质点系统的动能可以表示为

$$T=\frac{1}{2}\sum_{k=1}^{N}\boldsymbol{m}_k(\dot{\boldsymbol{r}}_k\cdot\dot{\boldsymbol{r}}_k) \tag{1-63}$$

式中：$\boldsymbol{r}_k$ 是 m_k 的位置矢量，可以用广义坐标 q_i（$i=1, 2, \cdots, n$）来描述。考虑定常约束，其对时间的导数是

$$\dot{\boldsymbol{r}}_k=\left(\frac{\partial \boldsymbol{r}_k}{\partial q_1}\right)\dot{q}_1+\left(\frac{\partial \boldsymbol{r}_k}{\partial q_2}\right)\dot{q}_2+\cdots+\left(\frac{\partial \boldsymbol{r}_k}{\partial q_n}\right)\dot{q}_n \tag{1-64}$$

系统动能是各质点动能之和，有

$$\begin{aligned}T&=\frac{1}{2}\sum_{k=1}^{N}m_k(\dot{\boldsymbol{r}}_k\cdot\dot{\boldsymbol{r}}_k)=\frac{1}{2}\sum_{k=1}^{N}m_k\left(\sum_{i=1}^{n}\frac{\partial \boldsymbol{r}_k}{\partial q_i}\dot{q}_i\right)\cdot\left(\sum_{j=1}^{n}\frac{\partial \boldsymbol{r}_k}{\partial q_j}\dot{q}_j\right)\\&=\frac{1}{2}\sum_{i=1}^{n}\sum_{j=1}^{n}\left(\sum_{k=1}^{N}m_k\frac{\partial \boldsymbol{r}_k}{\partial q_i}\cdot\frac{\partial \boldsymbol{r}_k}{\partial q_j}\right)\dot{q}_i\dot{q}_j\overset{\text{def}}{=\!=\!=}\frac{1}{2}\sum_{i=1}^{n}\sum_{j=1}^{n}m_{ij}\dot{q}_i\dot{q}_j\end{aligned} \tag{1-65}$$

其中

$$m_{ij}=\sum_{k=1}^{n}m_k\frac{\partial \boldsymbol{r}_k}{\partial q_i}\cdot\frac{\partial \boldsymbol{r}_k}{\partial q_j}\quad(i=1,2,\cdots,n; j=1,2,\cdots,n) \tag{1-66}$$

m_{ij} 是系统在广义位移 q 下的质量系数。将其组成质量矩阵 $\boldsymbol{M}$，则动能为

$$T=\frac{1}{2}\dot{\boldsymbol{q}}^{\mathrm{T}}\boldsymbol{M}\dot{\boldsymbol{q}} \tag{1-67}$$

从式（1-66）可知，质量矩阵 $\boldsymbol{M}$ 是对称矩阵。由式（1-67）和系统的动能恒为正可知，质量矩阵总是正定矩阵。

质点系统的势能可以表示为

$$V=\sum_{j=1}^{n}V_j=\frac{1}{2}\sum_{j=1}^{n}F_jq_j \tag{1-68}$$

式中：F_j 表示坐标 j 上的作用力。

对于系统势能，因系统位移在 i 坐标上引起的力 F_i 为

$$F_i=\sum_{j=1}^{n}k_{ij}q_j \tag{1-69}$$

所以，系统的势能为

$$V=\sum_{i=1}^{n}\sum_{j=1}^{n}\frac{1}{2}k_{ij}q_iq_j \tag{1-70}$$

写成矩阵形式为

$$V=\frac{1}{2}\boldsymbol{q}^{\mathrm{T}}\boldsymbol{K}\boldsymbol{q} \tag{1-71}$$

对于非保守系统，拉格朗日方程还将引入散逸函数 D，变为

$$\frac{\mathrm{d}}{\mathrm{d}t}\left(\frac{\partial T}{\partial \dot{q}_j}\right)-\frac{\partial T}{\partial q_j}+\frac{\partial V}{\partial q_j}+\frac{\partial D}{\partial \dot{q}_j}=f_j \tag{1-72}$$

散逸函数形式为

$$D=\sum_{i=1}^{n}\sum_{j=1}^{n}\frac{1}{2}c_{ij}\dot{q}_i\dot{q}_j \tag{1-73}$$

散逸函数的矩阵形式为

$$D=\frac{1}{2}\dot{\boldsymbol{q}}^{\mathrm{T}}\boldsymbol{C}\dot{\boldsymbol{q}} \tag{1-74}$$

散逸函数描述作用在系统上的黏性阻尼力做功，黏性阻尼力与广义速度有关。

图 1-14 表示用以分析汽车垂向振动及俯仰振动的半车模型，假设车体的刚性杆 AB 的质量为 m，杆绕质心 C 的转动惯量为 I_C，悬挂弹簧和前后轮胎的弹性用刚度为 k_1 及 k_2 的 2 个弹簧来表示，杆的质心 C 与 A、B 端的距离分别是 l_1、l_2，杆的全长为 l。设杆上 D 点与 A、B 端的距离分别为 a_1、a_2，选 D 点的垂直位移 x_D 及杆绕 D 点的角位移 θ_D 为广义坐标，写出车体振动的微分方程。

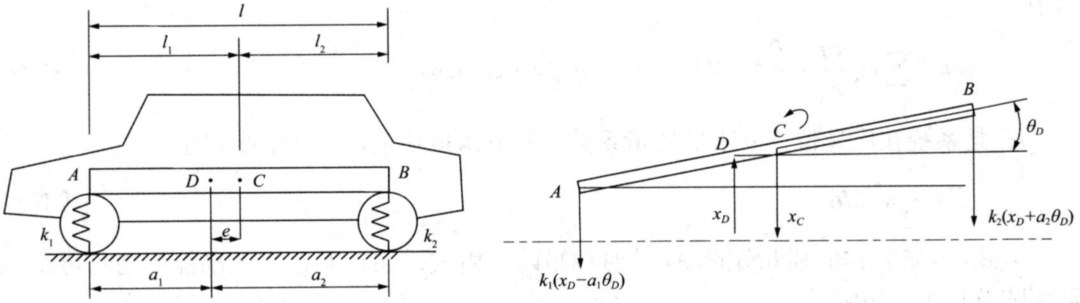

图 1-14　半车模型动力学系统

设 $CD=e$，车体所受外力可以向 D 点简化为合力 P_D 与合力矩 M_D。考虑微幅振动，杆质心的垂直位移 x_C 及杆绕质心的角位移 θ_C 可表示为

$$x_C=x_D+e\theta_D,\ \theta_C=\theta_D \tag{1-75}$$

有

$$T=\frac{1}{2}m\dot{x}_C^2+\frac{1}{2}I_C\dot{\theta}_C^2=\frac{1}{2}m\left(\dot{x}_D+e\dot{\theta}_D\right)^2+\frac{1}{2}I_C\dot{\theta}_D^2 \tag{1-76}$$

$$V=\frac{1}{2}k_1\left(x_D-a_1\theta_D\right)^2+\frac{1}{2}k_2\left(x_D+a_2\theta_D\right)^2 \tag{1-77}$$

经运算得到

$$\frac{\mathrm{d}}{\mathrm{d}t}\left(\frac{\partial l}{\partial \dot{x}_D}\right)=m\ddot{x}_D+me\ddot{\theta}_D$$

$$-\frac{\partial l}{\partial x_D}=(k_1+k_2)x_D+(k_2a_2-k_1a_1)\theta_D$$

$$\frac{\mathrm{d}}{\mathrm{d}t}\left(\frac{\partial l}{\partial \dot{\theta}_D}\right)=me\ddot{x}_D+(I_C+me^2)\ddot{\theta}_D$$

$$-\frac{\partial l}{\partial \theta_D}=(k_2a_2-k_1a_1)x_D+(k_1a_1^2+k_2a_2^2)\theta_D \tag{1-78}$$

因此,得到系统运动微分方程为

$$\left.\begin{aligned}&m\ddot{x}_D+me\ddot{\theta}_D+(k_1+k_2)x_D+(k_2a_2-k_1a_1)\theta_D=P_D\\&me\ddot{x}_D+(I_C+me^2)\ddot{\theta}_D+(k_2a_2-k_1a_1)x_D+(k_1a_1^2+K_2a_2^2)\theta_D=M_D\end{aligned}\right\} \tag{1-79}$$

系统运动微分方程的矩阵形式为

$$\begin{bmatrix}m & me\\ me & I_C+me^2\end{bmatrix}\begin{bmatrix}\ddot{x}_D\\ \ddot{\theta}_D\end{bmatrix}+\begin{bmatrix}k_1+k_2 & k_2a_2-k_1a_1\\ k_2a_2-k_1a_1 & k_1a_1^2+k_2a_2^2\end{bmatrix}\begin{bmatrix}x_D\\ \theta_D\end{bmatrix}=\begin{bmatrix}P_D\\ M_D\end{bmatrix} \tag{1-80}$$

1.3 运动方程的求解

在工程实践中,有时需要获取机械系统在时域上的动态响应。求解任意激励下系统响应的常用方法是杜哈梅尔积分法。这是一种基于系统在单位冲击响应下的解析解和微积分原理,计算任意激励下机械系统动力学响应的方法。除此之外,更为工程化的处理方法是数值方法,如线性加速度法、Newmark-β(纽马克-β)法、Wilson-θ(威尔森-θ)法和 Runge-Kutta(龙格－库塔)法。

1.3.1 单位脉冲响应与杜哈梅尔积分

考虑零初始条件下系统对单位脉冲力的响应,记 0^-、0^+分别为单位脉冲力作用瞬间的前后时刻,$\delta(t)$为单位脉冲函数,单位脉冲函数的定义为

$$\left.\begin{aligned}&\delta=\begin{cases}+\infty & t=0\\ 0 & t\neq 0\end{cases}\\&\int_{-\infty}^{+\infty}\delta(t)=1\end{aligned}\right\} \tag{1-81}$$

以单自由度振动系统为例,其在单位脉冲作用下的运动微分方程为

$$\left.\begin{aligned}&m\ddot{x}+c\dot{x}+kx=\delta(t)\\&x(0^-)=0\\&\dot{x}(0^-)=0\end{aligned}\right\} \tag{1-82}$$

根据动量定理有

$$\delta(t)\mathrm{d}t=m\mathrm{d}\dot{x}=m\ddot{x}\mathrm{d}t \tag{1-83}$$

将上式两边在时间区域 $0^- \leqslant t \leqslant 0^+$ 内积分，即

$$\int_{0}^{0^+} \delta(t)\mathrm{d}t = m\int_{0^-}^{0^+} \ddot{x}\mathrm{d}t \tag{1-84}$$

由冲击函数 δ 的性质

$$\int_{0^-}^{0^+} \delta(t) = 1 \tag{1-85}$$

则有

$$\dot{x}\left(0^+\right) = \frac{1}{m} \tag{1-86}$$

可见，在单位脉冲力作用下，系统的速度发生了突变，但在这一瞬间，系统位移来不及改变，且在 $t > 0^+$，外激励消失。因此，解单位脉冲激励下系统响应问题相当于求初位移为 0、初速度为 $1/m$ 时的自由振动响应，即求解

$$\left.\begin{aligned} & m\ddot{x} + c\dot{x} + kx = 0 \\ & x(0^+) = 0 \\ & \dot{x}(0^+) = 1/m \end{aligned}\right\} \tag{1-87}$$

运动方程的通解为

$$h(t) = \frac{1}{m\omega_\mathrm{d}} \mathrm{e}^{-\zeta\omega_\mathrm{n}t} \sin\omega_\mathrm{d}t \tag{1-88}$$

式(1-88)就是系统在单位脉冲函数 $\delta(t)$激励下的响应。而根据式(1-81)δ 函数的定义：δ 函数具有单位冲量。因此，单位脉冲函数作用下的系统响应，也正是单位冲量所引起的响应。

如果单位脉冲力不是作用在 0 时刻，而是作用在 $t = \tau$，那么系统的单位脉冲响应也将滞后时间 τ，即

$$h(t-\tau) = \frac{1}{m\omega_\mathrm{d}} \mathrm{e}^{-\zeta\omega_\mathrm{n}(t-\tau)} \sin\omega_\mathrm{d}(t-\tau) \quad (T > \tau) \tag{1-89}$$

基于单位冲量引起的系统响应，就可以通过微积分方法分析连续冲量引起的系统响应。考虑单自由度振动系统受图 1-15 所示的任意激励 $f(t)$作用，利用微积分思想，可以将曲线与时间轴围成的面积，即激励力的冲量，分解成一系列小曲边梯形。这样，当间距无限小时，小曲边梯形的面积可以用相应的小矩形面积替代。考察 $t = \tau$ 时刻的小矩形，其面积即冲量为 $I(\tau) = f(\tau)\mathrm{d}\tau$。在这一时刻单位冲量引起的系统响应为 $h(t-\tau)$，因此冲量 $I(\tau)$ 引起的响应为 $h(t-\tau)f(\tau)\mathrm{d}\tau$。在 $0 \leqslant \tau \leqslant t$，任意激励 $f(t)$可以看作无数脉冲的叠加。因此，根据线性系统叠加原理，其引起的系统响应为所有脉冲引起的响应总和，即杜哈梅尔积分：

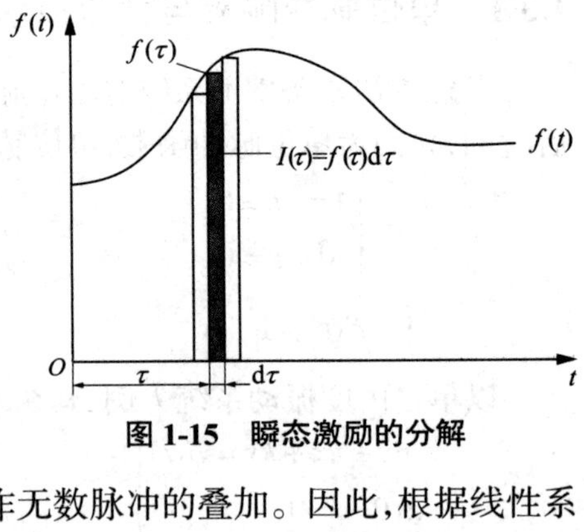

图 1-15　瞬态激励的分解

$$x(t) = \int_0^t h(t-\tau)f(\tau)\mathrm{d}\tau \tag{1-90}$$

式(1-90)的形式符合卷积的定义,因此可写作

$$x(t)=h(t)\times f(t) \tag{1-91}$$

可见,线性系统对任意激励的响应等于它的单位脉冲响应与激励的卷积。对于 $t=0$ 时刻有初始位移 x_0 和初始速度 $\dot{x}_0$ 的系统,对任意激励的响应为

$$x(t)=\mathrm{e}^{-\zeta\omega_{\mathrm{n}}t}\left(x_0\cos\omega_{\mathrm{d}}t+\frac{\dot{x}_0+\zeta\omega_{\mathrm{n}}x_0}{\omega_{\mathrm{d}}}\sin\omega_{\mathrm{d}}t\right)+\int_0^t f(\tau)h(t-\tau)\mathrm{d}\tau \tag{1-92}$$

1.3.2 数值解法

(1)逐步积分法

逐步积分法是数值求解常微分方程组的常用方法,根据对加速度、速度等做出的不同的假设,形成了多种逐步积分法,如线性加速度法、Wilson-θ 法与 Newmark-β 法,其基本思想如下。

1)把连续的时间过程离散为 t_1, t_2,…, t_n 有限个点,对于运动方程只要求它们在上述每个时间离散点上得到满足。也就是说,最后求得的是位移、速度和加速度在有限个时间离散点上的值。

2)在每个时间间隔 Δt 内,假定位移、速度和加速度符合某一简单的关系,对 Δt 的选择要求能保证计算的稳定性和精度。

3)这些方法求解运动方程的核心过程是根据当前时刻 t 的位移、速度、加速度,求得下一时刻 $t+\Delta t$ 的位移、速度和加速度,从而使方程能够根据初始条件在[0, t]时间内的每一个离散时间点上逐步求解。

Newmark-β 法与 Wilson-θ 法都是基于线性加速度法,为提高算法稳定性和精度而发展出来的。

Ⅰ.线性加速度法

假定在某时刻 t,系统的运动状态 $\ddot{\boldsymbol{q}}_t$、$\dot{\boldsymbol{q}}_t$、$\boldsymbol{q}_t$ 是已知的,并满足微分方程:

$$\boldsymbol{M}\ddot{\boldsymbol{q}}_t+\boldsymbol{C}\dot{\boldsymbol{q}}_t+\boldsymbol{K}\boldsymbol{q}_t=\boldsymbol{F}_t \tag{1-93}$$

现求经过时间间隔 Δt 后(即 $t+\Delta t$ 时刻)系统的运动状态。线性加速度法做了这样的假设:假定在 Δt 时间步长内,系统各点的加速度分量是随时间 τ 线性变化的,即

$$\ddot{\boldsymbol{q}}_{t+\tau}=\ddot{\boldsymbol{q}}_t+\frac{\tau}{\Delta t}\left(\ddot{\boldsymbol{q}}_{t+\Delta t}-\ddot{\boldsymbol{q}}_t\right) \tag{1-94}$$

将上式关于 τ 积分,可得 $t+\tau$ 时刻的速度为

$$\dot{\boldsymbol{q}}_{t+\tau}=\dot{\boldsymbol{q}}_t+\ddot{\boldsymbol{q}}_t\tau+\frac{\tau^2}{2\Delta t}\left(\ddot{\boldsymbol{q}}_{t+\Delta t}-\ddot{\boldsymbol{q}}_t\right) \tag{1-95}$$

再积分一次,即得 $t+\tau$ 时刻的位移为

$$\boldsymbol{q}_{t+\tau}=\boldsymbol{q}_t+\dot{\boldsymbol{q}}_t\tau+\frac{\tau^2}{2}\ddot{\boldsymbol{q}}_t+\frac{\tau^3}{6\Delta t}\left(\ddot{\boldsymbol{q}}_{t+\Delta t}-\ddot{\boldsymbol{q}}_t\right) \tag{1-96}$$

可见当假定加速度在 Δt 时间内线性变化时,相应的速度和位移分别为二次曲线和三次曲线。

令 $\tau = \Delta t$，代入式（1-95）和式（1-96），可得到 $t+\Delta t$ 时刻系统的速度 $\dot{\boldsymbol{q}}_{t+\Delta t}$ 和位移 $\boldsymbol{q}_{t+\Delta t}$：

$$\dot{\boldsymbol{q}}_{t+\Delta t} = \dot{\boldsymbol{q}}_t + \frac{\Delta t}{2}\left(\ddot{\boldsymbol{q}}_{t+\Delta t} + \ddot{\boldsymbol{q}}_t\right) \tag{1-97}$$

$$\boldsymbol{q}_{t+\Delta t} = \boldsymbol{q}_t + \dot{\boldsymbol{q}}_t \Delta t + \frac{\Delta t^2}{6}\left(\ddot{\boldsymbol{q}}_{t+\Delta t} + 2\ddot{\boldsymbol{q}}_t\right) \tag{1-98}$$

由式（1-98）可以解出 $\ddot{\boldsymbol{q}}_{t+\Delta t}$，得到

$$\ddot{\boldsymbol{q}}_{t+\Delta t} = \frac{6}{\Delta t^2}\boldsymbol{q}_{t+\Delta t} - \frac{6}{\Delta t^2}\boldsymbol{q}_t - \frac{6}{\Delta t}\dot{\boldsymbol{q}}_t - 2\ddot{\boldsymbol{q}}_t \tag{1-99}$$

将式（1-99）代入式（1-97），得到

$$\dot{\boldsymbol{q}}_{t+\Delta t} = \frac{3}{\Delta t}\boldsymbol{q}_{t+\Delta t} - \frac{3}{\Delta t}\boldsymbol{q}_t - 2\dot{\boldsymbol{q}}_t - \frac{\Delta t}{2}\ddot{\boldsymbol{q}}_t \tag{1-100}$$

由上两式可见，$t+\Delta t$ 时刻的速度和加速度都可以用该时刻的位移 $\boldsymbol{q}_{t+\Delta t}$ 以及上一时刻 t 的物理量来表示。在 $t+\Delta t$ 时刻，系统满足的运动方程为

$$\boldsymbol{M}\ddot{\boldsymbol{q}}_{t+\Delta t} + \boldsymbol{C}\dot{\boldsymbol{q}}_{t+\Delta t} + \boldsymbol{K}\boldsymbol{q}_{t+\Delta t} = \boldsymbol{F}_{t+\Delta t} \tag{1-101}$$

将式（1-99）和（1-100）代入式（1-101），得到仅含一个未知量 $\boldsymbol{q}_{t+\Delta t}$ 的方程

$$\boldsymbol{M}\left(\frac{6}{\Delta t^2}\boldsymbol{q}_{t+\Delta t} - \frac{6}{\Delta t^2}\boldsymbol{q}_t - \frac{6}{\Delta t}\dot{\boldsymbol{q}}_t - 2\ddot{\boldsymbol{q}}_t\right) + \boldsymbol{C}\left(\frac{3}{\Delta t}\boldsymbol{q}_{t+\Delta t} - \frac{3}{\Delta t}\boldsymbol{q}_t - 2\dot{\boldsymbol{q}}_t - \frac{\Delta t}{2}\ddot{\boldsymbol{q}}_t\right) + \boldsymbol{K}\boldsymbol{q}_{t+\Delta t} = \boldsymbol{F}_{t+\Delta t} \tag{1-102}$$

对上式进行整理，把 $\boldsymbol{q}_{t+\Delta t}$ 作为基本未知量，其他已知项（t 时刻的位移、速度和加速度）都移到等号右边作为等效荷载，得到下列基本方程

$$\tilde{\boldsymbol{K}}\boldsymbol{q}_{t+\Delta t} = \tilde{\boldsymbol{F}}_{t+\Delta t} \tag{1-103}$$

其中

$$\tilde{\boldsymbol{K}} = \boldsymbol{K} + a_0\boldsymbol{M} + a_1\boldsymbol{C} \tag{1-104}$$

$$\tilde{\boldsymbol{F}}_{t+\Delta t} = \boldsymbol{F}_{t+\Delta t} + \boldsymbol{M}\left(a_0\boldsymbol{q}_t + a_2\dot{\boldsymbol{q}}_t + 2\ddot{\boldsymbol{q}}_t\right) + \boldsymbol{C}\left(a_1\boldsymbol{q}_t + 2\dot{\boldsymbol{q}}_t + a_3\ddot{\boldsymbol{q}}_t\right) \tag{1-105}$$

以及

$$a_0 = \frac{6}{\Delta t^2},\ a_1 = \frac{3}{\Delta t},\ a_2 = \frac{6}{\Delta t},\ a_3 = \frac{\Delta t}{2} \tag{1-106}$$

式（1-103）是一个静力平衡方程式，其中 $\tilde{\boldsymbol{K}}$ 称为有效刚度矩阵，$\boldsymbol{F}$ 称为有效载荷向量。它表明，由 t 时刻的运动状态求解 $t+\Delta t$ 时刻的位移 $\boldsymbol{q}_{t+\Delta t}$ 这样一个动力响应的问题，可以转换为等效的静力方程进行求解。求得 $\boldsymbol{q}_{t+\Delta t}$ 后，再利用式（1-99）和式（1-100），即可求得该时刻的速度和加速度，这样就完成了一个时间步长的计算，即将 t 时刻的运动状态推移得到了 $t+\Delta t$ 时刻的运动状态。同样，再以 $t+\Delta t$ 时刻的运动状态作为已知的起始条件，又可得到下一时刻的运动状态。以此类推，即可由初始条件求得动力响应的全过程。在计算过程中，若采用同样的时间步长，则 a_0 和 a_1 是常数，式（1-103）中的矩阵 $\tilde{\boldsymbol{K}}$ 将保持不变，这将使计算得以简化。

现在，简单说明一下稳定性的问题。所谓稳定性，就是指积分格式取任意步长所得到的解，是否会由于初始条件或计算过程中的舍入误差的扩散而导致无线增长或振荡，如果取任

意的时间步长 Δt,所得的解都不会无限增长或振荡,则这种积分格式是无条件稳定的;反之,只有在 Δt 小于某一值时,才不会产生解的无限增长或振荡,则这种积分格式是条件稳定的。线性加速度法也是条件稳定的积分格式。可以证明,只有满足

$$\Delta t \leqslant T/1.8 \tag{1-107}$$

方程才能得到稳定的解。

这里,T 是系统自由振动的最小周期。显然,若系统的自由度很大,其高阶固有频率将很高,最小周期是很小的数。为了满足稳定性条件,即式(1-107),必须将时间间隔 Δt 取得很小,从而使计算工作量大大增加。所以通常只有在结构自由度不大时,特别是对于单自由度振动系统或网格很粗的有限元模型时,才采用线性加速度法或中心差分法。一般情况下,可以采用无条件稳定的 Wilson-θ 法或 Newmark-β 法。

Ⅱ. Wilson-θ 法

Wilson-θ 法是对线性加速度法的一种改进,它假定在一个延伸的时间区间(t, $t+\theta\Delta t$)内,加速度保持线性变化。经证明,当 $\theta \geqslant 1.37$ 时,这一方法是无条件稳定的,其分析步骤如下。

1)先在延伸的时间步长 $\tau=\theta\Delta t$ 内,用常规的线性加速度法计算出 $t+\theta\Delta t$ 时刻的位移、速度和加速度。具体地说,就是在式(1-99)和式(1-100)中,将其时段 Δt 换为 $\theta\Delta t$,即得

$$\ddot{\boldsymbol{q}}_{t+\theta\Delta t}=\frac{6}{\theta^2\Delta t^2}\left(\boldsymbol{q}_{t+\theta\Delta t}-\boldsymbol{q}_t\right)-\frac{6}{\theta\Delta t}\dot{\boldsymbol{q}}_t-2\ddot{\boldsymbol{q}}_t \tag{1-108}$$

$$\dot{\boldsymbol{q}}_{t+\theta_{\Delta t}}=\frac{3}{\theta\Delta t}\boldsymbol{q}_{t+\theta_{\Delta t}}-\frac{3}{\theta\Delta t}\boldsymbol{q}_t-2\dot{\boldsymbol{q}}_t-\frac{\theta\Delta t}{2}\ddot{\boldsymbol{q}}_t \tag{1-109}$$

在计算过程中,对于力载荷向量 $\boldsymbol{F}$,也假定它在$[t, t+\theta\Delta t]$ 内是线性变化的,即下式成立:

$$\boldsymbol{F}_{t+\theta\Delta t}=\boldsymbol{F}_t+\theta\left(\boldsymbol{F}_{t+\Delta t}-\boldsymbol{F}_t\right) \tag{1-110}$$

将式(1-108)和式(1-110)代入 $t+\theta\Delta t$ 时刻的运动平衡方程中,即得

$$\boldsymbol{M}\ddot{\boldsymbol{q}}_{t+\theta\Delta t}+\boldsymbol{C}\dot{\boldsymbol{q}}_{t+\theta\Delta t}+\boldsymbol{K}\boldsymbol{q}_{t+\theta\Delta t}=\boldsymbol{F}_{t+\theta\Delta t}$$

以 $\boldsymbol{q}_{t+\theta\Delta t}$ 为基本未知量整理后得到等效的静力平衡方程为

$$\tilde{\boldsymbol{K}}\boldsymbol{q}_{t+\theta\Delta t}=\tilde{\boldsymbol{F}}_{t+\theta\Delta t} \tag{1-111}$$

其中

$$\left.\begin{aligned}&\tilde{\boldsymbol{K}}=\boldsymbol{K}+a_0\boldsymbol{M}+a_1\boldsymbol{C}\\&\tilde{\boldsymbol{F}}_{t+\theta\Delta t}=\boldsymbol{F}_{t+\theta\Delta t}+\boldsymbol{M}\left(a_0\boldsymbol{q}_t+a_2\dot{\boldsymbol{q}}_t+2\ddot{\boldsymbol{q}}_t\right)+\boldsymbol{C}\left(a_1\boldsymbol{q}_t+2\dot{\boldsymbol{q}}_t+a_3\ddot{\boldsymbol{q}}_t\right)\end{aligned}\right\} \tag{1-112}$$

其中

$$a_0=\frac{6}{\theta^2\Delta t^2},\ a_1=\frac{3}{\theta\Delta t},\ a_2=\frac{6}{\theta\Delta t},\ a_3=\frac{\theta\Delta t}{2}$$

求解方程(1-111)可得到 $t+\theta\Delta t$ 时刻的位移 $\boldsymbol{q}_{t+\theta\Delta t}$,由式(1-108)和式(1-109)还可得到该时刻的速度和加速度。

2)由内插法求常规时间步长 $t+\Delta t$ 的位移、速度和加速度。

将线性加速度法中的 τ 改为 Δt,Δt 改为 $\theta\Delta t$,则式(1-94)就成为所需的内插法公式:

$$\ddot{\boldsymbol{q}}_{t+\Delta t}=\ddot{\boldsymbol{q}}_t+\frac{1}{\theta}\left(\ddot{\boldsymbol{q}}_{t+\theta\Delta t}-\ddot{\boldsymbol{q}}_t\right) \tag{1-113}$$

将式(1-108)代入上式,经整理后即得

$$\ddot{\boldsymbol{q}}_{t+\Delta t}=\left(1-\frac{3}{\theta}\right)\ddot{\boldsymbol{q}}_t+\frac{6}{\theta^3\Delta t^2}\left(\boldsymbol{q}_{t+\theta\Delta t}-\boldsymbol{q}_t\right)-\frac{6}{\theta^2\Delta t}\dot{\boldsymbol{q}}_t \tag{1-114}$$

求得 $t+\Delta t$ 时刻的加速度 $\ddot{\boldsymbol{q}}_{t+\theta\Delta t}$ 后,即可直接套用线性加速度法中的式(1-99)和式(1-100)求得 $t+\Delta t$ 的速度和位移。

综上所述,由 $\boldsymbol{q}_{t+\theta\Delta t}$ 反算出 $t+\Delta t$ 时刻物理量的计算公式为

$$\left.\begin{aligned}\ddot{\boldsymbol{q}}_{t+\Delta t}&=a_4\left(\boldsymbol{q}_{t+\theta\Delta t}-\boldsymbol{q}_t\right)+a_5\dot{\boldsymbol{q}}_t+a_6\ddot{\boldsymbol{q}}_t\\\dot{\boldsymbol{q}}_{t+\Delta t}&=\dot{\boldsymbol{q}}_t+a_7\left(\ddot{\boldsymbol{q}}_{t+\Delta t}+\ddot{\boldsymbol{q}}_t\right)\\\boldsymbol{q}_{t+\Delta t}&=\boldsymbol{q}_t+2a_7\dot{\boldsymbol{q}}_t+a_8\left(\ddot{\boldsymbol{q}}_{t+\Delta t}+2\ddot{\boldsymbol{q}}_t\right)\end{aligned}\right\} \tag{1-115}$$

其中

$$a_4=\frac{6}{\theta^3\Delta t^2},\ a_5=-\frac{6}{\theta^2\Delta t},\ a_6=1-\frac{3}{\theta},\ a_7=\frac{\Delta t}{2},\ a_8=\frac{\Delta t^2}{6}$$

在求得了 $t+\Delta t$ 时刻的运动状态后,就可以以此为初始条件,按同样方法求得下一个时间步长的运动状态,以此类推,直到求得动力响应的全过程。

Ⅲ. Newmark-β 法

Newmark-β 法做如下假定:

$$\dot{\boldsymbol{q}}_{t+\Delta t}=\dot{\boldsymbol{q}}_t+[(1-\delta)\ddot{\boldsymbol{q}}_t+\delta\ddot{\boldsymbol{q}}_{t+\Delta t}]\Delta t \tag{1-116}$$

$$\boldsymbol{q}_{t+\Delta t}=\boldsymbol{q}_t+\dot{\boldsymbol{q}}_t\Delta t+\left[\left(\frac{1}{2}-\alpha\right)\ddot{\boldsymbol{q}}_t+\alpha\ddot{\boldsymbol{q}}_{t+\Delta t}\right]\Delta t^2 \tag{1-117}$$

这里引进了两个参数 α 和 δ,通常做如下要求,以保证计算是无条件稳定的:

$$\left.\begin{aligned}&\delta\geqslant\frac{1}{2}\\&\alpha\geqslant\frac{1}{4}\left(\frac{1}{2}+\delta\right)^2\end{aligned}\right\} \tag{1-118}$$

下面进一步推导其计算公式。

由式(1-116)和式(1-117)可以消去加速度 $\ddot{\boldsymbol{q}}_{t+\Delta t}$,得到 $t+\Delta t$ 时刻的速度 $\dot{\boldsymbol{q}}_{t+\Delta t}$,表达式为

$$\dot{\boldsymbol{q}}_{t+\Delta t}=\left(1-\frac{\delta}{2\alpha}\right)\Delta t\ddot{\boldsymbol{q}}_t+\frac{\delta}{\alpha\Delta t}\left(\boldsymbol{q}_{t+\Delta t}-\boldsymbol{q}_t-\dot{\boldsymbol{q}}_t\Delta t\right)+\dot{\boldsymbol{q}}_t \tag{1-119}$$

由式(1-117)解出 $\ddot{\boldsymbol{q}}_{t+\Delta t}$,得到 $t+\Delta t$ 时刻的加速度 $\ddot{\boldsymbol{q}}_{t+\Delta t}$,表达式为

$$\ddot{\boldsymbol{q}}_{t+\Delta t}=\frac{1}{\alpha\Delta t^2}\left(\boldsymbol{q}_{t+\Delta t}-\boldsymbol{q}_t\right)-\frac{1}{\alpha\Delta t}\dot{\boldsymbol{q}}_t-\left(\frac{1}{2\alpha}-1\right)\ddot{\boldsymbol{q}}_t \tag{1-120}$$

将式(1-119)和式(1-120)代入 $t+\Delta t$ 时刻的运动方程

$$\boldsymbol{M}\ddot{\boldsymbol{q}}_{t+\Delta t}+\boldsymbol{C}\dot{\boldsymbol{q}}_{t+\Delta t}+\boldsymbol{K}\boldsymbol{q}_{t+\Delta t}=\boldsymbol{F}_{t+\Delta t} \tag{1-121}$$

并以 $\boldsymbol{q}_{t+\Delta t}$ 作为未知量,对方程进行整理,得

$$\tilde{\boldsymbol{K}}\boldsymbol{q}_{t+\Delta t}=\tilde{\boldsymbol{F}}_{t+\Delta t} \tag{1-122}$$

式中:

$$\tilde{\boldsymbol{K}} = \boldsymbol{K} + a_0\boldsymbol{M} + a_1\boldsymbol{C} \tag{1-123}$$

$$\tilde{\boldsymbol{F}}_{t+\Delta t} = \boldsymbol{F}_{t+\Delta t} + \boldsymbol{M}\left(a_0\boldsymbol{q}_t + a_2\dot{\boldsymbol{q}}_t + a_3\ddot{\boldsymbol{q}}_t\right) + \boldsymbol{C}\left(a_1\boldsymbol{q}_t + a_4\dot{\boldsymbol{q}}_t + a_5\ddot{\boldsymbol{q}}_t\right) \tag{1-124}$$

其中

$$a_0 = \frac{1}{\alpha\Delta t^2},\ a_1 = \frac{\delta}{\alpha\Delta t},\ a_2 = \frac{1}{\alpha\Delta t},\ a_3 = \frac{1}{2\alpha} - 1,\ a_4 = \frac{\delta}{\alpha} - 1,\ a_5 = \frac{\Delta t}{2}\left(\frac{\delta}{\alpha} - 2\right)$$

由式(1-122)解出位移 $\boldsymbol{q}_{t+\Delta t}$ 后，把所得结果代入式(1-120)，即得到 $t+\Delta t$ 时刻的加速度，然后再利用式(1-116)求得该时刻的速度，计算公式为

$$\left.\begin{aligned}\ddot{\boldsymbol{q}}_{t+\Delta t} &= a_0\left(\boldsymbol{q}_{t+\Delta t} - \boldsymbol{q}_t\right) - a_2\dot{\boldsymbol{q}}_t - a_3\ddot{\boldsymbol{q}}_t \\ \dot{\boldsymbol{q}}_{t+\Delta t} &= \dot{\boldsymbol{q}}_t + a_6\ddot{\boldsymbol{q}}_t + a_7\ddot{\boldsymbol{q}}\end{aligned}\right\} \tag{1-125}$$

式中：$a_0 = \dfrac{1}{\alpha\Delta t^2},\ a_1 = \dfrac{\delta}{\alpha\Delta t},\ a_2 = \dfrac{1}{\alpha\Delta t},\ a_3 = \dfrac{1}{2\alpha} - 1,\ a_4 = \dfrac{\delta}{\alpha} - 1,\ a_5 = \dfrac{\Delta t}{2}\left(\dfrac{\delta}{\alpha} - 2\right)$；$a_6$ 和 a_7 的表达式为

$$\left.\begin{aligned}a_6 &= \Delta t(1-\delta) \\ a_7 &= \delta\Delta t\end{aligned}\right\} \tag{1-126}$$

至此，$t+\Delta t$ 时刻的运动状态已全部求得，可以它们作为起始值，求出下一时刻的运动状态，以此类推。

综上所述，可以看到上面介绍的 3 种逐步积分法都有相似的计算格式。

Ⅳ. 逐步积分法总结

逐步积分法的求解过程可以归纳总结如下。

1）进行初始计算。

首先，形成刚度矩阵 $\boldsymbol{K}$、阻尼矩阵 $\boldsymbol{C}$ 和质量矩阵 $\boldsymbol{M}$。

其次，给出初值 $\boldsymbol{q}_0$、$\dot{\boldsymbol{q}}_0$、$\ddot{\boldsymbol{q}}_0$。

然后，选择时间步长 Δt 和各种参数($\delta,\ \alpha,\ \theta$)，并计算积分常数。

对于线性加速度法，有

$$a_0 = \frac{6}{\Delta t^2},\ a_1 = \frac{3}{\Delta t},\ a_2 = \frac{6}{\Delta t},\ a_3 = \frac{\Delta t}{2}$$

对于 Wilson-θ 法，有

$$a_0 = \frac{6}{\theta^2\Delta t^2},\ a_1 = \frac{3}{\theta\Delta t},\ a_2 = \frac{6}{\theta\Delta t},\ a_3 = \frac{\theta\Delta t}{2},\ a_4 = \frac{6}{\theta^3\Delta t^2},$$

$$a_5 = -\frac{6}{\theta^2\Delta t},\ a_6 = 1 - \frac{3}{\theta},\ a_7 = \frac{\Delta t}{2},\ a_8 = \frac{\Delta t^2}{6}$$

对于 Newmark-β 法，有

$$a_0 = \frac{1}{\alpha\Delta t^2},\ a_1 = \frac{\delta}{\alpha\Delta t},\ a_2 = \frac{1}{\alpha\Delta t},\ a_3 = \frac{1}{2\alpha} - 1,\ a_4 = \frac{\delta}{\alpha} - 1,$$

$$a_5 = \frac{\Delta t}{2}\left(\frac{\delta}{\alpha} - 2\right),\ a_6 = \Delta t(1-\delta),\ a_7 = \delta\Delta t$$

最后，形成有效刚度矩阵：

$$\tilde{\boldsymbol{K}} = \boldsymbol{K} + a_0\boldsymbol{M} + a_1\boldsymbol{C}$$

2)对每个时间步长进行计算。

首先,计算 $t+\Delta t$ 时刻的有效载荷 $\tilde{\boldsymbol{F}}_{t+\Delta t}$。

对于线性加速度法,有

$$\tilde{\boldsymbol{F}}_{t+\Delta t} = \boldsymbol{F}_{t+\Delta t} + \boldsymbol{M}\left(a_0\boldsymbol{q}_t + a_2\dot{\boldsymbol{q}}_t + 2\ddot{\boldsymbol{q}}_t\right) + \boldsymbol{C}\left(a_1\boldsymbol{q}_t + 2\dot{\boldsymbol{q}}_t + a_3\ddot{\boldsymbol{q}}_t\right)$$

对于 Wilson-θ 法,有

$$\tilde{\boldsymbol{F}}_{t+\theta\Delta t} = \boldsymbol{F}_{t+\theta\Delta t} + \boldsymbol{M}\left(a_0\boldsymbol{q}_t + a_2\dot{\boldsymbol{q}}_t + 2\ddot{\boldsymbol{q}}_t\right) + \boldsymbol{C}\left(a_1\boldsymbol{q}_t + 2\dot{\boldsymbol{q}}_t + a_3\ddot{\boldsymbol{q}}_t\right)$$

对于 Newmark-β 法,有

$$\tilde{\boldsymbol{F}}_{t+\Delta t} = \boldsymbol{F}_{t+\Delta t} + \boldsymbol{M}\left(a_0\boldsymbol{q}_t + a_2\dot{\boldsymbol{q}}_t + a_3\ddot{\boldsymbol{q}}_t\right) + \boldsymbol{C}\left(a_1\boldsymbol{q}_t + a_4\dot{\boldsymbol{q}}_t + a_5\ddot{\boldsymbol{q}}_t\right)$$

其次,求解静力方程 $\tilde{\boldsymbol{K}}\boldsymbol{q}_{t+\Delta t} = \tilde{\boldsymbol{F}}_{t+\Delta t}$,得到 $q_{t+\Delta t}$。

然后,计算 $t+\Delta t$ 时刻的速度和加速度。

对于线性加速度法,有

$$\left.\begin{aligned}\ddot{\boldsymbol{q}}_{t+\Delta t} &= \frac{6}{\Delta t^2}\boldsymbol{q}_{t+\Delta t} - \frac{6}{\Delta t^2}\boldsymbol{q}_t - \frac{6}{\Delta t}\dot{\boldsymbol{q}}_t - 2\ddot{\boldsymbol{q}}_t \\ \dot{\boldsymbol{q}}_{t+\Delta t} &= \frac{3}{\Delta t}\boldsymbol{q}_{t+\Delta t} - \frac{3}{\Delta t}\boldsymbol{q}_t - 2\dot{\boldsymbol{q}}_t - \frac{\Delta t}{2}\ddot{\boldsymbol{q}}_t\end{aligned}\right\}$$

对于 Wilson-θ 法,有

$$\left.\begin{aligned}\ddot{\boldsymbol{q}}_{t+\Delta t} &= a_4\left(\boldsymbol{q}_{t+\theta\Delta t} - \boldsymbol{q}_t\right) + a_5\dot{\boldsymbol{q}}_t + a_6\ddot{\boldsymbol{q}}_t \\ \dot{\boldsymbol{q}}_{t+\Delta t} &= \dot{\boldsymbol{q}}_t + a_7\left(\ddot{\boldsymbol{q}}_{t+\Delta t} + \ddot{\boldsymbol{q}}_t\right) \\ \boldsymbol{q}_{t+\Delta t} &= \boldsymbol{q}_t + 2a_7\dot{\boldsymbol{q}}_t + a_8\left(\ddot{\boldsymbol{q}}_{t+\Delta t} + 2\ddot{\boldsymbol{q}}_t\right)\end{aligned}\right\}$$

对于 Newmark-β 法,有

$$\left.\begin{aligned}\ddot{\boldsymbol{q}}_{t+\Delta t} &= a_0\left(\boldsymbol{q}_{t+\Delta t} - \boldsymbol{q}_t\right) - a_2\dot{\boldsymbol{q}}_t - a_3\ddot{\boldsymbol{q}}_t \\ \dot{\boldsymbol{q}}_{t+\Delta t} &= \dot{\boldsymbol{q}}_t + a_6\ddot{\boldsymbol{q}}_t + a_7\ddot{\boldsymbol{q}}\end{aligned}\right\}$$

可以看出,以上介绍的 3 种逐步积分法不仅基本思路和求解步骤一致,它们之间还有一定的内在联系。对于 Wilson-θ 法,当取 θ=1 时,该法即为线性加速度法,方法由无条件稳定而变为条件稳定。对于 Newmark-β 法,由式(1-116)看出,当取 $\delta = 1/2$, $\alpha = 1/4$ 时,相当于假定加速度在 Δt 时段内保持常量,该常量等于时间段起点和终点的平均值,故此法也称 Newmark 平均加速度法;当取 $\delta = 1/2$, $\alpha = 1/6$ 时,该法即为线性加速度法,同样也由无条件稳定变为条件稳定。因此,如果适当选择 δ、α、θ 等系数,就有可能编制一个适用于多种方法的统一的计算机子程序,它可根据用户对 δ、α、θ 的不同赋值,执行某一种方法。这 3 种逐步积分法的参数见表 1-1。

表 1-1　3 种逐步积分法的参数比较

方法	δ	α	θ
Newmark-β 法	1/2	1/6	1.00
线性加速度法	1/2	1/6	1.00

续表

方法	δ	α	θ
Wilson-θ 法（低阻尼）	1/2	1/6	1.42
Wilson-θ 法（高阻尼）	1/2	1/6	2.00

（2）Runge-Kutta 法

Runge-Kutta 法是求解形如下式的一阶常微分方程初值问题最常用和有效的算法。

$$\begin{cases}\dfrac{\mathrm{d}y}{\mathrm{d}t}=f(t,y)\\ y(t_0)=y_0\end{cases} \tag{1-127}$$

考虑时间步长 $h=t_{i+1}-t_i$，时间节点为 $t_i=t_0+ih\ \ (i=0,1,2,\cdots)$。使用 Runge-Kutta 法时，首先在区间[t_i , t_{i+1}]内预测多个点的斜率值；然后将它们加权平均作为平均斜率 K^*，从而构造出具高精度的计算公式。经典四阶 Runge-Kutta 法取 4 个不同点处的斜率做加权平均，其计算公式为

$$\left.\begin{aligned}&y_{i+1}=y_i+\frac{h}{6}\left(K_1+2K_2+2K_3+K_4\right)\\&K_1=f\left(t_i,y_i\right)\\&K_2=f\left(t_i+\frac{h}{2},y_i+\frac{h}{2}K_1\right)\\&K_3=f\left(t_i+\frac{h}{2},y_i+\frac{h}{2}K_2\right)\\&K_4=f\left(t_i+h,y_i+hK_3\right)\end{aligned}\right\} \tag{1-128}$$

四阶 Runge-Kutta 法的每一步（从 y_i 得出 y_{i+1}）需要 4 次计算函数值 f。可以证明，其截断误差为 $O(h^5)$。因此，四阶 Runge-Kutta 法是一种高精度的计算方法。

由于一般运动方程中所包含的惯性项是二阶项，如式（1-49）所表示的机械系统，因此对于 n 自由度系统，需要先将所有二阶常微分方程转化为 $2n$ 个形如式（1-127），由一阶常微分方程构成的方程组，才可应用 Runge-Kutta 法进行数值求解。

先将式（1-49）改写为

$$\ddot{\boldsymbol{x}}(t)=-\boldsymbol{M}^{-1}[\boldsymbol{K}x(t)+\boldsymbol{C}\dot{x}(t)]+\boldsymbol{M}^{-1}f(t) \tag{1-129}$$

引入 $2n$ 维状态向量

$$\boldsymbol{y}(t)=\begin{bmatrix}\boldsymbol{x}(t)\\ \dot{\boldsymbol{x}}(t)\end{bmatrix} \tag{1-130}$$

则式（1-49）可以改写成一阶微分方程组形式：

$$\dot{\boldsymbol{y}}(t)=\begin{bmatrix}\boldsymbol{0} & \boldsymbol{I}\\ -\boldsymbol{M}^{-1}\boldsymbol{K} & -\boldsymbol{M}^{-1}\boldsymbol{C}\end{bmatrix}\boldsymbol{y}(t)+\begin{bmatrix}\boldsymbol{0}\\ \boldsymbol{M}^{-1}\boldsymbol{f}(t)\end{bmatrix} \tag{1-131}$$

从而式（1-49）可用 Runge-Kutta 法求解。

1.4 模态分析

模态分析是研究动力机械振动问题的重要手段，其核心思想是将线性定常系统的振动微分方程组中的物理坐标变换为模态坐标，使方程组解耦成为一组以模态坐标（即模态参数）描述的独立方程，进而求出系统的模态参数。因此，模态分析是以机械系统的振动微分方程组为基础，以识别系统模态参数为最终目标的分析手段。所谓模态参数辨识，即当用模态参数描述系统的特性时，系统参数为模态参数，此时对系统的辨识就称为模态参数辨识。模态参数辨识既可在频域开展，也可以在时域开展。时域模态分析的理论基础较广，受篇幅所限，本书不做介绍。下面将从频响函数的基本概念、多自由度振动系统模态特征（模态解耦与频响函数分析）介绍模态分析的一些基础知识。

对于在频域开展的模态分析，有赖于频响函数（或传递函数）（Frequency Response Function，FRF）这一概念。频响函数反映系统输入与输出之间的关系，即反映系统的固有特性，频响函数与输入激励的形式和大小无关。因此，其成为系统在频域中的一个特征量，也是开展频域模态参数识别的依据。

1.4.1 频响函数的概念

对于一般激励下的系统频响函数，可以通过输入与输出傅里叶变换之比定义，即

$$H(\omega)=\frac{x(\omega)}{f(\omega)} \tag{1-132}$$

需要注意的是，对于随机振动，则需要引入统计学概念进行频响函数估计。因为随机振动作为一种非确定性振动，无法用一个确定的函数来描述，也不满足狄利克雷条件。因此，对激励和响应就都无法进行傅里叶变换。而此类不确定性信号的统计信息却是确定的，因此可以用来描述并在频域开展分析。这里引入用于描述随机信号的两个参量函数——相关函数和功率谱密度函数。自相关函数（auto-correlation function）定义为函数 $f(t)$ 和 $f(t+\tau)$ 乘积的数学期望，其在 τ=0 有最大值，其表达式为

$$R_{ff}(\tau)=\mathrm{E}[f(t)\cdot f(t+\tau)] \tag{1-133}$$

自相关函数可以进行傅里叶变换，其傅里叶变换即为自功率谱密度（auto-spectral density），定义为

$$G_{ff}(\omega)=\int_0^{\infty}R_{ff}(\tau)\mathrm{e}^{-\mathrm{i}\omega\tau}\mathrm{d}\tau \tag{1-134}$$

自功率谱密度是在频域上描述随机信号的工具。类似地，也可以定义互相关函数（cross-correlation function）和互功率谱密度（cross-spectral density），其表达式分别为

$$R_{fg}(\tau)=\mathrm{E}[f(t)\cdot g(t+\tau)] \tag{1-135}$$

$$G_{fg}(\omega)=\int_0^{\infty}R_{ff}(\tau)\mathrm{e}^{-\mathrm{i}\omega\tau}\mathrm{d}\tau \tag{1-136}$$

与自谱密度不同，互谱密度是频率的复函数，具有共轭特性，即

$$G_{gf}(\omega)=G_{fg}^{*}(\omega) \tag{1-137}$$

对于平稳随机过程，由

$$x(\omega)=H(\omega)f(\omega) \tag{1-138}$$

两边同乘$f^*(\omega)$并取数学期望，可得

$$\mathrm{E}\left[x(\omega)f^*(\omega)\right]=\mathrm{E}\left[H(\omega)f(\omega)f^*(\omega)\right] \tag{1-139}$$

由于频响函数具有确定性，可以从数学期望符号中提出，则

$$H(\omega)=\frac{G_{xf}(\omega)}{G_{ff}(\omega)} \tag{1-140}$$

即在随机激励下，系统频响函数是输入与输出的互功率谱与输入自谱之比。

下面以单自由度振动系统为例，介绍常见频响函数的形式。设该单自由度振动系统的运动方程为

$$m\ddot{x}+c\dot{x}+kx=f(t) \tag{1-141}$$

对式(1-141)两边做傅里叶变换，得

$$\left[m(\mathrm{i}\omega)^2+\mathrm{i}\omega c+k\right]\cdot X(\omega)\mathrm{e}^{\mathrm{i}\omega t}=f(\omega)\mathrm{e}^{\mathrm{i}\omega t} \tag{1-142}$$

整理，即得到系统的频响函数，也称为导纳，表达式为

$$H(\omega)=\frac{X(\omega)}{F(\omega)}=\frac{1}{-\omega^2 m+\mathrm{i}\omega c+k} \tag{1-143}$$

如果在拉普拉斯域对式(1-143)进行变化，则可以得到传递函数，表达式为

$$H(s)=\frac{1}{ms^2+cs+k} \tag{1-144}$$

传递函数和频响函数具有柔度的性质，故又称为动柔度。

在傅里叶域、拉普拉斯域中，频响函数与传递函数的关系如图1-16所示。频响函数是传递函数曲面和复平面相交形成的曲线，这是由傅里叶域与拉普拉斯域的关系决定的。在对稳态线性系统的应用中，一般不严格区分传递函数、频响函数、动柔度的名称。

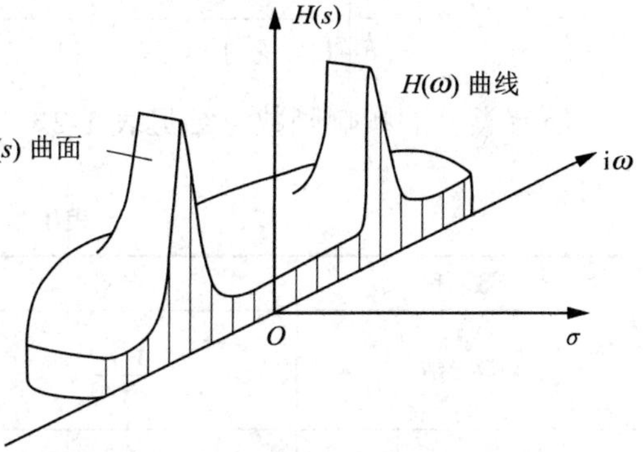

图1-16 频响函数、传递函数的关系

频响函数和传递函数的倒数为阻抗，即

$$Z(\omega)=-\omega^2 m+\mathrm{i}\omega c+k \tag{1-145}$$

$$Z(s)=ms^2+cs+k \tag{1-146}$$

系统的阻抗由3部分组成，即质量阻抗、阻尼阻抗和刚度阻抗，分别为$-\omega^2 m$、$\mathrm{i}\omega c$、k。显然，传递函数和频响函数都是复数，可以整理成如下形式：

$$\begin{aligned}H(\omega)&=\frac{-\omega^2 m+k}{\left(-\omega^2 m+k\right)^2+(\omega c)^2}+\mathrm{i}\frac{-\omega c}{\left(-\omega^2 m+k\right)^2+(\omega c)^2}\\&=\frac{1}{k}\left[\frac{1-\bar{\omega}^2}{\left(1-\lambda^2\right)^2+(2\zeta\lambda)^2}+\mathrm{i}\frac{-2\zeta\lambda}{\left(1-\lambda^2\right)^2+(2\zeta\lambda)^2}\right]\end{aligned} \tag{1-147}$$

式中：λ为频率比。

上述所有导纳公式均表示位移导纳（receptance）H_d，若系统输出为速度或加速度，则类似地也可获得速度导纳（mobility）H_v和加速度导纳（accelerance）H_a。对于简谐激励，加速度导纳、速度导纳、位移导纳之间存在以下关系：

$$H_a(\omega)=\mathrm{i}\omega H_v(\omega)=(\mathrm{i}\omega)^2 H_d(\omega) \tag{1-148}$$

相应地，对应位移导纳、速度导纳和加速度导纳，系统存在3种阻抗：位移阻抗，又称为动刚度（dynamic stiffness）；速度阻抗，又称为机械阻抗（mechanical impedance）；加速度阻抗，又称为视在质量（apparent mass）。每种阻抗都是其对应导纳的倒数。

对于不能用黏性阻尼描述其衰减特性的系统，有些可以使用结构阻尼（滞后阻尼）模型进行描述。实际系统的阻尼主要来源于金属材料本身的内部摩擦及各部件连接界面处的相对滑移。因此，结构阻尼主要由材料内阻尼与滑移阻尼两部分组成。结构阻尼力f_d与振动位移成正比，相位比振动位移超前90°，即与速度方向相反，表示为

$$f_d=\mathrm{i}\eta x \tag{1-149}$$

式中：η为结构阻尼系数，$\eta=gk$，其中k为刚度，g为结构损耗因子或结构阻尼比。

因此，单自由度有阻尼振动系统的运动方程为

$$mx+kx+\mathrm{i}\eta x=f \tag{1-150}$$

相应地，其频响函数为

$$H(\omega)=\frac{X(\omega)}{F(\omega)}=\frac{1}{-\omega^2 m+(1+\mathrm{i}g)k} \tag{1-151}$$

将式（1-151）写成实部和虚部的形式：

$$H(\omega)=\frac{1}{k}\left[\frac{1-\lambda^2}{\left(1-\lambda^2\right)^2+g^2}+\mathrm{i}\frac{g}{\left(1-\lambda^2\right)^2+g^2}\right] \tag{1-152}$$

所有类型的频响函数总结见表1-2。

表1-2　各类频响函数

函数名称	定义	黏性阻尼	结构阻尼
位移导纳	$\frac{X(\omega)}{F(\omega)}$	$\frac{1}{-\omega^2 m+\mathrm{i}\omega c+k}$	$\frac{1}{-\omega^2 m+(1+\mathrm{i}g)k}$
动刚度	$\frac{F(\omega)}{X(\omega)}$	$-\omega^2 m+\mathrm{i}\omega c+k$	$-\omega^2 m+(1+\mathrm{i}g)k$
速度导纳	$\frac{\dot{X}(\omega)}{F(\omega)}$	$\frac{\mathrm{i}\omega}{k-\omega^2 m+\mathrm{i}\omega c}$	$\frac{\mathrm{i}\omega}{-\omega^2 m+(1+\mathrm{i}g)k}$
机械阻抗	$\frac{F(\omega)}{\dot{X}(\omega)}$	$\frac{k-\omega^2 m+\mathrm{i}\omega c}{\mathrm{i}\omega}$	$\frac{-\omega^2 m+(1+\mathrm{i}g)k}{\mathrm{i}\omega}$

续表

函数名称	定义	黏性阻尼	结构阻尼
加速度导纳	$\dfrac{\ddot{X}(\omega)}{F(\omega)}$	$\dfrac{-\omega^2}{k-\omega^2 m+\mathrm{i}\omega c}$	$\dfrac{-\omega^2}{-\omega^2 m+(1+\mathrm{i}g)k}$
视在质量	$\dfrac{F(\omega)}{\ddot{X}(\omega)}$	$\dfrac{k-\omega^2 m+\mathrm{i}\omega c}{-\omega^2}$	$\dfrac{-\omega^2 m+(1+\mathrm{i}g)k}{-\omega^2}$

1.4.2 频响函数的特性曲线

在模态分析中,经常需要将系统的频响函数通过曲线或图形的方式表示出来,以便直观了解频响函数的特性。此外,在实验模态参数识别的过程中,常常需要进行曲线拟合。因此,通过图形方式表示频响函数是十分有意义的。频响函数是频率的函数,它的值是复数,有幅值和相位,也有实部和虚部,因此可以用不同的形式表达。

典型的频响函数表征为伯德(Bode)图和奈奎斯特(Nyquist)图。伯德图为幅频图和相频图;奈奎斯特图为实频图与虚频图,即实部与虚部构成复平面上的矢量端点的端轨迹图。

一般来说,由于相位的值不像幅值一样具有较大的数值变化范围,不能像分析幅频图一样对其进行分析,因此往往不是关注的重点。对于幅频图而言,最为显著的特点在于幅频曲线在共振频率有较其他频率突出的响应峰。因此,使用幅频曲线可以方便地识别共振频率。因此,在远离共振峰的频率范围内,频响函数幅值相对低,难以获取有用的信息。为了解决这一问题,幅频图也经常使用对数坐标绘制。使用对数坐标绘图时,可以仅对幅值轴取对数(对数 – 线性坐标),也可以对幅值、频率轴都取对数(对数 – 对数坐标)。以位移导纳为例,其对数幅值可以通过下式计算:

$$a(\omega)_{\mathrm{dB}} = 20\lg\frac{|a(\omega)|}{1} \tag{1-153}$$

频响函数曲线由系统的质量、刚度和阻尼参数确定,因此也可以通过频响函数曲线确定系统参数。已经知道,单自由度振动系统的刚度参数控制低频范围响应,阻尼控制共振频率附近范围,惯性参数控制高频范围。在远离共振频率的高频范围内有

$$\left.\begin{aligned} H(\omega)\big|_{\omega>>\omega_0} &\approx \frac{1}{m\omega^2} \\ H(\omega)_{\mathrm{dB}}\big|_{\omega>>\omega_0} &\approx -20\lg m - 40\lg\omega \end{aligned}\right\} \tag{1-154}$$

在对数坐标下绘制的频响函数曲线将有一条倾斜的渐近线,通过渐近线的幅值轴截距,可以估算系统的惯性参数。而线性坐标表示的频响函数曲线则不具有这一特点。类似地,在远离共振频率的低频范围有

$$\left.\begin{aligned} H(\omega)\big|_{\omega<<\omega_0} &\approx \frac{1}{k} \\ H(\omega)_{\mathrm{dB}}\big|_{\omega<<\omega_0} &\approx -20\lg k \end{aligned}\right\} \tag{1-155}$$

由线性坐标和对数坐标绘制的频响函数曲线都具有一条水平渐近线。但是使用对数坐标识别水平渐近线与幅值轴的交点明显要更容易。

以结构阻尼为例，位移导纳的实部和虚部由式(1-154)给出。当实部为0时，系统处于共振状态。在实验模态分析中，受频响函数频域分辨率所限，通过这一特征往往很难准确识别共振频率。对于虚频图而言，当频响函数的虚部处于极大值时，系统处于共振状态。

奈奎斯特图是以频响函数的实部为横坐标，以虚部为纵坐标，绘制出的频响函数矢量随频率变化的轨迹图。可以证明，对结构阻尼而言，仅位移导纳的奈奎斯特曲线是一个圆，速度导纳和加速度导纳曲线则不是圆形；对黏性阻尼而言，仅速度导纳的奈奎斯特曲线形成一个圆形，位移导纳与加速度导纳曲线则不是圆形。

对于结构阻尼振动系统的位移导纳，有

$$\left.\begin{aligned} \mathrm{Re}(H(\omega)) &= \frac{k-m\omega^2}{\left(k-m\omega^2\right)^2+g^2} \\ \mathrm{Im}(H(\omega)) &= \frac{-g}{\left(k-m\omega^2\right)^2+g^2} \end{aligned}\right\} \tag{1-156}$$

则

$$\left(\mathrm{Re}(H(\omega))\right)^2+\left(\left(\mathrm{Im}(H(\omega))\right)^2+\frac{1}{2kg}\right)^2=\left(\frac{1}{2kg}\right)^2 \tag{1-157}$$

这是一个原点位于$\left(0,-\dfrac{1}{2kg}\right)$，半径为$\dfrac{1}{2kg}$的圆，称为奈奎斯特圆，如图1-17所示。

对于黏性阻尼的速度导纳，有

$$\left.\begin{aligned} \mathrm{Re}(H(\omega)) &= \frac{c\omega^2}{\left(k-m\omega^2\right)^2+(\omega c)^2} \\ \mathrm{Im}(H(\omega)) &= \frac{\omega\left(k-m\omega^2\right)}{\left(k-m\omega^2\right)^2+(\omega c)^2} \end{aligned}\right\} \tag{1-158}$$

则

$$\left(\mathrm{Re}(H(\omega))-\frac{1}{2c}\right)^2+\left(\mathrm{Im}\left(H\left(\omega\right)\right)\right)^2=\left(\frac{1}{2c}\right)^2 \tag{1-159}$$

这是一个原点位于$\left(0,\dfrac{1}{2c}\right)$，半径为$\dfrac{1}{2c}$的圆，称为速度导纳圆，如图1-18所示。

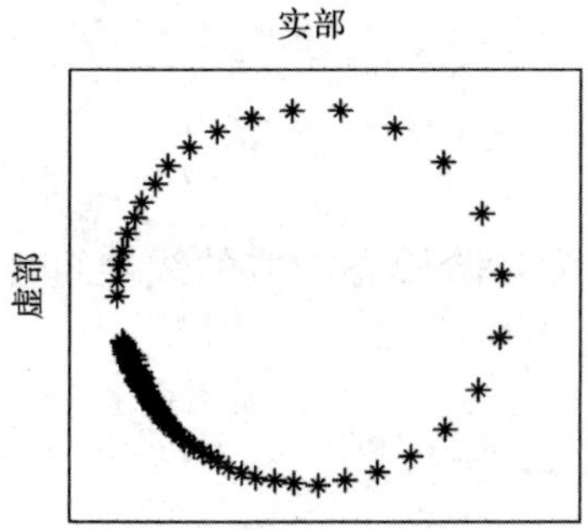

图 1-17 奈奎斯特圆

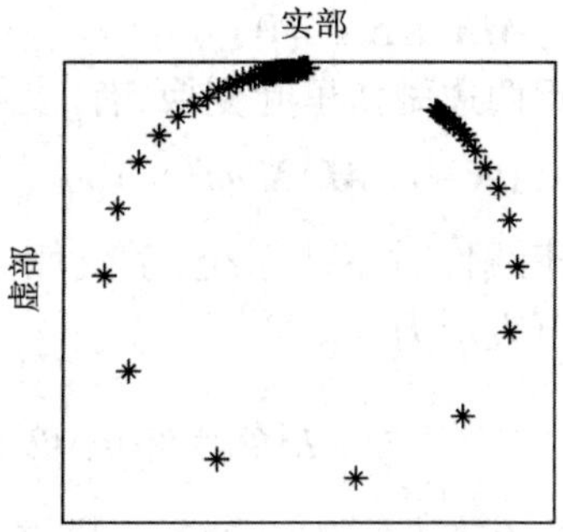

图 1-18 速度导纳圆

关于奈奎斯特圆,有几点讨论如下:

1)圆的起始点(即 ω=0 时)位于 $\left(\frac{1}{k},-\frac{k}{g}\right)$,对于一般金属结构, $g=0.01$~0.18,因此 $1+g^2\approx1$;

2)由于共振状态频响函数的实部为 0,共振频率为曲线与纵轴的相交时的频率,此时虚部达到极大值 $-\frac{1}{kg}$;

3)奈奎斯特圆的直径 $\frac{1}{kg}$ 为虚部极大值,半径 $\frac{1}{2kg}$ 为实部极大值;

4)等间隔频率点在圆上所占的弧长不相等。

对于 n 自由度系统,其有形如式(1-49)的矩阵形式的运动方程。对运动方程两边做傅里叶变换,得到 $n\times n$ 阶频响函数矩阵

$$\boldsymbol{H}(\omega)=\begin{bmatrix} H_{11}(\omega) & \cdots & H_{1p}(\omega) & \cdots & H_{1n}(\omega) \\ \vdots & & \vdots & & \vdots \\ H_{l1}(\omega) & \cdots & H_{lp}(\omega) & \cdots & H_{ln}(\omega) \\ \vdots & & \vdots & & \vdots \\ H_{n1}(\omega) & \cdots & H_{np}(\omega) & \cdots & H_{nn}(\omega) \end{bmatrix}$$

式中:H_{lp} 表示第 l 点响应与第 p 点激励之间的频响函数。

当 $l=p$ 时, H 为驱动点频响函数(driving point FRF);当 $l\neq p$ 时, H 为跨点频响函数(cross point FRF)。

1.4.3 多自由度振动系统模态分析

本小节关注工程中最为常见的多自由度振动系统,先介绍针对多自由度振动系统的固有振动分析,即模态解耦的相关内容,随后基于前文频响函数知识,对多自由度振动系统的频响函数进行分析。

模态分析的首要任务是将系统运动方程的物理坐标变换为模态坐标,从而使方程组解耦。下面介绍多自由度振动系统将物理坐标转换为模态坐标的过程。对于 n 自由度无阻尼自由振动系统,有

$$M\ddot{X}+KX=0 \tag{1-160}$$

方程两边做傅里叶变换,有

$$\left(K-\omega^2 M\right)X(\omega)=0 \tag{1-161}$$

对于线性时不变系统,系统任一点响应均可表示为各阶模态响应的线性组合。对 l 点的响应可表示为

$$x_l(\omega)=\varphi_{l1}q_1(\omega)+\varphi_{l2}q_2(\omega)+\cdots+\varphi_{ln}(\omega)q_n(\omega)=\sum_{r=1}^{n}\varphi_{lr}q_r(\omega) \tag{1-162}$$

式中:φ_{lr} 为第 l 个测点、第 r 阶模态振型系数。

由 n 个测点振型系数组成的列向量称为第 r 阶模态向量,表达式为

$$\boldsymbol{\varphi}_r=\left[\varphi_{1r}\quad \varphi_{2r}\quad \cdots\quad \varphi_{nr}\right]^{\mathrm{T}} \tag{1-163}$$

式(1-163)反映该阶模态的振动形状。由各阶模态向量组成的矩阵称为模态矩阵,记为

$$\boldsymbol{\Phi}=[\boldsymbol{\varphi}_1\quad \boldsymbol{\varphi}_2\quad \cdots\quad \boldsymbol{\varphi}_n]=\begin{bmatrix}\varphi_{11} & \cdots & \varphi_{1r} & \cdots & \varphi_{1n}\\ \vdots & & \vdots & & \vdots\\ \varphi_{l1} & \cdots & \varphi_{lr} & \cdots & \varphi_{ln}\\ \vdots & & \vdots & & \vdots\\ \varphi_{n1} & \cdots & \varphi_{nr} & \cdots & \varphi_{nn}\end{bmatrix} \tag{1-164}$$

式(1-162)中的 q_r 为 r 阶模态坐标,其物理意义可理解为各阶模态对响应的贡献量,其数学意义可理解为加权系数。各阶模态对响应的贡献量或权系数是不同的,它与激励的频率结构有关。一般低阶模态比高阶模态有较大的权系数。

利用模态矩阵,得到系统响应的列向量为

$$X(\omega)=\boldsymbol{\Phi}Q \tag{1-165}$$

式中:$Q=\left[q_1(\omega)\quad q_2(\omega)\quad \cdots\quad q_n(\omega)\right]^{\mathrm{T}}$ 为模态坐标向量,将其代入式(1-161)得

$$\left(K-\omega^2 M\right)\boldsymbol{\Phi}Q=0 \tag{1-166}$$

或

$$\left(K-\omega^2 M\right)\boldsymbol{\Phi}=0 \tag{1-167}$$

这是矩阵束 K 和 M 的广义特征值问题,标量 ω^2 对应向量 $\boldsymbol{\Phi}$ 是特征值与特征向量。使这一特征值问题有非零解向量的充分必要条件,即特征方程为

$$\det\left(K-\omega^2 M\right)=0 \tag{1-168}$$

对于第 r 阶模态,由式(1-167)可得

$$\left(K-\omega_r^{\,2} M\right)\boldsymbol{\varphi}_r=0 \tag{1-169}$$

对式(1-169)左乘 $\boldsymbol{\varphi}_s^{\mathrm{T}}$,得

$$\boldsymbol{\varphi}_s^{\mathrm{T}}\left(K-\omega_r^{\,2} M\right)\boldsymbol{\varphi}_r=0 \tag{1-170}$$

类似地,对于第 s 阶模态有

$$\left(K-\omega_s^{\,2} M\right)\boldsymbol{\varphi}_s=0 \tag{1-171}$$

将式（1-171）转置，再右乘 $\boldsymbol{\varphi}_r$ 得

$$\boldsymbol{\varphi}_s^{\mathrm{T}}\left(\boldsymbol{K}^{\mathrm{T}}-\omega_s{}^2\boldsymbol{M}^{\mathrm{T}}\right)\boldsymbol{\varphi}_r=0 \tag{1-172}$$

由于矩阵 $\boldsymbol{K}$、$\boldsymbol{M}$ 为对称矩阵，转置后与原矩阵相等，将式（1-170）与式（1-172）相减得

$$\left(\omega_r^2-\omega_s^2\right)\boldsymbol{\varphi}_s^{\mathrm{T}}\boldsymbol{M}\boldsymbol{\varphi}_r=0 \tag{1-173}$$

在一般情况下，第 r 阶模态和第 s 阶模态的模态频率不相等，对应特征方程的非重根情况：

$$\boldsymbol{\varphi}_s^{\mathrm{T}}\boldsymbol{M}\boldsymbol{\varphi}_r=0 \quad (r\neq s) \tag{1-174}$$

将式（1-174）代入式（1-170），得到类似表达

$$\boldsymbol{\varphi}_s^{\mathrm{T}}\boldsymbol{M}\boldsymbol{\varphi}_r=0 \quad (r\neq s) \tag{1-175}$$

这就是模态振型的正交性。

对于 $r=s$ 的情况，由式（1-172）有

$$\boldsymbol{\varphi}_r^{\mathrm{T}}\boldsymbol{K}\boldsymbol{\varphi}_r=\omega^2\boldsymbol{\varphi}_r^{\mathrm{T}}\boldsymbol{M}\boldsymbol{\varphi}_r \tag{1-176}$$

令

$$\left.\begin{aligned}\boldsymbol{\varphi}_r^{\mathrm{T}}\boldsymbol{K}\boldsymbol{\varphi}_r&=K_r\\ \boldsymbol{\varphi}_r^{\mathrm{T}}\boldsymbol{M}\boldsymbol{\varphi}_r&=M_r\end{aligned}\right\} \tag{1-177}$$

式中：K_r 和 M_r 分别为第 r 阶模态刚度和第 r 阶模态质量，它们是与模态有关的数，也是模态参数。

对相同的模态，可以有数值不同的模态刚度及模态质量，其具体数值与模态向量的归一化（或正则化）方法有关。若按下式对模态向量进行正则化，得到加权模态向量 $\bar{\boldsymbol{\Phi}}$，则有模态质量为 1，模态刚度为 ω_r^2。

$$\bar{\boldsymbol{\Phi}}=\frac{1}{\sqrt{M_r}}\boldsymbol{\Phi} \tag{1-178}$$

尽管模态振型、模态刚度和模态质量都不是唯一的，但模态频率是唯一的，第 r 阶模态频率为

$$\omega_r=\frac{K_r}{M_r} \tag{1-179}$$

对式（1-166）左乘 $\boldsymbol{\Phi}^{\mathrm{T}}$

$$\boldsymbol{\Phi}^{\mathrm{T}}\left(\boldsymbol{K}-\omega^2\boldsymbol{M}\right)\boldsymbol{\Phi}\boldsymbol{Q}=\boldsymbol{0} \tag{1-180}$$

令

$$\left.\begin{aligned}\boldsymbol{\Phi}^{\mathrm{T}}\boldsymbol{M}\boldsymbol{\Phi}&=\boldsymbol{M}_r\\ \boldsymbol{\Phi}^{\mathrm{T}}\boldsymbol{K}\boldsymbol{\Phi}&=\boldsymbol{K}_r\end{aligned}\right\} \tag{1-181}$$

则

$$\left(\boldsymbol{K}_r-\omega^2\boldsymbol{M}_r\right)\boldsymbol{Q}=0 \tag{1-182}$$

根据模态振型正交性可知，$\boldsymbol{K}_r$ 是由 K_r 作为对角线元素构成的对角矩阵，$\boldsymbol{M}_r$ 是由 M_r 作为对角线元素构成的对角矩阵。则式（1-182）即是由模态坐标表示的非耦合方程组，这就是

模态解耦的过程。

求解该方程组与求解 n 个单自由度振动系统运动方程无异，一个 n 自由度振动系统可以按照 n 个单自由度振动系统处理，通过线性叠加得到系统原来的振动，这就是振型叠加法。

一个无阻尼振动系统的各阶模态称为主模态。各阶模态向量所张成的空间称为主空间，其相应的模态坐标称为主坐标。系统按任意一个固有频率做自由振动时的运动称为主振动，做主振动时的振型称为主振型。

对弱阻尼振动系统，有时也可通过无阻尼振动系统固有振动分析方法获得所需的模态信息。但是对于强阻尼振动系统，则不能忽视阻尼的影响。对于考虑阻尼的系统，要根据阻尼类型分类讨论。仅对于比例阻尼，即阻尼矩阵满足

$$\boldsymbol{C}=\alpha\boldsymbol{M}+\beta\boldsymbol{K} \tag{1-183}$$

可以通过类似于质量和刚度矩阵的处理方式解耦。式（1-183）中，α 和 β 为比例系数。由于质量矩阵与刚度矩阵均为实对称矩阵，故比例阻尼矩阵亦为实对称矩阵，也满足解耦条件。比例阻尼矩阵存在正交性条件：

$$\boldsymbol{\varphi}_s^{\mathrm{T}}\boldsymbol{C}\boldsymbol{\varphi}_r=\begin{cases}0 & (r\neq s)\\ C_r & (r=s)\end{cases} \tag{1-184}$$

系统运动方程可以解耦为

$$\left(\boldsymbol{K}_r-\omega^2\boldsymbol{M}_r+j\omega\boldsymbol{C}_r\right)\boldsymbol{Q}=0 \tag{1-185}$$

式中：$\boldsymbol{C}_r$ 是由 C_r 作为对角线元素构成的对角矩阵。

然而，大部分机械系统都不符合比例阻尼这一比较苛刻的条件，这就需要借助状态空间或物理空间的方法进行方程解耦，这类系统将得到复数模态系数。对应于无阻尼振动系统和比例阻尼振动系统的实模态分析，这就是针对一般黏性阻尼振动系统的复模态分析。

下面以二自由度系统为例，介绍二自由度系统频响函数分析。根据多自由度受迫振动系统的运动方程，可得动刚度矩阵为

$$\boldsymbol{Z}(\omega)=\boldsymbol{K}-\omega^2\boldsymbol{M} \tag{1-186}$$

如果动刚度矩阵非奇异，则可得到导纳矩阵

$$\boldsymbol{H}(\omega)=(\boldsymbol{K}-\omega^2\boldsymbol{M})^{-1} \tag{1-187}$$

对于图 1-19 所示的二自由度无阻尼振动系统，动刚度矩阵和导纳矩阵可分别写为

$$\boldsymbol{Z}(\omega)=\begin{bmatrix}k_1-\omega^2m_1 & -k_1\\ -k_1 & (k_1+k_2)-\omega^2m_2\end{bmatrix} \tag{1-188}$$

$$\boldsymbol{H}(\omega)=\frac{\begin{bmatrix}k_1+k_2-\omega^2m_2 & -k_1\\ -k_1 & k_1-\omega^2m_1\end{bmatrix}}{\left(k_1+k_2-\omega^2m_2\right)\left(k_1-\omega^2m_1\right)-k_1^2} \tag{1-189}$$

H_{11} 驱动点的频响函数形如下，其对数坐标的幅频特性如图 1-20 所示。

$$H_{11}(\omega)=\frac{k_1+k_2-\omega^2m_2}{\left(k_1+k_2-\omega^2m_2\right)\left(k_1-\omega^2m_1\right)-k_1^2} \tag{1-190}$$

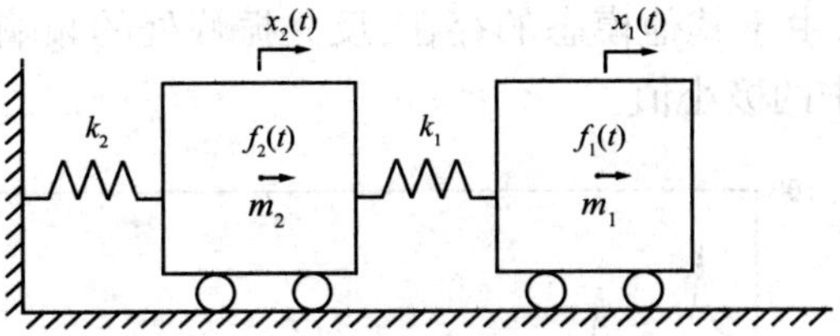

图 1-19　二自由度无阻尼振动系统

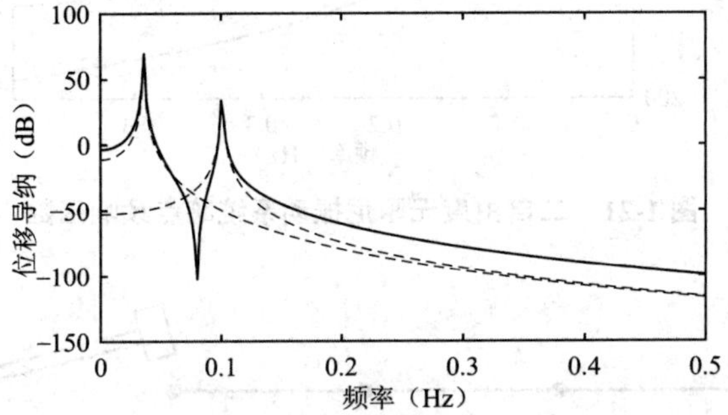

图 1-20　二自由度无阻尼振动系统驱动点频响函数

当 $\omega \to 0$ 时，频响函数幅值约为 $(k_1+k_2)/k_1k_2$，称为等效刚度，也是 H_{11} 幅频特性曲线起始渐近线的幅值。对于有阻尼振动系统，幅频曲线上出现的两个峰值即是系统的两种共振状态；对于无阻尼振动系统，当激励频率为系统共振频率时，频响函数的幅值趋于无穷。系统的两阶共振频率可通过令式（1-190）的分母为 0 求解得到。

不同于单自由度有阻尼振动系统的频响函数幅频特性，多自由度振动系统驱动点的频响函数幅频曲线（对数坐标）在两个共振峰之间还会出现一个反共振峰，如图 1-20 所示。即当 $\omega=(k_1+k_2)/m_2$（$|H_{11}|=0$）时，无论多大的激励，理论上都不会引起 m_1 的响应，这一特性也为振动控制提供了方法。调整系统参数使激励频率恰好位于反共振峰出现时的频率，则特定自由度或部件的响应将得到明显降低。对于 n 自由度约束系统的任何一个频响函数，必然出现 n 个共振峰；但是仅驱动点频响函数有 $n-1$ 个反共振峰，且先出现一个共振峰，然后出现一个反共振峰，共振峰与反共振峰再交替出现。类似地，对于 n 自由度自由振动系统，由于刚体模态的存在，最后一个刚体模态与第一个弹性模态叠加时将首先出现反共振峰，然后是共振峰，共出现 n 个反共振峰和 $n-1$ 个共振峰。然而，跨点频响函数则没有共振峰和反共振峰交替出现这一规律。一般来讲，距离驱动点越远，反共振峰会依次减少。

对于图 1-19 中的二自由度系统，H_{12} 和 H_{21} 的幅频曲线如图 1-21 所示，都不再有反共振峰，也就是说，在 $\omega=(k_1+k_2)/m_2$ 位置，$|H_{12}|$和$|H_{21}|$都不为 0（当然，$|H_{22}|$也不为 0）。对于如图 1-22 所示等效的三自由度梁系统，当以 1 点为驱动点时，第 1、2、3 个自由度的频响函数分别如图 1-23 所示，可以看到，从驱动点 1 到最远的跨点 3，反共振峰个数由 2 依次减少到 0。这说明反共振峰是一个局部属性，其出现的位置与测量位置有关。从模态解耦的角度上讲，反共振峰的出现是由于相邻两阶模态在这一频率处幅值大小相等，相位相反。因此，类似图 1-19 所示的二自由度无阻尼振动系统在反共振峰处频响函数幅值为 0，但是对于三自由度

以及自由度更高的系统，由于其他模态的存在，反共振峰处的频响函数幅值不会恰好为 0，但也是临近两个共振峰中的极小值。

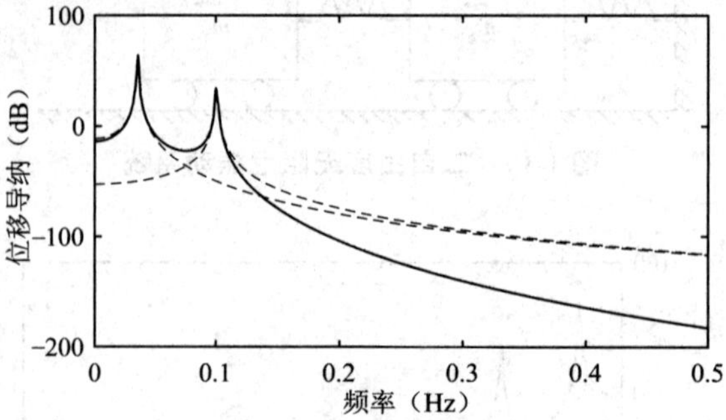

图 1-21　二自由度无阻尼振动系统跨点频响函数

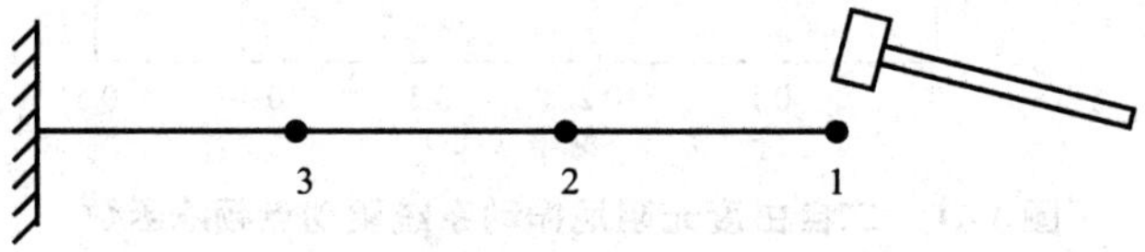

图 1-22　等效三自由度梁系统

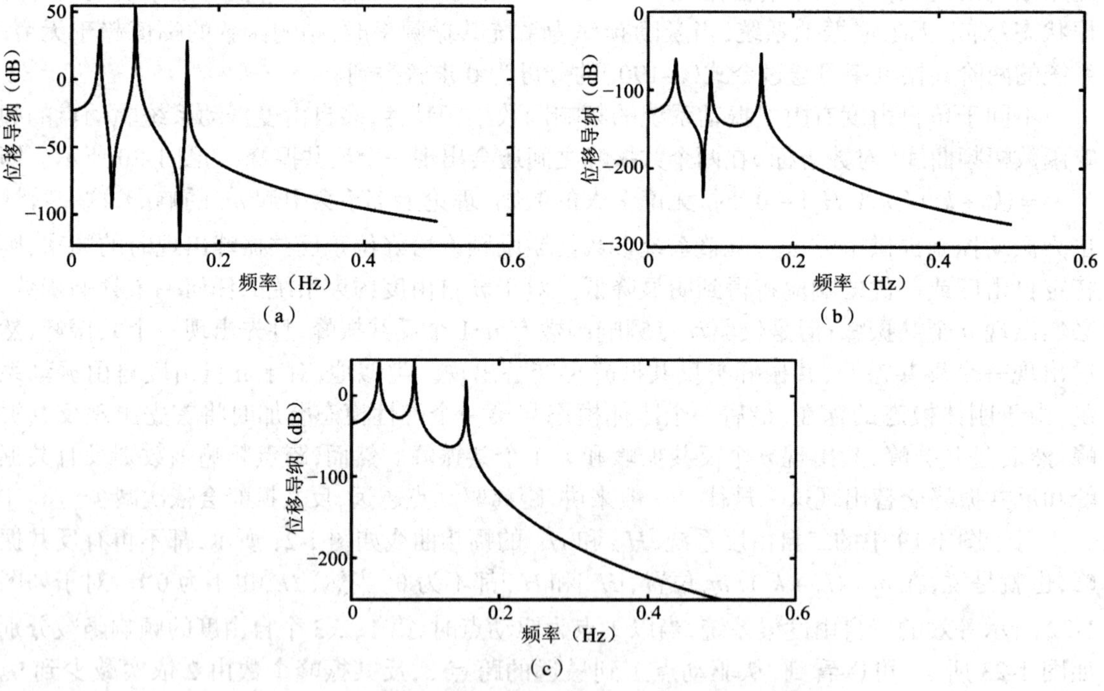

图 1-23　等效三自由度梁系统 3 个自由度的频响函数

（a）自由度 1　（b）自由度 2　（c）自由度 3

第 2 章　轴系振动

2.1　曲柄连杆运动学

正置式曲柄连杆机构是内燃机中最重要的运动机构，如图 2-1 所示。其中，AO 为气缸中心线，O 点为曲轴回转中心，B 点为曲柄销中心，A 点为活塞销中心，$R=OB$ 为曲柄半径，$S=2R$ 为活塞行程，$L=AB$ 为连杆长度，$\lambda=R/L$ 为曲柄半径与连杆长度比。对于现代内燃机，$\lambda=\dfrac{1}{3.2}\sim\dfrac{1}{5}$。

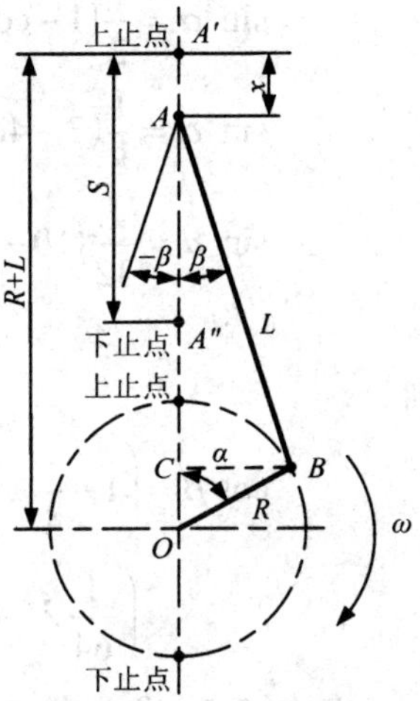

图 2-1　曲柄连杆机构示意图

当曲柄连杆机构运动时，曲柄瞬时位置用曲柄中心线与气缸中心线间的曲柄夹角 α 表示，其他运动参数都可表示为 α 的函数。连杆瞬时位置用连杆中心线与气缸中心线间的夹角 β 表示，称为连杆摆角。计算中规定，以上止点为基准，曲柄按顺时针方向回转时，α 按曲柄转向自气缸中心线起，至曲柄中心线为正值；β 按连杆摆向从气缸中心线起，至连杆中心线为正值。

2.1.1　活塞运动学

（1）活塞位移

由图 2-1 可知，当曲柄自上止点转过 α 角时，可得活塞位移 x 的公式为

$$\begin{aligned} x &= \overline{A'A} = \overline{A'O} - \overline{AO} = R + L - \left(\overline{AC} + \overline{CO}\right) \\ &= R + L - L\cos\beta - R\cos\alpha \\ &= R(1-\cos\alpha) + L(1-\cos\beta) \end{aligned} \tag{2-1}$$

其中

$$\frac{\sin\beta}{\sin\theta} = \frac{R}{L} = \lambda \tag{2-2}$$

所以

$$\sin\beta = \lambda\sin\alpha$$

根据三角函数的基本关系，有

$$\cos\beta = \sqrt{1-\sin^2\beta} = \sqrt{1-\lambda^2\sin^2\alpha} \tag{2-3}$$

代入式（2-1），得

$$x = R(1-\cos\alpha) + L\left(1-\sqrt{1-\lambda^2\sin^2\alpha}\right) \tag{2-4}$$

式(2-4)就是活塞位移的准确公式。

活塞位移也可用傅里叶级数形式来表示，即把 $\cos\beta$ 值按二项式定理展开，有

$$\cos\beta = \sqrt{1-\lambda^2\sin^2\alpha} = 1 - \frac{1}{2}\lambda^2\sin^2\alpha - \frac{1}{8}\lambda^4\sin^4\alpha - \frac{1}{16}\lambda^6\sin^6\alpha - \cdots \tag{2-5}$$

把其中的正弦函数化成倍角余弦函数，得

$$\left.\begin{aligned}
&\sin^2\alpha = \frac{1}{2}(1-\cos 2\alpha)\\
&\sin^4\alpha = \frac{1}{8}(3-4\cos 2\alpha+\cos 4\alpha)\\
&\sin^6 a = \frac{1}{32}(10-15\cos 2\alpha+6\cos 4\alpha-\cos 6\alpha)\\
&\vdots
\end{aligned}\right\} \tag{2-6}$$

则

$$\begin{aligned}\cos\beta = {}&\left(1-\frac{1}{4}\lambda^2-\frac{3}{64}\lambda^4-\cdots\right)+\left(\frac{1}{4}\lambda^2+\frac{1}{16}-\lambda^4+\cdots\right)\cos 2\alpha -\\
&\left(\frac{1}{64}\lambda^4+\cdots\right)\cos 4\alpha+\left(\frac{1}{512}\lambda^6+\cdots\right)\cos 6\alpha-\cdots\end{aligned} \tag{2-7}$$

将式(2-7)代入式(2-1)整理后得

$$x = R(a_0 + a_1\cos\alpha + a_2\cos 2\alpha + a_4\cos 4\alpha + \cdots) \tag{2-8}$$

式(2-8)就是用傅里叶级数表示的活塞位移准确公式，其中

$$\left.\begin{aligned}
&a_0 = 1+\frac{1}{4}\lambda+\frac{3}{64}\lambda^3+\frac{5}{256}\lambda^5+\cdots\\
&a_1 = -1\\
&a_2 = -\left(\frac{1}{4}\lambda+\frac{1}{16}\lambda^8+\frac{15}{512}\lambda^5+\cdots\right)\\
&a_4 = \frac{1}{64}\lambda^3+\frac{3}{256}\lambda^5+\cdots\\
&\vdots
\end{aligned}\right\} \tag{2-9}$$

可见，活塞位移是一个很快收敛的无穷级数。因 λ 值恒小于 1，λ^8 以上的高次项数值很小，可略去不计，所以式(2-8)可用式(2-10)近似式来代替。

$$\begin{aligned}x &= R\left(1+\frac{1}{4}-\lambda-\cos\alpha-\frac{1}{4}\cdot\lambda\cos 2\alpha\right)\\
&= \underbrace{R(1-\cos a)}_{x_{\mathrm{I}}} + \underbrace{\frac{R\lambda}{4}(1-\cos 2\alpha)}_{x_{\mathrm{II}}}\end{aligned} \tag{2-10}$$

若把式(2-7)中 λ^8 以上高次项略去，并代入式(2-4)，所得结果也与式(2-10)相同，即得

到活塞位移的近似公式。活塞位移曲线如图 2-2 所示。

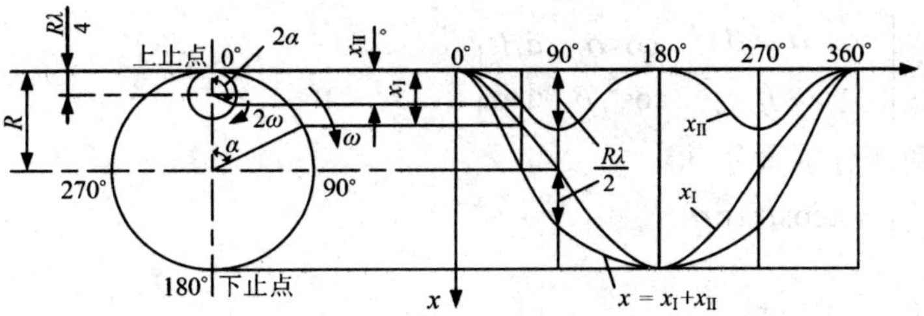

图 2-2　活塞位移曲线

(2)活塞速度

内燃机在稳定工况下工作时,假定曲柄以等角速度 $\omega = \dfrac{d\alpha}{dt}$ 回转。将式(2-1)对时间做一次微分,可得活塞运动速度的准确公式:

$$v = \frac{dx}{dt} = \frac{dx}{d\alpha} \cdot \frac{d\alpha}{dt} = R\omega \frac{\sin(\alpha + \beta)}{\cos\beta} \tag{2-11}$$

同理,可得傅里叶级数形式的活塞速度准确公式:

$$v = -R\omega(a_1 \sin\alpha + 2a_2 \sin 2\alpha + 4a_4 \sin 4\alpha + \cdots) \tag{2-12}$$

活塞速度的近似公式为

$$v = R\omega\left(\sin\alpha + \frac{\lambda}{2} - \sin 2\alpha\right) \tag{2-13}$$

内燃机在稳定工况下工作时,$R\omega$ 是一个常数,所以活塞运动速度是由两个简谐运动 v_I 和 v_{II} 迭加而成的,可表示为

$$v = \underbrace{R\omega \sin\alpha}_{v_I} + \underbrace{\frac{1}{2} R\omega\lambda \sin 2a}_{v_{II}} \tag{2-14}$$

活塞最大速度和平均速度与发动机工作的粗暴程度及零件磨损程度有重要关系。活塞的最大运动速度的近似公式为

$$v_{max} \approx \pm R\omega\sqrt{1 + \lambda^2} \tag{2-15}$$

活塞的平均速度 C_m 可由式(2-9)在上、下止点间积分,再除以该区间的曲柄转角求出:

$$C_m = \frac{1}{\pi}\int_0^\pi v dv = \frac{1}{\pi} - \int_0^\pi R\omega\left(\sin\alpha + \frac{\lambda}{2}\sin 2\alpha\right)d\alpha$$

$$= \frac{2}{\pi}R\omega = \frac{S}{\pi}\left(\frac{\pi n}{30}\right) = \frac{Sn}{30} \tag{2-16}$$

在内燃机中,C_m = 5~15 m/s,$v \approx 1.625\, C_m$。

(3)活塞加速度

将反映活塞速度的准确公式(2-11)对时间求导,可得活塞的加速度表达式:

$$a = \frac{\mathrm{d}v}{\mathrm{d}t} = \frac{\mathrm{d}v}{\mathrm{d}\alpha} \cdot \frac{\mathrm{d}\alpha}{\mathrm{d}t}$$
$$= R\omega^2 \left[\frac{\cos(\alpha + \beta)}{\cos\beta} + \frac{\cos\alpha}{\cos^2\beta} \cdot \frac{\mathrm{d}\beta}{\mathrm{d}\alpha} \right] \tag{2-17}$$

对式(2-2)两侧分别微分,得

$$\cos\beta \cdot \mathrm{d}\beta = \lambda\cos\alpha \cdot \mathrm{d}\alpha \tag{2-18a}$$

或

$$\frac{\mathrm{d}\beta}{\mathrm{d}\alpha} = \lambda \frac{\cos\alpha}{\cos\beta} \tag{2-18b}$$

代入式(2-17),得

$$a = R\omega^2 \left[\frac{\cos(a + \beta)}{\cos\beta} + \lambda \frac{\cos^2\alpha}{\cos^8\beta} \right] \tag{2-19}$$

式(2-19)就是活塞加速度的准确公式,其傅里叶级数形式为

$$a = -R\omega^2 \left(a_1\cos\alpha + 4a_2\cos 2a + 16a_4\cos 4\alpha + \cdots \right) \tag{2-20}$$

活塞加速度近似公式为

$$a = R\omega^2 \left(\cos\alpha + \lambda\cos 2\alpha \right) \tag{2-21}$$

式(2-21)也可看作由曲柄转角 α 的两个简谐函数所组成,即

$$a = \underbrace{R\omega^2\cos\alpha}_{a_{\mathrm{I}}} + \underbrace{R\omega^2\lambda\cos 2\alpha}_{a_{\mathrm{II}}}$$

活塞加速度极值的大小及位置有两种情况.

1)第一种情况:当 $\lambda \leqslant 1/4$ 时,活塞加速度在曲轴一转范围内有 2 个极值(图 2-3(a))。在 $\alpha_1 = 0°$,即上止点处,活塞加速度的极大值为

$$a_{\alpha_1} = R\omega^2 (1 + \lambda) \tag{2-22}$$

在 $\alpha_2 = 180°$,即下止点处,活塞加速度的极小值为

$$a_{\alpha_2} = -R\omega^2 (1 - \lambda) \tag{2-23}$$

2)第二种情况:当 $\lambda > 1/4$ 时,活塞加速度在曲轴一转范围内有 4 个极值(图 2-3(b)),其中两个与第一种情况相同,另外还有两个极小值出现在 $a_{3,4} = \arccos\left(-\frac{1}{4\lambda}\right)$ 处(90° ~ 270° 之间),其大小为

$$a_{\alpha_{3,4}} = -R\omega^2 \left(n + \frac{1}{8\lambda} \right) \tag{2-24}$$

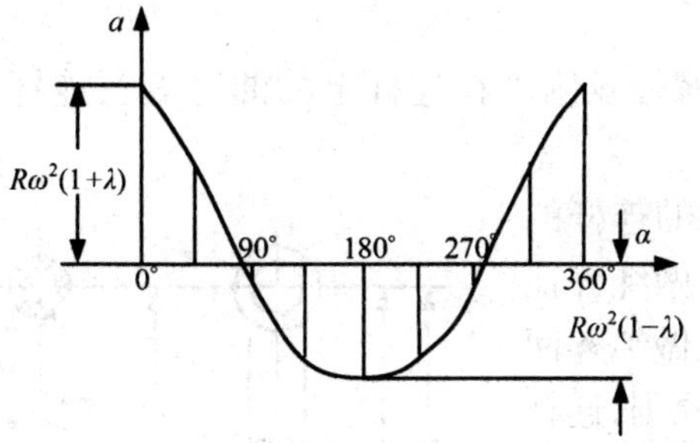

（a）

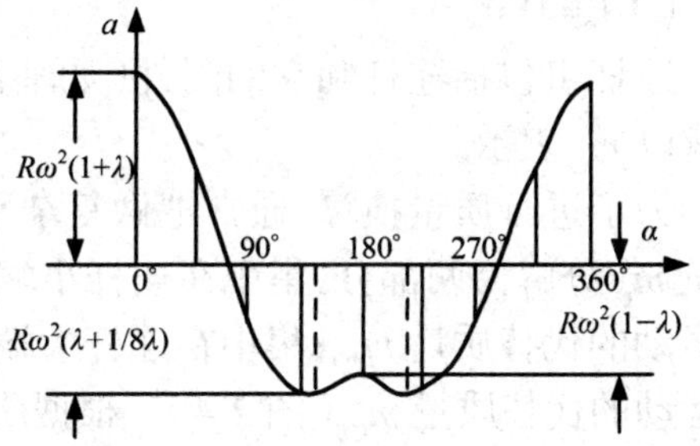

（b）

图 2-3　不同 λ 值时的 $a=f(\alpha)$ 曲线

（a）$\lambda \leqslant 1/4$　（b）$\lambda > 1/4$

2.2　曲柄连杆机构动力学

2.2.1　运动质量换算

曲柄连杆机构运动时所产生的惯性力，与各运动部件的质量成正比，所以在分析曲柄连杆机构的作用力之前，应先确定各运动部件的质量。按运动特点，曲柄连杆机构的运动部件可分为活塞组、曲轴组和连杆组。

（1）活塞组

活塞组包括活塞、活塞环、活塞销以及它们的紧固元件（如弹簧锁环、活塞销定位塞子等），在十字头式发动机中还有活塞杆、十字头及其他附件。活塞组的质量 m_p 等于上述各零件实际质量之和，m_p 可以近似地认为集中在活塞销的中心处，不需进行质量换算。

（2）曲轴组

曲轴由若干个单位曲柄所组成，若不考虑平衡块的质量，则单位曲柄的不平衡质量主要包括曲柄销和两边曲柄臂的不平衡部分。以曲柄销中心线为对称中心的曲柄销，以及附着在它上面的曲柄臂部分的质量用 m_s 表示，并近似地认为该质量集中在曲柄销的中心处，其回转半径就是 R，故无须再做质量换算。在主轴颈和曲柄销之间，一个曲柄臂的质量为 m_w，其重心半径为 ρ，必须把这部分质量换算到曲柄的回转半径 R 处。设 m_w 换算到 R 的代替质量为 m'_w，它们都以曲轴角速度 ω 回转，根据离心惯性力相等原则，有

$$m'_w R\omega^2 = m_w \rho\omega^2$$

故

$$m'_w = m_w \frac{\rho}{R} \tag{2-25}$$

单位曲柄有一个曲柄销和两个曲柄臂，它们的不平衡质量为

$$m_k = m_s + 2m_w \frac{\rho}{R} \tag{2-26}$$

(3)连杆组

连杆组包括连杆和它的附件(如轴瓦、连杆螺栓及附着在连杆上的油管等),连杆组的质量以 m_C 表示。

为了进行质量换算,通常把做复杂平面运动的连杆的质量 m_C 分解为两部分:集中在连杆小端中心,仅做纯粹往复运动的代替质量 m_{CA};集中在连杆大端中心,仅做纯粹回转运动的代替质量 m_{CB}(图 2-4)。根据质量换算原则,连杆代替系统的动力效应必须与原连杆相同,为此应满足 3 个条件。

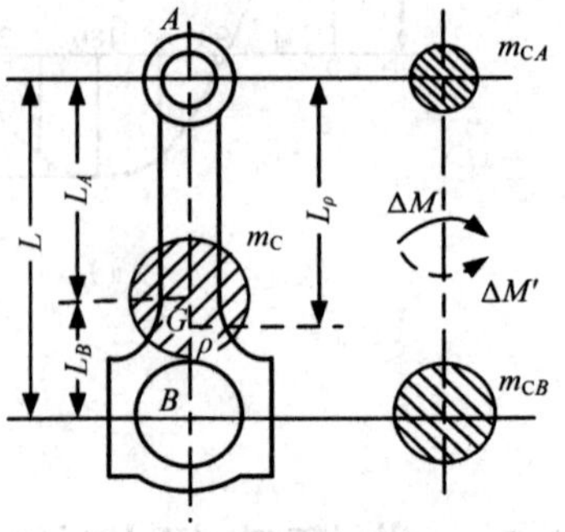

图 2-4　连杆代替质量

1)连杆代替系统各质量之和等于原连杆质量,即

$$m_{CA}+m_{CB}=m_C \tag{2-27}$$

2)连杆代替系统的重心与原连杆的重心重合,力矩得以平衡,即

$$m_{CA}L_A=m_{CB}L_B \tag{2-28}$$

式中:L_A 为小端中心至连杆重心 G 的距离;L_B 为大端中心至连杆重心 G 的距离。

解式(2-27)和式(2-28)联立方程,得

$$\left.\begin{aligned} m_{CA}&=m_C\frac{L_B}{L}\\ m_{CB}&=m_C\frac{L_A}{L}\end{aligned}\right\} \tag{2-29}$$

3)连杆代替系统各质量对原连杆重心的转动惯量之和,等于原连杆质量对其重心的转动惯量,有

$$m_{CA}L_A^2+m_{CB}L_B^2=I_C \tag{2-30}$$

将式(2-29)代入式(2-30)的左侧,得

$$m_{CA}L_A^2+m_{CB}L_B^2=m_CL_AL_B=m_CL_A\left(L-L_A\right)$$

所以

$$m_CL_A\left(L-L_A\right)=I_C \tag{2-31}$$

式(2-31)能否成立,取决于原连杆质量绕其重心 G 的转动惯量 I_C 的数值。根据理论力学原理,若把 I_C 转化为绕 A 轴旋转的转动惯量 I_A,则

$$I_A=I_C+m_CL_A^2 \tag{2-32}$$

但原连杆质量绕 A 轴的转动惯量为

$$I_A=m_CL_AL_\rho \tag{2-33}$$

代入式(2-32)得

$$I_C=m_CL_AL_\rho-m_CL_A^3=m_CL_A\left(L_\rho-L_A\right) \tag{2-34}$$

式中:L_ρ 为连杆小端到连杆撞击中心的距离(图 2-4)。

由于 I_A 可用试验法或作图法求出,故

$$L_\rho = I_A / m_C L_A \tag{2-35}$$

将式(2-34)代入式(2-31),得

$$m_C L_A(L - L_A) = m_C L_A(L_\rho - L_A) \tag{2-36}$$

显然,上式两边并不相等,即式(2-31)不能成立,该式两边的差值为

$$\begin{aligned}\Delta I &= m_C L_A(L - L_A) - I_C \\ &= m_C L_A(L - L_A) - m_C L_A(L_\rho - L_A) \\ &= m_C L_A(L - L_\rho)\end{aligned} \tag{2-37}$$

出现ΔI的原因是按条件 1 和条件 2 得出的代替质量m_{CA}和m_{CB}距离连杆重心G较远。

在连杆摆动角加速度$\ddot{\beta}$作用下,ΔI对连杆产生了一个附加转矩$\Delta M' = \Delta I \cdot \ddot{\beta}$,从而形成与原连杆不同的动力效应。为了抵消这个附加转矩的影响,在已分解的代替系统的两个质量基础上,还须加上一个和$\Delta M'$大小相等、方向相反的力偶ΔM,这样代替系统和原连杆才能等价。通常,将ΔM称为连杆修正力偶或连杆力偶。

根据以上分析,符合原连杆实际情况的代替系统,应该由两个质量和一个连杆力偶组成,但因连杆力偶的数值很小,为了计算方便,常常忽略不计。所以工程计算时,一般只用两个集中质量作为连杆代替系统,即近似地认为式(2-31)是成立的。

2.2.2 曲柄连杆机构的力源

基本作用力源有两个:一是缸内气体压力,也是内燃机中最主要的力源;二是曲柄连杆机构运动产生的惯性力,其与各运动部件的质量成正比。

(1)缸内气体压力

缸内气体压力随曲柄转角做周期性变化,作用在活塞顶面,通过活塞销传递到曲柄连杆机构。气体压力的表达式为

$$P_g = p_g \cdot \frac{\pi}{4} D^2 \ (\mathrm{N}) \tag{2-38}$$

式中:P_g是随曲轴转角变化的缸内气体压力(Pa);D是气缸直径(m)。

(2)曲柄连杆机构惯性力

Ⅰ.往复惯性力

集中在活塞销中心,做往复直线运动的质量为

$$m_f = m_\rho + m_{CA} \ (\mathrm{kg}) \tag{2-39}$$

因此,曲柄连杆机构的往复惯性力为

$$P_f = -m_f a \ (\mathrm{N}) \tag{2-40}$$

代入加速度近似公式(2-21),得

$$\begin{aligned}P_f &= -m_f R\omega^2(\cos\alpha + \lambda\cos 2\alpha) \\ &= -m_f R\omega^2\cos\alpha - m_f R\omega^2\lambda\cos 2\alpha \\ &= P_{fI} + P_{fII}\end{aligned} \tag{2-41}$$

式中：P_{fI} 为一级往复惯性力；P_{fII} 为二级往复惯性力；m_f、R 和 λ 为常数；ω 为曲轴角速度。

内燃机在稳定工况下工作时，ω 为定值，所以往复惯性力的大小和方向都随曲柄转角做周期性变化。往复惯性力是沿气缸中心线作用的，且永远与活塞加速度反向，为使计算时不易弄错，动力学中统一规定往复惯性力和气体压力都是沿气缸中心线向下为正值。

Ⅱ. 离心惯性力

在曲柄连杆机构中，曲柄不平衡质量 m_K 和连杆大端代替质量 m_{CB} 都作用于曲柄销中心处，并随曲柄做回转运动，因此，回转运动总的不平衡质量为

$$m_r = m_K + m_{CB} \quad (\text{kg}) \tag{2-42}$$

曲柄连杆机构中不平衡的离心惯性力为

$$P_r = m_r R\omega^2 \quad (\text{N}) \tag{2-43}$$

式中：m_r、R、ω 都是定值，表明离心惯性力大小不变，作用方向则始终沿着曲柄半径远离曲轴回转中心。

2.2.3 正置式曲柄连杆机构作用力分析

（1）缸内气体压力和往复惯性力

缸内气体压力 P_g 和往复惯性力 P_f 皆可视为作用于活塞销中心处并沿气缸中心线方向传递。至于零件的重力和零件之间相对运动产生的摩擦力，因其数值较小，在分析机构受力状况和零件强度计算时，均不予考虑。所以沿气缸中心线作用于活塞销处的合成力为

$$P = P_g + P_f = P_g \frac{\pi}{4} D^2 - m_f a \quad (\text{N}) \tag{2-44}$$

为了便于比较各型内燃机的机械负荷，工程上常使用“单位活塞面积作用力（p）”进行计算，所以式（2-44）也可表示为

$$p = p_z - m_f \frac{a}{\frac{\pi D^2}{4}} = p_z - \frac{m_j}{A} - a == p_g + p_j \quad (\text{Pa}) \tag{2-45}$$

式中：A 为气缸面积。

（2）活塞销处作用力

作用在活塞销 A 点处的合成力 p 可以分解为两个分力：p_H 和 p_C。如图 2-5 所示，这两个分力可表示为

$$\left.\begin{aligned} p_H &= p \cdot \tan\beta \\ p_C &= p\frac{1}{\cos\beta} \end{aligned}\right\} \tag{2-46}$$

用式（2-2）代入，得

$$\left.\begin{aligned} p_H &= p\frac{\sin\alpha}{\sqrt{\frac{1}{\lambda^2} - \sin^2\alpha}} \\ p_C &= p\frac{1}{\sqrt{1-\lambda^2\sin^2\alpha}} \end{aligned}\right\} \tag{2-47}$$

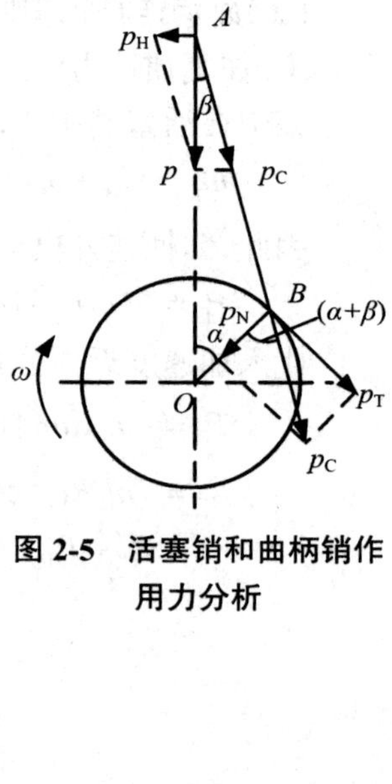

图 2-5　活塞销和曲柄销作用力分析

p_H是垂直于气缸中心线的作用力，将活塞压向气缸壁，称为活塞侧推力，其数值大小在一定程度上反映了活塞和气缸套之间磨损的程度。p_C是沿连杆中心线的作用力，称为连杆推力，反映了连杆承受压缩和拉伸载荷的情况。

(3)曲柄销处作用力

连杆推力p_C沿连杆中心线传递到曲柄销中心B点处，又可分解为互相垂直的两个分力p_T和p_N（图 2-5），分别表示为

$$\left.\begin{aligned} p_T &= p_C\sin(\alpha+\beta) = p\frac{\sin(\alpha+\beta)}{\cos\beta} \\ p_N &= p_C\cos(\alpha+\beta) = p\frac{\cos(\alpha+\beta)}{\cos\beta} \end{aligned}\right\} \tag{2-48}$$

p_T的作用方向与曲柄圆相切，称为切向力。如垂直于曲柄圆，是沿曲柄方向的向心作用力，称为法向力或径向力。近似计算中，p_T可表示为

$$p_T = p\left(\sin\alpha + \frac{\lambda}{2}\sin 2\alpha\right) \tag{2-49}$$

曲柄销所受的作用力为

$$R_B = \sqrt{p_T^2 + (p_N - p_{rB})^2} \tag{2-50}$$

式中：$p_{rB} = m_{CB}R\omega^2$。

轴承和轴颈之间力的关系是作用力和反作用力的关系，所以，曲柄销轴承（连杆轴承）所受作用力的大小也等于R_B，但方向和曲柄销所受作用力方向相反。

(4)主轴承和主轴颈作用力

作用在曲柄销中心B点的法向力p_N和连杆大端离心惯性力p_{rB}皆可沿曲柄半径传递到主轴承中心O点，而曲柄本身不平衡质量所产生的离心惯性力p_{rK}也作用在O点（图 2-6）。因此，沿曲柄方向作用在O点的合力是一组力的代数和，表达式为

$$P_N - p_{rE} - p_{rK} = p_N - p_r \tag{2-51}$$

式 中：$p_{rK} = m_K R\omega^2$；$p_r = p_{rr} + p_{rK} = m_{CR}R\omega^2 + m_K R\omega^2 = m_r R\omega^2$。

作用在B点的切向力P_T平移到O点，可视为在O点加两个方向相反而大小皆等于P_T的力p'_T和p''_T，其中p'_T和P_T组成一个以O点为旋转中心的曲柄旋转力矩$M = P_T R$，称为发动机一只气缸的输出扭矩。因此，主轴承O点处尚有作用力p''_T和合成法向力$(P_N - P_r)$，它们的矢量和R_O就是一只气缸的主轴颈所受的作用力，表达式为

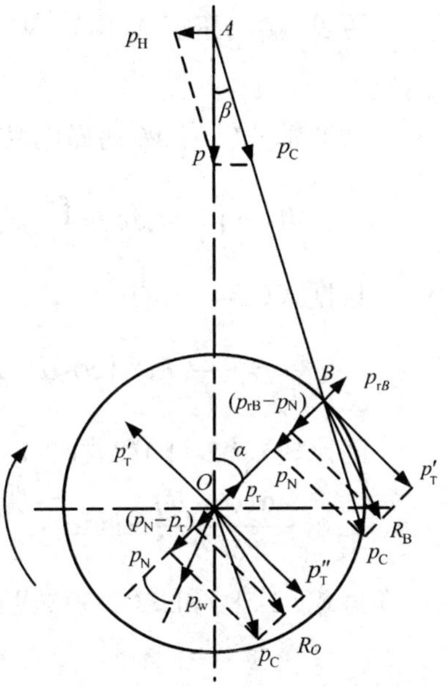

图 2-6　曲柄连杆机构力的传递

$$R_O = r\sqrt{p_T^2 + (p_N - p_r)^2} \tag{2-52}$$

当曲柄装有平衡重时，假定一只气缸平衡重所产生的离心力为 p_w（图 2-6），平衡重的重心与曲柄半径的夹角为 φ_w。此时，把 p_w 分解为两个分力：与 P_T 同向的分力 $p_w \sin\varphi_w$，与 p_N 同向的分力 $p_w \cos\varphi_w$，则一只气缸主轴承或主轴颈所受的作用力为

$$R_O' = \sqrt{(p_I + p_w \sin\varphi_w)^2 + (p_N - p_r + p_w \cos\varphi_w)^2} \tag{2-53}$$

发动机一只气缸有两个主轴承，若发动机没有平衡重，则每个主轴承所受的作用力为

$$\frac{1}{2}R_O = \frac{1}{2}\sqrt{p_T^2 + (p_N - p_r)^2} \tag{2-54}$$

在有平衡重的情况下，主轴承或主轴颈的基本负荷为 R_O' 的一半，如图 2-7 所示。

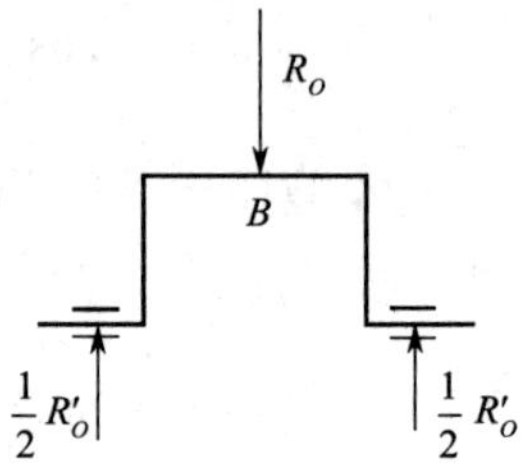

图 2-7　主轴颈基本负荷

（5）曲轴输出扭矩

如前所述，作用于曲柄销 B 点的力 p_T 和作用于主轴承 O 点的力 p_T' 是一对大小相等方向相反的力，它们构成一个以曲柄半径 R 为力臂的力偶，这个力偶的力矩就是发动机一个气缸的输出扭矩，表示为

$$M = p_T \cdot R \tag{2-55}$$

代入式（2-55）和式（2-48），得

$$\begin{aligned} M &= pR\frac{\sin(\alpha+\beta)}{\cos\beta} = p_g R\frac{\sin(\alpha+\beta)}{\cos\beta} + p_j R - \frac{\sin(\alpha+\beta)}{\cos\beta} \\ &= M_g + M_j \end{aligned} \tag{2-56}$$

可见，输出扭矩 M 由缸内气体压力所产生的扭矩 M_g 和往复惯性力所产生的扭矩 M_j 所组成。

在曲轴一转内 M_j 所做的功为

$$W_j = \int_0^{2\pi} M_j \mathrm{d}\alpha = \int_0^{2\pi} p_j R\frac{\sin(\alpha+\beta)}{\cos\beta}\mathrm{d}\alpha \tag{2-57}$$

根据式（2-41），有

$$p_j = -\frac{m_j}{F_p}R\omega^2(\cos\alpha + \lambda\cos 2\alpha) \tag{2-58}$$

而比较式（2-11）和式（2-13），得

$$\frac{\sin(\alpha+\beta)}{\cos\beta} \approx \sin\alpha + \frac{\lambda}{2}\sin 2\alpha \tag{2-59}$$

将式（2-58）和式（2-59）代入式（2-57），得

$$W_j \approx -\frac{m_j}{F_p}R^2\omega^2\int_0^{2\pi}(\cos\alpha+\lambda\cos 2\alpha)\left(\sin\alpha+\frac{\lambda}{2}\sin 2\alpha\right)\mathrm{d}\alpha$$
$$\approx -\frac{m_j}{F_p}R^2\omega^2\int_0^{2\pi}\left(-\frac{\lambda}{4}\sin\alpha+\frac{1}{2}\sin 2\alpha+\frac{3\lambda}{4}\sin 3\alpha+\frac{\lambda^2}{4}\sin 4\alpha\right)\mathrm{d}\alpha$$
$$=0 \tag{2-60}$$

以上分析表明，往复惯性力在发动机一转内所做的正功和负功互相抵消，在发动机运转中不对外做功，曲轴对外输出扭矩仅由缸内气体压力产生的扭矩 M_g 来完成。然而结合式（2-56）和图 2-6 进行分析，由于往复惯性力随曲柄转角交替变化，促使 $p=f(a)$ 也跟着变化，所以，往复惯性力对发动机输出扭矩的各个瞬时值是有影响的。

发动机的一个气缸的输出扭矩 $M=p_T\cdot R$；对多缸发动机来说，各缸的合成扭矩 $M_\Sigma=p_{\Sigma T}\cdot R$，为了校核计算的准确性并为下一步求发动机的扭矩不均匀系数做准备，必须求出发动机的平均扭矩，表示为

$$M_{im}=p_{\Sigma T_m}F_pR \quad (\mathrm{N\cdot m}) \tag{2-61}$$

式中：$p_{\Sigma T_m}$ 为平均切向力（Pa）；F_p 为气缸面积（m²）；R 为曲柄半径（m）。

平均指示扭矩和曲轴回转角速度的乘积就是发动机的指示功率，表示为

$$N_i=M_{im}\omega=M_{im}\cdot\frac{\pi n}{30}=\frac{1}{9\,549}M_{im}n \quad (\mathrm{kW}) \tag{2-62}$$

式中：n 为发动机转速（r/min）；M_{im} 为发动机的平均指示扭矩（N·m）。

此外，还可以根据发动机热力计算结果，求出发动机的指示功率，表示为

$$N_i=\frac{N_e}{\eta_m} \quad (\mathrm{kW}) \tag{2-63}$$

式中：η_m 为机械效率；N_e 为有效功率（kW）。

若上述两种方法计算出来的 N_i 值的误差不超过 5%，便符合工程设计要求。

2.3 轴系扭振

2.3.1 扭振系统的当量模型

发动机可以带动发电机、水泵、螺旋桨等负载工作。如图 2-8 所示，以带动螺旋桨的发动机的轴系为例，说明当量模型简化方法。

一般的简化原则如下。

1）将每一曲柄中心线作为一个惯量集中点，其转动惯量为该缸曲柄、连杆及活塞转动惯量的等效

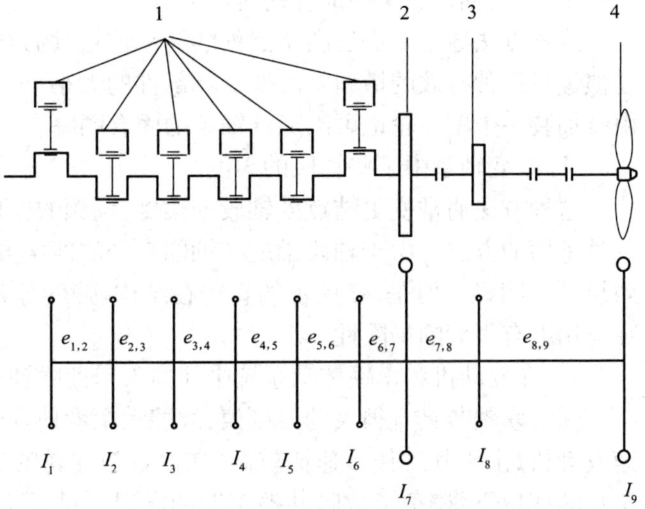

图 2-8　发动机轴系扭振系统当量模型

1—发动机；2—飞轮；3—推力盘；4—螺旋桨

合成。

2)将大转动惯量部件的中心线作为惯量集中点,如飞轮、螺旋桨、法兰盘、发电机等。

3)对于相邻的集中惯量间连接件的转动惯量,根据质量分布以适当的比例分配到两边的集中惯量上。

4)将相邻两惯量集中点之间的各轴段、零部件的柔度之和,作为两惯量间的柔度值。

5)在有弹性联轴节的轴系中,若联轴器的主动法兰盘与从动法兰盘间有大柔度的橡胶、弹簧等弹性元件,应把主、从法兰盘分别作为集中惯量并用其间弹性元件的柔度相连。

6)对于在其他介质中转动的惯量,除其本身转动惯量外,还必须加上附加介质的惯量。

7)船用内燃机飞轮与螺旋桨之间往往有很长的中间轴,它一般是由法兰连接的几段轴组成的,若把中间轴的质量全都分到飞轮和螺旋桨上去,显然比较粗略,应把推力盘及各段轴之间的连接法兰也当作集中质量。

8)干摩擦片或离合器,可以近似地认为是刚性连接。

9)理论上认为,分割的质量越多,越接近实际轴系,计算结果越准确,但实际上,分割得过细会使计算复杂,而精确度却增加得很少,因此分割的质量不必过多。

2.3.2 扭转振动控制措施

(1)调整固有频率

调整轴系的固有频率,使其临界转速升高或降低到发动机工作转速之外,以此达到消振目的的方法称为频率调整法或避振法。对于中、高速发动机,由于曲轴系统的临界转速常常接近工作转速的上限,所以多采用升高临界转速的方法。这样,频率变化不大即可移出发动机的工作转速,同时还可以避免发动机通过共振区时产生强烈振动。由于固有频率完全取决于转动惯量和柔度这两个参量,因此改变轴系中任一部件的转动惯量和柔度,均可引起固有频率的变化。同理,在轴系中增加或减少一组转动惯量和柔度,也可达到调频的目的。在实际工作中,调频的方法有下列几种。

Ⅰ.改变轴系中某些部件的转动惯量。

这种方法通常变更远离结点处的转动惯量,调频的作用比较显著。因此,改变飞轮的转动惯量是一种有效的措施。改变受功部件的大小,也是比较有效的方法。有时,在发动机自由端加装一个副飞轮也可以降低轴系的固有频率。

Ⅱ.改变轴系中某些轴段的柔度。

这种方法通常变更结点处轴段的柔度,调频的作用比较显著。因此,改变飞轮的位置是一种常用的方法。由于轴段柔度与轴的直径的四次方成反比,故加大或减小轴的直径,调频效果更为明显。但是,变更轴的直径在结构、强度等各方面会带来很多问题,导致这种方法在应用上有很大的局限性。

Ⅲ.在发动机和车辆传动系统中间插入弹性联轴节

弹性联轴节具有很大的柔度值,故能大幅度地降低轴系的单结点固有频率。对于中、高速发动机,由于其工作转速比较高,在设置弹性联轴节后,其大部分临界转速将处于发动机工作转速以下,避免了危险共振工况的出现。对于这种轴系,如果还存在危险的扭振,那就是双结点以上的振动了。对于使用液力联轴节或液力变矩器的轴系,可视其柔度值为无限大，即认为以介质为界将轴系分为两部分，后面部分对前面部分的振动无影响，反之亦然。因此，进行发动机扭振计算时，只考虑液力联轴节的主动部分。

(2)减小干扰力矩

前已指出，干扰力矩输入系统的能量大小决定着扭振的强烈程度。因此，设法减小干扰力矩对系统的做功，也可以避免某些谐次干扰力矩激起强烈振动。由强迫振动计算可知，减小发动机的相对振幅矢量和 $\sum_{i=1}^{z}\bar{a}_i$，可以减小干扰力矩输入轴系的能量；而 $\sum_{i=1}^{z}\bar{a}_i$ 值的大小又同曲柄排列和发火顺序有关。因此，在发动机设计阶段确定其发火顺序时，要考虑到该发火顺序对轴系扭振的影响。必须指出，发火顺序对发动机主简谐的相对振幅矢量和并无影响，故依靠改变发火顺序的方法来改变轴系的扭振情况，只对非主简谐的各次干扰力矩有效(图 2-9)。如果在发动机工作转速范围内存在强烈的主简谐共振，只能采用不规则的曲柄排列，达到减小 $\sum_{i=1}^{z}\bar{a}_i$ 的目的。但是，曲柄排列和发火顺序的选择，主要依据发动机受力情况和平衡性等方面的考量，不能单从扭振情况出发，因此该方法亦有很大的局限性。对于 V 形发动机，还可以通过选择适当的气缸夹角，以使某些谐次的 $\sum_{i=1}^{z}\bar{a}_i$ 为零，达到减振的目的。

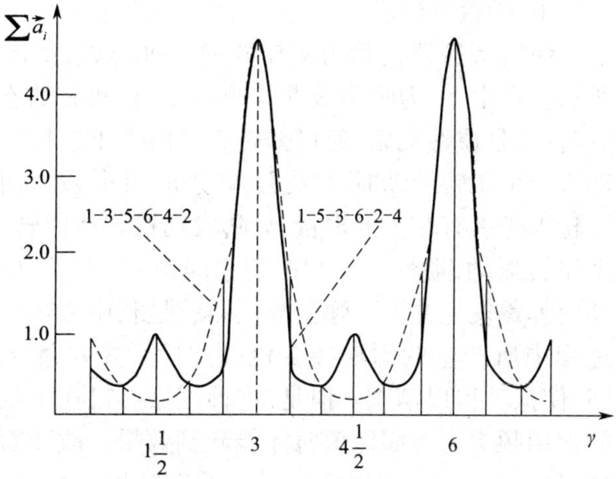

图 2-9 发火顺序对轴系扭振的影响

(3)扭振减振器

当利用调频和减小振能的方法仍不能解决问题时，可考虑加装各种形式的扭振减振器。减振器的种类很多，就其性质而言，可分为三大类。

1)动力减振器主要是依靠动力效应改变固有频率，使处于工作转速范围内的临界转速发生变化，以达到避振的目的。常见的动力减振器有弹簧式和摆式两种。

2)阻尼减振器主要靠固体的摩擦阻尼或液体的黏性阻尼吸收干扰力矩向系统输入的振动能量，达到减振的目的。常见的阻尼减振器有橡胶减振器和硅油减振器。

3)复合式减振器具有上述两种减振器的特点，既有调频作用，又有阻尼降幅作用。复合式减振器有硅油橡胶减振器和硅油弹簧减振器。

目前，车辆发动机由于其强化指标不断提高，轴系的扭转振动日趋严重，因此不少发动机装有各种型式的减振器。对于军用战斗车辆(如坦克和战车)的发动机，由于其功率高、工作条件恶劣，轴系扭转振动尤为突出，为保证其具有良好的战术技术性能，各国主战坦克及战车的发动机也装有各种形式的减振器。

2.3.3 减振器基本结构

(1)动力减振器

Ⅰ.弹簧减振器

弹簧减振器是动力减振器的一种形式,如图 2-10 所示。其中:1 为弹簧减振器的内壳,它和曲轴连接在一起;3 是惯性飞轮,通过弹簧 2 与内壳 1 连接。当发动机产生扭转振动时,内壳随发动机一同振动,而惯性飞轮由于具有较大的惯量,只随发动机匀速回转,而不做扭转振动,惯性飞轮和内壳之间由此产生的相对运动使弹簧发生变形。弹簧减振器就是利用弹簧在变形过程中所产生的周期性变化的弹性力矩平衡干扰力矩,使振动得以消减。但是,这种减振器仅在干扰力矩的作用频率为一固定值时才能起到效果。故弹簧减振器只适合于运转工况稳定不变的发动机装置,如柴油发电机。

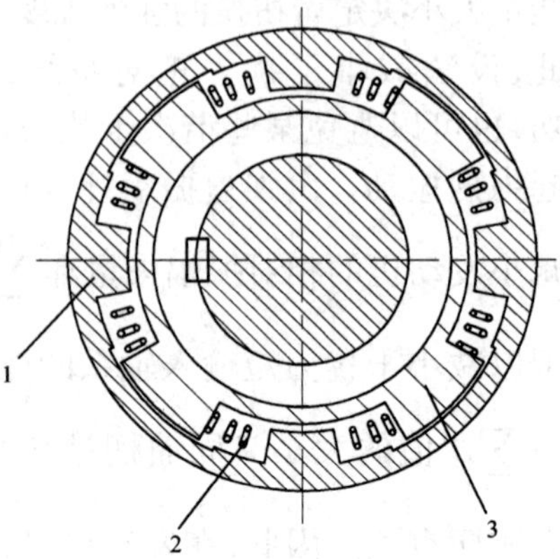

图 2-10　弹簧减振器结构

1—内壳;2—弹簧;3—惯性飞轮

Ⅱ.摆式减振器

图 2-11 所示为动力减振器的另一种形式——摆式减振器。图 2-11(a)为摆式减振器的工作原理图,图 2-11(b)为其结构示意图。摆式减振器的基本结构是在连接于曲轴的一个圆盘上(一般在曲柄臂上)安装一个可以来回自由摆动的摆锤(质量为 m)。圆盘的回转中心为 O,摆锤与圆盘的连接滚销位于 A 点。当圆盘随发动机进行扭转摆动时,摆锤绕 A 点来回摆动。摆锤作用于 A 点的离心力将在 O 点产生一反作用惯性力矩。利用这一惯性力矩平衡圆盘上的干扰力矩,就是摆式减振器的基本原理。

由于摆锤的振动频率是随发动机转速而线性变化的,因而摆式减振器能够在全部工作转速范围内对某一谐次的干扰力矩所引起的扭转振动起到减振作用。所谓"某一谐次"是指根据计算,在设计减振器时,使其尺寸参数 $\sqrt{r/L}$ 等于某一干扰力矩的简谐次数 v 时,则不论发动机转速如何变化,该谐次的干扰力矩均不对发动机引起扭转振动。摆式减振器实质上仍然是通过调整轴系的固有频率,使危险的临界转速移出发动机的工作范围。但在移出某一谐次的临界转速后,必须注意其他谐次的干扰力矩对轴系的影响。

由于摆式减振器的摆长 L 很小,故在结构上采取图 2-11(b)的形式。在曲柄和摆块上各开直径为 d_1 的 2 个圆孔,再用直径为 d_2($d_2<d_1$)的两个滚销把二者连接起来。摆长 L 等于两圆孔的中心距,即 $L=d_1-d_2$。图 2-12 所示为柴油机所用摆式减振器的结构图。摆式减振器的优点是减振效果好,但工艺复杂、维护不便,故应用并不是十分广泛。

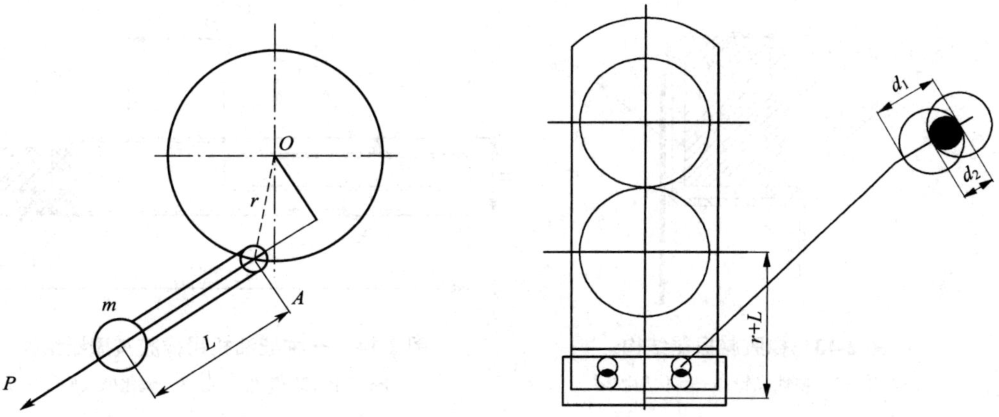

图 2-11　摆式减振器

(a)工作原理　(b)结构示意

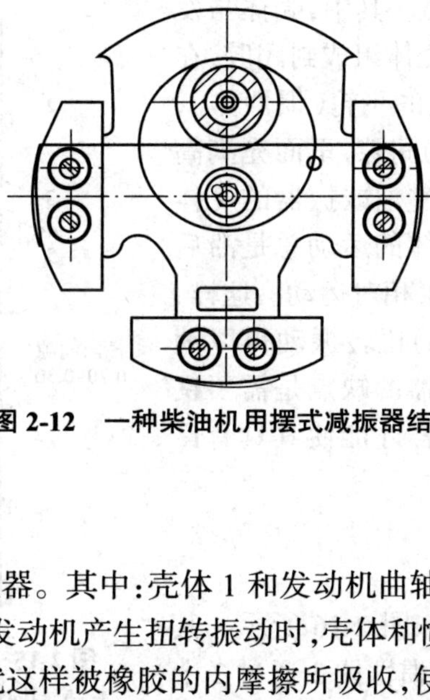

图 2-12　一种柴油机用摆式减振器结构

(2)阻尼减振器

Ⅰ. 橡胶减振器

图 2-13 所示为橡胶减振器。其中:壳体 1 和发动机曲轴相连接,惯性飞轮 2 通过硫化橡胶层 3 与壳体相连接。当发动机产生扭转振动时,壳体和惯性飞轮间产生相对运动,不断揉搓硫化橡胶层,振动能量就这样被橡胶的内摩擦所吸收,使振动得到消减。当然,由于硫化橡胶具有一定柔度,故对轴系也有一定的调频作用。由于结构简单、工作可靠,橡胶减振器在汽车发动机上得到了广泛应用,但由于其阻尼作用不够强、橡胶容易老化,在大功率发动机上应用极少。图 2-14 所示为一种柴油机用橡胶减振器结构。

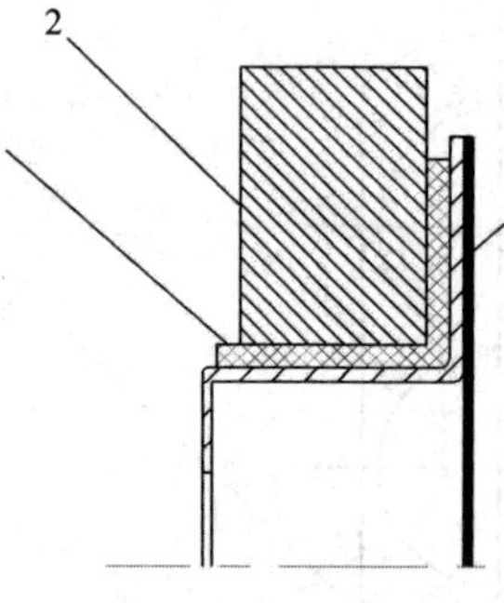

图 2-13　橡胶减振器结构

1—壳体；2—惯性飞轮；3—硫化橡胶层

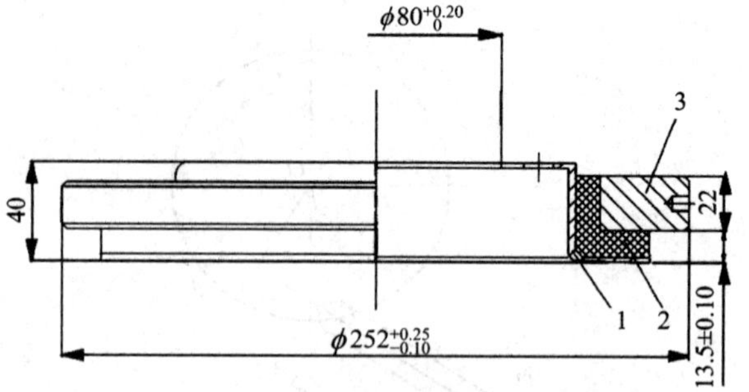

图 2-14　一种柴油机用橡胶减振器结构

1—壳体；2—惯性飞轮；3—硫化橡胶层

Ⅱ. 硅油减振器

硅油减振器利用硅油的黏性摩擦阻尼吸收发动机的振动能量。由于阻尼效果显著、结构简单、制造和使用方便，硅油减振器在发动机上应用日益普遍。

图 2-15 所示为硅油减振器。其中，壳体与发动机曲轴相连，减振器盖板与壳体组成封闭腔，在封闭腔中有一具转动惯量较大的飞轮（惯性体），惯性体与封闭腔间留有一定的间隙，里面充满高黏度的硅油。发动机工作时，硅油减振器的壳体随发动机一起振动，由于惯性体的运动总是滞后于外壳运动，于是二者之间发生相对运动。这样，由于硅油的黏性阻尼使曲轴的扭转振动得以消减，达到减振目的。硅油减振器的缺点是需要良好的密封和较大的惯性体，这样才能使其具有良好的可靠性和减振效果。

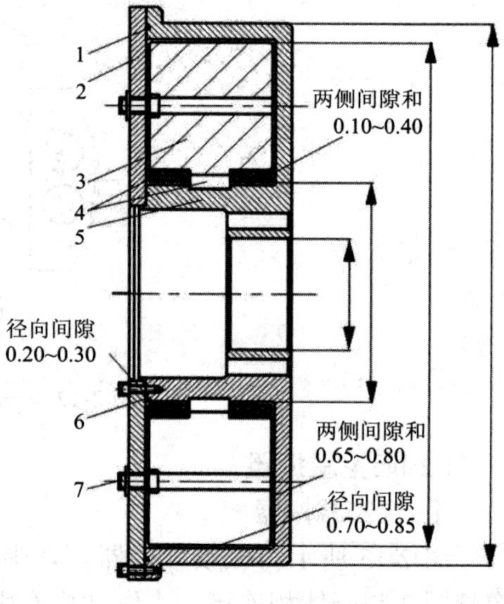

图 2-15　一种柴油机用硅油减振器结构

1—密封圈；2—侧盖；—惯性体；4—硅油；5—壳体；6—密封圈；7—丝堵

（3）复合式减振器

Ⅰ. 硅油橡胶减振器

硅油橡胶减振器的结构如图 2-16 所示。其中：减振器壳体 2 和曲轴相连；惯性体 3 通过 2 个橡胶环 1 与壳体 2 胶合在一起，橡胶环的作用是作为一个弹性体与发动机轴系连接，对轴系起调频作用，另外从工艺上起密封硅油和支承惯性体的作用；减振器的内腔内注满硅油 4，通过油阻吸收发动机的振动能量，衰减系统振幅。在设计硅油橡胶减振器时，通过优化配合橡胶的尺寸和硬度，可以满足刚度要求；通过优选油腔的设计和硅油黏度，可以获得最佳阻尼。因此，硅油橡胶减振器具有调频和降幅两种作用，且质量轻、体积小、性能良好，适合于高速发动机。

图 2-17 所示为一种柴油机用硅油橡胶减振器结构。

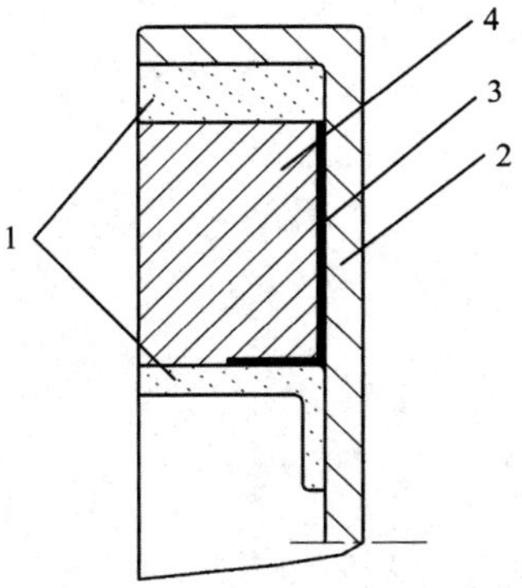

图 2-16　硅油橡胶减振器结构

1—橡胶环；2—壳体；3—惯性体；4—硅油

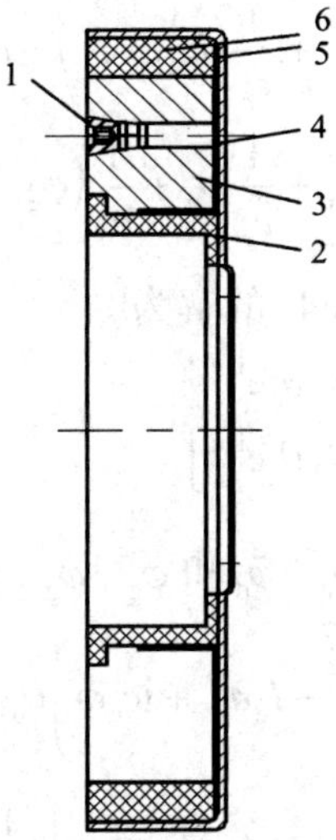

图 2-17　一种柴油机用硅油橡胶减振器结构

1—丝堵；2—封油圈；3—惯性体；4—耐油橡胶；5—壳体；6—硅油

（2）硅油弹簧减振器

硅油弹簧减振器的结构，如图 2-18 所示。其中，减振器的壳体 1 通过法兰固定在发动机曲轴上；惯性体 2 通过弹簧片 3（若干组）与壳体 1 相连接；壳体和惯性体的间隙中充满硅油 4。硅油弹簧减振器的工作原理和硅油橡胶减振器相同，但硅油弹簧减振器以金属的弹簧片作为惯性体与壳体间的弹性连接件，故性能比较稳定。对弹性连接件柔度的调节也比较方便（可改变弹簧片的数量或弹簧片的厚度），甚至允许弹性连接件有较大的变形，所以这种减振器适用于大功率中高速发动机。

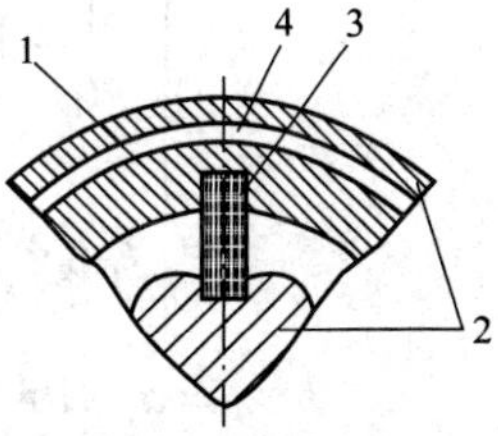

图 2-18　硅油弹簧减振器

1—壳体；2—惯性体；3—弹簧片；4—硅油

2.3.4　减振器工作原理

（1）有阻尼弹性减振器的工作原理

图 2-19 为有阻尼弹性减振器的示意图。我们把发动机系统简化为一个单扭摆，假设该扭摆的转动惯量是 I_g，柔度是 e_g，其上作用着干扰力矩 $Me^{i\omega t}$。如果在这个扭摆上再增加一个质量，设它的转动惯量为 I_d，联结轴柔度为 e_d，阻尼系数为 c_d。这样，这个新的双扭摆系统可以近似地代表实际的减振器-发动机系统。显然，I_d、e_d、c_d 分别反映减振器的惯量、柔度和阻尼。

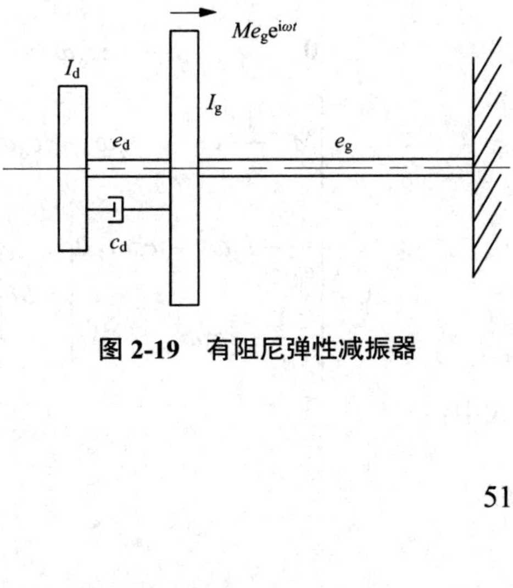

图 2-19　有阻尼弹性减振器

图 2-19 所示系统的运动微分方程式为

$$\left.\begin{aligned}&I_d\ddot{\varphi}_d+\frac{1}{e_d}\left(\varphi_d-\varphi_g\right)+c_d(\dot{\varphi}_d-\dot{\varphi}_g)=0\\&I_g\ddot{\varphi}_g+\frac{1}{e_g}\varphi_g+\frac{1}{e_d}\left(\varphi_g-\varphi_d\right)+c_d(\dot{\varphi}_g-\dot{\varphi}_d)=M\mathrm{e}^{\mathrm{i}\omega t}\end{aligned}\right\}\tag{2-64}$$

方程(2-64)的解为

$$\left.\begin{aligned}\varphi_d&=\theta_d\mathrm{e}^{\mathrm{i}\omega t}\\\varphi_g&=\theta_g\mathrm{e}^{\mathrm{i}\omega t}\end{aligned}\right\}\tag{2-65}$$

将 φ_d、$\dot{\varphi}_d$、$\ddot{\varphi}_d$ 和 φ_g、$\dot{\varphi}_g$、$\ddot{\varphi}_g$ 代入式(2-64),得

$$\left(\frac{1}{e_d}-I_d\omega^2+\mathrm{i}c_d\omega\right)\theta_d-\left(\frac{1}{e_d}+\mathrm{i}c_d\omega\right)\theta_g=0\tag{2-66a}$$

$$-\left(\frac{1}{e_d}+\mathrm{i}c_d\omega\right)\theta_d-\left(\frac{1}{e_d}+\frac{1}{e_g}-I_g\omega^2+\mathrm{i}c_d\omega\right)\theta_g=M\tag{2-66b}$$

利用行列式解式(2-66a)和式(2-66b),有

$$\begin{aligned}\varDelta&=\begin{vmatrix}\frac{1}{e_d}-I_d\omega^2+\mathrm{i}c_d\omega & -\frac{1}{e_d}-\mathrm{i}c_d\omega\\-\frac{1}{e_d}-\mathrm{i}c_d\omega & \frac{1}{e_d}+\frac{1}{e_g}-I_g\omega^2+\mathrm{i}c_d\omega\end{vmatrix}\\&=\left[I_dI_g\omega^4-\left(\frac{I_d}{e_d}+\frac{I_d}{e_g}+\frac{I_g}{e_g}\right)\omega^2+\frac{1}{e_de_g}\right]+\mathrm{i}c_d\omega\left[\frac{1}{e_g}-\left(I_d+I_g\right)\omega^2\right]\\&=a'+\mathrm{i}b'\end{aligned}\tag{2-67}$$

式中:

$$\left.\begin{aligned}a'&=\left[I_dI_g\omega^4-\left(\frac{I_d}{e_d}+\frac{I_d}{e_g}+\frac{I_g}{e_g}\right)\omega^2+\frac{1}{e_de_g}\right]\\b'&=c_d\omega\left[\frac{1}{e_g}-\left(I_d+I_g\right)\omega^2\right]\end{aligned}\right\}\tag{2-68}$$

$$\varDelta_d=\begin{vmatrix}0 & -\frac{1}{e_d}-\mathrm{i}c_d\omega\\M & \frac{1}{e_d}+\frac{1}{e_g}-I_g\omega^2+\mathrm{i}c_d\omega\end{vmatrix}=M\left(\frac{1}{e_d}+\mathrm{i}c_d\omega\right)\tag{2-69}$$

$$\varDelta_g=\begin{vmatrix}\frac{1}{e_d}-I_d\omega^2+\mathrm{i}c_d\omega & 0\\-\frac{1}{e_d}-\mathrm{i}c_d\omega & M\end{vmatrix}=M\left[\left(\frac{1}{e_d}-I_d\omega^2\right)+\mathrm{i}c_d\omega\right]=M\left(c'+\mathrm{i}d'\right)\tag{2-70}$$

式中:

$$\left.\begin{aligned} c' &= \left(\frac{1}{e_{\mathrm{d}}} - I_{\mathrm{d}}\omega^2\right) \\ d' &= c_{\mathrm{d}}\omega \end{aligned}\right\} \tag{2-71}$$

所以

$$A_{\mathrm{d}} = \left|\theta_{\mathrm{d}}\right| = \frac{\left|\Delta_{\mathrm{d}}\right|}{\left|\Delta\right|} = M\sqrt{\frac{\dfrac{1}{e_{\mathrm{d}}^2} + c_{\mathrm{d}}^2\omega^2}{a'^2 + b'^2}} \tag{2-72}$$

$$A_{\mathrm{g}} = \left|\theta_{\mathrm{g}}\right| = \frac{\left|\Delta_{\mathrm{g}}\right|}{\left|\Delta\right|} = M\sqrt{\frac{c'^2 + d'^2}{a'^2 + b'^2}} \tag{2-73}$$

$$A_{\mathrm{dg}} = \left|\theta_{\mathrm{dg}}\right| = \frac{\left|\Delta_{\mathrm{g}} - \Delta_{\mathrm{d}}\right|}{\left|\Delta\right|} = \frac{MI_{\mathrm{d}}\omega^2}{\sqrt{a'^2 + b'^2}} \tag{2-74}$$

以上各式中，A_{d} 为减振器惯性体的振幅，A_{g} 为发动机质量的振幅，A_{dg} 为减振器惯性体相对发动机质量的扭转角位移振幅。

将 a'、b'、c'、d' 值代入式（2-73），可以求出发动机的振幅放大因子，表示为

$$\frac{A_{\mathrm{g}}}{A_{\mathrm{go}}} = \frac{A_{\mathrm{g}}}{Me_{\mathrm{g}}}$$

$$= \sqrt{\frac{\left[\left(\dfrac{\omega_{\mathrm{d}}}{p}\right)^2 - \left(\dfrac{\omega}{p}\right)^2\right]^2 + 4\left(\dfrac{\omega}{p}\right)^2\gamma^2}{\left\{\left[\left(\dfrac{\omega_{\mathrm{d}}}{p}\right)^2 - \left(\dfrac{\omega}{p}\right)^2\right]\left[1 - \left(\dfrac{\omega}{p}\right)^2\right] - \mu\left(\dfrac{\omega}{p}\right)^2\left(\dfrac{\omega_{\mathrm{d}}}{p}\right)^2\right\}^2 + 4\left(\dfrac{\omega}{p}\right)^2\gamma^2\left[1 - \left(\dfrac{\omega}{p}\right)^2 - \mu\left(\dfrac{\omega}{p}\right)^2\right]^2}} \tag{2-75}$$

式中：$A_{\mathrm{g0}}=Me_{\mathrm{g}}$ 为扭摆的静振幅（rad）；ω 为干扰力矩的圆频率（rad/s）；$p = \sqrt{\dfrac{1}{I_{\mathrm{g}}e_{\mathrm{g}}}}$ 为扭摆所代表的发动机系统的圆频率（rad/s）；ω / p 为强迫振动的频率比，$\omega_{\mathrm{d}} = \sqrt{\dfrac{1}{I_{\mathrm{d}}e_{\mathrm{d}}}}$ 为减振器的圆频率（rad/s）；$\lambda = \omega_{\mathrm{d}} / p$ 为定调比或定音比；$\mu = I_{\mathrm{d}} / I_{\mathrm{g}}$ 为惯量比或质量比；$\gamma = c_{\mathrm{d}} / (2I_{\mathrm{d}}p)$ 为阻尼系数比。

由式（2-75）可见，发动机系统在装设减振器后，其振幅放大因子随频率比（ω/p）的变化与定调比、惯量比和阻尼系数比有关。为了使减振器具有良好的减振效果，必须恰当地选择这三个参数。

图 2-20 是根据式（2-68）所绘制的减振器－发动机系统的振幅放大因子曲线。该曲线是假定定调比和惯量比为一定值时的情况。

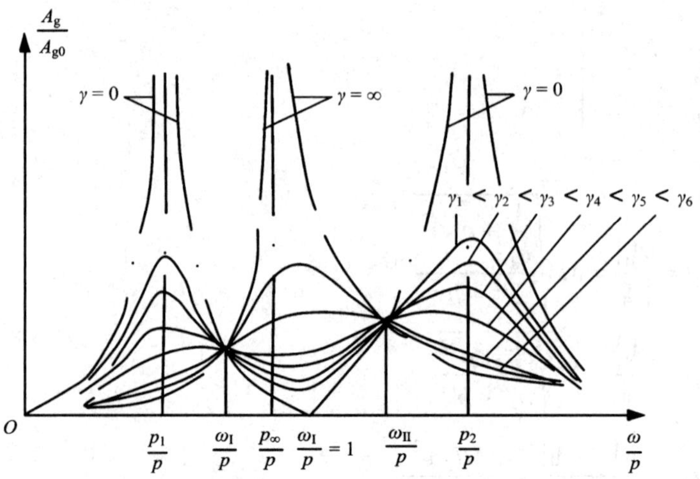

图 2-20　减振器-发动机系统的振幅放大因子曲线

分析图 2-20，可以得出以下几点结论。

1）阻尼系数比 γ 对发动机的振幅有很大的影响。

①当 $\gamma=0$ 时，减振器变为无阻尼弹性减振器。此时，系统有两个固有频率 p_1 和 p_2，由于不考虑发动机本身的阻尼，故共振时（$\omega=p_1$ 或 $\omega=p_2$），振幅趋于∞。

②当 $\gamma=\infty$ 时，相当于减振器的惯性体固定在发动机上，系统变成了一个单扭摆，其固有频率为

$$p_\infty=\sqrt{\frac{1}{(I_d+I_g)e_g}} \tag{2-76}$$

显然有 $p_1<p_\infty<p<p_2$。

同样，若不考虑发动机本身的阻尼，共振时（$\omega=p_\infty$），振幅也趋于∞。

③当 $\gamma\in(0,\infty)$ 之间取各种不同值时，振幅曲线具有不同的形态。γ 由小变大，曲线由双峰变为单峰，直到和 $\gamma=\infty$ 时的曲线相重合。

2）可以看到，任何阻尼的振幅曲线均通过Ⅰ、Ⅱ两点，这说明Ⅰ（$\omega_{\rm I}/p$，$[A_g]_{\rm I}/A_{g0}$）、Ⅱ（$\omega_{\rm II}/p$，$[A_g]_{\rm II}/A_{g0}$）两点的位置和阻尼无关，但是与定调比和惯量比有关。因此，调整减振器的参数 I_d 和 e_d，以改变定调比和惯量比，可以获得满足设计要求的 A_g 值。

3）从图 2-20 还可见，当改变系统的阻尼，使振幅曲线从双峰形态过渡到单峰形态时，必有一个转折点，即有一个以Ⅰ和Ⅱ为最高点的振幅曲线，该曲线所对应的 γ 称作减振器的最佳阻尼比，它使轴系在整个工作转速范围内的最大振幅不超过$[A_g]_{\rm I}$和$[A_g]_{\rm II}$。可从能量的观点解释具有最佳阻尼比的减振器为什么可以获得最好的减振效果。众所周知，轴系在共振时的振幅是通过阻尼限制的，阻尼使输入轴系的振动能量变为热能而散失，因此，阻尼消耗的能量越多，共振时的振幅就越小。在有阻尼的弹性减振器中，阻尼消耗的能量等于惯性体相对于壳体转动的角位移与阻尼力矩的乘积。当 $\gamma=0$ 时，阻尼力矩为零，不会消耗振动能量，故共振振幅变为∞。当 $\gamma=\infty$ 时，惯性体与壳体间无相对角位移，阻尼力矩所做功为零，也不会消耗振动能量，共振振幅亦为∞。只有当阻尼系数比 γ 在 0 和∞间取一最佳值时，可

以使阻尼和相对角位移的乘积为最大，而阻尼消耗的能量最大，因而共振振幅最小。

4）图 2-20 还说明，对于不同的 γ 值，最大振幅值的位置是不同的。当 γ 很小时，最大振幅值位于 p_1/p 和 p_2/p 附近；当 γ 很大时，最大振幅位于 p_∞/p 附近；当 γ 为最佳值时，最大振幅出现在 ω_{I}/p 和 ω_{II}/p 处。

以上四点结论，对于如何设计减振器是很重要的，它指出了设计的方向。设计一个减振器，总是希望 Ⅰ 和 Ⅱ 点所对应的$[A_g]_{\mathrm{I}}$ 和$[A_g]_{\mathrm{II}}$ 比较小，且在允许的范围内。那么$[A_g]_{\mathrm{I}}$ 和$[A_g]_{\mathrm{II}}$ 和那些参数有关系呢？同时，要求振幅曲线的最高点不超过 Ⅰ 、Ⅱ 两点，那么最佳阻尼系数比 γ_p 又与哪些参数有关，如何计算呢？下面我们推导这些公式。

由式（2-73），可知

$$A_g = M\sqrt{\frac{c'^2 + d'^2}{a'^2 + b'^2}} \tag{2-77}$$

如果 $\dfrac{c'^2}{d'^2} = \dfrac{a'^2}{b'^2}$ 或 $\dfrac{c'^2}{a'^2} = \dfrac{d'^2}{b'^2}$

则

$$A_g = M\sqrt{\frac{c'^2 + d'^2}{a'^2 + b'^2}} = M\sqrt{\frac{\dfrac{c'^2}{d'^2}+1}{\dfrac{a'^2}{b'^2}+1}\cdot\frac{d'^2}{b'^2}} == M\sqrt{\frac{d'^2}{b'^2}} = M\sqrt{\frac{c'^2}{a'^2}} = M\frac{c'}{a'} \tag{2-78}$$

已知 c' 和 a' 与阻尼无关，因此 A_g 也和阻尼无关。由此可见，如果式（2-71）成立，那么由式（2-78）所表示的 A_g 就是 Ⅰ 、Ⅱ 两点的纵坐标。只要将式（2-68）和式（2-71）中的 a' 、b' 、c' 、d' 代入式（2-77），就可得出 Ⅰ 、Ⅱ 两点的横坐标的求解方程式，为

$$\left.\begin{aligned} \omega_{\mathrm{I}} + \omega_{\mathrm{II}} &= \frac{2}{2+\mu}\left[\omega_d^2(1+\mu) + p^2\right] \\ \omega_{\mathrm{I}}\omega_{\mathrm{II}} &= \frac{2}{2+\mu}\omega_d^2 p^2 \end{aligned}\right\} \tag{2-79}$$

由式（2-79）可知，如果给定惯量比 μ 和定调比 ω_d/p，就可以求出 Ⅰ 、Ⅱ 两点的横坐标，即最佳阻尼条件下系统的共振频率。

由式（2-73）可得

$$A_g^2 = M^2\frac{c'^2 + d'^2}{a'^2 + b'^2} = M^2\frac{\dfrac{c'^2}{d'^2}+1}{\dfrac{a'^2}{d'^2}+\dfrac{b'^2}{d'^2}} \tag{2-80}$$

由于 Ⅰ 、Ⅱ 两点的振幅与阻尼无关，故取 $c_d = \infty$，则由式（2-71），有

$$d' = c_d\omega = \infty \tag{2-81}$$

所以

$$\left.\begin{aligned}\frac{c'^2}{d'^2}=0\\ \frac{a'^2}{d'^2}=0\end{aligned}\right\}\tag{2-82}$$

由式(2-68)和式(2-71)可得

$$\frac{b'^2}{d'^2}=\left[\frac{1}{e_g}-\left(I_d+I_g\right)\omega^2\right]^2\tag{2-83}$$

将以上的 ω 用 ω_{I} 和 ω_{II} 代替后，连同 $\frac{c'^2}{d'^2}=0$、$\frac{a'^2}{d'^2}=0$ 代入式(2-74)，就可求出Ⅰ、Ⅱ两点的纵坐标，即 $[A_g]_{\mathrm{I}}$ 和 $[A_g]_{\mathrm{II}}$ 的值，表示为

$$\left.\begin{aligned}[A_g]_{\mathrm{I}}=\frac{M}{\left[\frac{1}{e_g}-(I_d+I_g)\omega_{\mathrm{I}}^2\right]}\\ [A_g]_{\mathrm{II}}=\frac{M}{\left[\frac{1}{e_g}-(I_d+I_g)\omega_{\mathrm{II}}^2\right]}\end{aligned}\right\}\tag{2-84}$$

由式(2-84)亦可知，如果减振器的参数 I_d、e_d 确定后，系统的最大振幅 $[A_g]_{\mathrm{I}}$ 和 $[A_g]_{\mathrm{II}}$ 就可求出。

关于最佳阻尼系数比 γ_p，原则上讲只需要将式(2-75)对 ω/p 进行偏微分并使之等于零，再代入 ω_{I} 和 ω_{II}，即可求出 γ 的最佳值。但是这样做比较困难，一般采取近似计算法，就是将式(2-75)中的 A_g 用 $[A_g]_{\mathrm{I}}$ 或 $[A_g]_{\mathrm{II}}$ 代替，而 ω 用靠近 ω_{I}（或 ω_{II}）的值代替，即 $\omega^2=0.99\,\omega_{\mathrm{I}}^2$ 或 $\omega^2=1.01\,\omega_{\mathrm{I}}^2$（或用 $\omega^2=0.99\,\omega_{\mathrm{II}}^2$，$\omega^2=1.01\,\omega_{\mathrm{II}}^2$）代入，即可求出最佳阻尼系数比 γ_p 的近似值。

综上所述，如果减振器惯性体的惯量 I_d 和减振器柔度 e_d 已经确定，那么其定调比 ω_d/p 也就确定。这时，ω_{I}、ω_{II}、$[A_g]_{\mathrm{I}}$、$[A_g]_{\mathrm{II}}$，均为惯量比 μ 的函数（图 2-21）。同时可以证明：

当 $\frac{\omega_d}{p}=\frac{1}{1+\mu}$ 时，$[A_g]_{\mathrm{I}}=[A_g]_{\mathrm{II}}$；当 $\frac{\omega_d}{p}>\frac{1}{1+\mu}$ 时，$[A_g]_{\mathrm{I}}>[A_g]_{\mathrm{II}}$；当 $\frac{\omega_d}{p}<\frac{1}{1+\mu}$ 时，$[A_g]_{\mathrm{I}}<[A_g]_{\mathrm{II}}$。

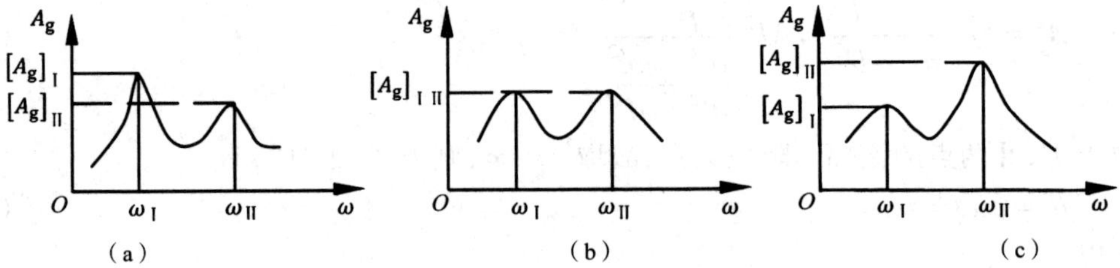

图 2-21　ω_{I}、ω_{II}、$[A_g]_{\mathrm{I}}$、$[A_g]_{\mathrm{II}}$ 与惯量比 μ 的函数

(a) $\frac{\omega_d}{p}>\frac{1}{1+\mu}$　(b) $\frac{\omega_d}{p}=\frac{1}{1+\mu}$　(c) $\frac{\omega_d}{p}<\frac{1}{1+\mu}$

由于我们总是希望在发动机工作转速范围内，轴系的振幅变化比较平坦，不要出现过大的峰值，故定调比 $\frac{\omega_d}{p}=\frac{1}{1+\mu}$ 的情况是比较理想的，称为最佳定调比。使减振器达到最佳定调比的特性参数，称作最佳设计条件。下面导出最佳设计条件下的减振器特性参数。

将 $\frac{\omega_d}{p}=\frac{1}{1+\mu}$ 代入式(2-79)，得

$$\left(\frac{\omega_{\mathrm{I}}}{p}\right)^2=\frac{1}{1+\mu}\left(1-\sqrt{\frac{\mu}{2+\mu}}\right)$$
$$\left(\frac{\omega_{\mathrm{II}}}{p}\right)^2=\frac{1}{1+\mu}\left(1+\sqrt{\frac{\mu}{1+\mu}}\right) \tag{2-85}$$

再将式(2-85)代入式(2-84)，得

$$\left[\frac{A_g}{A_{g0}}\right]_{\mathrm{I,\,II}}=\sqrt{\frac{2+\mu}{\mu}} \tag{2-86}$$

把 $\frac{\omega_d}{p}=\frac{1}{1+\mu}$ 代入式(2-75)，并对 ω/p 求导数使其为零，同时将式(2-85)代入，可求出最佳阻尼系数比 γ_p，表示为

$$\left[\gamma_p^2\right]_{\mathrm{I}}=\frac{\mu}{8(1+\mu)^3}\left(3-\sqrt{\frac{\mu}{2+\mu}}\right) \tag{2-87a}$$

$$\left[\gamma_p^2\right]_{\mathrm{II}}=\frac{\mu}{8(1+\mu)^3}\left(3+\sqrt{\frac{\mu}{2+\mu}}\right) \tag{2-87b}$$

取其平均值，有

$$\gamma_p^2=\frac{3\mu}{8(1+\mu)^3} \tag{2-88}$$

根据式(2-85)、式(2-86)、式(2-88)可以画出最佳设计条件下，有阻尼弹性减振器特性曲线，如图 2-22 所示。

(2)无阻尼弹性减振器的工作原理

无阻尼弹性减振器是有阻尼弹性减振器当 c_d=0 时的一个特例。令 c_d=0，则减振器－发动机系统变为图 2-23，即无阻尼弹性减振器，简称弹性减振器或共振式减振器。

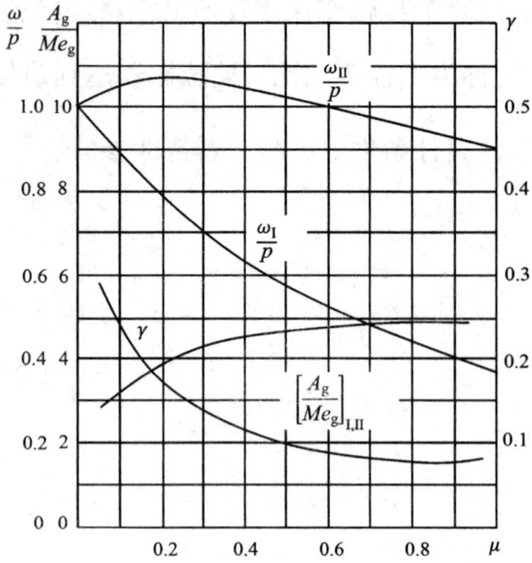

图 2-22　有阻尼弹性减振器特性曲线

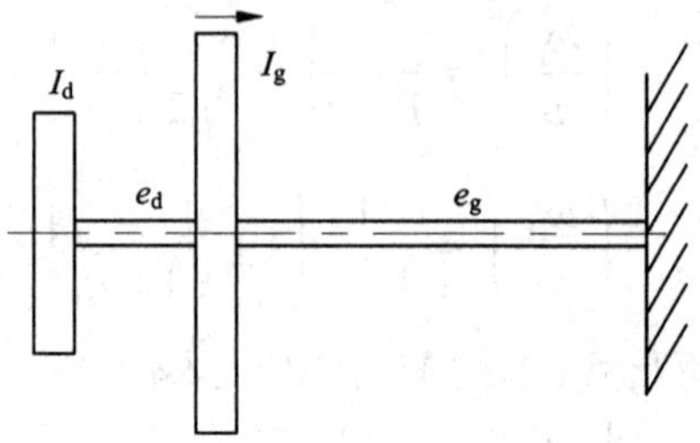

图 2-23　无阻尼弹性减振器-发动机系统

我们把 c_d=0，即 γ=0，以及定调比 ω_d/p=1，这两个条件代入式（2-45）和式（2-42），就可得出安装弹性减振器后，发动机的振幅放大因子公式和减振器惯性体的振幅放大因子公式：

$$\frac{A_g}{A_{g0}}=\frac{A_g}{Me_g}=\frac{1-\left(\dfrac{\omega}{p}\right)^2}{\left[1-\left(\dfrac{\omega}{p}\right)^2\right]\left[1+\mu-\left(\dfrac{\omega}{p}\right)^2\right]-\mu} \tag{2-89}$$

$$\frac{A_d}{A_{g0}}=\frac{A_d}{Me_g}=\frac{1}{\left[1-\left(\dfrac{\omega}{p}\right)^2\right]\left[1+\mu-\left(\dfrac{\omega}{p}\right)^2\right]-\mu} \tag{2-90}$$

由式（2-89）可见，当发动机安装了定调比为 1 的弹性减振器后，轴系在共振时（ω=p）的振幅 A_g=0。这就是把弹性减振器称作共振式减振器得缘故。由式（2-90）也可知，当轴系发生共振时，即 ω=p 时，有

$$\frac{A_d}{Me_g}=-\frac{1}{\mu}=-\frac{I_g}{I_d}=-\frac{e_d}{e_g} \tag{2-91}$$

则

$$\frac{A_d}{e_d}=-M \tag{2-92}$$

式（2-92）说明，当发动机装上弹性减振器后，轴系在原共振点（ω=p）振动时，减振器轴段的弹性力矩 A_d/e_d（或惯性体的惯性力矩）和干扰力矩 M 的大小相等，方向相反，达到平衡，从而使发动机的振幅 A_g 为零，这就是弹性减振器的减振原理。但是，由于安装了减振器，系统由原来的单扭摆变成了双扭摆，固有频率由原来的 p 变为两个新的频率 p_1 和 p_2。因此，弹性减振器虽然处理了系统在原共振点的振动，但又出现了两个新的共振点，当 ω=p_1

或 $\omega=p_2$ 时，系统仍然发生共振，振幅又趋向∞（图 2-24）。

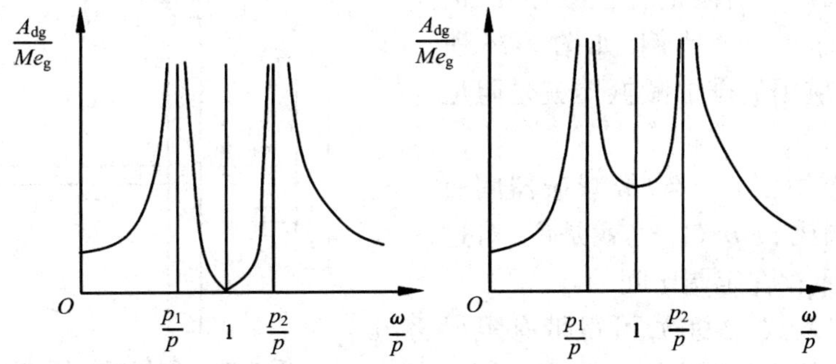

图 2-24　系统两个新的共振点

使式（2-92）的分母为零，可求出 p_1 和 p_2，为

$$\left.\begin{aligned}\frac{p_1}{p}&=\sqrt{\left(1+\frac{\mu}{2}\right)-\sqrt{\mu+\left(\frac{\mu}{2}\right)^2}}\\\frac{p_2}{p}&=\sqrt{\left(1+\frac{\mu}{2}\right)+\sqrt{\mu+\left(\frac{\mu}{2}\right)^2}}\end{aligned}\right\}\tag{2-93}$$

由式（2-93），新的共振频率也是惯量比 μ 的函数，将式（2-93）用曲线表示，如图 2-25 所示。

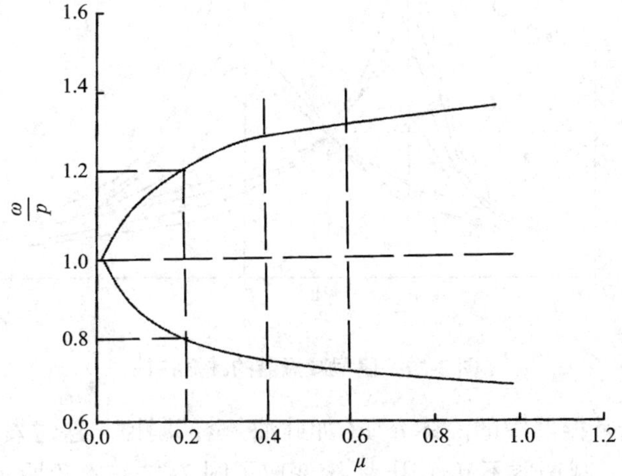

图 2-25　新的共振频率与惯量比 μ 的函数

在设计弹性减振器时，总是希望 p_1 和 p_2 相距远一些，以使发动机的工作转速范围可以宽一些。由图 2-24 可知，要使 p_1 和 p_2 相距较大，μ 必须尽量大，即 I_d 大。实际上由于很多原因，惯性体不能太大，因此上述目标很难达到。所以，弹性减振器对于工作转速范围较大的发动机是不适合的。

(3)阻尼减振器

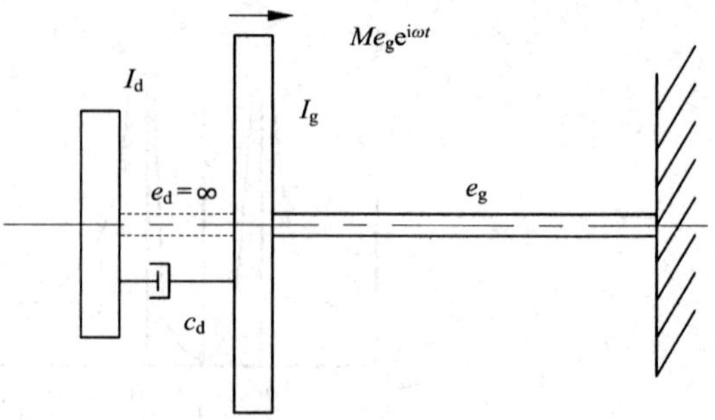

图 2-26　阻尼减振器-发动机系统

阻尼减振器属于有阻尼弹性减振器，但是当 $e_d=\infty$ 时的另一个特例，如图 2-26 所示。目前，广泛应用的硅油减振器就是阻尼减振器的典型代表。

阻尼减振器由于 $e_d=\infty$，故减振器固有频率 $\omega_d=0$，定调比 $\omega_d/p=0$。也就是说，对这种减振器来说，不存在定调比问题。

将 $e_d=\infty$ 代入式(2-90)，可得带有阻尼减振器的发动机的振幅放大因子公式：

$$\frac{A_g}{Me_g}=\sqrt{\frac{\left(\frac{\omega}{p}\right)^2+(2\gamma)^2}{\left[1-\left(\frac{\omega}{p}\right)^2\right]^2\left(\frac{\omega}{p}\right)^2+(2\gamma)^2\left[1-(1+\mu)\left(\frac{\omega}{p}\right)^2\right]^2}} \tag{2-94}$$

为了说明阻尼减振器的减振特性，将式(2-94)用图 2-27 所示曲线表示，并讨论两种特殊情况。

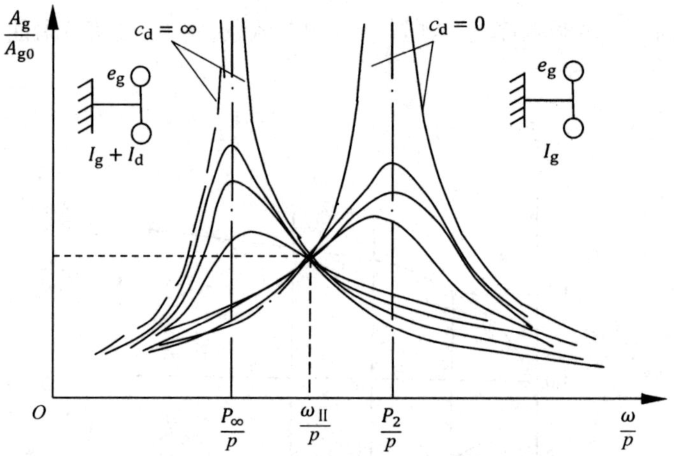

图 2-27　阻尼减振器的减振特性

当 $c_d=0$ 时，相当减振器中的液体介质(如硅油)全部漏掉。这时发动机和减振器惯性体之间无任何机械联系，减振器不起作用，系统变成了图 2-27 右上角所示的单扭摆，其固有频率为

$$p^2=\frac{1}{I_g e_g} \tag{2-95}$$

由式(2-94)可以导出发动机的振幅放大因子公式：

$$\frac{A_g}{Me_g}=\frac{1}{1-\left(\frac{\omega}{p}\right)^2} \tag{2-96a}$$

或

$$A_g = \frac{M}{\frac{1}{e_g} - I_g\omega^2} \tag{2-96b}$$

显然，当 $\omega=p$ 时，$A_g=\infty$，如图 2-27 所示。

当 $c_d=\infty$ 时，即减振器本身的阻尼很大时，惯性体与壳体(即发动机)刚性地结合在一起，它们之间没有相对运动，系统变成了图 2-27 左上角所示的单扭摆，但该扭摆的转动惯量为 I_d+I_g，其固有频率为

$$p_\infty^2 = \frac{1}{\left(I_d + I_g\right)e_g} \tag{2-97}$$

同样，根据式(2-94)，可导出发动机的振幅放大因子公式为

$$\frac{A_g}{Me_g} = \frac{1}{1-(1+\mu)\left(\frac{\omega}{p}\right)^2} \tag{2-98a}$$

或

$$A_g = \frac{M}{\frac{1}{e_g} - (I_d + I_g)\omega^2} \tag{2-98b}$$

显然，当 $\omega=p_\infty$ 时，$A_g=\infty$，如图 2-27 所示。

由图 2-27 可见，以上两极端情况下的发动机振幅曲线相交一点。由于它在 p_∞ 的右方，和有阻尼弹性减振器一样，相应地称该点为Ⅱ点。实际上其他任何阻尼值所对应的振幅曲线也都通过Ⅱ点，所以Ⅱ点的位置和阻尼无关。最佳阻尼系数比 γ_p 所对应的振幅曲线以Ⅱ点为最高点，故它把发动机扭振的振幅永远控制在Ⅱ点的纵坐标以下，达到预期的减振目的。下面推导阻尼减振器的特性参数，即Ⅱ点的坐标值和最佳阻尼值。

将 $\omega_d=0$ 代入式(2-79)，得

$$\omega_{\text{II}}^2 = \frac{2}{2+\mu}p^2 \tag{2-99a}$$

或

$$\left(\frac{\omega}{p}\right)^2 = \frac{2}{2+\mu} \tag{2-99b}$$

将式(2-99a)代入式(2-94)，并令 $\gamma=0$，得

$$\left[\frac{A_g}{Me_g}\right]_{\text{II}} = 1 + \frac{2}{\mu} \tag{2-100}$$

利用同样的方法，将式(2-94)对 ω/p 求偏导数，令其为零，并将式(2-99a)代入，可求出阻尼减振器的最佳阻尼系数比 γ_p，表示为

$$\left[\gamma_p^2\right]_{\text{II}} = \frac{1}{2(1+\mu)(2+\mu)} \tag{2-101}$$

根据式(2-99a)、(2-100)、(2-101)可画出阻尼减振器特性曲线,如图 2-28 所示。

根据式(2-74)可知

$$\frac{A_{dg}}{Me_g}=\frac{\sqrt{(1+\mu)(2+\mu)}}{\mu} \tag{2-102}$$

同样,可以画出 $A_{dg}=f(\mu)$的变化特性曲线,如图 2-29 所示。

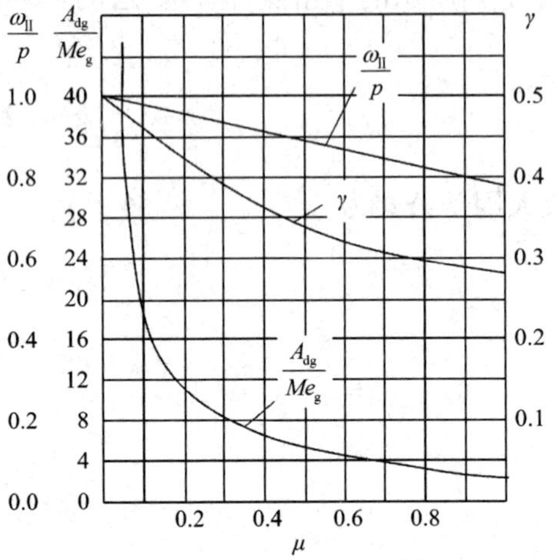

图 2-28　阻尼减振器特性曲线

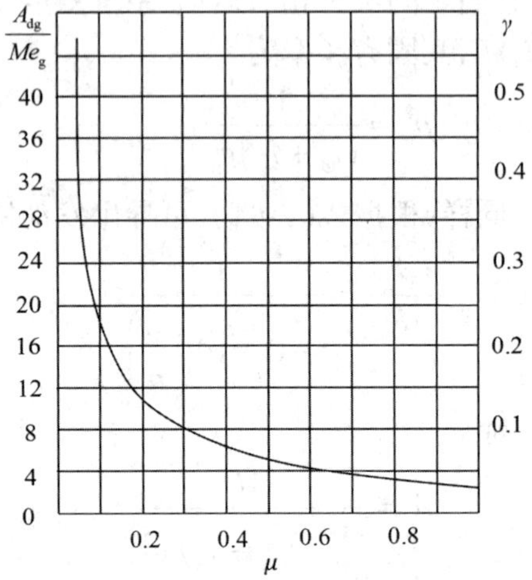

图 2-29　$A_{dg}=f(\mu)$的变化特性曲线

2.4　案例分析:减振器设计

发动机轴系一般都是多质量系统,如果在它上面安装一个减振器(即增加一个质量),使其扭振特性发生变化,达到预期的要求,那么这个减振器的主要参数(I_d、e_d、c_d)应该怎样确定呢?显然这是一项非常困难的工作。所以,在减振器的工作原理分析中,我们首先把发动机系统简化为一个单扭摆,然后在此扭摆上加设一个减振器,使其变成较为简单的双扭摆系统,并研究该系统的扭振特性,定出减振器的主要参数。很明显,这样确定的减振器参数具有很大近似性。因此,在减振器设计计算完成后,必须把初步确定的减振器加到发动机系统上,进行多质量系统的扭振计算,看其是否满足设计要求。如果满足要求,设计到此结束,如果不满足要求,则应调整有关参数,重新进行计算,直到满意为止。当然一个减振器是否具有良好的减振效能,还要依靠实验;在实验中不断调整其参数,以达到满意的结果。

把发动机系统简化为单扭摆系统(或者称作发动机当量系统)时,简化条件是简化前后系统的固有频率相等,动能和位能相等。根据这些条件,我们可以求出发动机系统的当量转动惯量 I_g、当量柔度 e_g、当量干扰力矩 M_g。

2.4.1 发动机当量系统的确定

(1)当量转动惯量 I_g

设有一具有 z 个气缸的发动机系统,各质量的转动惯量为($I_1, I_2, \cdots, I_i, \cdots, I_z$);各轴段的柔度为($e_{12}, e_{23}, \cdots, e_{i-1,\ I}, \cdots, e_{z-1,\ z}, e_{z,\ z+1}$)。如果该系统的固有频率为 p,其振型如图 2-30 所示。假定 I_g 代表该发动机的当量转动惯量,那么根据简化前后频率相等、动能相等的原则,可列出等式:

$$\frac{1}{2}\left(p\alpha_{\mathrm{g}}\right)^2 I_{\mathrm{g}}=\sum_{i=1}^{z}\ \frac{1}{2}\left(p\alpha_i\right)^2 I \tag{2-103}$$

$$I_{\mathrm{g}}=\sum_{i=1}^{z} I_i\alpha_i^2 / \alpha_{\mathrm{g}}^2 \tag{2-104}$$

式中:α_g 为当量惯量 I_g 的相对振幅;I_i 为发动机任一气缸的惯量;α_i 为发动机任一气缸的相对振幅;z 为发动机气缸数。

由于 α_g 对系统的固有频率无影响,故令 $\alpha_g = 1$,则当量转动惯量的计算公式为

$$I_{\mathrm{g}}=\sum_{i=1}^{z} I_i\alpha_i^2 \tag{2-105}$$

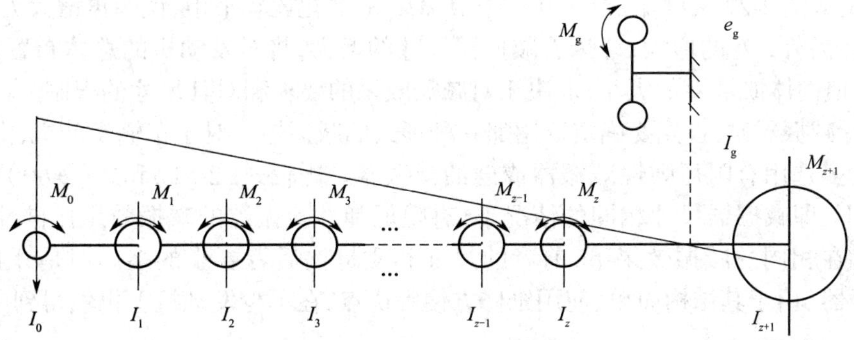

图 2-30 发动机振动系统振型

(2)当量柔度 e_g

根据原系统的自由振动计算,发动机的固有频率 p 是已知的,那么当量柔度为

$$e_{\mathrm{g}}=\frac{1}{p^2 I_{\mathrm{g}}} \tag{2-106}$$

(3)当量干扰力矩 M_g

根据能量相等的原则,把作用于多缸发动机上的某一谐次的干扰力矩转化到单扭摆上得到的力矩,称为当量干扰力矩。

多缸发动机干扰力矩所做的功为

$$\pi(M_v)_1 A_1 \sin\varepsilon_1+\pi(M_v)_2 A_2 \sin\varepsilon_2+\cdots+\pi(M_v)_z A_z \sin\varepsilon_z=\pi M_v\sum_{i=1}^{z} A_i \sin\varepsilon_i \tag{2-107}$$

假设 A_g 为当量转动惯量的振幅，M_g 为作用在当量转动惯量上的当量干扰力矩，根据能量相等原则，有

$$\pi M_g A_g \sin\varepsilon_g = \pi M_v \sum_{i=1}^{z} A_i \sin\varepsilon_i \tag{2-108}$$

所以

$$M_g = \frac{M_v \sum_{i=1}^{z} A_i \sin\varepsilon_i}{A_g \sin\varepsilon_g} = \frac{M_v \sum_{i=1}^{z} \frac{A_i}{A_g} \sin\varepsilon_i}{\sin\varepsilon_g} = M_v \sum_{i=1}^{z} \vec{\alpha}_i \tag{2-109}$$

式中：M_v 为 v 次干扰力矩振幅；$\sum_{i=1}^{z} \vec{\alpha}_i$ 为 v 次干扰力矩相对振幅矢量和。

将发动机系统转化为当量系统后（即求出 I_g、e_g、M_g 后），就可以进行减振器的设计计算。减振器实际计算的主要任务是确定减振器的主要参数：惯性体惯量 I_d、减振器柔度 e_d、减振器阻尼系数比 γ_p。在上述三个参数中，最为重要的是惯性体惯量 I_d 或惯量比 μ，因为在一定的定调比下（见 2.4.3 节），其他参数均为惯量比 μ 的函数。根据减振器的工作原理可知，μ 值的大小（即 I_d 的大小），对 $[A_g]_{\mathrm{I}}$ 和 $[A_g]_{\mathrm{II}}$ 有相当大的影响，硅油减振器尤为显著（图 2-27），μ 越大，p_∞ 和 p 拉得越开，因而 $[A_g]_{\mathrm{II}}$ 越小。由此可知，惯性体惯量 I_d 越大，减振效果越好。但是从图 2-27 又可知，当 $\mu>0.5$ 后，A_g/Me_g 的变化比较平坦，说明再增大 I_d，减振效果变化不大。另外，I_d 的增大，意味着减振器尺寸的增大，将对发动机的总体布置带来不利。综上所述，惯性体惯量 I_d 的大小，取决于对减振效果的要求和对其尺寸的限制。

在设计减振器时，首先要确定选用那一种形式的减振器。对于车辆发动机，由于转速经常变化，故多选用有阻尼弹性减振器或硅油减振器。比较式（2-52）和式（2-60）可知，在相同的 μ 值下，即减振器尺寸相同的情况下，有阻尼弹性减振器的减振效果比硅油减振器要好。反之，在相同的减振效果下，前者的尺寸和质量比后者要小的多。但是，阻尼减振器（硅油减振器）由于其结构简单、使用维修方便等优点，在不少发动机上仍然得到广泛应用。

2.4.2 硅油减振器的设计方法

（1）根据许用振幅 $[A_g]$ 确定减振器的惯量比 μ

由发动机的扭振许用应力或其他工作要求，确定许用振幅 $[A_g]$，然后利用 $[A_g]$ 求出允许的振幅放大因子，计算公式为

$$m_g = \frac{[A_g]}{M_g e_g} \tag{2-110}$$

式中：M_g 为当量干扰力矩振幅，e_g 为当量柔度；$[A_g]$ 为发动机许用振幅。

将求得的 m_g 值代入式（2-100），求出减振器的惯量比 μ，计算公式为

$$\mu = \frac{2}{m_g - 1} \tag{2-111}$$

所以

$$I_d = \mu I_g \tag{2-112}$$

求出的 I_d 不宜过大，若过大，应该调整放大系数重新计算。根据统计，一般取 μ=0.1~0.3 或 I_d/I_s=1~2 为宜，其中 I_s 为单位气缸的转动惯量。

(2)根据惯性体惯量 I_d 确定减振器的尺寸

硅油减振器的主要尺寸如图 2-31 所示，具体设计结构如图 2-32 所示。

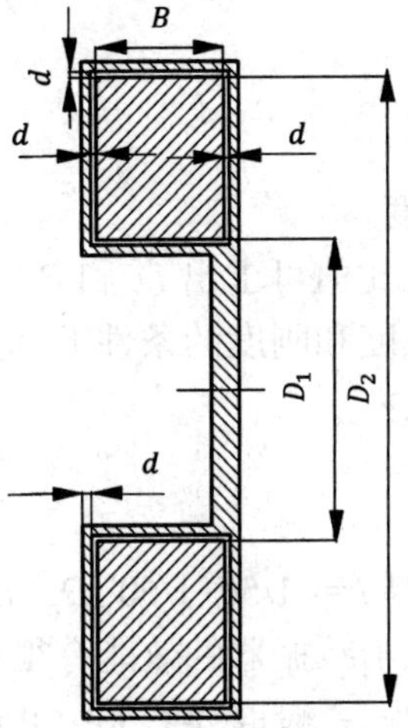

图 2-31　硅油减振器的主要尺寸

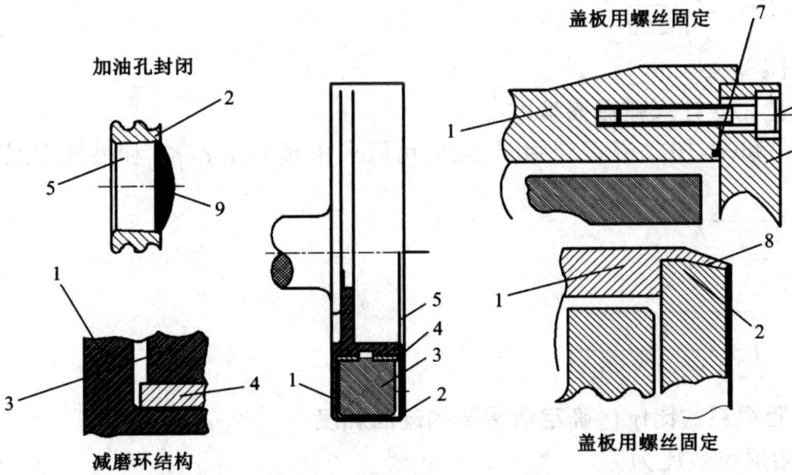

图 2-32　硅油减振器的设计结构

1—壳体；2—盖板；3—惯性体；4—减磨环；5—油塞孔；6—固定螺丝；7—橡胶密封圈；8—滚边；9—铅封

一般惯性体的尺寸关系为

$$\frac{D_i}{D_0}=0.25\sim0.65;\ \frac{B}{D_0}=0.1\sim0.3$$

式中：D_i 为惯性体的内孔直径；B 为惯性体的宽度；惯性体的外径 D_0。

根据计算所确定的 I_d 和 D_i/D_0 和 B/D_0 的比值，即可求出惯性体的外径 D_0，公式为

$$I_d = \frac{\pi\rho}{32g}(D_0^4 - D_i^4)B \tag{2-113}$$

所以

$$D_0 = \left[\frac{32gI_d}{\pi\rho(1-\frac{D_i^4}{D_0^4})\frac{B}{D_0}}\right]^{1/5} \tag{2-114}$$

式中：ρ 为材料密度，g 为重力加速度。

求出 D_0 后，由 D_i/D_0 和 B/D_0 之比值可求出 D_i 和 B。

减振器壳体的惯量在保证其强度和刚度的条件下，应该越轻越好，这样可以不影响原系统的扭振特性。在估算时大致可取：

$$I_h = \frac{1}{2}I_d \tag{2-115}$$

一般情况下，减振器壳体的壁厚 h=（1/50~1/60）D_0，壳体的内圈壁厚可适当加厚。

惯性体和壳体之间的间隙 δ 对于减振器的效能有很重要的影响，不能过大，原则上越小越好。但是由于材料和加工的原因，一般取 δ=0.50~1.0 mm，随着惯性体直径 D_0 的增大可按下式计算：

$$\delta = 0.25 + 0.25\sqrt{\frac{D_0}{250}} \tag{2-116}$$

式中：D_0 为惯性体直径（mm）。

（3）根据惯量比 μ 计算减振器参数

由式（2-99a）和（2-101）或者利用图 2-26，可以求出频率比 ω_{II}/p 和最佳阻尼系数比 γ_p，计算方法为

$$\frac{\omega_{\mathrm{II}}}{p} = \sqrt{\frac{2}{2+\mu}} \tag{2-117}$$

$$(\gamma_p)_{\mathrm{II}} = \sqrt{\frac{1}{2(1+\mu)(2+\mu)}} \tag{2-118}$$

（4）由最佳阻尼系数比 $[\gamma_p]_{\mathrm{II}}$ 确定所需要的硅油黏度

由前可知，阻尼系数比为

$$\gamma = \frac{c}{2I_d p} \tag{2-119}$$

将减振器的最佳阻尼系数比 $[\gamma_p]_{\mathrm{II}}$ 代入式，可求出硅油减振器总的阻尼系数 c，表示为

$$c = 2I_d p[\gamma_p]_{\mathrm{II}} \tag{2-120}$$

由硅油减振器的结构可知，造成硅油黏性阻尼的主要工作面是惯性体的外周面和两端面。因此，计算阻尼系数时，往往只考虑外周面和两端面。设 c_p 为惯性体外周面阻尼系数，c_L 为两端面阻尼系数，有

$$c = c_p + c_L \tag{2-121}$$

外周面阻尼系数表示为

$$c_{\mathrm{p}}=\frac{c}{1+\frac{\eta_{\mathrm{R}}D_0}{4B}} \tag{2-122}$$

式中：η_{R} 为修正系数，由 D_0 处的平均黏性剪切率 $\gamma_{\mathrm{m}}=\left(\frac{V}{\delta}\right)_{\mathrm{m}}$ 决定，可从表 2-1 查得。

黏性剪切率 γ_{m} 表征液体在剪切方向的黏度，它与液体两侧物体的相对速度 V 成正比，与两侧物体之间的间隙成反比，计算公式为

$$\gamma_{\mathrm{m}}=\left(\frac{V}{\delta}\right)_{\mathrm{m}}=\frac{\omega_{\mathrm{II}}\left(A_{\mathrm{g}}-A_{\mathrm{d}}\right)D_0}{\pi\delta} \tag{2-123}$$

式中：ω_{II} 由式（2-99a）或图 2-28 求得。（A_{g}-A_{d}）由图 2-29 求得。

表 2-1　外周面阻尼系数计算所需修正系数 η_{R}

D_i/D_0	0.25	0.3	0.4	0.5	0.6	0.7	0.8
$\left(\frac{V}{\delta}\right)_{\mathrm{m}}<700$（1/s）	1.04	1.03	1.01	0.97	0.89	0.77	0.61
$700<\left(\frac{V}{\delta}\right)_{\mathrm{m}}<10\ 000$（1/s）	1.11	1.10	1.08	1.03	0.94	0.81	0.58

修正系数 η_{R} 也可以用下式计算：

$$\eta_{\mathrm{R}}=\frac{\left[1-\left(\frac{D_{\mathrm{i}}}{D_0}\right)^{4-\eta}\right]}{1-\frac{1}{4}\eta} \tag{2-124}$$

式中：η 为修正系数，当 γ_{m}<700 1/s 时，η=0.158；当 γ_{m}>700 1/s 时；η=0.428。

可根据求出的 c_{p} 计算出硅油的有效黏度，计算公式为

$$\nu_{\mathrm{e}}=\frac{4c_{\mathrm{p}}\delta}{1.019\times10^{-8}\pi BD_0^3} \tag{2-125}$$

由式（2-125）所计算的硅油黏度，是减振器在工作条件下要求达到的黏度，而在一般油的规格中，所标的名义黏度是在液体运动速度很低和常温下测得的。因此，还需要将有效黏度换算成名义黏度，换算公式为

$$\nu_0=\frac{\nu_{\mathrm{e}}}{\eta_{\mathrm{r}}\eta_{\mathrm{t}}} \tag{2-126}$$

式中：ν_0 为硅油的名义黏度；η_{r} 为剪切率修正系数，可按计算出的平均剪切率（V/δ）和有效工作黏度查图 2-33 所示曲线得到；η_{t} 为温度修正系数，可按硅油的工作温度查图 2-34 所示曲线得到。

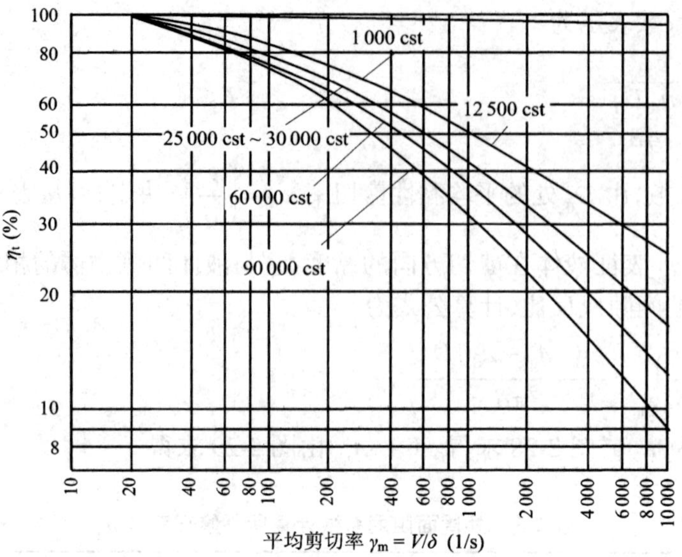

图 2-33　剪切率修正系数曲线

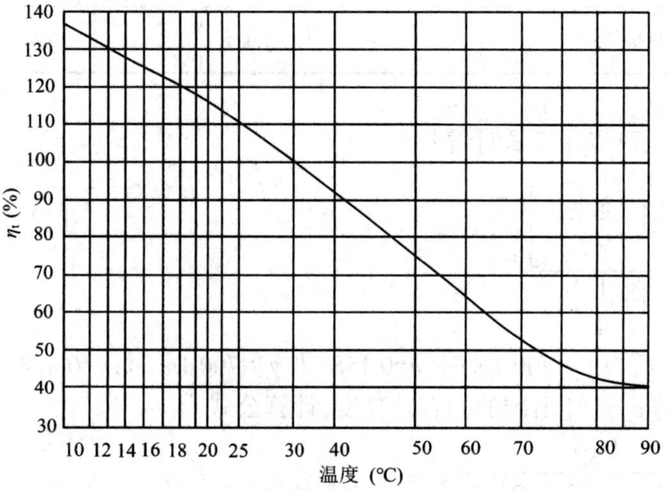

图 2-34　温度修正系数曲线

减振器在曲轴箱外面时，可取 $t = 45$ ℃；减振器在曲轴箱内时，可取 $t = 75$ ℃。

(5)校核减振器的散热面积

硅油减振器通过硅油的黏性摩擦作用，吸收干扰力矩向系统输入的能量，并把它变为热散失掉。因此，减振器必须有足够的散热面积，以保证其工作的安全可靠。

减振器每个循环所做的功为

$$W_d = \pi c_d \omega_{II} \left(A_R - A_d \right)_{II}^2 \tag{2-127}$$

但

$$c_d = 2I_d p \gamma_p = \frac{2I_d \omega_{II} \sqrt{2+\mu}}{\sqrt{2}\sqrt{2(1+\mu)(2+\mu)}} = \frac{I_d \omega_{II}}{\sqrt{1+\mu}} \tag{2-128}$$

根据式(2-93)和式(2-90),$(A_g-A_d)^2$ 可写为

$$\left(A_g-A_d\right)^2=A_{gd}^2=M^2e_g^2\frac{(1+\mu)(2+\mu)}{\mu^2}$$

$$=\left(\frac{\mu}{2+\mu}\right)^2[A_g]_{\mathrm{II}}^2\frac{(1+\mu)(2+\mu)}{\mu^2}=\frac{1+\mu}{2+\mu}[A_g]_{\mathrm{II}}$$

所以

$$W_d=\pi c_d\omega_{\mathrm{II}}\left(A_g-A_d\right)_{\mathrm{II}}^2=\frac{I_d\omega_{\mathrm{II}}\pi}{\sqrt{1+\mu}}\varpi_{\mathrm{II}}\frac{1+\mu}{2+\mu}[A_g]_{\mathrm{II}}^2=\pi\frac{\sqrt{1+\mu}}{2+\mu}\omega_{\mathrm{II}}^2I_d[A_g]_{\mathrm{II}}^2 \tag{2-129}$$

相应地,减振器吸收的功率为

$$N_d=\frac{1}{2\pi}\cdot\frac{\omega_{\mathrm{II}}}{7\ 500}W_d=\frac{1}{2\pi}\cdot\frac{\omega_{\mathrm{II}}}{7500}\pi\frac{\sqrt{1+\mu}}{2+\mu}\omega_{\mathrm{II}}^2I_d[A_g]_{\mathrm{II}}^2=\frac{1}{15\ 000}\frac{\sqrt{1+\mu}}{2+\mu}\omega_{\mathrm{II}}^3I_d[A_g]_{\mathrm{II}}^2 \tag{2-130}$$

一般认为,当 $N_d/A\leqslant 8.7$ hp/m³ 时(1 马力 ≈0.74 kW),减振器的散热面积是够的。其中,A 为减振器的散热面积,一般可按惯性体的外表面积来计算,计算公式为

$$A=2\pi\left(R_0^2-R_i^2+BR_0\right)/10^6\quad(\mathrm{m}^2) \tag{2-131}$$

式中:R_0、R_i、B 的尺寸单位均为毫米(mm)。

2.4.3 有阻尼弹性减振器的设计

有阻尼弹性减振器的结构形式很多,如硅油橡胶减振器、硅油弹簧减振器等,下面简述共同的设计方法。

(1)确定减振器的定调比 ω_d/p

定调比的选取范围一般为

$$1\geqslant\frac{\omega_d}{p}\geqslant\frac{1}{1+\mu} \tag{2-132}$$

亦即有阻尼弹性减振器的定调比,在共振定调比和最佳定调比之间选取。如果发动机的主临界速度处于工作转速范围的中间部分,则宜取最佳定调比。由于$[A_g]_{\mathrm{I}}=[A_g]_{\mathrm{II}}$,故在工作转速范围内可获得比较均匀的扭振振幅,如图 2-35(a)所示。如果主简谐临界转速靠近最低工作转速,则可取定调比为 1,这样,较大的扭振振幅$[A_g]_{\mathrm{I}}$可以移出工作转速范围,而在转速范围内留下较小的扭振振幅$[A_g]_{\mathrm{II}}$,如图 2-35(b)所示。反之,若主简谐临界转速靠近发动机的最高转速,可取定调比小于最佳定调比,使较大的扭振振幅$[A_g]_{\mathrm{II}}$移出工作转速范围,留下较小的扭振振幅$[A_g]_{\mathrm{I}}$,如图 2-35(c)所示。

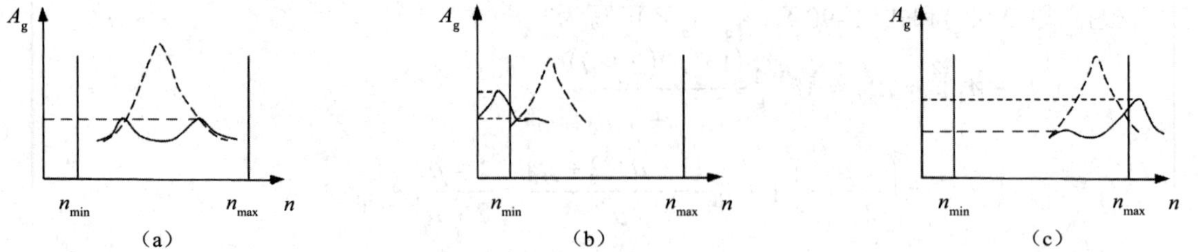

图 2-35　定调比选取效果

(a)最佳定调比　(b)定调比为 1　(c)小于最佳定调比

如果按最佳条件设计减振器,可由允许的振幅放大因子$[A_g]/Me_g$,根据图 2-22 或式(2-78)求出惯量比 μ,并用其计算出最佳定调比 λ,计算公式为

$$\lambda=\frac{\omega_d}{p}=\frac{1}{1+\mu} \tag{2-133}$$

(2)确定惯性体的结构尺寸

由图 2-22 或式(2-85)、式(2-88)可求出共振频率 ω_{I} 和 ω_{II},最佳阻尼系数比 γ_p。求惯性体惯量 I_d 的计算公式为

$$I_d=\mu I_g \tag{2-134}$$

求减振器总的动态柔度 e_d 的计算公式为

$$e_d=\frac{1}{\omega_d^2 I_d}=\frac{1}{\lambda^2 p^2 I_d} \tag{2-135}$$

减振器的总阻尼系数 c_d 的计算公式为

$$c_d=2I_d p\gamma_p \tag{2-136}$$

根据所求出的 I_d 和总体对减振器尺寸的限制,定出惯性体的结构尺寸。

(3)确定弹性元件的有关参数和硅油黏度

根据减振器的具体结构形式,确定其弹性元件的有关参数和硅油黏度。对于硅油橡胶减振器,根据求得的减振器总的动态柔度 e_d,算出橡胶的动态和静态剪切弹性模量。根据总阻尼系数 c_d 和橡胶内阻尼系数的差值来确定所需硅油的黏度。

对于硅油弹簧减振器,根据 e_d 和弹簧组的具体结构来确定弹簧的有关参数。根据 c_d 确定所需硅油的黏度(金属弹簧中的阻尼可忽略不计)。

(4)进行扭振计算

将所设计的减振器加在发动机轴系上进行多质量系统的扭振计算,检查其扭振特性的变化情况。若结果满足设计要求,则设计过程结束;若结果不满足设计要求,则应调整有关参数,重新进行设计。

第 3 章 内燃机整机振动及隔振

研究内燃机振动是为了了解其振动规律和振动大小，考察弹性支承或隔振器的性能，研究环境对内燃机振动的影响。内燃机通常安装在隔振装置（弹性支承）上，即使是刚性安装的内燃机，其支架、地脚螺栓，甚至机体自身等也都不是绝对的刚体，均具有一定的弹性。因此，在研究内燃机振动时，通常将其简化为单质量多弹性支承系统。

3.1 内燃机整机振动分析

3.1.1 内燃机整机振动模型

图 3-1 所示为内燃机整机振动模型简图。为了简化坐标系，取内燃机重心为坐标系原点，其三个方向的坐标轴分别为内燃机横向、垂向及纵向的主惯性轴 x、y、z，而各弹性支承点在该坐标系上的坐标位置分别为 A、B、C。

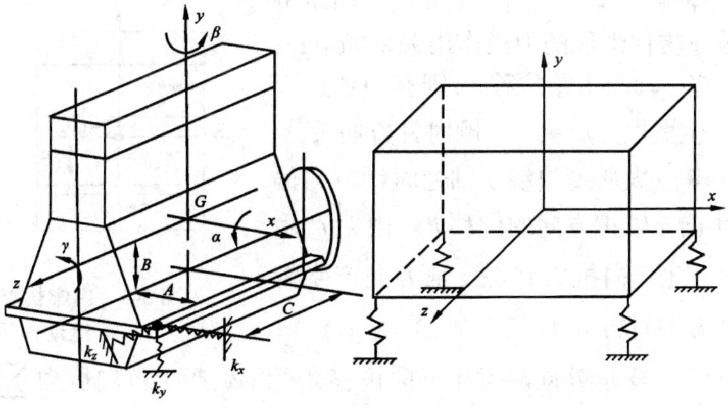

（a）　　　　（b）

图 3-1　内燃机整机振动模型简图

（a）整机振动系统　（b）单层隔振简化模型

内燃机系统的激振力为各曲柄连杆机构产生的惯性力和力矩，以及由往复惯性力和气体力引起的倾覆力矩。对于图 3-1 所示的振动系统，内燃机为大质量块，重心为坐标系原点，在激振力作用下，系统共有 6 种运动形式：沿 x、y、z 轴的轴向平动和绕 x、y、z 轴的轴向转动。这 6 种运动形式记作（$x,y,z,\alpha,\beta,\gamma$）称为整机刚体振动，可分别列出 6 个运动方程。

下面以沿 y 轴轴向平动及绕 z 轴转动为例进行运动方程的推导。

（1）整机的 y 轴轴向平动作用力系

图 3-2 为 y 轴轴向平动作用力系简图。当质量块运动时，在 y 轴方向（简称 y 向）形成

位移并产生抗力（以无阻尼、无激励情况进行分析），相关抗力如下：

1）大质量块在 y 向有位移 y，则有加速度 $\ddot{y}$，由于质量块的惯性而产生惯性力 $-m\ddot{y}$，方向向下；

2）由于位移 y，将受到所有支承的抵抗，而有弹性抗力 $-\sum k_y y$，方向向下；

3）如果质量块有绕 x 轴的转角 α，则在各支承点上将发生 $C\alpha$ 的 y 向位移，由图 3-2 可知，正值 α 使 z 轴向下，正值 C 距离处的支承点处将有向下的 y 向位移，将受到向上作用的抵抗力 $-\sum k_y C\alpha$；

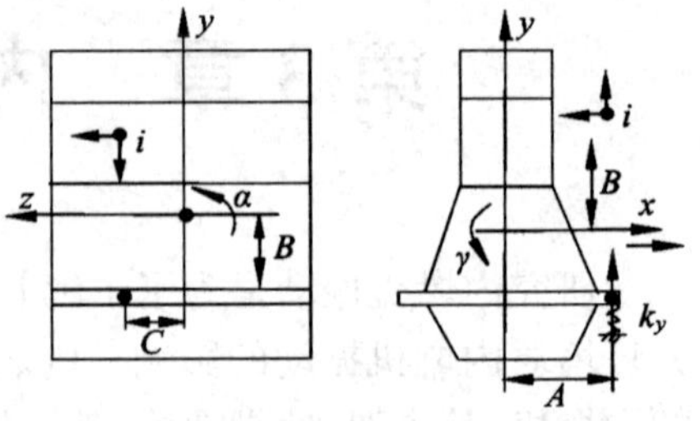

图 3-2　内燃机整机沿 y 轴轴向平动作用力系

4）如果质量块有绕 z 轴的转角 γ，则在各支承点上将发生 $A\gamma$ 的 y 向位移，由图 3-2 可知，正值 γ 使 x 轴向上，正值 A 距离处的支承点处将有向上的 y 向位移，将受到向下作用的抵抗力 $-\sum k_y A\gamma$。

当质量块做 x 向、z 向平动，或绕 y 轴转动时，不发生 y 向的位移，即与 y 向作用力系无关。由此可得 y 向的运动方程为

$$m\ddot{y}+\sum k_y y-\sum k_y C\alpha+\sum k_y A\gamma=0 \tag{3-1}$$

（2）整机绕 z 轴旋转运动作用力系

图 3-3 为绕 z 轴旋转运动作用力系简图。当质量块发生运动时，在 γ 方向形成的力矩作用关系如下：

1）大质量块绕 z 轴产生角位移 γ，则有角加速度 $\ddot{\gamma}$，大质量块将产生惯性力矩 $-I_z\ddot{\gamma}$（顺时针方向）；

2）由于角位移 γ，大质量块绕 y 轴逆时针方向偏转，使支承处发生向 x 轴正方向的位移 $B\gamma$，由 k_x 产生正向抗力 $\sum k_x B\gamma$，此正向抗力将在 z 轴方向产生抗力矩 $\sum k_x B\gamma\cdot B$（顺时针方向）；

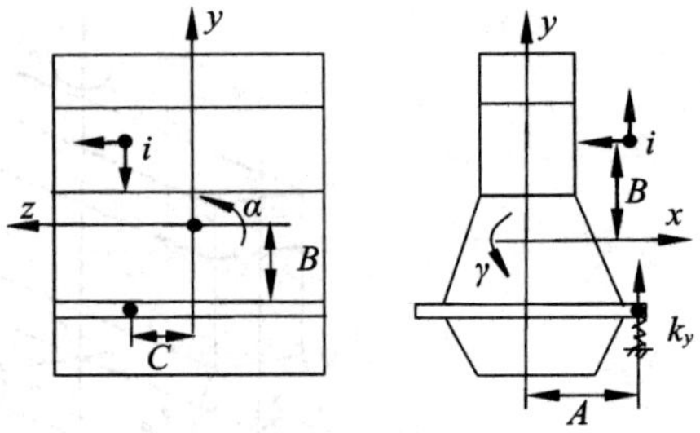

图 3-3　内燃机整机绕 z 轴旋转运动作用力系

3）由于角位移 γ，支承处同时发生 y 向位移 $A\gamma$，由 k_y 产生负向抗力 $\sum k_y A\gamma$，此负向抗力力使 y 轴受到抗力矩 $-\sum k_y A\gamma\cdot A$（顺时针方向）；

4）如果质量块有 x 向位移 x，则将受到 k_x 的抵抗力 $-\sum k_x\cdot x$，此力对 z 轴将产生抗力矩 $\sum k_x\cdot xB$（逆时针方向）；

5）如果质量块有 y 向位移 y，则将受到 k_y 的抵抗力 $-\sum k_y\cdot y$，此力对 z 轴将产生抗力矩 $-\sum k_y\cdot yA$（顺时针方向）；

6）如果质量块有绕 x 轴的角位移 α，则将使 y 轴前倾，使支承处发生 y 向的负位移 $-C\alpha$，受到 k_y 的抗力 $\sum k_y C\alpha$，此力对 z 轴的距离 A，将使 z 轴受到抗力矩 $\sum k_y C\alpha A$（逆时针方向），由于角位移 α 产生的 z 向位移 $B\alpha$ 受到 k_z 的抗力 $\sum k_z B\alpha$，此力与 z 轴平行，故不产生对 z 轴的抗力矩；

7）如果质量块有绕 y 轴的角位移 β，则将使 x 轴向后转动，使支承处发生 x 向的正位移 $C\beta$ 及 z 向的正向位移 $A\beta$，其中 x 向的位移 $C\beta$ 受到 k_x 的抗力 $-\sum k_x C\beta$，此力对 z 轴产生抗力矩 $\sum k_x C\beta B$（逆时针方向），而由 $A\beta$ 产生的抗力因平行于 z 轴，故对 z 轴的回转不发生影响。

在 z 向如有位移 z，将受到 k_z 的抵抗，但对 z 轴的回转抗力矩没有影响。因此，γ 向的总力矩平衡式为

$$
\begin{aligned}
&I_z\ddot{\gamma}-\left(\sum k_x B\right)x+\left(\sum k_y A\right)y-\left(\sum k_y AC\right)\alpha-\left(\sum k_x BC\right)\beta+\\
&\left[\left(\sum k_y A^2\right)+\left(\sum k_x B^2\right)\right]\gamma=0
\end{aligned}
\tag{3-2}
$$

因此，可得到如下6种运动形式下的无阻尼自由振动的运动方程组：

$$
\left.\begin{aligned}
&m\ddot{x}+\sum k_x x+\sum k_x C\beta-\sum k_x B\gamma=0\\
&m\ddot{y}+\sum k_y y-\sum k_y C\alpha+\sum k_y A\gamma=0\\
&m\ddot{z}+\sum k_z z+\sum k_z B\alpha-\sum k_z A\beta=0\\
&I_x\ddot{\alpha}-\sum k_y Cy+\sum k_z Bz+\left(\sum k_z B^2+\sum k_y C^2\right)\alpha-\sum k_z AB\beta-\sum k_y AC\gamma=0\\
&I_y\ddot{\beta}+\sum k_x Cx-\sum k_z Az-\sum k_z AB\alpha+\left(\sum k_z C^2+\sum k_z A^2\right)\beta-\sum k_x BC\gamma=0\\
&I_z\ddot{\gamma}-\sum k_x Bx+\sum k_y Ay-\sum k_y AC\alpha-\sum k_x BC\beta+\left(\sum k_y A^2+\sum k_x B^2\right)\gamma=0
\end{aligned}\right\}
\tag{3-3}
$$

式（3-3）的矩阵表达式为

$$
\boldsymbol{M}\ddot{\boldsymbol{q}}+\boldsymbol{K}\boldsymbol{q}=\boldsymbol{0}
\tag{3-4}
$$

式中：$\boldsymbol{M}$ 为质量矩阵，$\boldsymbol{K}$ 为刚度矩阵，$\boldsymbol{q}$ 为位移向量，$\ddot{\boldsymbol{q}}$ 为加速度向量。

$$
\boldsymbol{M}=\left\{\begin{matrix}
m & & & & & \\
 & m & & 0 & & \\
 & & m & & & \\
 & & & I_x & & \\
 & 0 & & & I_y & \\
 & & & & & I_z
\end{matrix}\right\}
\tag{3-5}
$$

$$
\boldsymbol{K}=\left\{\begin{matrix}
K_{xx} & 0 & 0 & 0 & K_{x\beta} & K_{x\gamma}\\
0 & K_{yy} & 0 & K_{y\alpha} & 0 & K_{y\gamma}\\
0 & 0 & K_{zz} & K_{z\alpha} & K_{z\beta} & 0\\
0 & K_{\alpha y} & K_{\alpha z} & K_{\alpha\alpha} & K_{\alpha\beta} & K_{\alpha\gamma}\\
K_{\beta x} & 0 & K_{\beta z} & K_{\beta\alpha} & K_{\beta\beta} & K_{\beta\gamma}\\
K_{\gamma x} & K_{\gamma y} & 0 & K_{\gamma\alpha} & K_{\gamma\beta} & K_{\gamma\gamma}
\end{matrix}\right\}
\tag{3-6}
$$

$$
\boldsymbol{q}=[x\quad y\quad z\quad \alpha\quad \beta\quad \gamma]^{\mathrm{T}}
\tag{3-7}
$$

$$
\ddot{\boldsymbol{q}}=\left[\ddot{x}\quad \ddot{y}\quad \ddot{z}\quad \ddot{\alpha}\quad \ddot{\beta}\quad \ddot{\gamma}\right]^{\mathrm{T}}
\tag{3-8}
$$

同理，可得内燃机组有阻尼强迫振动的运动方程为

$$
\boldsymbol{M}\ddot{\boldsymbol{q}}+\boldsymbol{C}\dot{\boldsymbol{q}}+\boldsymbol{K}\boldsymbol{q}=\boldsymbol{F}
\tag{3-9}
$$

式中：$\boldsymbol{C}$ 为与 $\boldsymbol{K}$ 形式相似的阻尼矩阵，即将式（3-6）中的刚度变量替换成对应的阻尼系数；$\boldsymbol{F}$ 为激励向量，其中的前 3 个为力激励，而后 3 个为力矩激励，$\boldsymbol{F}$ 的表达式为

$$\boldsymbol{F}=\begin{bmatrix} Q_x & Q_y & Q_z & M_x & M_y & M_z \end{bmatrix}^{\mathrm{T}} \tag{3-10}$$

（3）解释说明

对本小节中以上各公式，做如下阐述。

1）求解式（3-3）便可得出整个隔振系统（包括内燃机和隔振器）的固有频率和刚体振型。其中，$\boldsymbol{M}$ 为对角矩阵，而 $\boldsymbol{K}$ 为非对角矩阵，因此系统的振动是弹性耦合振动。例如，x 和 β 方向产生耦合振动是指在 x 方向产生振动时，必然伴随有 β 方向上的振动；反之亦然，即 x 或 β 方向的振动不能独立存在，因而 K_x 或 β 不等于零。式（3-3）中 6 个方向的振动都相互耦合，它们是通过弹性力或力矩产生耦合的。

2）刚度矩阵 $\boldsymbol{K}$ 反映整个系统的刚度特性。其中的元素 K_{ij} 称为刚度影响系数，它表示刚体在 j 方向产生单位位移时，在 i 方向引起弹性力或力矩的数值。K_{ij} 越大，相应的弹性力或力矩也越大。刚度影响系数除决定于隔振器刚度 k 外，还与隔振器的数目和安装位置等有关。刚度矩阵中的对角元素为独立刚度影响系数，其余都是耦合刚度影响系数。

3）沿某一轴线方向的位移，不可能引起绕该轴线的弹性力矩。例如，位移 x 不会引起力矩 M_x，故刚度矩阵中的 $K_{\alpha x}$、$K_{\beta y}$、$K_{\gamma z}$ 全为零。

4）根据前面的假设，沿某一轴线方向（如 Ox）的位移，不会在 Oy、Oz 方向引起弹性力，因此 K_{xy}、K_{yx}、K_{xz}、K_{zx}、K_{yz}、K_{zy} 均为零。同理，绕某一轴线的角位移也不会引起在该轴线方向上的弹性力，故 $K_{x\alpha}$、$K_{y\beta}$、$K_{z\gamma}$ 也全为零。

5）根据瑞利互等法则，由 j 方向单位位移而引起 i 方向的弹性力或力矩等于由 i 方向单位位移引起 j 方向的弹性力或力矩，即 $K_{ij}=K_{ji}$。这与由式（3-3）推导得到的耦合刚度系数表达式的情况，如 $K_{x\beta}=K_{\beta x}$ 相互吻合。由此可见，刚度矩阵是对称矩阵，而且是正定的。

3.1.2 内燃机振动激励

讨论内燃机整机振动，主要需要考虑以下振动激励：

1）合成离心力 $\sum P_{\mathrm{R}}$；

2）合成的一阶及二阶往复惯性力 $\sum P_{\mathrm{j1}}$、$\sum P_{j2}$；

3）合成的离心力矩 $\sum M_{\mathrm{R}}$；

4）合成的一阶及二阶往复惯性力矩 $\sum M_{\mathrm{j1}}$、$\sum M_{j2}$；

5）合成的倾覆力矩 $\sum M_{\mathrm{D}}$；

6）合成的连杆力偶 $\sum M_{\mathrm{c}}$（由于较小，通常可以忽略）。

以上各激励力或力矩均为以内燃机转速为基频的简谐激励，除合成连杆力偶通常予以忽略外，其他将构成内燃机整机振动的激励源。根据各力或力矩的作用情况，对应直列式内燃机机组振动模型的表达式为

$$
\left.\begin{aligned}
&Q_x = \sum P_R \sin\left(\Omega t + \theta_{P_R}\right)\\
&Q_y = \left(\sum P_R + \sum P_{j1}\right)\cos\left(\Omega t + \theta_{P_R}\right) + \sum P_{j2}\cos\left(2\Omega t + \theta_{P_2}\right)\\
&Q_z = 0\\
&M_x = \left(\sum M_R + \sum M_{j1}\right)\cos\left(\Omega t + \theta_{M_R}\right) + \sum M_{j2}\cos\left(2\Omega t + \theta_{M_2}\right)\\
&M_y = \sum M_R \sin\left(\Omega t + \theta_{M_R}\right)\\
&M_z = \sum M_D \sin\left(v\Omega t + \Psi_v\right)
\end{aligned}\right\} \tag{3-11}
$$

式中：Ωt 为第一缸的曲柄转角；θ_{P_R}、θ_{M_R} 分别为合成的离心惯性力和惯性力矩与第一缸曲柄间的夹角；θ_{P_2}、θ_{M_2} 分别为合成的二阶往复惯性力和惯性力矩与第一缸曲柄间的夹角；Ψ_v 为总倾覆力矩的初相位角。

以图 3-4 所示的四冲程三缸柴油机为例，其缸径 $D = 100$ mm，行程 $S = 100$ mm；功率 $N_a = 33$ kW，转速 $n = 2\ 600$ r/min，$p_i = 7.51$ bar，$L = 185$ mm，$m_R = 3.4$ kg，$m_j = 2.27$ kg，$a = 125$ mm。该柴油机上装有 4 块平衡重，每块质量 $m_B = 2.7$ kg，其重心至回转中心距离 $R_B = 40$ mm，求其振动激励力。

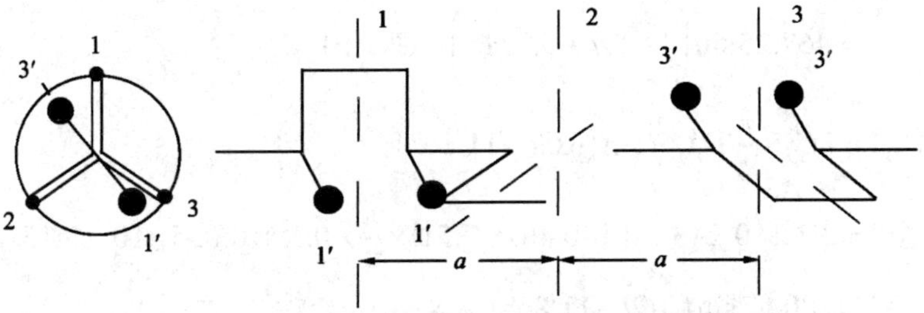

图 3-4　四冲程三缸柴油机曲轴分布简图

单列四冲程三缸柴油机的平衡系数为 0，其他参数为

$$k_{f1} = 0, k_{f2} = 0, k_{M1} = 1.730(330^\circ), k_{M2} = 1.732(30^\circ)$$

因此，其不平衡力和力矩分别为

$$\sum P_{j1} = 0, \sum P_{j2} = 0, \sum P_R = 0$$

$$\sum M_R = 1.732 m_R R\Omega^2 a = 1.732 \times 3.4 \times 0.055 \times \left(\frac{\pi \times 2\ 600}{30}\right)^2 \times 0.125$$

$$= 3\ 001.258\ (\text{N}\cdot\text{m})\ \left(\theta_{M_R} = 330^\circ\right)$$

$$\sum M_{j1} = 1.732 m_j R\Omega^2 a = 1.732 \times 2.27 \times 0.055 \times \left(\frac{\pi \times 2\ 600}{30}\right)^2 \times 0.125$$

$$= 2\ 003.78\ (\text{N}\cdot\text{m})$$

$$\sum M_{j_2} = 1.732 \lambda m_j R\Omega^2 a = 1.732 \times \frac{0.055}{0.185} \times 2.27 \times 0.055 \times \left(\frac{\pi \times 2\ 600}{30}\right)^2 \times 0.125$$

$$= 595.72\ (\text{N}\cdot\text{m})$$

平衡重产生的离心力矩 M_B（与 330° 方向相反）为

$$M_B = 2\times m_B R_B \Omega^2 \times 2a = 2\times 2.7\times 0.04\times\left(\frac{\pi\times 2\ 600}{30}\right)^2\times 2\times 0.125$$

$$= 4\ 003.11\ \ (\mathrm{N\cdot m})$$

倾覆力矩的简谐系数取到 3 谐次，各简谐系数为

$$\nu = 1\frac{1}{2},\ A_{1\frac{1}{2}} = 1.591\,496,\ B_{1\frac{1}{2}} = 0.268\,182,\ \Psi_{1\frac{1}{2}} = 5.271°,$$

$$\nu = 3,\ A_3 = 1.110\ 213,$$

$$B_3 = 0.140\ 461,\ \Psi_3 = -11.86°$$

因此，$1\frac{1}{2}$ 谐次的倾覆力矩为

$$\sum M_{\mathrm{D}\frac{1}{2}} = 3C_{1\frac{1}{2}}\times\frac{\pi}{4}D^2\cdot R\sin\left(1\frac{1}{2}\Omega t + 5.271°\right)$$

$$= 3(1.591\ 496 + 0.268\,182\times 7.51)\times\frac{\pi}{4}\times 0.1^2\times 0.055\times 10^5\sin\left(1\frac{1}{2}\Omega t + 5.271°\right)$$

$$= 467.25\sin\left(1\frac{1}{2}\Omega t + 5.271°\right)\quad(\mathrm{N\cdot m})$$

$$\sum M_{\mathrm{D}0} = 3C_3\times\frac{\pi}{4}D^2\cdot R\sin(3\Omega t - 11.86°)$$

$$= 3(1.110\ 213 + 0.140\ 461\times 7.51)\times\frac{\pi}{4}\times 0.1^2\times 0.055\times 10^5\sin(3\Omega t - 11.86°)$$

$$= 280.57\sin(3\Omega t - 11.86°)\ \ (\mathrm{N\cdot m})$$

由此，可得该发动机的振动激励为

$$Q_x = \sum P_{\mathrm{R}}\sin(\Omega t + \theta_{P_{\mathrm{R}}})$$

$$Q_y = \left(\sum P_{\mathrm{R}} + \sum P_{\mathrm{j1}}\right)\cos(\Omega t + \theta_{P_{\mathrm{R}}}) + \sum P_{\mathrm{j2}}\cos(2\Omega t + \theta_{P_2})$$

$$Q_z = 0$$

$$M_x = \left(\sum M_{\mathrm{R}} + \sum M_{\mathrm{j1}} - M_{\mathrm{B}}\right)\cos(\Omega t + \theta_{M_{\mathrm{R}}}) + \sum M_{\mathrm{j2}}\cos(2\Omega t + \theta_{M_2})$$

$$= (3\ 001.258 + 2\ 003.78 - 4\ 003.11)\cos(\Omega t + 330°) + 595.72\cos(2\Omega t + 330°)$$

$$= 1\ 001.928\cos(\Omega t + 330°) + 595.72\cos(\Omega t + 330°)\ \ (\mathrm{N\cdot m})$$

$$M_y = \left(\sum M_{\mathrm{R}} - M_{\mathrm{B}}\right)\sin(\Omega t + \theta_{M_{\mathrm{R}}})$$

$$= (3\ 001.258 - 4\ 003.11)\sin(\Omega t + 330°)$$

$$= -1\ 001.852\sin(\Omega t + 330°)\quad(\mathrm{N\cdot m})$$

$$M_z = \sum M_{\mathrm{D}_i}\sin(\nu\Omega t + \Psi_\nu)$$

$$= 467.25\sin\left(1\frac{1}{2}\Omega t + 5.271°\right) + 280.57\sin(3\Omega t - 11.86°)\quad(\mathrm{N\cdot m})$$

3.2 悬置隔振系统

图 3-5 车用发动机整机的隔振装置

内燃机的振动控制主要包括两个方面：一是通过结构优化设计，降低内燃机自身的振动；二是通过减振和隔振措施，减小内燃机振动对周围设备和环境的影响。图 3-5 所示为车用发动机整机的隔振装置。

（1）隔振系统的功能

内燃机隔振系统的功能主要包括以下四个方面。

1）作为发动机与车架间的连接装置，起到支承发动机的作用。为了尽可能地使发动机的质量均匀地分配在每个隔振器上，发动机重心应位于几个隔振装置之间。

2）有效抵抗内燃机曲轴及轴系传递过程中带来的扭振，由于发动机在运转的时候，将动力通过曲轴和轴系传递给车轮并带动汽车运动，同时会有力和扭矩作用到隔振器上。

3）减小高频结构噪声的传递。

4）对内燃机受到的外界冲击起到缓冲作用，如减少汽车车身在加速、减速和转弯过程中外界对发动机的冲击。

（2）隔振系统设计要点

隔振系统的各种功能对隔振器参数的要求通常相互矛盾。由于要支承动力装置，抵抗内燃机产生的扭矩以及加速和减速所产生的冲击，必然要求隔振装置具备大刚度特性，尤其是具备垂向刚度。但为了达到有效的隔振目的，隔振器的刚度又必须尽可能得小。因此，设计一个动力装置的隔振系统，通常需要考虑下述几个方面：

1）确定内燃机与机体安装结构，从而确定动力装置与隔振器的安装位置；

2）确定动力装置的质心位置、转动惯量、转轴扭矩等，确定内燃机输出力和力矩大小以及频率特性；

3）确定动力装置的模态频率和模态之间的解耦度；

4）选择隔振器数量、布置位置和结构形式。

当这些因素都确定后，即可通过计算或试验，确定隔振装置的具体位置、布置角度与设计刚度，从而使动力装置的模态频率和解耦度接近目标。最后，对隔振效果进行评价，并考虑系统的稳健性与可靠性。

3.2.1 弹性支承

整机振动最大耦合度数为六度耦合，但实际情况多为二度、三度耦合，这取决于其隔振系统的设计。为说明此问题，本小节介绍刚体–多弹性支承系统性能的相关基本概念。

（1）弹性主轴和弹性中心

考察图 3-6 所示圆形橡胶的几种受力情况，橡胶下面板固定在基础上，上面板承受不同方向的作用力。如图 3-6(a)和(b)所示,由于作用力的方向是弹性元件的轴线方向,因此上面板弹性位移方向与作用力方向一致,故不会产生角位移,该轴线即为元件的弹性主轴。三个互相垂直的弹性主轴通常交于一点,该交点就是弹性中心。如果力的作用线通过弹性中心,且不平行于弹性主轴(图 3-6(c)),虽然也不会产生角位移,但由于元件的压缩刚度和剪切刚度存在差别(对橡胶而言,其压缩刚度远比剪切刚度大),因此造成上面板的弹性位移方向与作用力方向不一致。当力的作用线不通过弹性中心时(图 3-6(d)),由于作用力对弹性中心还存在力矩作用,故上面板同时产生角位移。对于弹性元件形状相对简单的情况,可以按元件形状的对称性求出弹性主轴与弹性中心的位置。通常所说的弹簧数均是指弹性主轴方向的弹簧常数。

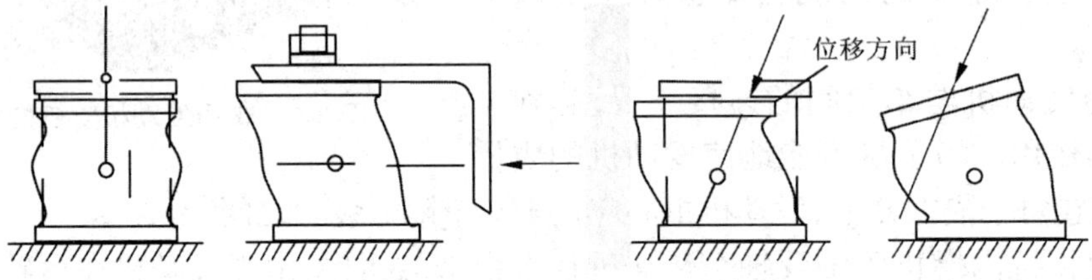

图 3-6　弹性元件的受力变形

(a)力沿轴作用　(b)力沿弹性主轴作用

(c)力与弹性主轴不平行　(d)力既不通过弹性中心又与弹性主轴不平行

当数个弹性元件组成一个支承系统时,作为一个整体,它存在弹性主轴与弹性中心。

图 3-7(a)所示为平置式弹性支承系统,该系统具有四个性能相同的橡胶元件,各元件的三个弹性主轴相互平行。在此情况下,可根据元件布置的对称性求出弹性主轴Ⅰ、Ⅱ、Ⅲ和弹性中心 E。

图 3-7(b)所示为斜置式弹性支承系统,其两侧橡胶元件向中央倾斜 θ,故具有三个不相交于一点的弹性主轴,其中轴Ⅰ与轴Ⅱ相交于 E_1,而与轴Ⅲ相交于 E_2。此布置可使弹性主轴Ⅱ的位置高于由各元件组成的支承面。当横向力 F 作用于 E_2 时(隔振系统作用力的位置一般都高于支承面),右侧橡胶元件被压缩,左侧橡胶元件被拉伸,橡胶元件垂向反力形成一个逆时针方向的力偶,它与力 F 和橡胶元件水平反力所形成的顺时针方向的力偶相互平衡,使系统只在轴Ⅲ方向产生平移而不转动。这种斜支承系统不存在三维的弹性中心,但在考虑轴Ⅰ、Ⅲ平面内的弹性性能时,可把 E_2 作为弹性中心;在考虑轴Ⅰ、Ⅱ平面内的弹性性能时,可把 E_1 视为弹性中心。如果希望有三维弹性中心,就需要将弹性元件在与轴Ⅰ、Ⅱ平行的平面内也向中央倾斜,使轴Ⅱ上升到轴Ⅲ的位置,这就变成了汇聚式支承。

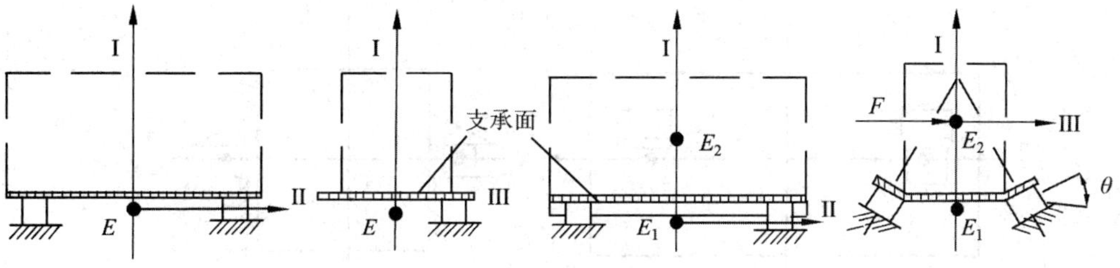

（a）　　　　（b）

图 3-7　弹性支承系统

（a）平置式　（b）斜置式

综上所述，弹性支承系统的静力学特性可归纳为以下两点。

1）当作用力沿支承系统的弹性主轴作用时，系统的支承面只在该方向产生平移；反之，当支承面沿某弹性主轴方向平移时，各元件弹性反力的合力作用在弹性主轴上，不会出现力偶分量。若作用力通过弹性中心，而作用线不与弹性主轴相一致，则支承面的平移方向有可能与力的作用方向不一致，具体视支承系统各个方向刚度的比值而异。

2）当系统上有力偶作用时，支承面绕通过弹性中心的某一轴线有角位移；如果力偶向量垂直于由两个弹性主轴所组成的平面，则旋转方向与力偶方向一致。系统在绕通过弹性中心的某轴线产生角位移时，各元件弹性反力的合力只构成力偶分量；如果此轴线与任意两个弹性主轴正交，则构成的力偶方向与角位移方向一致。

（2）刚体的惯性主轴和重心

刚体绕通过重心的任意轴线旋转时，一般产生一个使转轴改变方向的力矩。例如，图 3-8 所示的圆柱体绕 *AA* 轴旋转时，由于受离心力的作用，将产生如箭头所示的使圆柱体相对于 *AA* 轴改变方向的力矩，直到 *CC* 轴与 *AA* 轴重合。但若圆柱体绕本身的对称轴 *BB* 或 *CC* 轴旋转，就不会出现这种现象。刚体绕某轴旋转时，按刚体上的坐标系判断不产生使该旋转轴改变方向的力矩的轴线称作刚体的惯性主轴，此时的惯性积为零。刚体内外存在无数惯性主轴，但通过某一点的惯性主轴只有 3 根。除特别说明外，一般所讲的惯性主轴是指在重心位置正交的 3 根主轴。惯性主轴的位置决定于刚体的质量分布情况，而不像弹性主轴只取决于弹性元件的形状。这是由于弹性元件的形状通常是对称的且质量是均匀分布的。对于形状简单的均质刚体，其对称轴就是惯性主轴；对于形状复杂或非匀质刚体，其惯性主轴则需由试验确定。

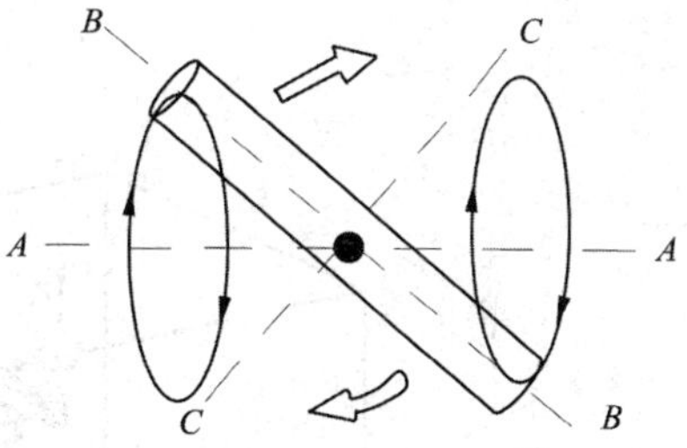

图 3-8　刚体的旋转运动

根据以上分析，可以得出刚体－多弹性支承系统运动的总规律。当选用的坐标系与刚体重心及惯性主轴重合时，其惯性积 I_{xy}、I_{xz}、I_{yz} 均等于零（式（3-3）讨论的即为此情况），质量矩阵为对角矩阵，系统不存在惯性（动力）耦合。与此同时，右弹性中心再次与重心重合，弹性主轴与惯性主轴重合，则刚度矩阵亦为对角矩阵，即全部耦合刚度影响系数为零，系统也不存在弹性（静力）耦合。此时，刚体振动的六个自由度全部解耦，实现振动的非耦合化，即形成图 3-9 所示隔振器的布置情况，它有 3 个布置对称面 *xOy*、*xOz*、*yOz*。

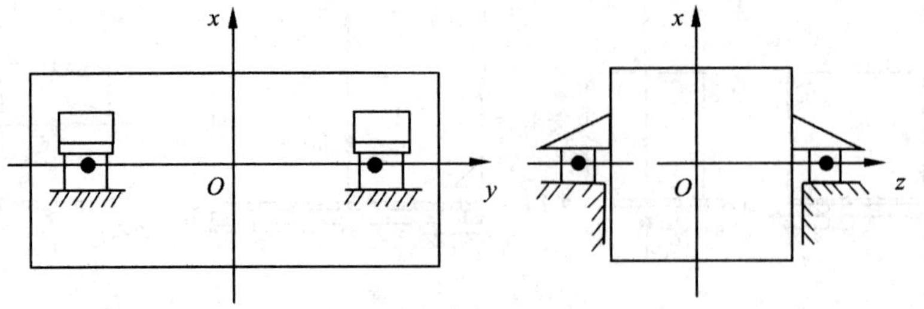

图 3-9　非耦合化的隔振器布置

刚体振动的非耦合化是指任何方向的振动都不会引起其余方向的振动。各个方向(自由度)的振动虽然可能同时存在,但彼此没有联系,相当于六个完全独立的单自由度振动系统。如果能实现这种状况,对振动分析和隔振问题的处理是很有利的。但这种非耦合化布置在内燃机上存在结构上的困难,因为这种布置方式会增大支承的高度,隔振器也会挡住曲轴箱两侧的检查孔,不便于内燃机的保养和维修。所以,此布置方式通常只用在仪器仪表、电器设备的隔振装置中。可见,内燃机隔振器的布置方式使其整机振动总会存在不同程度的耦合。

3.2.2　多自由度动力装置隔振模型

图 3-10 所示为动力装置系统与隔振器组成的多自由度隔振系统。设该系统质心坐标为 x_c、y_c、z_c,转动坐标为 α_c、β_c、γ_c。

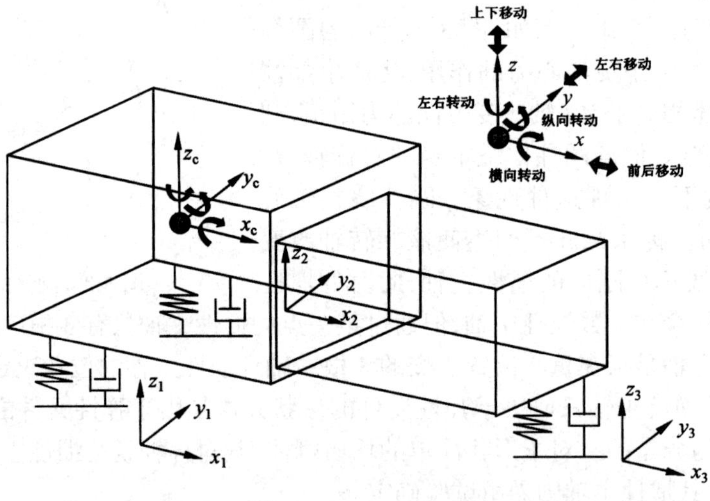

图 3-10　动力装置系统与隔振器组成的多自由度隔振系统

针对此系统,通过建立动力方程求解系统的模态和响应。第 1 章介绍了建立动力方程的常见方法分别是牛顿第二定律法与拉格朗日法。在此采用牛顿第二定律法列出系统运动方程:

$$
\left.\begin{aligned}
&m\ddot{x}_c = F_x \\
&m\ddot{y}_c = F_y \\
&m\ddot{z}_c = F_z \\
&I_{xx}\ddot{\alpha}_c - I_{xy}\ddot{\beta}_c - I_{xz}\ddot{\gamma}_c = M_x \\
&I_{xy}\ddot{\alpha}_c - I_{yy}\ddot{\beta}_c - I_{yz}\ddot{\gamma}_c = M_y \\
&I_{xz}\ddot{\alpha}_c - I_{yz}\ddot{\beta}_c - I_{zz}\ddot{\gamma}_c = M_z
\end{aligned}\right\} \tag{3-12}
$$

式中：m 为动力装置质量；I_{ij} 为系统转动惯量（i 和 j 表示 x、y 和 z）；F_x、F_y 和 F_z 分别为作用在质心 x_c、y_c 和 z_c 方向的总力；M_x、M_y 和 M_z 分别为作用在质心 x_c、y_c 和 z_c 方向的力矩之和。

系统运动方程式（3-12）可以写成矩阵形式：

$$\boldsymbol{M}\ddot{\boldsymbol{X}} + \boldsymbol{KX} = \boldsymbol{F} \tag{3-13}$$

式中：$\boldsymbol{M}$ 和 $\boldsymbol{K}$ 分别为系统的质量矩阵和刚度矩阵；$\boldsymbol{X}$ 为刚体的坐标矢量；$\boldsymbol{F}$ 为力矩阵。

3.2.3 斜置式支承系统

受道路不平顺、海浪等因素的作用，车体、船体经常发生横向摇摆，因此运输交通工具用内燃机的支承系统需具备足够的横向稳定性。而弹性元件的横向刚度一般较小，橡胶元件的横向（剪切）刚度更低。在此情况下，平置式支承不足以保证系统有足够的横向稳定性。但也不能因此而过多地增加弹性支承的横向刚度 k_z。由式（3-14）可知，增大 k_z 将导致横摇刚度 $K_{\beta\beta}$ 的增大，这将不利于对内燃机倾倒力矩的隔离。然而，采用斜置式支承可化解此种矛盾，它可使内燃机隔振系统具有较大的横向刚度以保证足够的横向稳定性，同时又具有必要的横摇柔度以隔离倾倒力矩并减少横摇振动，故其在内燃机中得到广泛应用。

横摇刚度的表达式为

$$K_{\beta\beta} = \sum k_x C^2 + \sum k_z A^2 \tag{3-14}$$

现以橡胶隔振器的左右对称布置方案为例，阐明斜置式支承系统的刚度求解过程。橡胶隔振器的斜置式布置简图如图 3-11 所示。其中，k_p、k_q、k_r 分别为橡胶元件的垂向、纵向和横向刚度。橡胶元件的 q 轴平行于 Oy 轴，p 轴、r 轴分别与 Ox、Oz 轴构成 θ 夹角，称为安装角。由于 q 轴与 Oy 轴平行，故 $k_y = k_q$。下面对其受力情况进行分析推导。

1）刚体在 Ox 方向的位移 x，引起橡胶元件 p、r 方向的位移分量（图 3-12）以及相应的弹性力分别为

$$
\left.\begin{aligned}
&p = x\cos\theta,\ F_p = k_p x\cos\theta \\
&r = x\sin\theta,\ F_r = k_r x\sin\theta
\end{aligned}\right\} \tag{3-15}
$$

F_p、F_r 在 x 方向的分量和为

$$F_{xx} = F_p\cos\theta + F_r\sin\theta = x\left(k_p\cos^2\theta + k_r\sin^2\theta\right) \tag{3-16}$$

得

$$k_{xx} = F_{xx}/x = k_p\cos^2\theta + k_r\sin^2\theta \tag{3-17}$$

$$K_{xx} = \sum k_{xx} = \sum\left(k_p\cos^2\theta + k_r\sin^2\theta\right) \tag{3-18}$$

由于橡胶元件左右对称布置，合力 $\sum F_{xx}$ 通过重心，故不会引起 β 方向的运动，即 $K_{\beta x}=0$。F_p 和 F_r 虽然在 z 方向有分力，但由于位移 x 而引起左右橡胶元件的 z 向力，其大小相等、方向相反，且在同一作用线上，进而相互抵消，故与平置式支承一样，即 $K_s=0$。

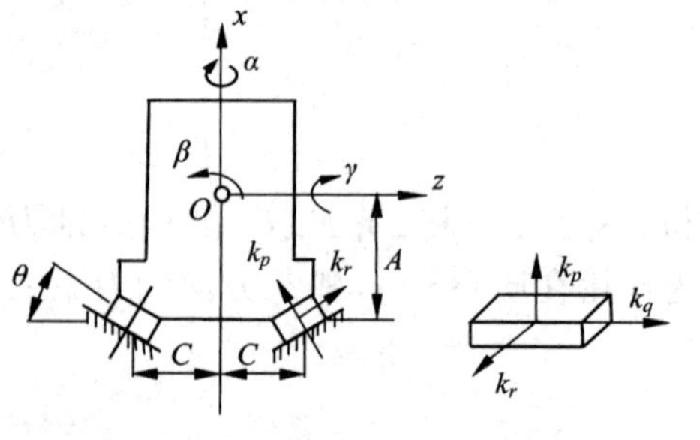

图 3-11　橡胶隔振器的斜置式布置简图

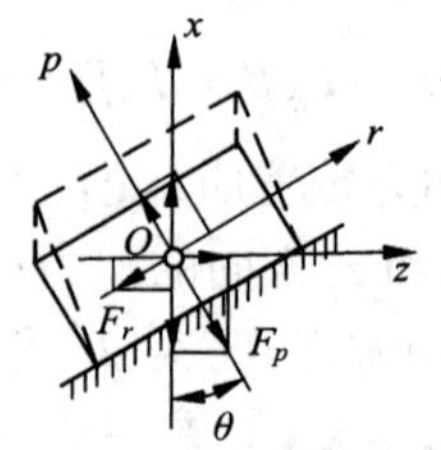

图 3-12　x 向位移的橡胶元件受力分析

2）刚体在 Oz 方向的位移 z（图 3-13），在橡胶元件 p、r 方向引起的弹性力分别为

$$\left.\begin{aligned}F_p&=k_p z\cos\theta\\F_r&=k_r z\sin\theta\end{aligned}\right\}\tag{3-19}$$

在 z 方向的弹性合力为

$$F_{zz}=F_p\sin\theta+F_r\cos\theta=z\left(k_p\sin^2\theta+k_r\cos^2\theta\right)\tag{3-20}$$

得

$$k_{zz}=k_p\sin^2\theta+k_r\cos^2\theta\tag{3-21}$$

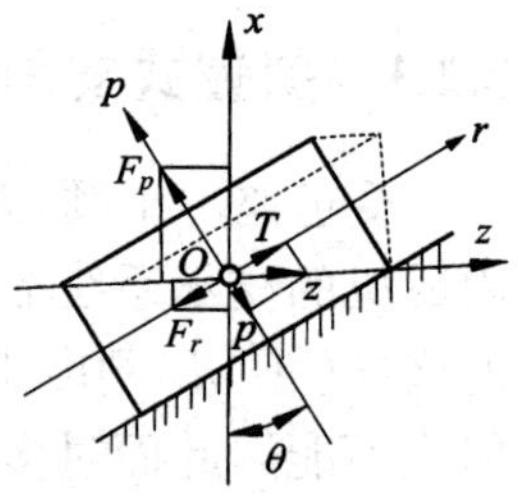

图 3-13　z 向位移的橡胶元件受力分析

即

$$K_{zz}=\sum\left(k_p\sin^2\theta+k_r\cos^2\theta\right)\tag{3-22}$$

在 x 方向的弹性合力为

$$F_{xz}=-F_p\cos\theta+F_r\sin\theta=-z\left(k_p-k_r\right)\sin\theta\cos\theta\tag{3-23}$$

由于对称布置，左右弹性力 F_x 方向相反故相互抵消，但 F_z、F_x 对重心形成力矩 $M_{\beta z}$。如果只考虑内燃机通常采用的将橡胶元件布置在下方的方式，则有

$$M_{\beta z}=-F_{zz}A+F_{xz}C\tag{3-24}$$

$$K_{\beta z}=-\sum\left[\left(k_p\sin^2\theta+k_r\cos^2\theta\right)A\right]-\sum\left[\left(k_p-k_r\right)\sin\theta\cos\theta\left|C\right|\right]\tag{3-25}$$

3）若刚体绕 Oy 轴转动 β 角（图 3-14），则引起位移 $x=C\beta$，$z=A\beta$。由于左右对称布置，各橡胶元件的弹性合力 $\sum F_{x\beta}$、$\sum F_{z\beta}$ 为零。但各 $F_{x\beta}$、$F_{z\beta}$ 对 Oy 轴形成的力矩 $M_{\beta\beta}$ 为

$$M_{\beta\beta}=\sum\left(k_{xx}C+k_{zx}A\right)C\beta+\sum\left(k_{zz}A+k_{xz}C\right)A\beta\tag{3-26}$$

得

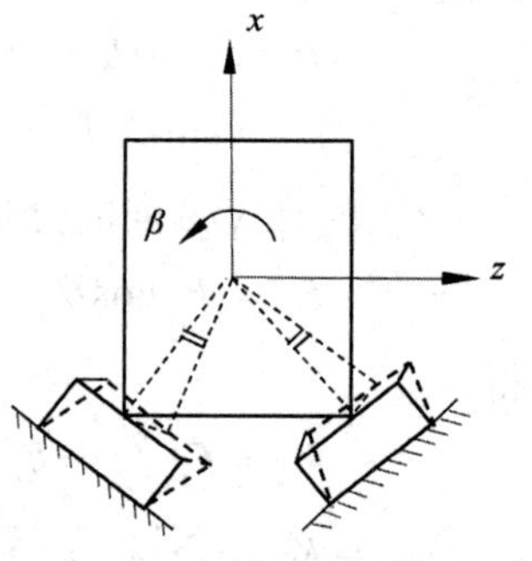

图 3-14　刚体的 β 位移

$$K_{\beta\beta}=-\sum\left[\left(k_p\cos^2\theta+k_r\sin^2\theta\right)C^2+\left(k_p\sin^2\theta+k_r\cos^2\theta\right)A^2-\right.$$
$$\left.2\left(k_p-k_r\right)\sin\theta\cos\theta\left|AC\right|\right] \tag{3-27}$$

$F_{z\beta}$对 Ox 轴形成的弹性力矩为

$$M_{\alpha\beta}=\sum k_{zx}BC\beta+\sum k_{zz}BA\beta \tag{3-28}$$

则

$$K_{\alpha\beta}=-\sum\left(k_p-k_r\right)\sin\theta\cos\theta B\,|\,C\,|-\sum\left(k_p\sin^2\theta+k_r\cos^2\theta\right)BA \tag{3-29}$$

4)其余 $K_{\alpha\alpha}$、$K_{z\alpha}$、$K_{\gamma\gamma}$、$K_{x\gamma}$ 4 个刚度影响系数,只要将斜置式支承的 k_{xx}、k_{yy}、k_{zz} 代入平置式支承相应的公式便可算得。

综上所述,由于橡胶元件的 $k_p>k_r$,采用斜置式支承后,由式(3-22)可看出 $K_{zz}>\sum k_r$($\sum k_r$ 即平置式支承的 $\sum k_z$),提高了系统的横向刚度;对于 $K_{\beta\beta}$,由式(3-27)可知,因为 $k_p\cos^2\theta+k_r\sin^2\theta<\sum k_p$,而且该式存在带负号的第三项,其数值不会太大,实现了前边提出的具有较大的横向刚度,又保证了必要的横摇柔度的要求。

5)对左右、前后对称布置即有 xOy、xOz 两个对称面的斜置式支承系统,其刚度计算与上面介绍的方法相同,不再重复。前面已说明这种布置形式的 x 和 α 振动独立,y 和 γ、z 和 β 振动耦合。由式(3-25)知,此时若能使

$$\sum\left[\left(k_p\sin^2\theta+k_r\cos^2\theta\right)A\right]+\sum\left[\left(k_p-k_r\right)\sin\theta\cos\theta\,|\,C\,|\right]=0 \tag{3-30}$$

则 $K_{\beta z}=0$,z、β 便解耦成为独立振动。由此便可推导出使 z、β 解耦所必须满足的系统结构参数关系式为

$$\frac{-A}{|\,C\,|}=\frac{\left(k_p-k_r\right)\sin 2\theta}{k_p(1-\cos 2\theta)+k_r(1-\cos 2\theta)}=\frac{\left(k_p-k_r\right)\sin 2\theta}{k_p(1-\cos 2\theta)-k_r(1-\cos 2\theta)+2k_r}$$
$$=\frac{\sin 2\theta}{(1-\cos 2\theta)+\dfrac{2}{\left(\dfrac{k_p}{k_r}-1\right)}} \tag{3-31}$$

可知,在 A、C、θ 和 k_p、k_r 之间,存在使 z、β 解耦的最佳配合。此时,E_2(图 3-7(b))便与重心 O 重合,弹性主轴Ⅲ与惯性主轴 $O\xi$ 重合。对横摇方向有较大激振(倾倒)力矩的内燃机来说,使横摇振动独立化是很有好处的。

上面提及斜置式支承的 11 个刚度影响系数,除 K_{yy} 和 K_{yy} 外,都是安装角 θ 的函数,因此内燃机整机振动的 6 个固有频率也是 θ 的函数。从图 3-15 所示的例子可知,存在一个使各固有频率最为接近的最佳安装角。在该图例中,最佳安装角为 40°。较窄的固有频率范围显然有利于隔振系统的设计。

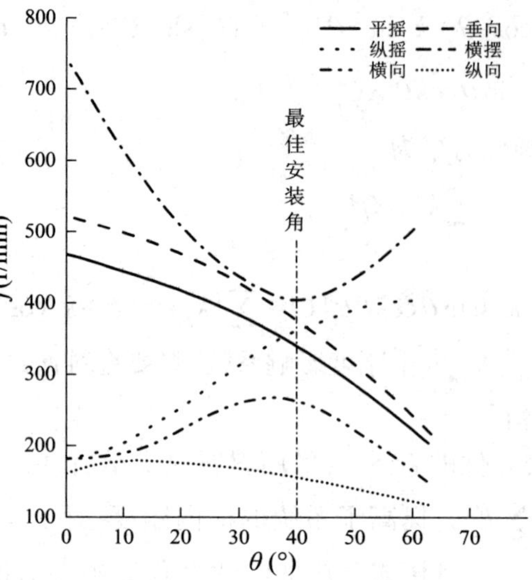

图 3-15　斜置式支承的最佳安装角

3.3　内燃机隔振器的种类

发动机隔振器一般分为四类：弹性隔振器、液压隔振器、主动隔振器和半主动隔振器。在低频范围内，隔振系统应具备大刚度，以保证承载力，同时应有大阻尼，以有效地抵抗外界冲击，液压隔振器符合这一要求；在高频范围内，隔振系统应刚度低、阻尼小，以达到良好的隔振效果，橡胶隔振器具有这些特性；耦合液压隔振器在一定程度上解决了抗冲击与隔振这对矛盾，但其对目标频率也有一定限制，一旦系统的输入频率很多，耦合液压隔振器也难以胜任。

在液压隔振器的基础上，增加控制系统即形成半主动隔振器，其抵抗振动的力来自动力装置本身，无须额外的能量供给，通常在低频时效果显著。半主动隔振器具有结构简单、成本低等优点。主动隔振器在控制系统的基础上增加额外的能量供给系统，从而提供一个反向力抵消系统的振动，其隔振效果好、频率范围广，但结构复杂、成本高。

3.3.1　弹性隔振器

作为弹性隔振器的主要弹性元件材料，橡胶通常分为三种类型：天然橡胶、人工橡胶和硅胶。橡胶隔振器的刚度和阻尼与其结构、容积和材料相关，一般可以简化为并联的线性弹簧－阻尼振动系统，如图 3-16 所示。有些橡胶隔振器则比较复杂，具有较为显著的非线性动力学特性。

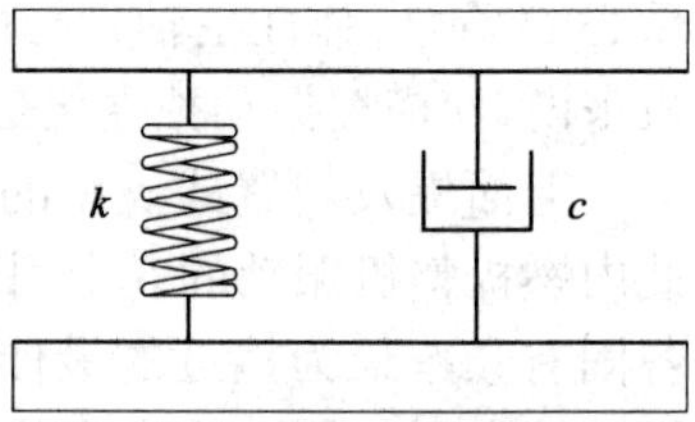

图 3-16　简易橡胶隔振器弹簧-阻尼模型

由于橡胶结构的特点，这种隔振器的刚度和阻尼只能同时很大或很小。当刚度和阻尼都较大时，有利于隔离冲击。刚度大可以有效抵抗外界冲击和曲轴扭矩，从而控制动力装置的位移，阻尼大能够吸收更多的冲击能量。所以，大刚度和大阻尼有利于低频隔振，但却不利于高频隔振。当刚度和阻尼都较小时，有利于振动隔离。当刚度小时，激励频率与固有频率的比值就高。在隔振区内，阻尼越小越好。但是，小刚度和阻尼对防止低频冲击是不利的。因此，在设计橡胶隔振器时，既要考虑防止冲击也要减小振动，两者之间要均衡。

3.3.2 液压隔振器

液压隔振器的抗冲击能力比橡胶隔振器好，刚度易调节，极大程度地增加了乘坐舒适性。液压隔振器按照结构，大致可以分为两类：非耦合液压隔振器及耦合液压隔振器。

(1)非耦合液压隔振器

图 3-17 所示为一个非耦合的液压隔振器(小孔通道)。隔振器由橡胶体、上腔室、下腔室、液体和流通小孔构成。上腔室和下腔室内充满液体，橡胶体起支承作用，同时也构成了上腔室室壁，将液体挤压至下腔室；下腔室底部是一个橡胶膜，其刚度很低。上、下腔室通过一个带小孔的铁板隔开，两个腔室的液体可自由地通过小孔流通。有的隔振器使用惯性通道取代图 3-17 中的通流小孔，如图 3-18 所示。这两种隔振器的小孔或惯性通道中的液体形成了一个运动的质量体，这个质量体取决于小孔或者惯性通道的截面积和长度，质量体的运动会产生一个惯性力并与激励力有相位差，使激励力被惯性力抵消一部分，从而起到阻尼作用。

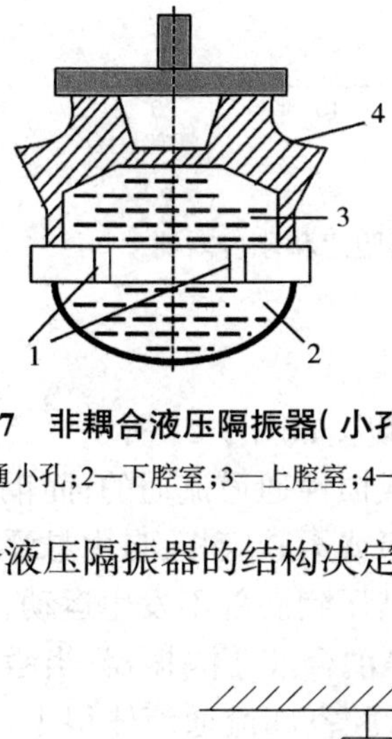

图 3-17　非耦合液压隔振器(小孔通道)

1—流通小孔；2—下腔室；3—上腔室；4—橡胶体

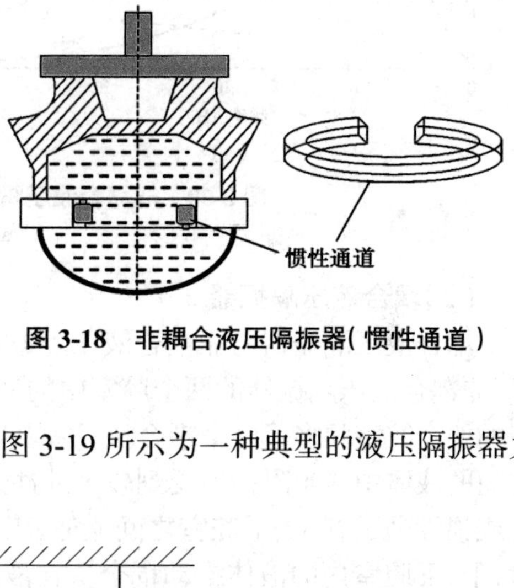

图 3-18　非耦合液压隔振器(惯性通道)

非耦合液压隔振器的结构决定了其力学模型，图 3-19 所示为一种典型的液压隔振器力学模型。

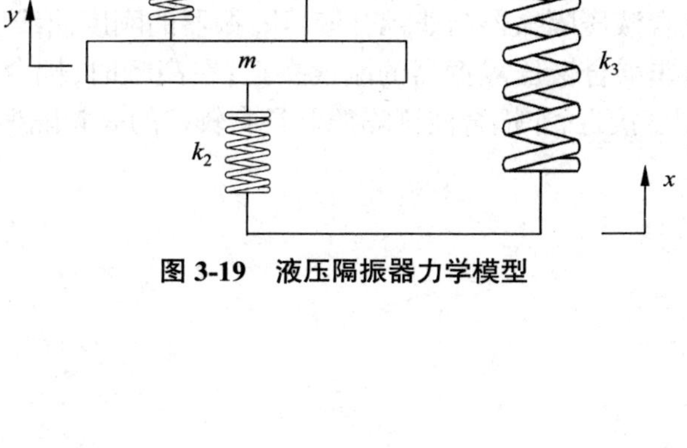

图 3-19　液压隔振器力学模型

此液压隔振器的运动方程为

$$m\ddot{y}+c|\dot{y}|\dot{y}+k_1y+k_2(y-x)=0 \tag{3-32}$$

$$k_3x+k_2(x-y)=f \tag{3-33}$$

式中：m 是小孔或惯性通道中液体的质量；k_1 和 k_2 分别是上、下腔室内液体的等效刚度。

图 3-20 所示为非耦合液压隔振器与橡胶隔振器的阻尼和刚度比较。液压隔振器在低频时阻尼非常大，特别是在 10 Hz 左右，因此对吸收发动机起动时的摇摆和路面的冲击非常好。但是当频率增加时，其刚度也增加，这对振动隔离不利。一般来说，高频时非耦合液压隔振器的刚度比橡胶隔振器的刚度大。

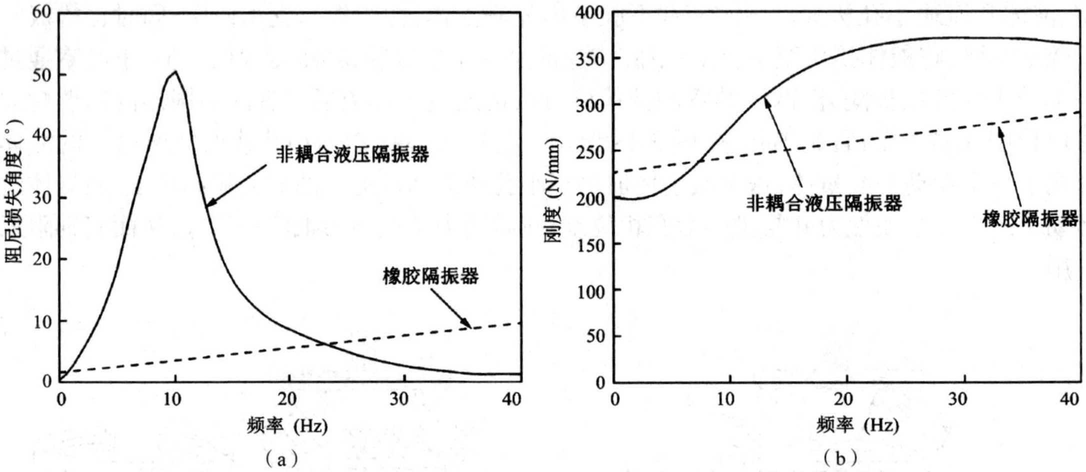

图 3-20　非耦合液压隔振器与橡胶隔振器阻尼和刚度对比

（a）阻尼　（b）刚度

（2）耦合液压隔振器

耦合液压隔振器与非耦合液压隔振器的基本结构相近，如图 3-21 所示。二者的区别在于：非耦合液压隔振器的两个腔室中的液体是通过小孔或惯性通道流通的；而耦合液压隔振器的两个腔室间多了一个耦合块，该耦合块可以是薄钢板或柔软膜板，自由悬浮在两个腔室之间的液体中。当隔振器受到较大的冲击力时，耦合块被压到底部不发生运动，液体通过小孔或惯性通道在上、下腔室之间流通，工作状态等同于非耦合液压隔振器；当激励位移较小时，上、下腔室内的液体推动耦合块在液体中上、下运动，腔室间流通液体很少，从而使阻尼和刚度降低，在高频范围内具有良好的隔振效果。

图 3-22 所示为耦合液压隔振器与非耦合液压隔振器的刚度曲线比较。在低频时，耦合液压隔振器的刚度与非耦合液压隔振器的刚度接近；在高频时，耦合液压隔振器的刚度降低，与橡胶隔振器的刚度接近，非耦合液压隔振器具有较好的高频隔振效果。

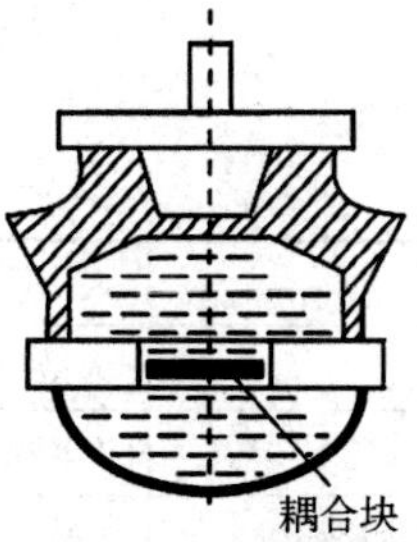

图 3-21　耦合液压隔振器

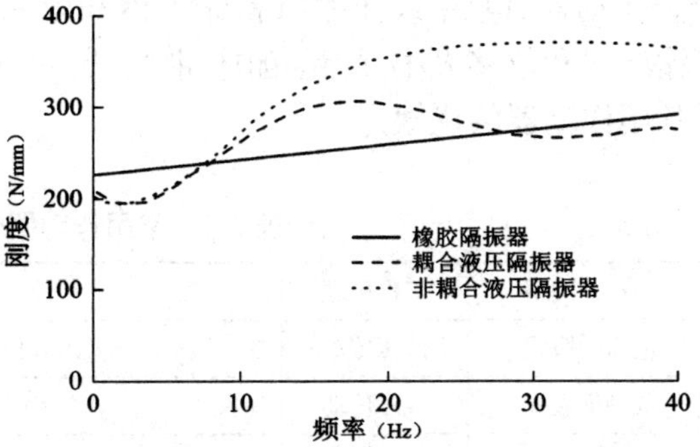

图 3-22　耦合液压隔振器与非耦合液压隔振器的刚度曲线对比

3.3.3　主动隔振器和半主动隔振器

发动机悬置是隔离发动机与车架之间振动传递的主要部件，由于橡胶悬置在性能上的局限性，逐步被液压悬置取代。尽管被动液压悬置在一定频段内显著提高了乘坐舒适性，但由于其在高频激励时存在的动态硬化，使其仍然无法满足现代中高级轿车对车内舒适性的要求，因此人们开始研究主动和半主动悬置。

主动悬置系统通过控制作动器产生不同大小的主动控制力，能更好地适应路面和汽车多工况的变化，抵消或降低振动向车身侧的传递，从而获得最优的隔振效果，但主动悬置结构复杂，需要连续提供能量，以实现宽频主动隔振，且其成本较高。半主动悬置针对单个或有限个频率，特点是能耗较低、控制策略比较简单、可靠性更好、在工程中易于应用。

（1）主动隔振控制

主动悬置系统主要由被动悬置、作动器和控制器三大部分组成，其中作动器常直接封装于被动悬置底部。这样设计的好处：一是可避免在主动悬置系统失效（如传感器或控制器故障等）的情况下，系统仍能充当被动悬置使用；二是节省空间和能耗，使悬置系统整体不至过大，能根据车辆本身可提供的能量范围直接发出主动控制力调节作动器。据此设计的主动悬置系统简化模型主要有三种结构，如图 3-23 所示。

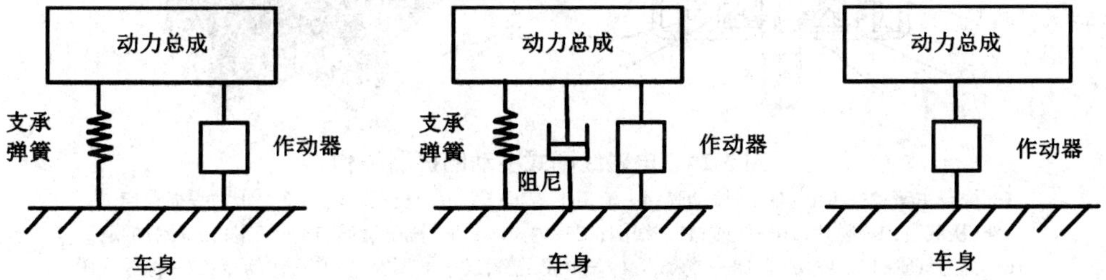

图 3-23　主动悬置系统简化模型

作动器也叫执行机构，是位于主动控制系统末端用于输出控制力的部件，是实现主动控制系统精确控制的最后一环。目前，用于振动主动控制的作动器主要有电磁作动器、电动作动器、液压伺服作动器、气动伺服作动器及新型智能材料作动器（如压电陶瓷作动器、形状记忆合金作动器、电/磁致伸缩材料作动器和电/磁流变液体作动器等）。选择作动器时，主要对其输出力和位移大小、能量范围、带宽、尺寸、寿命、质量和价格等进行重点考虑。表3-1列出了常用作动器的优缺点。

表3-1 常用作动器优缺点比较

序号	作动器类型	工作机理	主要特性	应用场合
1	液压伺服式	液压传动	力和位移较大，带宽有限，成本较高	大型结构
2	气动伺服式	气压传动	力和位移较大，有一定滞后性	车辆减振
3	压电陶瓷式	压电效应	结构紧凑，响应快，工作频带宽，位移小，应用广，价格昂贵	精密装置
4	形状记忆合金式	金属相变	响应稍慢，但力和位移较大	精密装置
5	电/磁致伸缩式	电/磁致效应	响应迅速，输出力、刚度和工作带宽均较大，但价格昂贵	机械减振
6	电/磁流变液式	流体相变	力和位移较大，响应快，磁流变液型温度稳定性较电流变液型好	主动阻尼
7	电磁/动式	电磁效应	结构紧凑，能耗低，反应灵敏，工作频带宽，位移及输出力便于调节	通用型

电磁式作动器是利用电磁效应工作的，主要由线圈和永久磁铁组成，通过在线圈上施加正弦电压产生正弦变化的磁场，该磁场能使铁磁性结构产生振动。常用的电磁式作动器主要有线圈式和直线运动式两种。图3-24所示为电磁线圈式主动隔振器的结构，其主要由被动隔振器（一般采用液压或电磁式隔振器作为基础）和传感器（一般采用加速度传感器）组成。

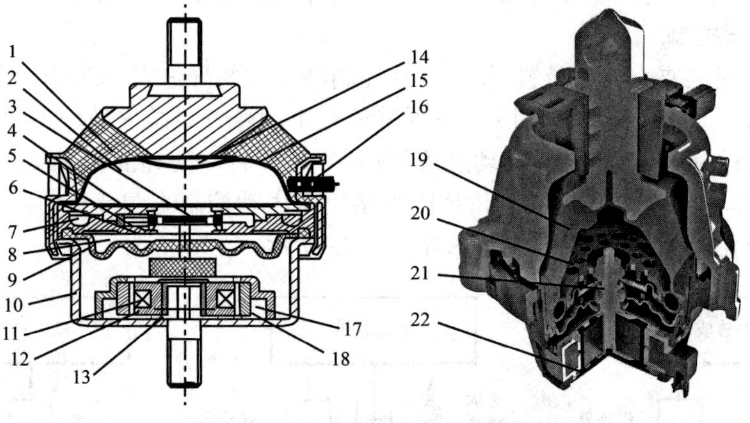

图3-24 电磁线圈式主动隔振器结构

1—橡胶主簧；2—主液室；3—振动膜；4—流道上盖板；5—可动板；6—流道下盖板；7—惯性通道；8—从液室；9—膜片；10—底座；11—线圈；12—内磁芯；13—隔磁套筒；14—气室；15—附加膜；16—真空气管；17—隔磁座；18—外磁芯；19—橡胶主簧；20—液压腔室；21—作动器；22—橡胶底膜

液体通过惯性通道在主、从液室间流动，振动膜通过橡胶与金属骨架连接，主、从液室中心的振动膜与电磁作动器的活动线圈相连，这样当振动膜受到电磁力或液体压力作用时，可沿悬置弹性主轴运动。一方面，振动膜运动既受发动机或路面振动导致主簧变形引起主、从液室压力波动的影响，又受电磁作动器输出力的调节。另一方面，由于振动膜面积小于橡胶主簧等效面积，因此电磁作动器的作用力在一定程度上被放大，这样设计使电磁作动器对能耗的需求大大降低，实现节能目的。橡胶主簧用来支承发动机，主要负责被动悬置隔振；在主动悬置隔振中有由线圈和永久磁铁等组成的电磁作动器，主要用来在汽车不同工况下能根据控制器的调节产生作动力。当电磁作动器遇到故障时，运动线圈可随着振动膜在液体泵吸作用下振荡，此时主动悬置随即变成被动悬置，这样当主动悬置失效时，整个主动悬置系统还有一定的隔振功能。

通常线圈式电磁作动器简化结构如图 3-25（a）所示，一旦电磁线圈中有电流流过时，受到的轴向力为

$$F_x = F + F_0 \tag{3-34}$$

式中：F_x 为轴向力（N）；F 为安培力（N），$F = BLi$；F_0 为线圈自感应力（N），$F_0 = \frac{\pi R\mu(Ni)^2}{g}$；$B$ 为磁感应强度（T），$B = \mu H$；H 为磁场强度（A/m）；μ 为气隙磁导率（H/m），$\mu = 4\pi \times 10^{-7}$；$i$ 为线圈电流（A）；L 为线圈长度（m），$L = 2\pi RN$；R 为线圈半径（m）；N 为线圈匝数，无量纲；g 为内外磁极间隙（m）。

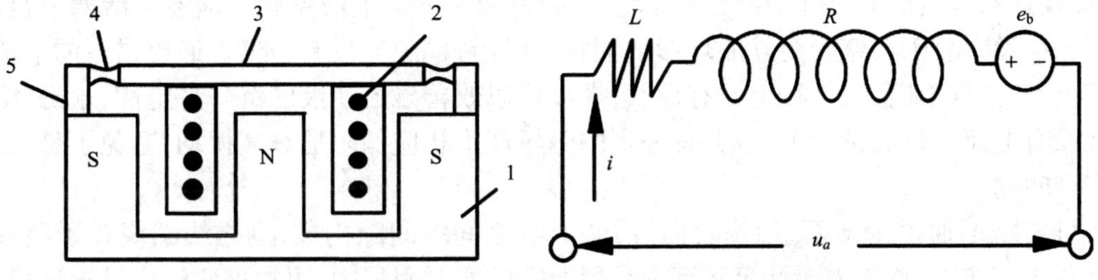

图 3-25　线圈式电磁作动器简化结构及控制电路模型

（a）电磁作动器简化结构　（b）电磁作动器控制电路模型

1—磁铁；2—线圈；3—负载板；4—橡胶；5—支架

由以上分析可得

$$F_x = 2\pi RN\left(\mu Hi + \frac{\mu(Ni)^2}{2g}\right) \tag{3-35}$$

式（3-35）中前半部分是由电磁作用产生的，后半部分是由线圈自感产生的，且前项值远大于后项值，忽略后项值对整体基本无影响。故式（3-35）中的输出力可简化为与线圈中通电电流呈线性关系，即

$$F_a = \alpha i \tag{3-36}$$

式中：$\alpha = 2\pi RN\mu H$ 只与电磁作动器结构参数和磁场强度有关。

电磁作动器的控制电路模型如图 3-25（b）所示，通电线圈在受电磁力作用下运动时，线圈中产生感应电动势，它的存在会降低线圈两端的电压、电流及其变化率，其大小为

$$e_b = \alpha \dot{x} \tag{3-37}$$

式中：$\dot{x}$ 为线圈运动速度。

在图 3-25(b)中,根据基尔霍夫定律有

$$Ri + L\frac{\mathrm{d}i}{\mathrm{d}t} + e_b = u_a \tag{3-38}$$

将式(3-37)代入,有

$$Ri + L\frac{\mathrm{d}i}{\mathrm{d}t} + \alpha\dot{x} = u_a \tag{3-39}$$

(2)半主动隔振控制

半主动振动控制有两种形式:一是改变结构的特征,主要通过液压油缸来实现;二是改变物质的性能,如在隔振器中通过对材料加电或加磁的方式来改变结构的阻尼和刚度特征。电磁阀连续阻尼可调(Continuous Damping Control,CDC)悬置是一种通过改变电流来实现阻尼力连续可调的减振器。下面详细介绍 CDC 悬置的结构和控制原理。

图 3-26 所示为一种锥形通道磁流变悬置结构,它由橡胶主簧、橡胶底膜及磁芯组件构成。磁芯组件主要由励磁线圆锥台内磁芯、锥孔外磁芯组成。在没有磁场的情况下,流体中的颗粒处在自由悬浮状态,施加磁场后,流体中的颗粒就变为有规则地沿着磁场线排列。该混合模式的发动机磁流变液压悬置的上壳体与下壳体之间设置有适形配合的活塞、活塞套筒,以及设有惯性通道的上、下活塞卡盘,从而将液室分为上液室和下液室。活塞卡盘的配合间隙中设有套于活塞套筒外的环形解耦膜,环形解耦膜上设有与惯性通道错位的节流孔,活塞上套有永磁环且其外径上开有螺纹,螺纹可以改善磁流变液的沉降稳定性,永磁体使线圈在没有电流通过的情况下,也会有一定的磁场产生相应的阻尼衰减振动,避免了悬置故障的安全问题。

可控阻尼通道由活塞、活塞套筒、活塞卡盘之间的间隙构成,励磁线圈绕置于活塞上。悬置系统工作时,首先需要计算磁流变悬置所需的实时阻尼力,再根据磁流变悬置逆模型预测悬置励磁线圈上需要施加的电流,准确控制悬置阻尼通道中的磁场强度,以获得最优的实时悬置阻尼,来抑制振动传递。

当发动机低频振动时,振动位移较大,而解耦膜的刚度很小,解耦膜会受到液体压力,但活塞卡盘间隙内腔会限制解耦膜的上、下振动,使上、下液室的液体通过惯性通道和节流孔实现液体交换,从而产生流动阻尼,以快速地衰减发动机的低频振动。当发动机高频振动时,由于振动位移小,解耦膜会在活塞卡盘的间隙内振动,上、下液室的液体不会发生交换,也就不会产生大的阻尼,阻尼的减小可以降低整个悬置系统的动刚度,悬置的高频硬化可以得到缓解,从而有效拓宽悬置隔振频率范围,有利于振动的衰减。

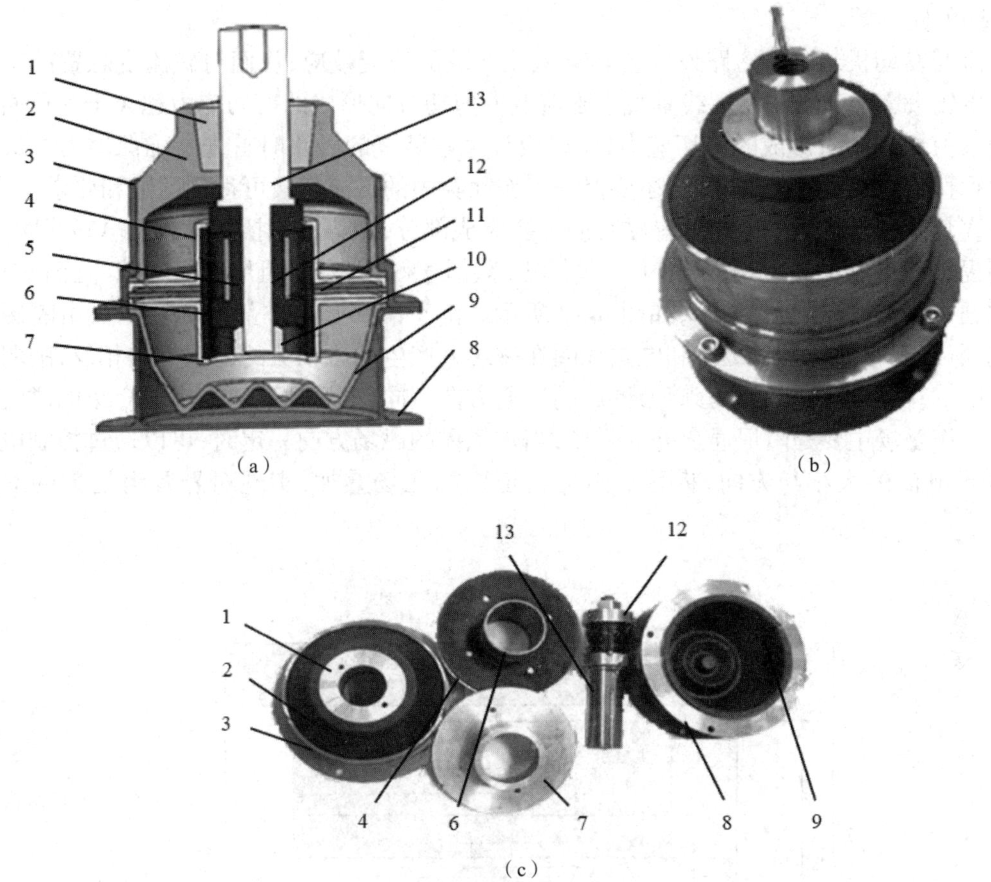

图 3-26　锥形通道磁流变悬置

(a)结构图　(b)实物图　(c)零件图

1—加强块;2—橡胶主簧;3—上盖;4—上活塞卡盘;5—永磁环;6—活塞套筒;7—下活塞卡盘;
8—下盖;9—橡胶底膜;10—螺母;11—环形解耦膜;12—活塞;13—轴

磁流变悬置的阻尼力表示为

$$F_{\mathrm{d}}=F_{\mathrm{MR}}+F_{\mathrm{C}}+F_{\mathrm{g}} \tag{3-40}$$

$$F_{\mathrm{MR}}=\left(A_{\mathrm{p}}-A_{\mathrm{r}}\right)\frac{2l}{h}\tau_{y}(H)\operatorname{sgn}(\dot{x}) \tag{3-41}$$

$$F_{\mathrm{C}}=\left(A_{\mathrm{p}}-A_{\mathrm{r}}\right)^{2}\frac{12cl}{bh^{3}}\operatorname{sgn}(\dot{x}) \tag{3-42}$$

式中:F_{MR} 为磁场作用于阻尼通道内的磁流变液产生的库仑阻尼力;F_{C} 为磁流变液在零磁场下产生的黏滞阻尼力;A_{p}、A_{r} 分别为活塞头和活塞杆的截面面积;τ_y 为磁流变液的临界剪切屈服应力;l、h 分别为阻尼通道长度和其间隙宽度;H 为电流作用于磁流变液产生的磁场强度;$\dot{x}$ 为活塞杆的速度;b 为活塞头的周长;F_{g} 为橡胶主簧和橡胶底膜的弹性力,与黏滞阻尼力和库仑阻尼力相比,它小很多,所以计算总阻尼力时将其省略。

磁流变悬置的性能与磁路的设计有至关重要的联系,磁路设计的内容主要包括:在已设计好的悬置尺寸的基础上确定磁路的结构和尺寸,合理选择磁路的材料,减少磁损和漏磁,确定线圈的匝数等。

磁流变发动机悬置的磁路设计会影响磁流变液的流变效应，从而对磁流变悬置的工作性能产生较大影响。由于磁力线垂直于磁流变液剪切方向形成的剪切应力远大于平行通过磁流变液剪切方向时形成的剪切应力，所以设计悬置装置的磁路时首先要确保磁力线最大可能地垂直穿过悬置的阻尼通道，还要保证工作间隙内的磁流变液可达到磁饱和要求。

活塞套筒和活塞是磁流变悬置磁路的主要组成部分，磁势源包括永磁体和电磁线圈，二者分别提供静态和动态磁场，磁路中还包括磁芯、活塞侧翼磁轭、阻尼通道间隙、缸筒磁轭，其磁化强度分别用 M_0~M_3 表示，如图 3-27 所示。由于活塞套筒外部的活塞卡盘由隔磁材料制成，所以忽略漏磁。永磁体和电磁线圈在磁芯处产生的磁动势的磁通方向相反，削弱其磁场强度，在阻尼通道和活塞套筒上形成的磁通方向相同，磁场加强。本小节介绍的磁流变悬置的工作磁场主要是阻尼通道处的磁场，当永磁体的磁场方向一定时，可以通过控制电磁线圈输入电流的大小与方向，将悬置阻尼通道内的磁场叠加，实现对悬置阻尼力的双向控制。

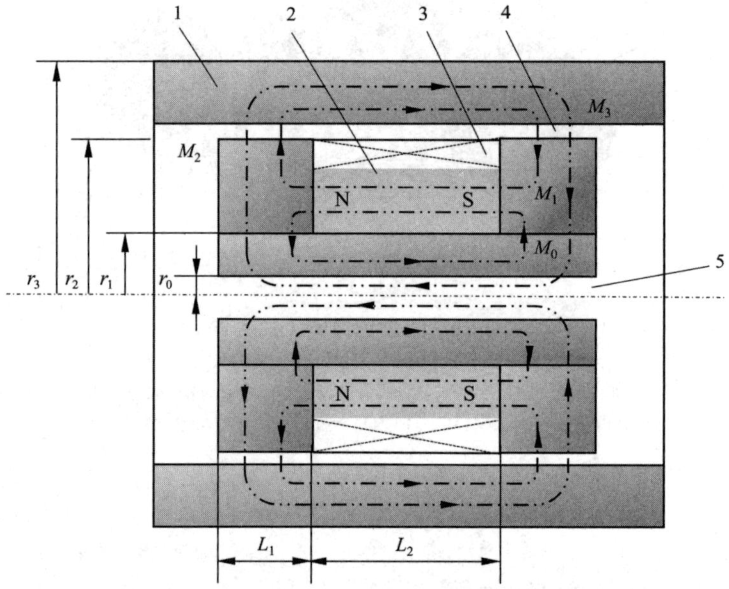

图 3-27　磁流变悬置的磁路

1—活塞套筒；2—永磁体；3—线圈；4—阻尼通道；5—“工”字形活塞

初始设计参数：$r_0 = 6$ mm、$r_1 = 11$ mm、$r_2 = 19$ mm、$r_3 = 24$ mm、$L_1 = 10$ mm、$L_2 = 26$ mm。

根据磁流变液的磁饱和要求，磁感应强度取 $B = 0.8$ T，所设计的磁流变悬置阻尼通道中的磁感应强度等于电磁场和永磁场的磁感应强度之和，即

$$B = B_0 + B_1 \tag{3-43}$$

式中：B_0 为电磁线圈在阻尼通道中的磁感应强度。

从图 3-27 可见，电磁线圈磁力线沿着 $M_0 \to M_1 \to M_2 \to M_3 \to M_2 \to M_1 \to M_0$ 首尾相接，M_0、M_1、M_2、M_3 处的磁阻 R_0、R_1、R_2、R_3 分别为

$$R_0 = \frac{2L_1 + L_2}{\mu_0 \cdot \pi(r_1 - r_0)^2} \tag{3-44}$$

$$R_1 = \frac{r_2 - r_0}{\mu_1 \cdot 2\pi r_0 \cdot L_1} \tag{3-45}$$

$$R_2 = \frac{h}{\mu_2 \cdot 2\pi r_2 \cdot L_1} \tag{3-46}$$

$$R_3 = \frac{2L_1 + L_2}{\mu_3 \cdot \pi(r_3 - r_2 - h)^2} \tag{3-47}$$

式中:μ_0、μ_1、μ_2、μ_3 分别为 M_0、M_1、M_2、M_3 的磁导率。

线圈磁路的总磁阻为

$$R_m = R_0 + R_3 + 2R_1 + 2R_2 \tag{3-48}$$

根据磁路欧姆定律,线圈磁路的磁通量为

$$\Phi = \frac{ZI}{R_m} = B_0 \times S_0 \tag{3-49}$$

式中:Φ 为磁路中的磁通量;B_0 为线圈在阻尼通道内产生的磁感应强度;S_0 为阻尼通道的磁通面积;I 为电流;Z 为线圈匝数。

3.4 案例分析:动力总成悬置系统优化设计研究

本节以车辆动力总成悬置为研究对象,以悬置动刚度参数最大解耦为目标,详细介绍动力总成悬置系统的解耦设计过程。通常发动机悬置系统的六个固有振型在多个自由度方向上是耦合的,在某个自由度方向进行激振就会产生耦合振动,这样使共振频率范围大大加宽,增大了共振的机会。发动机悬置设计朝着完全解耦或部分解耦的方向发展,由于完全解耦难度很大,所以一般是使几个振动模态解耦。

3.4.1 动力总成惯性参数识别

本小节以某动力总成为测试对象,采用改进平台支承反力法,获取动力总成的质量、质心位置与转动惯量参数。

(1)质心位置测量

对质心位置的测量采用的是力矩平衡法,利用压力传感器测量被测系统(包括发动机和安装框架)的三点支承反力,计算出三点合力即为被测系统的总重。根据力矩平衡原理,计算出系统质心在水平面内的相对位置,如图 3-28 所示。

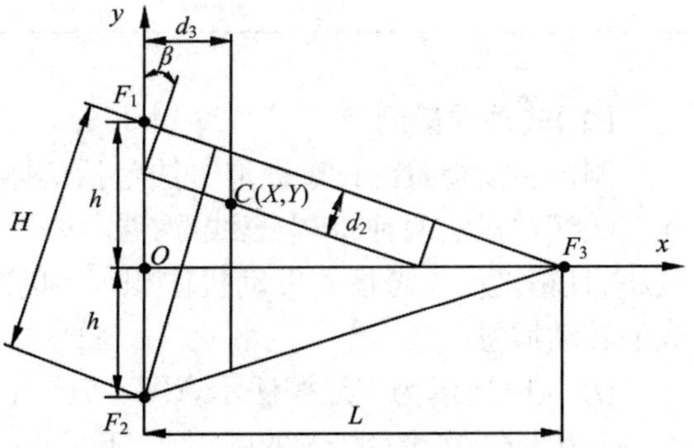

图 3-28 力矩平衡法求解质心位置示意图

根据多个离散质量系统的质心合成公式可得质心位置为

$$r = \sum_{i=1}^{n} M_i \cdot r_i \bigg/ \sum_{i=1}^{n} M_i \tag{3-50}$$

式中：r 为总质心的坐标；M_i 为第 i 个离散质量；r_i 为第 i 个离散质量的质心坐标。

通过式（3-50）解出被测系统的质心在此平面内的投影位置，即两个质心坐标，再翻转到与该平面垂直的两个平面，重复上述过程，每个坐标值即可重复两次，求平均就得到质心坐标值。测试中，发动机不运转，油底壳内装有正常状态下的机油，测试现场如图 3-29 所示。为了标明发动机的质心位置，将发动机曲轴中心线和扭振减振器惯性盘的前端面的交点作为坐标原点，曲轴中心线为 x 轴，由发动机前端指向后端为 x 轴正方向，垂直向上为 z 轴正方向，则水平指向发动机右侧（背对发动机前端观察）为 y 轴正方向。测试结果见表 3-2。

（a）

（b）

图 3-29　安装框架坐标系及现场测试图

（a）测试现场　（b）支承方式

表 3-2　质量参数测试结果

发动机		变速箱		动力总成	
质量（kg）	909.7	质量（kg）	312	质量（kg）	1 221.7
质心坐标（mm）	$x = 548.6$	质心坐标（mm）	$x = 422.3$	质心坐标（mm）	$x = 839.4$
	$y = -3$		$y = -6.3$		$y = -3.84$
	$z = 176.6$		$z = -18.4$		$z = 126.8$

（2）转动惯量测量

刚体转动惯量的试验获取方法包括落体法、复摆法、扭振法等。扭振法分为单轴扭振法和三线摆扭振法两种，其中三线摆扭振法测试物体转动惯量的实验条件易满足，受阻尼影响较小，且精度高。考虑到发动机体积大、质量大的特点，因此采用三线摆扭振法测取动力总成的转动惯量。

图 3-30 所示为三线摆法示意图。其中，AA'、BB'、CC' 为三根长度均为 L 的吊绳，上吊点 A'、B'、C' 在半径为 r 的圆周上，下吊点 A、B、C 在被测试物体上，A、B、C 三点所在圆的

半径为 R,圆心为被测物体的旋转中心。若将被测物体扭转一个微小角度,即由 A 点到 E 点,并放手,该物体将在圆周平面上扭振。

测出其扭振周期,即可得出物体沿轴 OO' 的转动惯量 I_z,其计算公式为

$$I_z = \frac{GRrT^2}{4\pi^2\sqrt{L^2-(R-r)^2}} \tag{3-51}$$

式中:G 是被测物体的重量(N);R 是下圆盘半径(m);r 是上圆盘半径(m);T 是扭振周期(s);L 是吊绳长(m)。

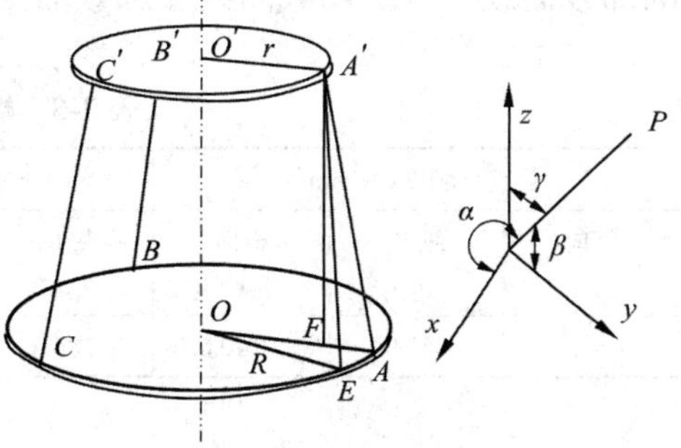

图 3-30　三线摆法的示意图

采用三线摆法进行发动机扭振测试时,首先测取圆盘、框架和发动机总体相对于其总质心的转动惯量,然后利用仿真分析法得出发动机安装框架和圆盘的质心与转动惯量,接着利用平行移轴定理得到发动机围绕通过其质心的三个坐标轴的转动惯量,利用相同方法测得变速箱围绕通过其质心的三个坐标轴的转动惯量,最后计算得到动力总成围绕通过其质心的三个坐标轴的转动惯量。转动惯量计算结果见表 3-3。

表 3-3　转动惯量计算结果

发动机		变速箱		动力总成	
转动惯量(kg·m²)	I_{xx} = 53.55	转动惯量(kg·m²)	I_{xx} = 11.22	转动惯量(kg·m²)	I_{xx} = 73.6
	I_{yy} = 154.06		I_{yy} = 23.10		I_{yy} = 487.23
	I_{zz} = 135.98		I_{zz} = 22.29		I_{zz} = 459.51

(3)惯性矩和主惯性轴计算

采用 Pro/E 建立发动机和变速箱主要零件三维模型,根据厂家提供的零件质量设置其密度。先计算相应坐标系下的质量参数和转动惯量,通过与实验值比较,确定其正确性,进而计算惯性积和主惯性轴,计算结果见表 3-4。

表 3-4　动力总成惯性参数

惯性积(kg·m²)			从质心坐标定位至主轴的旋转角(°)			主惯性矩(kg·m²)		
I_{xy}	I_{yz}	I_{xz}	x	y	z	$I_{O\eta}$	$I_{O\psi}$	$I_{O\xi}$
−3.81	4.28	55.5	97.651	−0.406	−8.021	61.58	489.88	461.64

3.4.2　橡胶悬置参数的测取

在本小节的案例中,发动机动力总成通过橡胶悬置与车体连接。当采用已有橡胶悬置来改善悬置系统的隔振性能时,就必须知道橡胶悬置的静刚度、阻尼等参数。对于阻尼,测量方法比较复杂,而现有的悬置软垫为天然橡胶,其阻尼为 0.3,所以默认三个方向的阻尼都

为 0.3。对于橡胶垫的刚度，测量方法如下：首先用拉压试验台对橡胶垫进行缓慢加载，记录加载力的大小与橡胶垫的变形量，可以得到橡胶垫的加载曲线；然后缓慢卸载，得到橡胶垫的卸载曲线。根据加载曲线和卸载曲线就可以计算出橡胶悬置的静刚度，结果见表 3-5。

表 3-5　橡胶悬置各方向的静刚度

前支承刚度（N/mm）			中支承刚度（N/mm）			后支承刚度（N/mm）		
竖向（p）	纵向（q）	横向（r）	竖向（p）	纵向（q）	横向（r）	竖向（p）	纵向（q）	横向（r）
464.1	452.9	2 140.0	184.4	1 776.2	716	189.8	189.8	891.5

3.4.3　动力总成悬置隔振原理

发动机动力总成通过悬置系统安装在副车架上，副车架与车架刚性连接，组成一个复杂的六自由度振动系统。为了便于说明，将动力总成悬置系统简化为一个单自由度振动系统，如图 3-31 所示，分两种情况说明发动机的隔振原理。

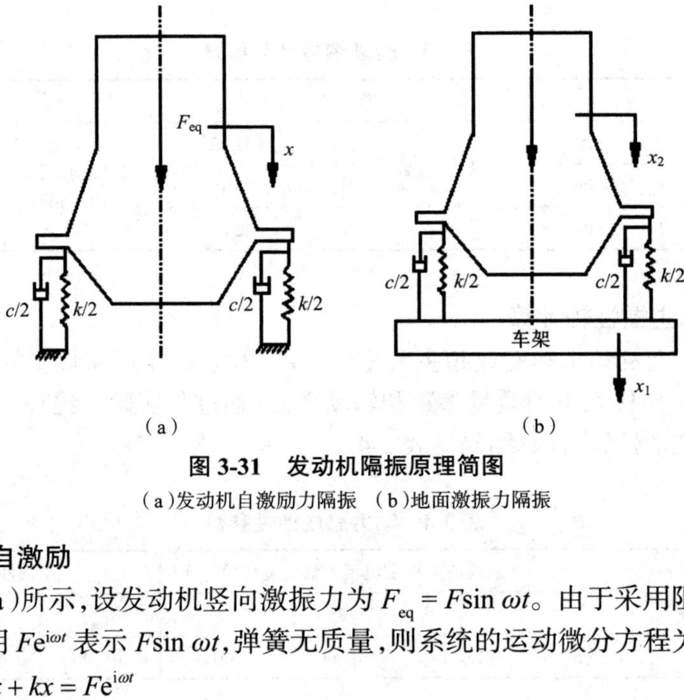

图 3-31　发动机隔振原理简图

（a）发动机自激励力隔振　（b）地面激振力隔振

（1）发动机自激励

如图 3-31（a）所示，设发动机竖向激振力为 $F_{eq}=F\sin\omega t$。由于采用阻抗方法处理问题比较便利，所以用 $Fe^{i\omega t}$ 表示 $F\sin\omega t$，弹簧无质量，则系统的运动微分方程为

$$m\ddot{x}+c\dot{x}+kx=Fe^{i\omega t} \tag{3-52}$$

容易证明，在 F_{eq} 作用下动力总成垂向位移幅值 $X=F/(k-\omega^2 m+i\omega c)$。传递到车架上的传递力 F_T 为弹簧力 kx 和阻尼力 $c\dot{x}$ 的合力，即 $F_T=kx+c\dot{x}$，其幅值为

$$F_T=kX+i\omega cX=\frac{k+i\omega c}{k-\omega^2 m+i\omega c}F \tag{3-53}$$

传递力幅值和激振力幅值之比 F_T/F 称为传递率 TR，可按下式计算：

$$TR=\frac{\sqrt{1+(c\omega/k)^2}}{\sqrt{\left(1-m\omega^2/k\right)^2+(c\omega/k)^2}}=\frac{\sqrt{1+\left(2\zeta\omega/\omega_{\mathrm{n}}\right)^2}}{\sqrt{\left[1-\left(\omega/\omega_{\mathrm{n}}\right)^2\right]^2+\left(2\zeta\omega/\omega_{\mathrm{n}}\right)^2}}$$
$$=\sqrt{\frac{1+(2\zeta\lambda)^2}{\left(1-\lambda^2\right)^2+(2\zeta\lambda)^2}} \tag{3-54}$$

式中：k 为弹簧的刚度（N/m）；ω 为激振频率（rad/s）；ω_{n} 为系统的固有频率，$\omega_{\mathrm{n}}=\sqrt{k/m}$（rad/s）；$m$ 为集中质量（kg）；ζ 为阻尼比，$\zeta=c/c_{\mathrm{c}}$；c 为黏性阻尼系数（N·s/m）；c_{c} 为临界黏性阻尼系数，$c_{\mathrm{c}}=2m\omega_{\mathrm{n}}$；$\lambda$ 为频率比，$\lambda=\omega/\omega_{\mathrm{n}}$。

（2）地面激励

如图 3-31（b）所示，假设来自地面的激振力使车架产生的位移为正弦波 $x_1(t)$，对应发动机动力总成的位移为 $x_2(t)$，则弹簧力为 $k(x_2-x_1)$，阻尼力为 $c(\dot{x}_2-\dot{x}_1)$，由牛顿第二定律得

$$m\ddot{x}_2=-k\left(x_2-x_1\right)-c\left(\dot{x}_2-\dot{x}_1\right) \tag{3-55}$$

移项后得

$$m\ddot{x}_2+c\dot{x}_1+kx_2=kx_1+c\dot{x}_1 \tag{3-56}$$

应用阻抗方法，给出 $X_1=x_1\mathrm{e}^{\mathrm{i}\omega t}$，$kx_1+c\dot{x}_1=(k+\mathrm{i}\omega c)x_1\mathrm{e}^{\mathrm{i}\omega t}=F_{\mathrm{eq}}\mathrm{e}^{\mathrm{i}\omega t}$，相当于上一小节中的激振力。所以式（3-56）可简化为

$$\left(k-\omega^2m+\mathrm{i}\omega c\right)X_2=(k+\mathrm{i}\omega c)X_1 \tag{3-57}$$

则

$$\frac{X_2}{X_1}=\frac{k+\mathrm{i}\omega c}{k-\omega^2m+\mathrm{i}\omega c}=\sqrt{\frac{1+(2\zeta\lambda)^2}{\left(1-\lambda^2\right)^2+(2\zeta\lambda)^2}} \tag{3-58}$$

X_2/X_1 和前面的 F_{T}/F 是一致的，所以式（3-54）和式（3-58）都被称为传递率方程，只不过前者表示从车架到发动机总成的运动传递，而后者表示发动机动力总成到车架的力传递，所以两者的隔振要求是一致的。

用不同的阻尼比和频率比代入式（3-54），可得到不同阻尼比下的传递率，如图 3-32 所示。注意到图中的所有曲线相交于 $\lambda=\sqrt{2}$，因此可得到如下结论。

1）$\lambda=1$ 为共振点，即系统的危险点。该点对阻尼十分敏感，小的阻尼会使系统产生过大的振幅，具有极大的破坏性。

2）$0.75<\lambda<\sqrt{2}$ 为隔离区，在此区域传递率 $TR>1$，即经隔振器传递后的响应幅值反而比激振幅值还大，所以是应尽量避免的区域，也就是说应尽量使激振频率远离固有频率。

3）$\lambda>\sqrt{2}$ 为工作区，此时无论阻尼大小，随着频率比增加，传递率逐渐趋于零，这正是要求的隔振效果。但在 $\lambda>5$ 以后，传递率变化不大，所以一般取 $\lambda=2.5\sim5$。

4）$\lambda<0.75$ 为前工作区，该区发生在激励频率较低于固有频率时，此时 TR 略大于 1。一般路面的激励频率比系统的固有频率低，所以对于来自路面的激励要保证其频率和系统固有频率之比小于 0.75。

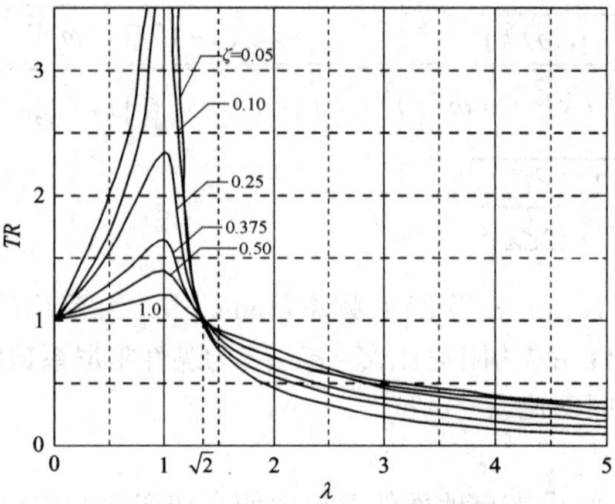

图 3-32　不同阻尼比 ζ 下的传递率

由上述分析可见，要解决发动机的隔振问题，关键在于激振频率与发动机悬置系统固有频率的选取。为使系统的振动只发生在工作区，而尽量避免落入隔离区，必须使激振频率与系统固有频率的比值大于 2，这样才能达到隔振要求。因此，可以初步确定隔振系统的频率范围。一般来说，发动机自身或者来自路面的激励频率是客观存在的，能回避的只是系统自身的固有特性。来自路面的激励一般小于 2.5 Hz，来自发动机自身的激励的最小值为 30 Hz，因此要求整个悬置系统的固有频率至少要满足小于 $30/\sqrt{2}$，并大于 2.5 Hz/0.75 = 3.5 Hz。所以，在本小节的案例中，悬置系统的固有频率 f 至少要满足 3.5 Hz < f < 21.22 Hz。

3.4.4　动力总成悬置解耦计算

由于悬置元件的刚度远小于发动机和车架的刚度，所以通常把发动机动力总成看作空间六自由度刚体，如图 3-33 所示。在动力总成上建立 G_0-xyz 定坐标系，原点 G_0 位于动力总成静平衡的质心点，x 轴平行于发动机曲轴指向发动机的前端，z 轴垂直曲轴向上，y 轴按照右手定则确定。同时建立动坐标系 G-XYZ，令 G 点与 G_0 点重合，则广义动坐标系相对于定坐标系来说沿着 x、y、z 轴的移动 x（纵向）、y（横向）、z（垂向）和绕 x、y、z 轴的转动 θ_x（侧倾）、θ_y（俯仰）、θ_z（横摆），即 $Q=(x,y,z,\theta_x,\theta_y,\theta_z)^{\mathrm{T}}$。

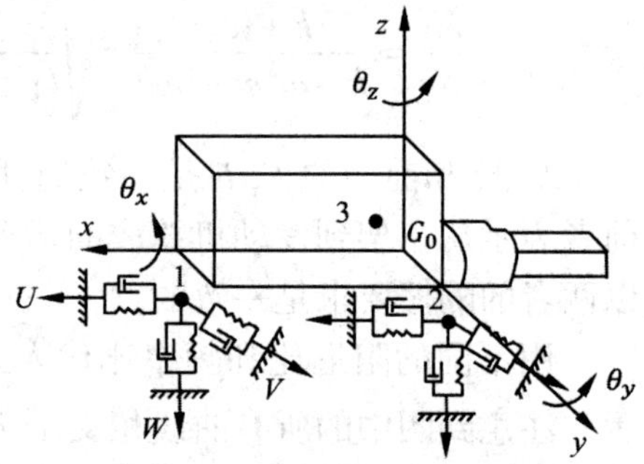

图 3-33　发动机动力总成模型

根据拉格朗日方程，六自由度发动机悬置系统的振动微分方程为

$$\boldsymbol{M}\ddot{\boldsymbol{Q}}+\boldsymbol{C}\dot{\boldsymbol{Q}}+\boldsymbol{K}\boldsymbol{Q}=\boldsymbol{0} \tag{3-59}$$

式中：$\boldsymbol{M}$ 为系统的质量矩阵；$\boldsymbol{C}$ 为系统的阻尼矩阵；$\boldsymbol{K}$ 为系统的刚度矩阵。

发动机总成在六个自由度方向运动时，悬置元件也会受到扭矩作用，考虑到悬置元件的尺寸相比于各个悬置安装点的距离要小很多，所以单个悬置的扭转刚度在分析时可以省略，在建立悬置元件的简化力学模型时，只表示悬置元件的三个弹性主轴 U、V、W。

要想提高动力总成的隔振性能，核心就是解决动力总成刚体模态的频率分配和振动耦合问题。能量解耦法的原理是根据系统振动方程求固有频率和振型，利用能量的分布判断悬置系统各个方向的解耦程度。

因悬置的阻尼对系统的固有频率的影响比较小，所以对系统固有频率和固有振型的计算只考虑无阻尼自由振动情况。原动力总成悬置系统振动微分方程可写成

$$\boldsymbol{M}\ddot{\boldsymbol{Q}}+\boldsymbol{K}\boldsymbol{Q}=\boldsymbol{0} \tag{3-60}$$

设六自由度系统运动方程的特解为

$$\boldsymbol{Q}_i=\boldsymbol{A}_i\sin(pt+\varphi)\quad(i=1,2,3,4,5,6) \tag{3-61}$$

即设系统的各坐标轴做同步谐振动。则式(3-61)可表示为

$$\boldsymbol{Q}=\boldsymbol{A}\sin(pt+\varphi) \tag{3-62}$$

将式(3-62)代入系统运动微分方程，消去 $\sin(pt+\varphi)$，得

$$\left(\boldsymbol{K}-p^2\boldsymbol{M}\right)\boldsymbol{A}=\boldsymbol{0} \tag{3-63}$$

式中：$\boldsymbol{A}=\left(A_1\quad A_2\quad\cdots\quad A_6\right)^{\mathrm{T}}$。

于是得到该系统的频率方程为

$$\left|\boldsymbol{K}-p^2\boldsymbol{M}\right|=0 \tag{3-64}$$

由式(3-63)可以求出 6 个固有频率。一般振动系统的固有频率的值互不相等，将各个固有频率按照由小到大的顺序排列为

$$0\leqslant p_1\leqslant p_2\leqslant\cdots\leqslant p_6$$

式中：最低固有频率 p_1 称为第一阶固有频率或者基频，其他依次称为二阶、三阶固有频率等。$(A^i)_l$ 为对应于 p_i 的特征矢量，它满足 $(\boldsymbol{K}-p^2\boldsymbol{M})A^{(i)}=0$。

发动机悬置系统自由振动时，第 i 阶模态第 k 方向上，振动能量占全部能量的百分比为

$$T_{ik}=\frac{\sum\limits_{l=1}^{6}\left(A^i\right)_l\left(A^i\right)_k m_{kl}}{\sum\limits_{l=1}^{6}\sum\limits_{k=1}^{6}\left(A^i\right)_l\left(A^i\right)_k m_{kl}}\times100\% \tag{3-65}$$

式(3-65)为第 i 阶模态中第 k 方向的能量解耦度。其中，$(A^i)_l$、$(A^i)_k$ 为振型 (A^i) 的第 l 个及第 k 个元素；m_{kl} 为质量矩阵 $\boldsymbol{M}$ 的第 k 行第 l 列元素。

T_{ik} 越大，表示某一阶模态的能量占系统总能量的百分比越大，其解耦程度也越高，即 T_{ik} 应接近于 1。

3.4.5 动力总成悬置系统的解耦优化

发动机的激励主要集中在侧倾和垂直两个方向，所以在解耦设计过程中只需要严格要求动力总成在这两个方向上的解耦率达到 85%以上，其他四个方向的解耦率达到 80%以上就满足解耦要求。动力总成悬置系统的优化设计通常以悬置的安装位置、倾斜角度和三向主刚度值作为设计变量，可以从不同角度提出目标函数和约束条件来建立不同的优化数学模型。

（1）设计变量

悬置安装角度和悬置元件的三向主刚度值综合决定了各悬置点的三向刚度 K_{xi}、K_{yi} 和 K_{zi}。因此，以悬置点的三向刚度值和三向坐标参数作为优化设计的变量，即对于具有 n 个悬置点的系统，其设计变量 x 的维数为 $6n$。

（2）目标函数

动力总成悬置系统有多个性能指标，彼此之间存在耦合关系。因此，确定目标函数时必须综合考虑这些指标参数，以使悬置系统具有良好的整体隔振性能。以悬置系统的固有频率和振动解耦为目标函数，其表达式为

$$\min f(x)=\sum_{i=1}^{N}W_i\times\left|P_i(x)-P_{oi}\right| \tag{3-66}$$

式中：W_i 为各项性能指标的权重函数；x 为设计变量；N 为所考虑的子目标函数的数量；$P_i(x)$为性能指标函数；P_{oi} 为理想性能指标参数，一般有如下约束范围：

$$P_{\min i}\leqslant P_{oi}\leqslant P_{\max i}$$

式中：$P_{\max i}$、$P_{\min i}$ 分别为第 i 项性能指标的最大值和最小值。

（3）约束条件

悬置系统的约束条件如下。

1）系统固有频率约束为

$$LB_{\mathrm{fn}i}<P_{\mathrm{fn}i}<UB_{\mathrm{fn}i}$$

式中：$UB_{\mathrm{fn}i}$、$LB_{\mathrm{fn}i}$ 分别为系统第 i 阶固有频率 $P_{\mathrm{fn}i}$ 的上、下限。悬置系统的固有频率约束范围为 3.5 Hz < f < 21.22 Hz。

2）动力总成悬置系统在自由度方向振动解耦程度的要求为

$$LB_{\mathrm{decoup}i}\leqslant P_{\mathrm{decoup}i}\leqslant UB_{\mathrm{decoup}i}$$

式中：$UB_{\mathrm{decoup}i}$、$LB_{\mathrm{decoup}i}$ 分别为系统在第 i 个自由度方向上解耦度值的上、下限。

3）悬置的刚度施加附加约束，主要是考虑到悬置系统支承与限位的基本功能和避免动力总成产生过大的位移而与其他部件发生干涉，以及悬置元件的疲劳寿命问题。

$$K_{\min j}\leqslant K_{ij}\leqslant K_{\max j}\quad(i=x,y,z;j=1,2,3)$$

式中：K_{ij} 为第 j 个悬置点的 i 向刚度；$K_{\max j}$、$K_{\min j}$ 分别为 K_{ij} 可取的最大值和最小值。

考虑橡胶悬置的成本及维护性能，设计时前左和前右悬置选用相同型号，中左和中右悬置选用相同型号，后左和后右悬置选用相同型号。橡胶悬置的刚度参数约束条件见表 3-6。应将悬置的静、动位移控制在 6 mm 以下。

4）各悬置点的位移约束，受到发动机舱的空间及装配限制，还需考虑悬置的静态位移量和动态位移量。

$$X_{\min j}\leqslant X_{ij}\leqslant X_{\max j}\quad(i=x,y,z;j=1,2,3)$$

式中：X_{ij} 为第 j 个悬置点的 i 向位移；$X_{\max j}$、$X_{\min j}$ 分别为 X_{ij} 的最大值和最小值。

表 3-6　橡胶悬置的刚度参数约束条件

约束项		取值范围
主刚度值 K_p、K_q、K_r（N/mm）		100~6 000
主刚度比	K_r/K_p	3~8
	K_r/K_q	3~8

（4）优化算法

由于发动机结构和布置空间的限制，不对悬置点的位置进行优化。前文中，已经确定了每个悬置点的悬置布置角度。因此，优化设计以系统固有频率范围和振动解耦为目标函数，以六个悬置垫的三向刚度值为变量，以坐标轮换法为优化算法，具体过程如图 3-34 所示。

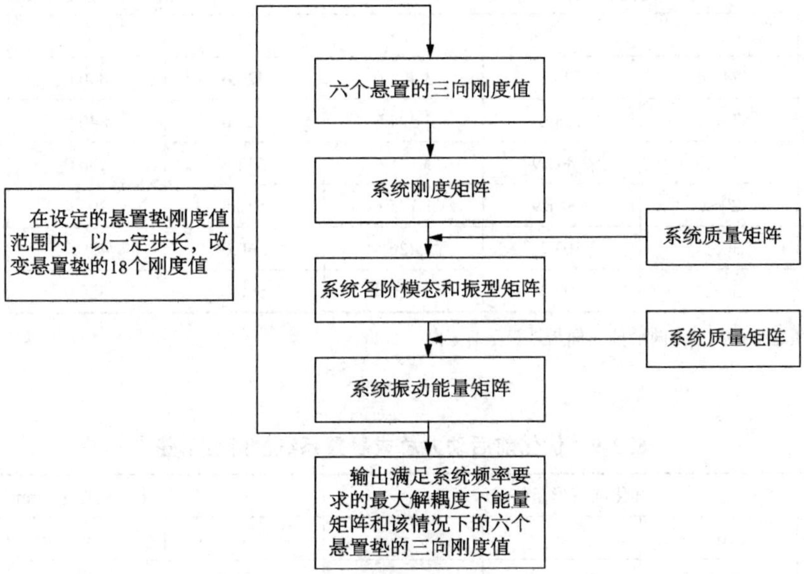

图 3-34　悬置垫参数优化算法

优化前后动力总成橡胶悬置支承位置见表 3-7。橡胶悬置动静刚度比取 1.6，根据实验得到的原橡胶悬置静刚度值，计算得到其动刚度值。优化前后各橡胶悬置各向动刚度参数见表 3-8。优化前后动力总成悬置系统的静态变形量见表 3-9，优化前后动力总成悬置系统的动态最大变形量见表 3-10。优化前后动力总成悬置系统能量分布矩阵分别见表 3-11 和表 3-12。

表 3-7　优化前后动力总成橡胶悬置支承位置参数（以质心为坐标原点）

位置	优化前（mm）			优化后（mm）		
	x	y	z	x	y	z
前左支承点	−726.42	349.18	−40.78	−762.42	349.18	−40.78
前右支承点	−726.42	−304.11	−69.78	−726.42	−304.11	−69.78

续表

位置	优化前(mm)			优化后(mm)		
	x	y	z	x	y	z
中左支承点	484.58	313.66	−245.80	360.08	316.35	−380.59
中右支承点	484.58	−321.34	−245.80	360.08	−323.74	−388.63
后左支承点	1 080.58	286.26	−367.05	1 080.58	286.26	−367.05
后右支承点	1 080.58	−293.94	−367.05	1 080.58	−293.94	−367.05

表 3-8 优化前后橡胶悬置各向动刚度值

悬置	优化前动刚度(N/mm)			优化后动刚度(N/mm)		
	p	q	r	p	q	r
前左悬置	742.6	724.6	3 424.0	420.0	840.0	3 360.0
前右悬置	742.6	724.6	3 424.0	420.0	840.0	3 360.0
中左悬置	295.0	2 841.9	1 145.6	532.8	200.0	1 600.0
中右悬置	295.0	2 841.9	1 145.6	532.8	200.0	1 600.0
后左悬置	303.7	303.7	1 426.4	560.0	420.0	3 360.0
后右悬置	303.7	303.7	1 426.4	560.0	420.0	3 360.0

注：q 向与发动机质心坐标系的 x 向平行，r 向为悬置压缩方向。

表 3-9 优化前后动力总成悬置系统的静变形量

位置	优化前变形量(mm)			优化后变形量(mm)		
	x	y	z	x	y	z
总成质心	1.003e−1	3.045e−2	1.876	0.428	0.026	2.778
前左悬置	8.004e−2	1.505e−2	1.380	0.313	0.142	3.373
前右悬置	5.515e−2	9.998e−3	1.494	0.386	0.173	4.071
中左悬置	4.329e−2	6.762e−3	3.111	0.134	0.318	1.959
中右悬置	5.062e−2	6.772e−3	2.222	0.035	0.327	2.643
后左悬置	1.163e−1	2.104e−2	2.473	0.110	0.180	1.030
后右悬置	1.230e−1	2.105e−2	2.573	0.108	0.180	1.650

表 3-10 优化前后动力总成悬置系统的动态最大变形量

位置	优化前变形量(mm)			优化后变形量(mm)		
	x	y	z	x	y	z
总成质心	0.066	0.693	1.231	0.290	0.074	1.785

续表

位置	优化前变形量(mm)			优化后变形量(mm)		
	x	y	z	x	y	z
前左悬置	0.800	0.682	3.430	0.469	0.532	2.841
前右悬置	0.694	0.465	3.045	0.434	0.549	3.283
中左悬置	0.725	3.405	3.568	0.340	1.086	1.917
中右悬置	0.716	3.422	4.634	1.474	1.328	3.628
后左悬置	0.715	5.560	3.566	1.321	1.131	2.924
后右悬置	0.702	5.576	3.665	1.435	1.135	3.163

表 3-11 优化前动力总成悬置系统的能量分布矩阵

频率(Hz)	能量分布(%)					
	x	y	z	α	β	γ
7.36	98.82	0.01	0.21	0.02	0.91	0.02
10.24	0.12	25.67	1.25	36.42	0.52	36.03
11.94	0.72	0.62	71.92	0.51	25.51	0.72
16.06	0.00	71.12	0.01	4.72	0.13	24.02
16.52	0.34	0.11	26.6	0.00	72.93	0.01
29.24	0.00	2.47	0.01	58.33	0.00	39.19

表 3-12 优化后动力总成悬置系统的能量分布矩阵

频率(Hz)	能量分布(%)					
	x	y	z	α	β	γ
7.36	99.24	0.00	0.22	0.03	0.49	0.01
10.24	0.13	0.53	4.69	82.10	0.67	11.87
11.94	0.36	0.05	85.22	3.88	8.95	1.54
16.06	0.00	99.31	0.00	0.24	0.00	0.45
16.52	0.27	0.00	9.86	0.01	89.85	0.03
29.24	0.00	0.11	0.01	13.77	0.03	86.09

由表 3-9 可知，隔振垫的静态变形量基本在 4 mm 以下，只有前右悬置压缩 z 向变形量为 4.071 mm，但也在 6 mm 以内。

由表 3-10 可知，隔振垫的动态最大变形量控制在 4 mm 以内，满足设计要求。

由表 3-11 可知，此悬置系统的固有频率范围为 7.4~29.3 Hz。虽然 x、y、β 和 γ 向耦合模态频率处于有效隔振范围(3.5~21.2 Hz)以内，但 α 向模态频率为 29.2 Hz，非常接近柴油机怠速（600 r/min）时倾覆力矩的基频（30 Hz），且与倾覆力矩 z 方向一致，因此怠速时极易产生共振。又因 α 向模态解耦度只有 58%，与 γ 向振动强耦合，因此共振时容易激起其他模态（如 10.2 Hz 和 16.1 Hz）。同时，10.2 Hz 也有较强的 α 侧倾运动，并会伴随较大的 y 向和 γ 向的耦合。

由表 3-12 可知，优化后动力总成悬置系统的固有频率范围为 5.1~19.73 Hz。x、y、z、α、β 和 γ 向耦合模态频率处于有效隔振范围（3.5~21.2 Hz）以内，各向解耦程度均在 80%以上。由前文的分析可知，动力总成主要受翻转力矩作用，将以 α 向的扭转振动为主，改进前 α 向振动频率为 10.24 Hz 和 29.24 Hz，且存在较大程度的耦合，改进后 α 向频率为 7.46 Hz 和 19.73 Hz，有较大降低，且耦合程度很小。根据隔振原理，系统主要振动模态频率的降低和振动解耦对于隔振是非常有利的。

第 4 章 振动测试技术及应用

4.1 振动测试基础

4.1.1 工程振动中的被测参数

工程振动测试的主要参数包括位移、速度、加速度、激振力、振动频率和振幅等。按照描述振动规律的特点，可将振动分为确定性振动和随机性振动两大类。其中，确定性振动又分为简谐振动、复杂周期振动和准周期振动。

（1）简谐振动的测试参数

简谐振动的测试参数为

$$\left.\begin{aligned} x(t) &= A\sin(\omega t) = A\sin(\omega t) \\ v(\mathrm{t}) &= \omega A\cos(\omega t) = \omega A\sin\left(\omega t + \frac{\pi}{2}\right) \\ a(t) &= -\omega^2 A\sin(\omega t) = \omega^2 A\sin(\omega t + \pi) \end{aligned}\right\} \tag{4-1}$$

式中：A 为位移幅值；ω 为振动圆频率（rad/s）；$\omega = 2\pi f$，f 为振动频率（Hz）。

$x(t)$、$v(t)$和 $a(t)$三者之间的相位依次相差 $\pi/2$。若令速度幅值 $v_0=\omega A$，加速度幅值 $a_0=\omega^2 A$，则有

$$a_0=\omega v_0=\omega^2 A = (2\pi f)^2 A \tag{4-2}$$

可见，位移幅值 A 和频率 ω（或 f）是两个十分重要的特征量，速度和加速度的幅值 v_0 和 a_0 可以直接由位移幅值 A 和频率 f 导出。在测量中，振动测试参数的大小常用其峰值、绝对平均值和有效值来表示。所谓峰值，是指振动量在给定区间内的最大值，均值是振动量在一个周期内的平均值，有效值即均方根值，它们从不同的角度反映了振动信号的强度和能量。在测量仪表上，峰值一般用 Peak-Peak（峰 – 峰）表示，而有效值则用均方根（Root Mean Square，RMS）表示。位移绝对平均值 μ_x 的表达式为

$$\mu_x = \frac{1}{T}\int_0^T |x(t)|\mathrm{d}t \tag{4-3}$$

绝对平均值亦常用 $\bar{x}$ 来表示。

位移有效值的表达式为

$$x_{\mathrm{RMS}} = \sqrt{\frac{1}{T}\int_0^T x^2(t)\mathrm{d}t} \tag{4-4}$$

对于离散信号，位移有效值的表达式为

$$y_{\mathrm{RMS}} = \sqrt{\frac{1}{k+1}\sum_{i=0}^{k} y_i^2} \tag{4-5}$$

式中：$k+1$ 表示计算区间的总样本点数。

振动均方根值反映了振动的能量或功率的大小。对于简谐振动，其位移峰值 x_{peak} 就是它的幅值 A，而位移的有效值为

$$x_{RMS}=\sqrt{\frac{1}{T}\int_0^T A^2\sin^2(t)\mathrm{d}t}=\frac{1}{\sqrt{2}}A \tag{4-6}$$

峰值与有效值之比，称为波峰系数或波峰指标。简谐振动的波峰系数为

$$F_c=\frac{A}{x_{RMS}}=\sqrt{2}\approx 1.414 \tag{4-7}$$

有效值与均值之比，称为波形系数。简谐振动的波形系数为

$$F_f=\frac{x_{RMS}}{\mu_x}=\frac{\pi}{2\sqrt{2}}=1.11 \tag{4-8}$$

波峰系数 F_c 和波形系数 F_f 反映了振动波形的特征，是机械故障诊断中常用来作为判据的两个重要指标。

在振动测试过程中，为了计算、分析方便，除用线性单位表示位移、速度和加速度外，在分析仪中还常用"dB"（分贝）数来表示，称为振动级。这种量纲是以对数为基础，其规定如下。

分贝表示的加速度为

$$a_{dB}=20\lg\frac{a_1}{a_2} \tag{4-9}$$

分贝表示的速度为

$$v_{dB}=20\lg\frac{v_1}{v_2} \tag{4-10}$$

分贝表示的位移为

$$x_{dB}=20\lg\frac{x_1}{x_2} \tag{4-11}$$

式中：a_1 为测量而得的加速度均方根值（有效值）或峰值（mm/s^2）；a_2 为参考值，一般取 $a_2=10^{-2}$ mm/s^2 或取为 1；v_1 为测量而得的速度均方根值（有效值）或峰值（mm/s）；v_2 为参考值，一般取 $v_2=10^{-5}$ mm/s 或取为 1；x_1 为测量而得的位移均方根值（有效值）或峰值（mm）；x_2 为参考值，一般取 $x_2=10^{-8}$ mm 或取为 1。

采用对数量纲时，前述简谐振动的波峰系数 F_c 和波形系数 F_f 可分别表示为

$$F_c=20\lg\sqrt{2}=3 \tag{4-12}$$

$$F_f=20\lg\frac{\pi}{2\sqrt{2}}\approx 1 \tag{4-13}$$

（2）有阻尼振动系统的自由衰减振动中的测试参数

一般的振动系统中都有阻尼作用，其运动规律已经在第 1 章中进行了介绍。欠阻尼振动系统的运动形式为幅值逐渐衰减的往复振动，定义衰减系数为

$$n=\zeta\omega_n \tag{4-14}$$

即有

$$2n = c / m \tag{4-15}$$

这种衰减振动的实测振动波形如图 4-1 所示。

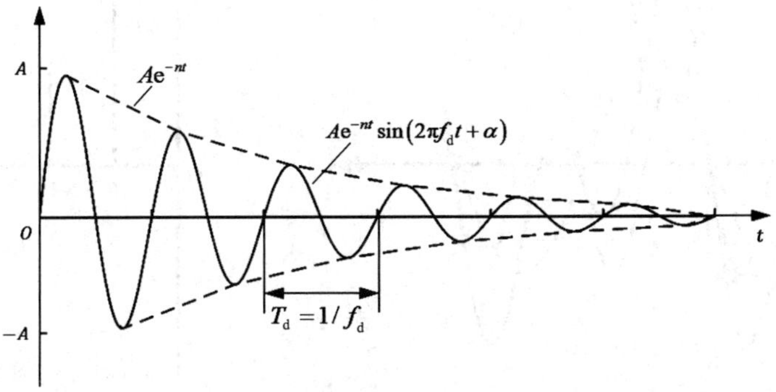

图 4-1　衰减振动的实测振动波形

在振动测试过程中,除振幅 A、振动频率 f_d($f_d = \omega_d/(2\pi)$)、振动周期 $1/f_d$ 外,衰减系数 n 或阻尼系数 c 也是重要的特征量,且只能通过振动测试求出。

(3)复杂周期振动中的测试参数

复杂周期振动是由一系列频率比 f_n/f_m 或 ω_n/ω_m 为有理数的简谐振动叠加而成,当自变量增加到某一定值时,其函数值又恢复到同一个值的振动,所以又简称为周期振动,可用周期性函数表示为

$$x(t) = x(t \pm nT) = x(t \pm n/f_1) \quad (n = 0,1,2,\cdots) \tag{4-16}$$

式中:T 为周期;f_1 为基频。

复杂周期振动可以展开为傅里叶级数:

$$x(t) = \frac{x_0}{2} + \sum_{n=1}^{\infty}(a_n \cos n\omega_1 t + b_n \sin n\omega_1 t) = \frac{x_0}{2} + \sum_{n=1}^{\infty} x_n \sin(n\omega_1 t + \varphi_n) \tag{4-17}$$

式中: $x_n = \sqrt{a_n^2 + b_n^2}$; $\varphi_n = \arctan\frac{b_n}{a_n}$; $x_0 = \frac{2}{T}\int_{-T/2}^{T/2} x(t)\,\mathrm{d}t$; $a_n = \frac{2}{T}\int_{-T/2}^{T/2} x(t)\cos n\omega_1 t\,\mathrm{d}t = \frac{2}{T}\int_{-T/2}^{T/2} x(t)\cos n2\pi f_1 t\,\mathrm{d}t$; $b_n = \frac{2}{T}\int_{-T/2}^{T/2} x(t)\sin n\omega_1 t\,\mathrm{d}t = \frac{2}{T}\int_{-T/2}^{T/2} x(t)\sin n2\pi f_1 t\,\mathrm{d}t$。

以频率 f 为横坐标,幅值 x_n 或相位差 φ_n 为纵坐标,绘制成的曲线图称为频谱曲线图,并分别称为幅频曲线图或相频曲线图。这种分析方法称为频谱分析法。对于周期函数,频谱分析是基于傅里叶级数展开定理而非傅里叶变换,因此复杂周期振动的频谱曲线图为离散谱,而非连续曲线。图 4-2(a)所示为在实测中得到的两个简谐振动合成的周期振动曲线的时间历程记录。在实际测试中,虚线是没有的,它是数据处理后经计算而得到的简谐振动分量的时间历程。图 4-2(b)所示为经后续设备分析仪数据处理后得到的幅频曲线图,由它可知复杂周期振动不一定包含全部谐波成分,有时只有几个分量,有时其基频分量也可以没有。图 4-2(c)所示为实测中记录的矩形周期振动曲线的时间历程。图 4-2(d)所示为记录时间历程信号经数据处理后得到的幅频曲线图,可见基频为 f_1 的矩形周期振动的高次谐波

的幅值随频率增高而迅速减小。

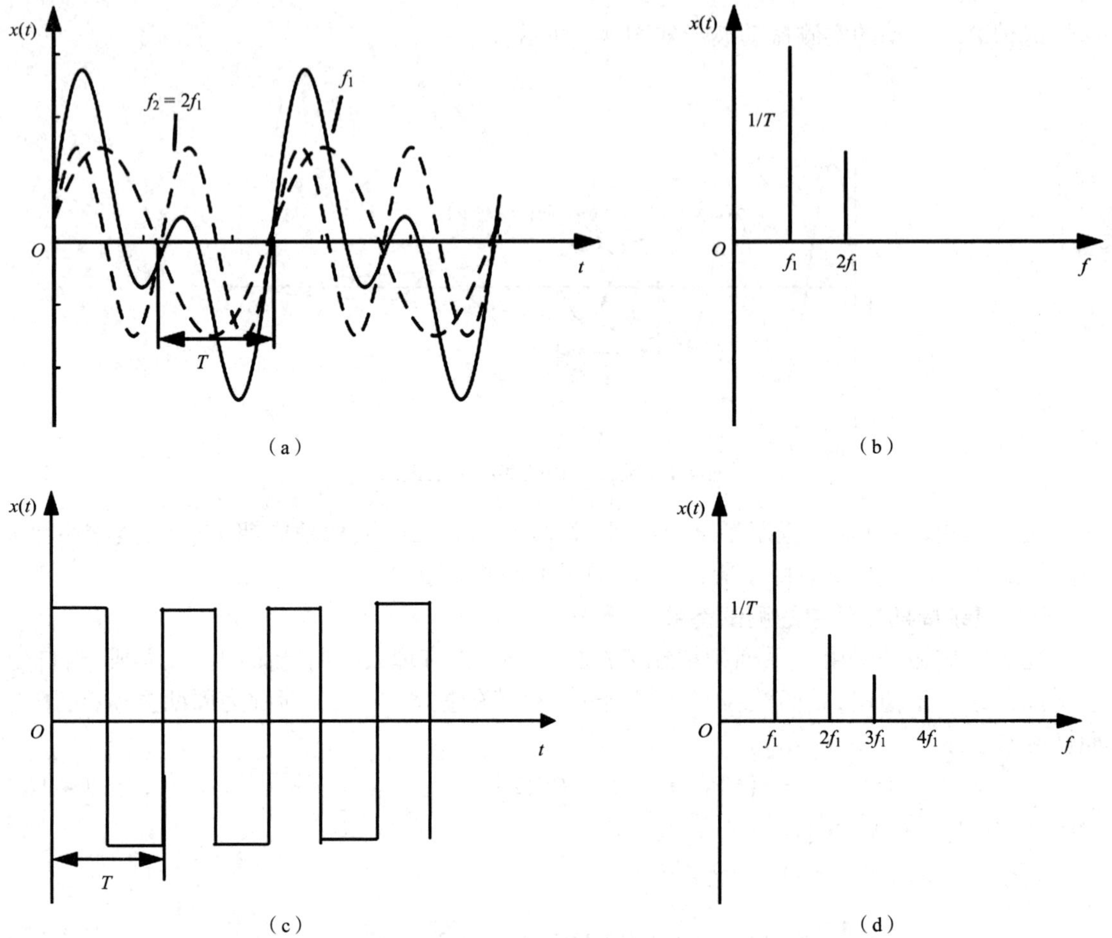

图 4-2　复杂周期振动的实测时间历程曲线及相应的幅频曲线

(a)合成周期运动曲线　(b)幅频曲线　(c)矩形周期振动曲线　(d)幅频曲线

(4)准周期振动中的测试参数

两个或两个以上的无关联的周期性振动的混合称为准周期性振动,其特点是各频率之比不为有理数。其表达式为

$$x(t)=\sum_{n=1}^{\infty}x_n\cos(\omega_n t+\varphi_n) \tag{4-18}$$

式中:各阶频率之比 ω_n/ω_m $(n\neq m)$ 不为有理数,例如

$$x(t)=x_1\sin(2t+\varphi_1)+x_2\sin(3t+\varphi_2)+x_3\sin\left(\sqrt{50}t+\varphi_3\right) \tag{4-19}$$

该运动虽由三个简谐振动叠加而成,但不是周期性函数,因为 $2/\sqrt{50}$ 和 $3/\sqrt{50}$ 不是有理数(基本周期无限长);但经测试得到的频谱仍然为离散谱。

(5)非周期振动中的测试参数

若描述机械振动量随时间变化的曲线是非周期的,就称这种振动为非周期振动。

频谱分析法也是对非周期振动进行研究的有效方法。针对非周期振动的频谱分析基于傅里叶积分，与基于傅里叶级数的周期振动频谱分析类似，都是把时间域的振动信号函数转变为频率域函数的一种计算方法。

如果一个实测的振动信号函数为 $x(t)$，$0<t<T$，则它的傅里叶积分（频谱）为

$$X(f)=\int_{-\infty}^{+\infty}x(t)\mathrm{e}^{-\mathrm{i}2\pi ft}\mathrm{d}t \tag{4-20}$$

式中：f 为频率变量；$X(f)$ 为频率 f 的复函数。

把 $X(f)$ 转化成模 $|X(f)|$ 与相位角 $\varphi(f)$ 的形式，则有

$$X(f)=|X(f)|\mathrm{e}^{\mathrm{i}\varphi(f)} \tag{4-21}$$

$|X(f)|$ 与 $\varphi(f)$ 都是频率 f 的实函数。把频率 f 作为横坐标，$|X(f)|$ 或 $\varphi(f)$ 作为纵坐标所绘成的曲线图称为频谱曲线图。由 $|X(f)|$ 绘成的曲线称为幅频曲线，而由 $\varphi(f)$ 绘成的曲线称为相频曲线。但非周期振动的频谱曲线图是连续谱。频谱曲线图是由测试设备中的分析设备对实测信号 $x(t)$ 进行数据处理后自动绘制而成的。

在工程振动测试中，频谱分析法是很重要的方法。这种方法能够让我们知道被测量的振动信号的频谱含量，它为我们正确选择测量方法和仪器提供了重要依据，也为分析机械动力系统的振动特性提供了有效工具。根据系统的振动信号的频谱，就可判断振动系统的动力学特征。在隔振技术中，可用来帮助我们确定隔振系统的有关参数及对隔振效果进行进一步检查分析。因此，频谱分析法在工程振动测试中得到广泛的应用。

4.1.2 工程振动测试的任务

单自由度线性振动系统和多自由度线性振动系统的运动方程分别由式（1-18）和式（1-49）给出，工程振动测试通过实验解决式（1-18）和式（1-49）表达的系统动力学问题。它可归纳为以下五个方面的任务。

1）对于振动参数很清楚的系统，若已知激振力列阵 $\boldsymbol{f}$ 及被测试系统的质量矩阵 $\boldsymbol{M}$、阻尼矩阵 $\boldsymbol{C}$ 和刚度矩阵 $\boldsymbol{K}$，便可求出振动的位移列阵 $\boldsymbol{x}$、速度列阵 $\dot{\boldsymbol{x}}$ 及加速度列阵 $\ddot{\boldsymbol{x}}$。这就是用测量的方法求系统的响应，以验证振动理论公式计算结果的准确性。这是振动力学中的正问题。对工程振动测试的首要要求是在已知激振力列阵 $\boldsymbol{f}$ 的作用下，通过振动测试求出振动的位移列阵 $\boldsymbol{x}$、速度列阵 $\dot{\boldsymbol{x}}$ 和加速度列阵 $\ddot{\boldsymbol{x}}$。如果激振力列阵 $\boldsymbol{f}$ 与系统实际工作时的情况一致或十分近似，通过测试即可弄清机器在实际工作时的振动水平与振动发生时的振动模态。因此，它也被称为实验验证或工程振动测试中的正问题。

2）对于还不清楚的系统，若已知激振力列阵 $\boldsymbol{f}$，并可测知系统的振动位移列阵 $\boldsymbol{x}$、速度列阵 $\dot{\boldsymbol{x}}$ 和加速度列阵 $\ddot{\boldsymbol{x}}$，从而通过模态参数（模态频率、振型、阻尼等）来求系统的物理特性参数质量矩阵 $\boldsymbol{M}$、阻尼矩阵 $\boldsymbol{C}$ 和刚度矩阵 $\boldsymbol{K}$。这是“参数识别”和“系统识别”的问题。通常称这一类问题为振动力学的第一类逆问题。这类逆问题对振动测试的要求，除要精确测定 $\boldsymbol{x}$、$\dot{\boldsymbol{x}}$ 和 $\ddot{\boldsymbol{x}}$ 外，还要应用模态分析的方法来识别参数，以便正确地建立系统的力学模型，并完成从模态参数到物理参数的转换，这样就能弄清结构的薄弱环节，为改进结构优化设计提供充分的实验依据。

3）在已知系统物理特性参数质量矩阵 $\boldsymbol{M}$、阻尼矩阵 $\boldsymbol{C}$ 和刚度矩阵 $\boldsymbol{K}$ 的情况下，测量出

振动系统的位移列阵 $\boldsymbol{x}$、速度列阵 $\dot{\boldsymbol{x}}$ 和加速度列阵 $\ddot{\boldsymbol{x}}$，即可求出输入的激振力列阵 $\boldsymbol{f}$。这是“载荷识别”问题，以寻找引起结构系统振动的振源。这是结构动力学的第二类逆问题。这类问题对振动测试的要求，除精确测出系统振动位移列阵 $\boldsymbol{x}$、速度列阵 $\dot{\boldsymbol{x}}$ 和加速度列阵 $\ddot{\boldsymbol{x}}$ 外，往往还要先在已知激振力列阵 $\boldsymbol{f}$ 的情况下进行第一类逆问题的计算与测试，以求得振动结构的系统参数，然后再进行载荷识别。通过这类逆问题的研究，可以查清外界干扰力的激振水平和规律，以便采取措施来减小或控制振动。

4）工程振动测试及信号分析的任务，还包括监测机器和设备工作状况是否稳定、正常及诊断设备故障等。机器和设备在工作过程中发生不正常的运转或故障，往往会使系统的振动情况或噪声水平发生变化。因此，对振动与噪声进行监测，即对机器在工作情况下产生的振动和噪声的测试结果进行分析，可给出机器是否正常工作的重要信息。

5）振动控制。通过振动控制主要可达到以下两个目的：一是通过振动控制减少振动量，降低振动水平，以减少甚至消除振动的危害；二是通过控制发生振动所需的振动激励信号，使振动水平始终保持在一定的范围内。

若要实现以上两个目的，首先必须利用振动测试手段，判明振源及其振动的性质（即振动来源于何处），确定振动的类型（即是自由振动、受迫振动，还是自激振动），明确振动的频率成分；其次“对症下药”，采取恰当的治理措施。这便要求进行系统的振动测试与信号分析，为制定治理措施和修改结构的参数提供充分的实验依据。

4.1.3 工程振动的测试方法

（1）工程振动的三种测试方法

工程振动各种参数的测量方法，按测量过程的物理性质可以分为以下三类。

1）机械式测量方法，将工程振动的参量转换成机械信号，再经机械系统放大后，进行测量和记录。此法常用的仪器有杠杆式测振仪和盖格尔测振仪，能测量的频率较低，精度也较差，但在现场测试时较为简单、方便。

2）光学式测量方法，将工程振动的参量转换成光学信号，再经光学系统放大后，进行显示和记录。此法常用的仪器有读数显微镜和激光测振仪等。目前，光学式测量方法主要在实验室内用于振动仪器系统的标定及校准。

3）电测方法，将工程振动的参量转换成电信号，再经电子线路放大后，进行显示和记录。此法是目前应用最广泛的测量方法。与机械式和光学式测量方法相比，电测方法有以下几方面的优点：

①具有较宽的频带；

②具有较高的灵敏度和分辨率；

③具有较大的动态测量范围；

④振动传感器可以做得很小，以减小传感器对被测对象的附加影响，还可以做成非接触式的测量系统；

⑤可以根据被测参量的不同选用不同的振动传感器；

⑥能进行远距离测量；

⑦便于对测得的信号进行贮存，以便做进一步分析；

⑧适用于多点测量和对信号进行实时分析。

(2)工程振动的测试方法的组成

机械式、光学式和电测法(图 4-3)的物理原理虽然各不相同,但是组成的测量系统基本相同,它们都包含拾振、测量线路和显示记录三个环节。

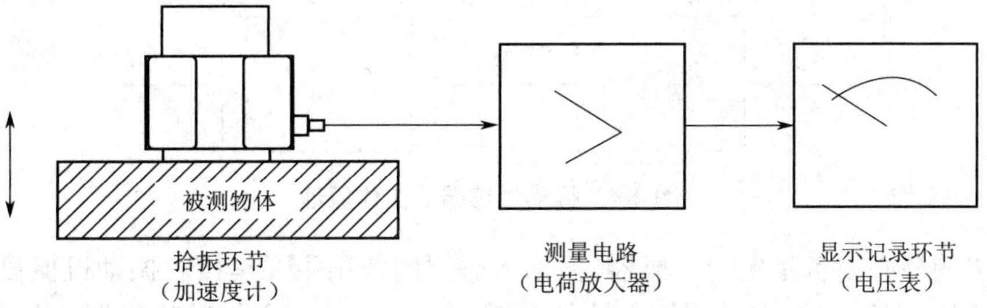

图 4-3 电测法测量系统示意

Ⅰ. 拾振环节

拾振环节把被测的机械振动量转换为机械的、光学的或电的信号,完成这项转换工作的器件称为传感器或拾振器。传感器有很多种,它的分类方法及工作原理将在下一节做详细介绍。

Ⅱ. 测量线路

测量线路的种类很多,它们都是针对各种传感器的变换原理而设计的。例如,专配压电式传感器的测量线路有电压放大器和电荷放大器等;专配电阻、电容和电感变换原理的传感器的测量电路有各种测量电桥和调制线路等;此外,还有积分线路、微分线路、滤波线路和归一化装置等。

Ⅲ. 显示记录环节

从测量线路输出的电压信号,可按测量的需要送给显示仪器(如电子电压表、示波器、相位计)、记录设备(如光线示波器、磁带记录仪、*X-Y* 记录仪)。

4.2 振动传感器的机械接收原理及其分类

4.2.1 传感器的作用

机械式测振仪是由机械结构传递、放大和记录振动的。这类仪器原理简单、直观、容易理解,在一般精度要求的现场测量中,使用起来比较简单、方便。但由于其具有体积大、灵敏度差和频带窄等缺点,除少数场合外,已被电测法设备所代替。

电测法的要点在于先将机械振动量转换为电量(电动势、电荷或其他电量),然后再对电量进行测量,从而得到所要测量的机械量。完成此任务的部件称为振动传感器,振动传感器的基本作用是接收被测的机械量或力学量,同时将其转换成与之有确定关系的电量,并将这些电量提供给测试系统的后续设备。

一个振动传感器从功能上说由两部分组成:机械接收部分和机电变换部分,如图 4-4 所示。振动传感器并不是直接将原始要测的机械量转变为电量，而是将原始要测的机械量作为振动传感器的输入量 M_i；然后由机械接收部分加以接收，形成另一个适合于变换的机械量 M_t；最后由机电变换部分将 M_t 变换为电量 E。因此，一个振动传感器的工作性能，由机械接收部分和机电变换部分的工作性能共同决定。

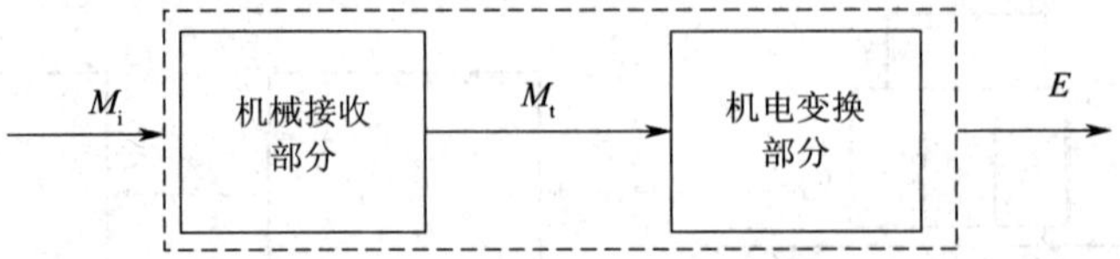

图 4-4　振动传感器的工作原理

电测法的核心设备是振动传感器，振动传感器的作用主要是接收振动机械量，并转换为与之强度成比例的电量，它是测振系统的关键部件之一。由于振动传感器也是一种机电转换装置，所以有时也称它为换能器或拾振器等。

4.2.2　相对式传感器机械接收原理

相对式传感器机械接收原理如图 4-5 所示。在测量时，该仪器被固定在不动的支架上，使触杆与被测物体的振动方向一致，并借弹簧的弹性力与被测物体表面保持接触。当被测物体振动时，触杆跟随被测物体一起运动，并推动记录笔杆在移动的纸带上描绘出振动物体的位移随时间的变化曲线，根据这条记录曲线可以计算出位移的大小及振动频率等参数。

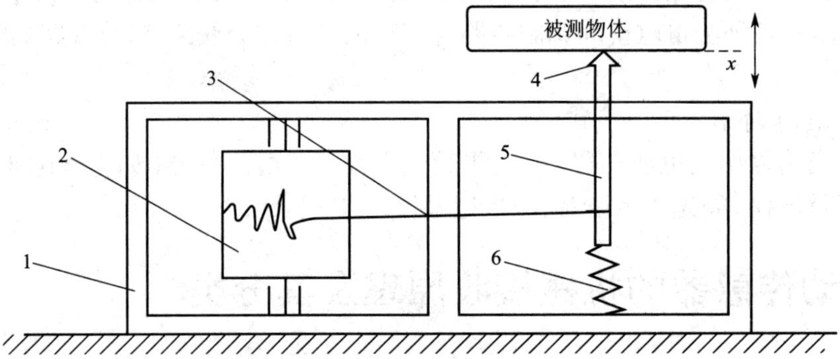

图 4-5　相对式传感器机械接收原理

1—外壳；2—记录纸带；3—记录笔杆；4—触头；5—触杆；6—弹簧

由此可知，相对式传感器机械接收部分所测得的结果是被测物体相对于参考体的相对振动，只有当参考体绝对不动时，才能测得被测物体的绝对振动。这样就产生一个问题，当需要测的是绝对振动，但又找不到不动的参考点时，这类仪器就无用武之地。例如，在行驶的内燃机车上测试内燃机车的振动，在地震时测量地面的振动及楼房的振动等，都不存在一个不动的参考点。在这种情况下，必须使用基于另一种测量方式的测振仪进行测量，如利用惯性式测振仪。

4.2.3 惯性式传感器的力学模型

(1)惯性式传感器的动力学分析

惯性式传感器是由“质量－弹簧”系统构成的。常用的磁电式传感器和压电加速度计都属于这一类传感器。

图 4-6 所示为磁电式传感器的结构。其中,线圈 3、芯轴 4 和阻尼环 6 组成了质量元件;弹簧片 2 和 7 将质量元件固定在壳体 8 上,组成一个单质量振动系统,壳体 8 被固定在被测物体上,当壳体随被测物体振动时,该质量－弹簧系统受强迫振动。

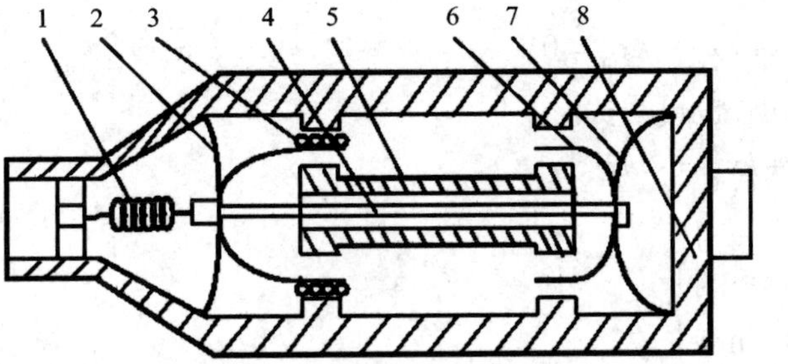

图 4-6 磁电式传感器结构

1—引出线;2、7—弹簧片;3—线圈;4—芯轴;5—磁钢;6—阻尼环;8—壳体

图 4-7 所示为加速度传感器的结构。在该传感器中,一块很硬的弹簧片 5 通过芯轴 4 将质量块 3 和压电陶瓷片 2 固定在基座(外壳)上,构成一个振动系统。

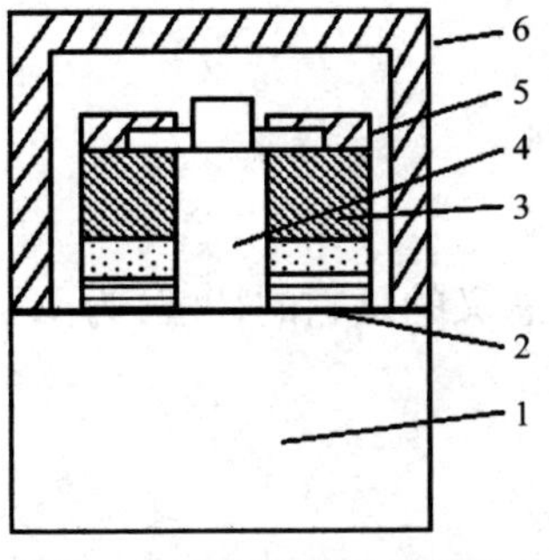

图 4-7 加速度传感器结构

1—基座;2—压电陶瓷片;3—质量块;4—芯轴;
5—弹簧片;6—外壳

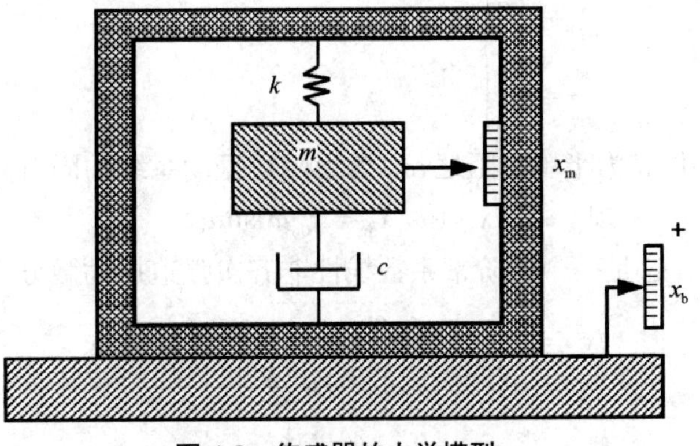

图 4-8 传感器的力学模型

由对以上两种传感器结构的简单介绍可知,实质上惯性式传感器是由一个单自由度振动系统构成的,它包含一个质量块 m、一组刚度为 k 的弹簧和阻尼 c。阻尼可以是材料内部的阻尼,或是人为设置的电磁阻尼、油阻尼。可把这种系统简化成如图 4-8 所示的力学模型。

为便于讨论,做如下简化。

1）这种传感器的结构只允许惯性块沿着 x 轴运动，即只涉及单一自由度的振动问题。假设传感器基座（即被测物体）的运动规律为

$$x_b = x_{0b}\sin\omega t \tag{4-22}$$

研究质量块 m 相对于基座的位移 x_m，因为传感器的输出信号和质量块 m 与基座之间的相对运动直接相关。

2）阻尼力与相对运动速度成正比。

3）与惯性质量块 m 相比，弹性元件的质量很小，一般不考虑弹性元件的惯性。

从该振动系统中惯性质量块 m 所受的惯性力、阻尼力、弹簧力的平衡关系，可以建立运动微分方程：

$$m(\ddot{x}_b + \ddot{x}_m) + c\dot{x}_m + kx_m = 0 \tag{4-23a}$$

将式（4-23a）移项，也可写为

$$m\ddot{x}_m + c\dot{x}_m + kx_m = -m\ddot{x}_b \tag{4-23b}$$

因为

$$\left.\begin{aligned} x_b &= x_{0b}\sin\omega t \\ \ddot{x}_b &= -x_{0b}\omega^2\sin\omega t \end{aligned}\right\} \tag{4-24}$$

式（4-23b）可以转化为

$$\ddot{x}_m + \frac{c}{m}\dot{x}_m + \frac{k}{m}x_m = x_{0b}\omega^2\sin\omega t \tag{4-25}$$

令

$$\left.\begin{aligned} \frac{c}{m} &= 2\mu \\ \frac{k}{m} &= \omega_n^2 \end{aligned}\right\} \tag{4-26}$$

式中：μ 为半单位阻尼；ω_n 为无阻尼振动系统的固有频率。则

$$\ddot{x}_m + 2\mu\dot{x}_m + \omega_n^2 x_m = x_{0b}\omega^2\sin\omega t \tag{4-27}$$

这是一个二阶常系数线性非齐次强迫振动微分方程，有意义的是它的特解，为

$$\begin{aligned} x_m &= \frac{x_{0b}\omega^2}{\sqrt{(\omega_n^2 - \omega^2)^2 + 4\mu^2\omega^2}}\sin(\omega t - \psi) \\ &= \frac{x_{0b}\left(\dfrac{\omega}{\omega_n}\right)^2}{\sqrt{\left[1 - \left(\dfrac{\omega}{\omega_n}\right)^2\right]^2 + 4\dfrac{\mu^2}{\omega_n^2}\left(\dfrac{\omega}{\omega_n}\right)^2}}\sin(\omega t - \psi) \end{aligned} \tag{4-28}$$

引入

$$\frac{\mu}{\omega_n} = \frac{c}{2m\omega_n} = \frac{c}{c_c} = \zeta \tag{4-29}$$

式中：ζ 为阻尼比；c_c 为临界阻尼系数。

可得

$$x_{m}=\frac{x_{0b}\left(\frac{\omega}{\omega_{n}}\right)^{2}}{\sqrt{\left[1-\left(\frac{\omega}{\omega_{n}}\right)^{2}\right]^{2}+4\zeta^{2}\left(\frac{\omega}{\omega_{n}}\right)^{2}}}\sin(\omega t-\psi) \tag{4-30}$$

其幅值为

$$x_{0m}=\frac{x_{0b}\left(\frac{\omega}{\omega_{n}}\right)^{2}}{\sqrt{\left[1-\left(\frac{\omega}{\omega_{n}}\right)^{2}\right]^{2}+4\zeta^{2}\left(\frac{\omega}{\omega_{n}}\right)^{2}}} \tag{4-31}$$

所以

$$\frac{x_{0m}}{x_{0b}}=\frac{\left(\frac{\omega}{\omega_{n}}\right)^{2}}{\sqrt{\left[1-\left(\frac{\omega}{\omega_{n}}\right)^{2}\right]^{2}+4\zeta^{2}\left(\frac{\omega}{\omega_{n}}\right)^{2}}} \tag{4-32}$$

x_{0m} 与 x_{0b} 之间的相位差为

$$\psi=\arctan\frac{2\zeta\frac{\omega}{\omega_{n}}}{1-\left(\frac{\omega}{\omega_{n}}\right)^{2}} \tag{4-33}$$

式(4-32)和式(4-33)表明传感器的质量块相对于基座的振幅 x_m 与传感器基座(即被测物体)的振幅 x_{0b} 之间的关系,不论是幅值比还是相位差的大小,都是被测振动频率与传感器惯性系统固有频率之比及传感器的阻尼比的函数。

(2)位移–速度传感器的接收原理

位移–速度传感器要求质量块与基座之间有明显的位移或相对速度。当传感器的外壳固定在被测物体上并随其振动时,只有质量块相对于惯性空间(绝对坐标)保持不动,也就是只有在质量块与外壳的相对位移 x_m 与外壳的绝对位移 x_b 的值相近时,才能正确地反映被测物体的运动规律。

由式(4-32)和式(4-33),以频率比 ω/ω_n 为横坐标,分别以振幅比 x_{0m}/x_{0b} 和相位差 ψ 为纵坐标,可得传感器的幅频特性和相频特性。图 4-9 和图 4-10 所示分别代表在不同阻尼比 ζ 下的幅频特性和相频特性。

从图可见,当频率比 $\omega/\omega_n \gg 1$,阻尼比 $\zeta \to 0$ 时, $x_{0m} \to x_{0b}$, $\psi \to \pi$,这时它们与频率比又变得几乎无关了。不难证明,在同样的前提下,传感器质量元件与基座的相对速度趋近于基座的振动速度,即 $\dot{x}_{0m} \to \dot{x}_{0b}$。

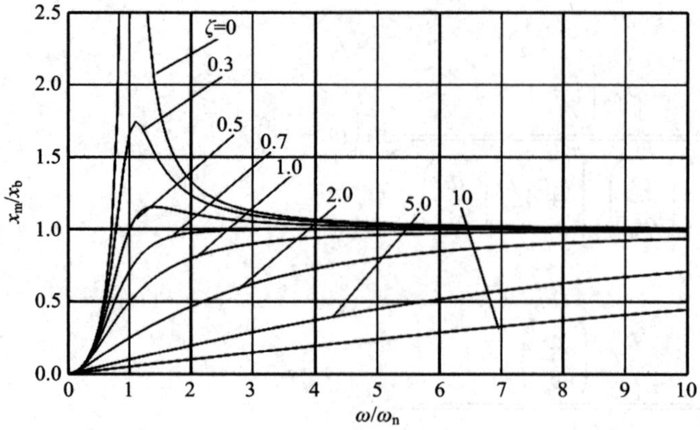

图 4-9　传感器的幅频特性

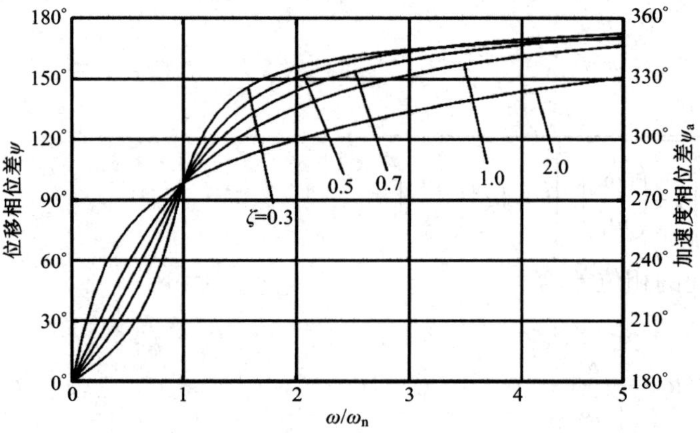

图 4-10　传感器的相频特性

$\omega/\omega_n \gg 1$ 即 $\omega \gg \omega_n$，如果用圆频率 $f(\omega = 2\pi f)$ 表示，也就是 $f \gg f_n$。这就是说，传感器如果是位移或者速度传感器，就要求被测的振动频率 f 应该显著地大于传感器的固有频率 f_n，即对于位移和速度传感器存在一个测量范围的频率下限 f_d 的问题。理论上讲，位移和速度传感器没有频率上限，但实际上由于这类传感器在高频时阻抗增加，而在其所能承受的加速度范围内，位移和速度却急剧减小，导致输出很小。一般来说，位移和速度传感器的使用频率不超过 1 000 Hz。

为了扩展传感器的使用范围，降低其频率下限 f_d，应该让传感器的固有频率 f_n 尽量低一些，主要是从采用软的弹簧片、降低传感器沿测试方向的悬挂刚度入手。目前，CD-1 型磁电式传感器的固有频率为 12 Hz ± 2 Hz，国外可做到 8 Hz。

配置适当的阻尼对于传感器也是十分重要的。阻尼比 ζ 主要从三个方面影响传感器的性能。

1）增加阻尼比 ζ 能迅速消除传感器弹性系统的自由振荡。这对于冲击和瞬态过程的测量尤为重要。

2）阻尼比 ζ 对幅频特性的影响如图 4-9 所示。选择适当的阻尼比 ζ 能使传感器在共振区的幅频特性曲线平直起来，使位移或者速度传感器的使用频率下限 f_d 更低一些，从而扩大传感器的测量范围，阻尼比以 $\zeta = 0.6\sim0.7$ 为宜。假设允许传感器的位置测量误差 $\Delta \leqslant 2\%$，相当于允许 x_{0m}/x_{0b} 在 0.98~1.02 范围内变动；若 $\zeta = 0.7$，传感器的频率下限可以扩展到 $1.68f_n$。

3）阻尼比 ζ 对相频特性的影响如图 4-10 所示。为增大阻尼比 ζ，相位差 ψ 将随被测物体的振动频率而变化。在测量简谐振动时，这种影响不明显；但在测量非简谐振动时，这种影响会造成较大的相位失真，使波形发生畸变。假设允许传感器的相位角测量误差为 10°，相当于允许相位差角 ψ 在 170°~180° 范围内变动；当 $\zeta = 0.6\sim0.7$ 时，传感器的频率下限只能扩展到（6.96~8.08）f_n。假如用 $f_d = 2f_n$，那么就会产生 40° 左右的相位角测量误差。

综上所述，阻尼比对缩短非稳态过程和改善幅频特性具有有利的影响，但对相频特性却有不利的影响。充分认识阻尼比对传感器性能的影响，将有助于根据测试工作的具体要求选择合适的传感器，并正确地使用。

（3）加速度传感器的接收原理

通常所用的加速传感器都通过感受其中惯性系统的惯性力实现测量，因为惯性力和质量块的加速度成正比。显然，如位移-速度传感器，要求质量块近似不动的方法不可能产生惯性力。与此相反，要使质量块像被测物体一样运动，它所产生的惯性力才能真实地反映被测物体的运动。下面讨论构成加速度传感器的条件。

传感器基座（即被测物体）的运动规律可先按简谐运动来讨论，其运动方程为

$$x_b = x_{0b}\sin\omega t \tag{4-34}$$

$$\ddot{x}_b = -x_{0b}\omega^2\sin\omega t = x_{0b}\omega^2\sin(\omega t + \pi) \tag{4-35}$$

加速度的幅值为

$$\ddot{x}_{0b} = x_{0b}\omega^2 \tag{4-36}$$

式（4-32）可写为

$$\frac{x_{0m}}{x_{0b}\left(\dfrac{\omega}{\omega_n}\right)^2} = \frac{1}{\sqrt{\left(1-\dfrac{\omega^2}{\omega_n^2}\right)^2 + 4\zeta^2\left(\dfrac{\omega}{\omega_n}\right)^2}} \tag{4-37}$$

可改写为

$$\frac{x_{0m}}{\ddot{x}_{0b}}\omega_n^2 = \frac{1}{\sqrt{\left(1-\dfrac{\omega^2}{\omega_n^2}\right)^2 + 4\zeta^2\left(\dfrac{\omega}{\omega_n}\right)^2}} \tag{4-38}$$

以 $\dfrac{x_{0m}}{\ddot{x}_{0b}}\omega_n^2$ 为纵坐标、$\dfrac{\omega}{\omega_n}$ 为横坐标，按式（4-38）绘制的曲线便是加速度传感器的幅频曲线，如图 4-11 所示。由图可见，当 $\omega/\omega_n \ll 1$，$\zeta < 1$ 时：

$$\frac{x_{0m}}{\ddot{x}_{0b}}\omega_n^2 \to 1 \tag{4-39}$$

即

$$x_{0m} \to \ddot{x}_{0b} / \omega_n^2 \tag{4-40}$$

此时，式（4-30）可写为

$$x_m = \frac{\ddot{x}_{0b}}{\omega_n^2} \sin(\omega t - \psi) \tag{4-41}$$

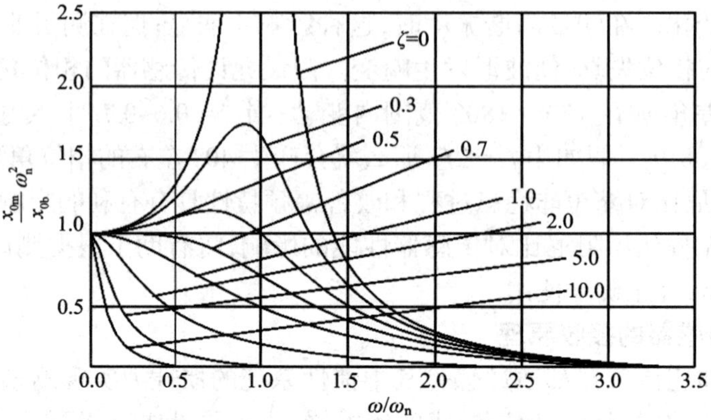

图 4-11　加速度传感器的幅频特性

这就是说，当 $\zeta < 1$ 时，惯性式传感器在 $f \ll f_n$ 的情况下，传感器质量块的相对振幅 x_{0m} 与被测物体的加速度成正比。因此，在加速度传感器中，都是采用很硬的弹簧来提高它的固有频率，以扩大使用的频率范围。通常在压电加速度传感器中用压板、芯轴作为弹簧。这时压电晶体片、芯轴和压板的组合件，在外力作用下产生弹性变形，它们的组合刚度就是弹性系统的刚度，这种组合刚度可以做得相当大。至于加速度传感器的质量块 m 在原则上应适当得小，但是为了保证质量块在运动中产生足够大的惯性力，并保证属于单自由度振动系统的弹簧系统的质量，质量块的质量应该显著地大于弹簧系统的质量。常用重金属材料制作加速度传感器的质量块。

从式（4-41）可看出，质量块的相对振幅是被测物体加速度幅值的 $1/\omega_n^2$，而在相位上相对振幅落后于被测物体加速度，相位差为

$$\psi_a = \psi + \pi \tag{4-42}$$

可见，ψ_a 与 ψ 之间只相差 π 相位角。加速度传感器的相频特性曲线与图 4-10 所示的位移-速度传感器的相频特性曲线形态一样，只是纵坐标值应该增加 180°。所以，只要在图 4-10 的右侧加相位差 ψ_a 的纵坐标轴，就可得到加速度传感器的相频特性曲线。与位移-速度传感器相似，阻尼比 ζ 也是从三个方面影响加速度传感器的性能。

1）增大阻尼比 ζ 能迅速衰减加速度传感器的自由振荡。

2）适当增加阻尼比 ζ，加速度传感器在共振区的幅频特性曲线也会平坦起来，这样就可以提高加速度传感器的使用频率上限，扩大加速度传感器使用的频率范围，其中以 ζ = 0.6~0.7 比较理想。假设允许加速度传感器的测量误差 $\Delta \leqslant 2\%$，相当于允许 $x_{0m}\omega_n^2 / \ddot{x}_{0b}$ 在 0.98~1.02 范围内变动。当 $\zeta = 0.6$ 时，加速度传感器的频率上限可以扩展到 $0.3f_n$；当 $\zeta = 0.7$ 时，可以扩展到 $0.47f_n$。

3)由图 4-10 可见,增大阻尼比 ζ,相位差 ψ_a 将随被测物体的振动频率而变化。在测量简谐振动时,这种影响并不大,但是在测量非简谐振动时,则会因相位失真而造成波形畸变。

4.2.4 振动传感器的分类

振动传感器将被测机械量变换为电量。由于传感器内部机电变换原理的不同,输出的电量也各不相同。有的振动传感器将机械量的变化变换为电动势或电荷的变化,有的则将机械振动量的变化变换为电阻或电感等电参量的变化。传感器的种类繁多,应用范围极其广泛。但是,在现代振动测量中所用的传感器,已不是传统概念上独立的机械测量装置,而仅是整个测量系统中的一个环节,且与后续的电子线路紧密相关。以电测法为例,其测试系统的示意框图如图 4-12 所示。

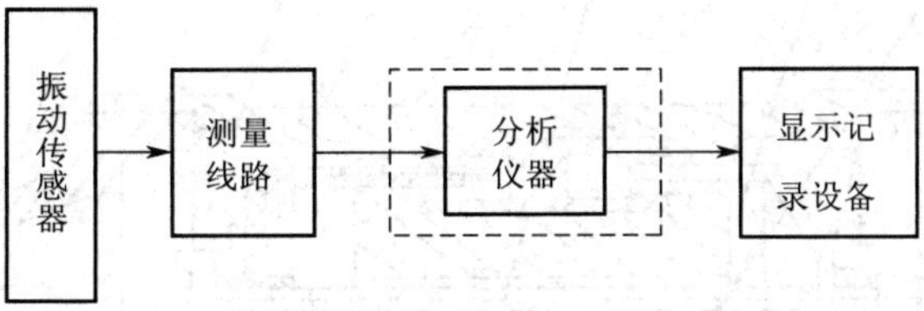

图 4-12 电测法测试系统的示意框图

一般来说,由传感器直接变换的电量并不能直接被后续的显示、记录或分析仪器所接收。因此,针对不同变换原理的传感器,必须附以专配的测量线路。测量线路的作用是将传感器的输出电量变换为后续显示或分析仪器能接收的一般电压信号。因此,振动传感器按其功能有以下几种分类方法,见表 4-1。

表 4-1 振动传感器的分类

按机械接收原理分	1)相对式:顶杆式,非接触式; 2)惯性式(绝对式)
按机电变换原理分	电动式(磁电式)、电感式、压电式、电容式、电涡流式、电阻式
按所测机械量分	位移传感器、应变传感器、速度传感器、扭振传感器、加速度传感器、扭矩传感器、力传感器

(1)磁电式传感器

磁电式传感器有多种形式,主要有动圈式和动铁式两种。在动圈式传感器中,可动线圈在磁回路的工作气隙中运动;在动铁式传感器中,线圈固定,而磁钢在其中运动。磁电式传感器的主要优点如下:

1)有较高的输出电压和低的输出阻抗,即能提供较大的测量功率和高的信噪比;

2)直接响应速度或位移的变化,可以避免在低频时积分线路误差较大的影响;

3)允许使用较长的连接电缆。

磁电式传感器也存在一些缺点,如它的适用频率范围还不够宽。目前,振动和冲击测量技术快速向高、低频两端发展,磁电式传感器还不适应上述要求,其测量频率的下限受传感器惯性系统固有频率的限制,而测量频率的上限受高频时输出减小等原因的限制。因此,磁电式传感器通常在 10~1 000 Hz 的频率范围内使用。磁电式传感器的振幅和加速度测量范围受到其结构的限制，一般在 1~1.5 mm 和 $5g$~$10g$ 以内。

图 4-13 所示为 CD-1 型磁电式速度传感器的结构。圆柱形的永久磁铁 2 用铝架 4 固定在圆筒形的外壳 6 内，借助于外壳的导磁性形成磁回路，在磁回路中有两个环形气隙。可动部分包括放在右边气隙中的工作线圈 7 和放在左边气隙中的阻尼环 3，二者用芯杆 5 连接在一起，由弹簧片 1 和 8 支承于外壳上。使用时，将传感器紧固在被测物体上，外壳即随其振动。如前所述，由于起支承作用的弹簧片足够软，当振动频率超过一定范围后，由线圈、阻尼环和芯杆组成的可动部分近似保持不动，它与外壳之间的相对运动使线圈在工作气隙中切割磁力线，使线圈中产生感应电势，感应电势由输出头 9 输出到测量电路。

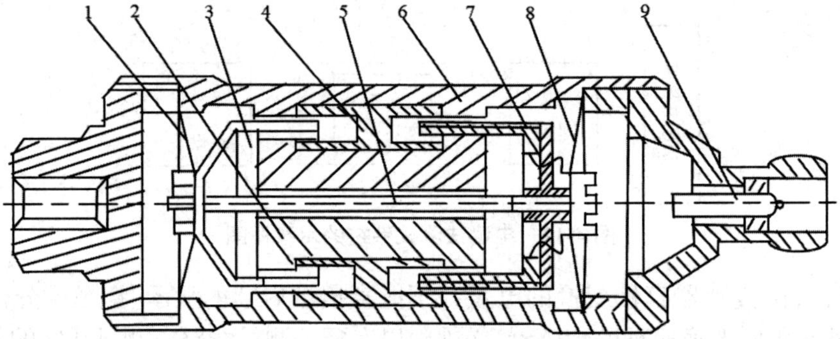

图 4-13　CD-1 型磁电式速度传感器结构

1、8—弹簧片；2—永久磁铁；3—阻尼环；4—铝架；5—芯杆；6—外壳；7—工作线圈；8—弹簧片；9—输出头

根据电磁感应定律，线圈中产生的感应电势正比于切割磁力线的线圈工作长度和穿过此线圈的磁通变化率；当磁通密度 B 为定值时，就与线圈切割磁力线的速度（也就是线圈与永久磁铁的相对运动速度）成正比。所以，CD-1 型磁电式速度传感器的输出电势与被测振动的速度成比例，是一种速度传感器。其输出开路电压为

$$e = Bl\frac{\mathrm{d}x}{\mathrm{d}t}\times 10^{-8} = Bl_{\mathrm{cp}}Wv\times 10^{-8}\ \ (\mathrm{V}) \tag{4-43}$$

式中：B 为磁通密度（T）；l 为线圈导线总长度（cm）；l_{cp} 为线圈每匝平均长度（cm）；W 为气隙中的线圈匝数；v 为线圈相对永久磁铁的线速度（cm/s），$v = \mathrm{d}x/\mathrm{d}t$。

阻尼环是一个紫铜材料的短路环，其在磁场中运动。在工作时，该环在磁场中不断切割磁力线而感应电流，而感应电流又随阻尼环在磁场中运动，由此产生与可动部分运动方向相反的阻尼力。此力的大小也同可动部分的相对速度成正比，在该振动系统中形成线性阻尼项。

（2）电涡流传感器

电涡流传感器是一种相对式非接触式传感器，它通过测量传感器端部与被测物体之间的距离变化，得到物体的振动位移或幅值。电涡流传感器具有频率范围宽（0~10 kHz）、线性工作范围大、灵敏度高、结构简单、非接触式测量等优点，主要应用于测量静位移、振动位移以及监测旋转机械中转轴的振动。

电涡流传感器的工作原理如图 4-14 所示。当通有交变电流 i 的线圈靠近导体表面时，由于交变磁场的作用，在导体表面层就产生感应电动势，并产生闭合环流 i_e，称为电涡流。电涡流传感器中有一个线圈，当这个线圈通以高频激励电流 i 时，其周围就产生一高频交变磁场，磁通量为 φ_i。当被测导体靠近该传感器线圈时，由于受到高频交变磁场的作用，在其表面产生电涡流 i_e，这个电涡流产生的磁通 φ_e。又穿过原来的线圈，根据电磁感应定律，它总是抵抗主磁场的变化。因此，传感器线圈与涡流相当于存在互感的两个线圈。互感的大小与原线圈和导体表面的间隙 d 有关，其等效电路如图 4-15（a）所示，其中 R、L 为原线圈的电阻和自感，R_e、L_e 为电涡流回路的等效电阻与自感，M 为互感系数。这一等效电路又可进一步简化为图 4-15（b）所示的电路，并且可以证明当电流的频率很高时，即 $R_e \ll \omega_L$ 时，图中的 L'、R' 近似为

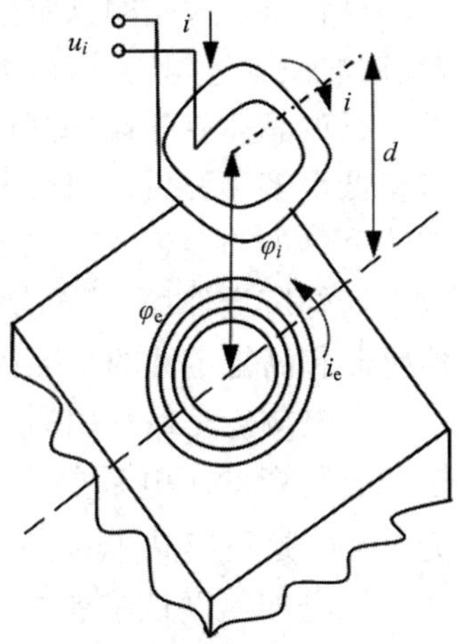

图 4-14　电涡流传感器的工作原理

$$R' = R + \frac{L}{L_e} K^2 R_e \quad L' = L\left(1 + K^2\right) \tag{4-44}$$

式中：K 为耦合系数，$K = \sqrt{LL_e}$。

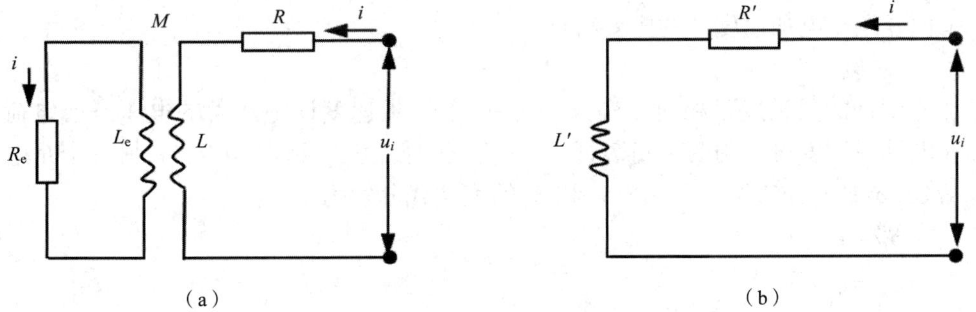

图 4-15　电涡流传感器的等效电路

（a）等效电路　（b）简化电路

耦合系数 K 决定于原线圈与导体表面的距离 d，即 $K = K(d)$。当 $d \to +\infty$ 时，$K(d) = 0$，$L' = L$，这样间隙 d 的变化就转换为 L' 的变化；然后通过测量线路，将 L' 的变化转换为电压 u_i 的变化。因此，只要测定 u_i 的变化，也就间接地求出了间隙 d 的变化。

（3）压电式加速度传感器

压电式加速度传感器（又称压电加速度计）是基于某些物质的压电效应制成的惯性式传感器。当压电加速度计振动时，质量块施加于压电元件的力不断变化。如前所述，当所测振动频率 f 远低于加速度计的固有频率 f_n 时，这个力的变化与所测的振动加速度成正比。由于压电效应，在压电元件中便产生一个与所测加速度成正比的电荷。

压电效应是指某些介电物质在沿一定方向受外力作用产生变形时，其表面产生电荷，当外力去掉后又重新回到不带电的状态，这种现象又称为顺压电效应。这些物质在电场作用

下产生变形的现象称为逆压电效应。测振传感器应用的是顺压电效应。

具有压电效应的物质很多，如石英晶体、酒石酸钾钠晶体以及人工合成的多晶体压电陶瓷、钛酸钡压电陶瓷、锆钛酸铅压电陶瓷、铌镁酸铅压电陶瓷等。

石英晶体有很高的强度和稳定性，开始时曾被广泛采用。但由于它的压电系数比其他材料低得多，后来被其他压电材料所代替。近年来，在冲击测量中，研究人员发现压电陶瓷加速度计的重复零点漂移达 20%，而石英晶体加速度计则无明显零漂，以及高增益的电荷放大器的广泛使用，石英晶体又开始被大量采用。它主要用来制造用于测量很高加速度的传感器和高稳定性的标准传感器。

压电陶瓷是最常用的压电材料，它有较高的压电系数。常用的钛酸钡压电陶瓷、锆钛酸铅压电陶瓷的压电系数约为 1.2×10^{-9} C/kg，相当于石英晶体的 50~60 倍，其介电系数大约为 1 200，是石英晶体的 250 倍，但是它们的强度、稳定性和使用温度都比石英晶体差。

压电加速度计主要由三部分组成，即压电元件、惯性质量块和附加元件（包括基座、外壳等）。压电加速度计的结构形式很多，常用的有中心镶嵌压缩型、倒置中心镶嵌压缩型和三角应剪型等。

在中心镶嵌压缩型和倒置中心镶嵌压缩型压电加速度计中，弹簧与外壳无联系，外壳仅起屏蔽保护作用，可消除瞬变温度对灵敏度的影响。倒置中心镶嵌压缩型压电加速度计进一步解决了由于基座应变产生的灵敏度变化问题。三角应剪型压电加速度计的灵敏度高、受外界影响小，但是能使用的频率上限较低。

下面介绍压电加速度计的主要特性。

Ⅰ. 灵敏度

加速度计的灵敏度是相对于在某一加速度下，加速度计中产生的电压量或电荷量。压电加速度计灵敏度可以用两个量表征，一是电压灵敏度 S_V（mV/(m/s²)），另一个是电荷灵敏度 S_q（pC/(m/s²)），pC 为皮库仑。S_V 和 S_q 的表达式分别为

$$S_V = e_a / a \tag{4-45}$$

$$S_q = q_a / a \tag{4-46}$$

式中：e_a 为加速度计的开路输出电压（mV）；q_a 为加速度计所产生的电荷（pC）；a 为加速度计所受到的加速度（m/s²）。

为了说明这个问题，就压电加速度计的电学特性画出等效电路，如图 4-16 所示。在加速度计使用的频率范围内，可以把加速度计看成一个具有高内电容的发电机，即电荷对压电元件所形成的电容 C_a 进行充电。若外电路负载为无限大，则 a、b 两点间的电压为

$$e_a = \frac{q_a}{C_a} \tag{4-47}$$

图 4-16 所示压电加速度计的两个等效电路是等效的，其中 C_a 是压电加速度计的内电容（pF）。对于一个特定的压电加速度计来说，C_a 为一确定的值。因此，开路输出电压为

$$e_a = \frac{S_q}{C_a} a \tag{4-48}$$

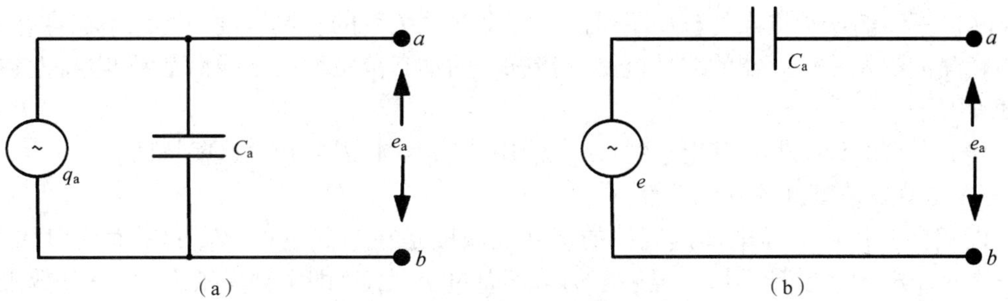

图 4-16　压电加速度计的等效电路

（a）电荷等效电路　（b）压电等效电路

由式（4-45）和式（4-48）可得

$$S_V = S_q / C_a \tag{4-49}$$

以上的讨论针对的是开路情况，即压电加速度计外接负载为无限大的情况。在实际使用中，压电加速度计的输出是由电路总电容负载决定的。这个总电容为压电加速度计的内电容、电缆电容、前置放大器的输入电容之和。这时，加速度计的输出也不再是开路电压 e_a，而是小于 e_a 的某一数值。

Ⅱ. 压电加速度计的频率响应特性

传感器的频率响应特性简称频响特性，是传感器在不同频率下灵敏度的变化特性。常以对数刻度的频率值作为横坐标，纵坐标可以为用分贝表示的相对电压灵敏度，也可以为灵敏度。对于压电加速度计来说，用分贝表示的相对电压灵敏度的基准是 50 mV/g。图 4-17 所示为一个典型的压电加速度计的频响曲线。

从图 4-17 可见，当压电加速度计在上限频率 $f_u \leqslant 0.3 f_n$ 使用时，有很平坦的频率特性，提高 f_n 将增加使用的频率范围。通常随着压电加速度计尺寸的减小，其谐振频率 f_n 增大，但灵敏度降低。目前，国产压电加速度计的固有谐振频率为 10~50 kHz 的量级。

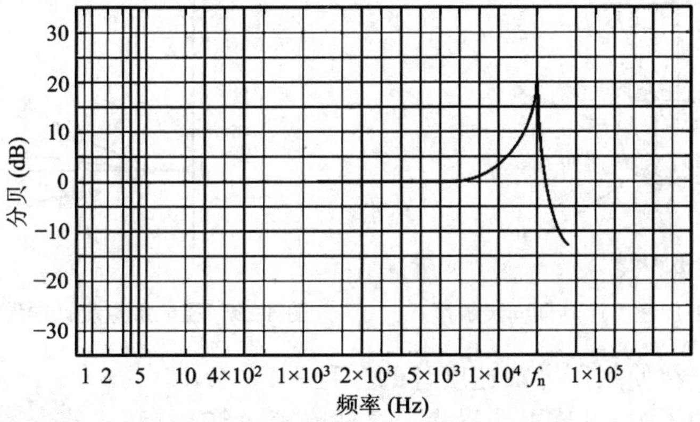

图 4-17　压电加速度计的典型频响曲线

压电加速度计可使用的频率下限 f_d 主要决定于所接入的放大器的低频特性。

Ⅲ. 线性与动态范围

任何传感器总是希望它有尽可能宽的动态范围，即不仅对极微弱的振动敏感，也能承受强烈的过载，并且在不同的振动输入下灵敏度变化甚微。理想的传感器灵敏度是一个常数，但实际传感器的振动输入与输出不可能是完全线性关系的。灵敏度的变化率在容许限度以内的量程范围就是传感器的线性范围。传感器的动态范围取决于线性范围、电特性、结构与强度等因素。

其他类型的传感器也有上述特性，在使用传感器前，需要知道这些特性。

Ⅳ. 压电加速度计的其他特性

1）横向灵敏度。压电加速度计的横向灵敏度是在与其主轴垂直的平面内对加速度的灵敏度。压电加速度计的横向灵敏度通常用基准灵敏度（即主轴灵敏度）的百分数来表示，如图 4-18 所示。

压电加速度计的横向灵敏度越小越好。对于一个优质的压电加速度计来说，其最大横向灵敏度在低频范围内应小于主轴灵敏度的 3%。

横向灵敏度受压电材料加工时的内应力影响，主要影响因素包括压电材料各部分的压电系数不均匀，各零件加工精度不够高，压电材料安装平面不平行、不垂直或不对称，以及测试过程中加速度计安装不正确等。

2）温度效应和时间稳定性。当使用温度变化时，压电加速度计的灵敏度将改变。在所有压电材料中，石英晶体的温度系数最小、最稳定。用人工压电陶瓷制造的压电加速度计的典型温度 – 灵敏度变化曲线如图 4-19 所示。由图可见，随着温度升高，加速度计的电压灵敏度降低。如果在生产过程中，压电陶瓷已经经过适当的温度循环、人工老化处理，即当温度再回到正常状态时，灵敏度也回到正常值。然而，超过一定的温度后，压电材料将失去压电效应，加速度计就损坏了。必须在高温下使用压电加速度计时，可以采用各种冷却方式来冷却它。压电加速度计的时间稳定性是指它的电压灵敏度随时间的变化率。质量好的压电加速度计可以保证电压灵敏度的年变化率小于 2%。

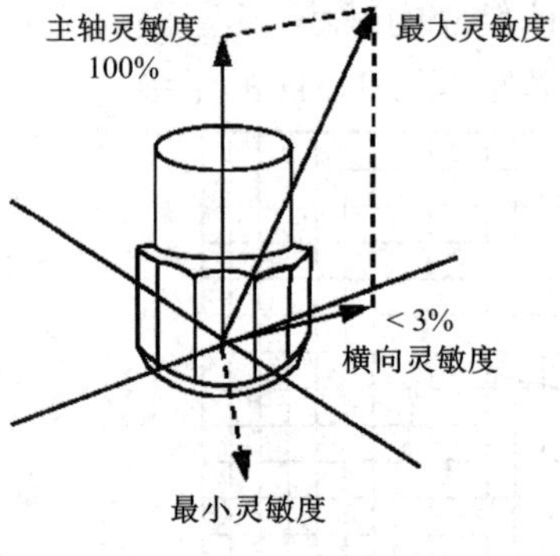

图 4-18　压电加速度计的横向灵敏度

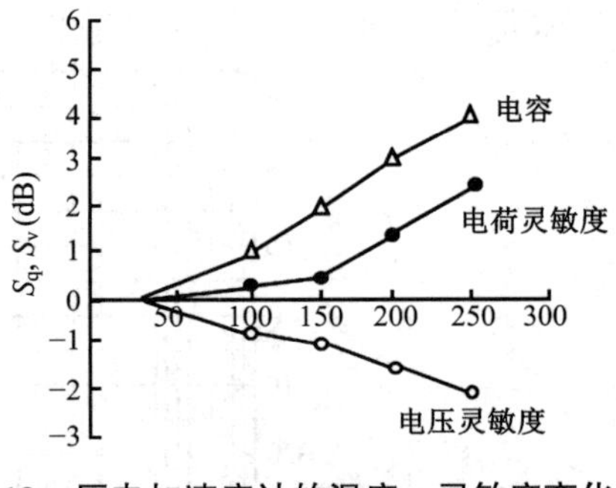

图 4-19　压电加速度计的温度 – 灵敏度变化曲线

3）电缆效应。在使用压电加速度计的过程中，常会出现由于电缆产生的误差，也称电缆噪声。这些噪声可能是由于不正确接地形成接地回路，感应产生的电噪声；也可能是连接加速度计和放大器的同轴电缆（图 4-20）在测量中因受到振动，在屏蔽层和绝缘层之间摩擦生电而感生的电压引起的。对于质量不佳的电缆，其电缆效应甚至可达 30 mV/g。

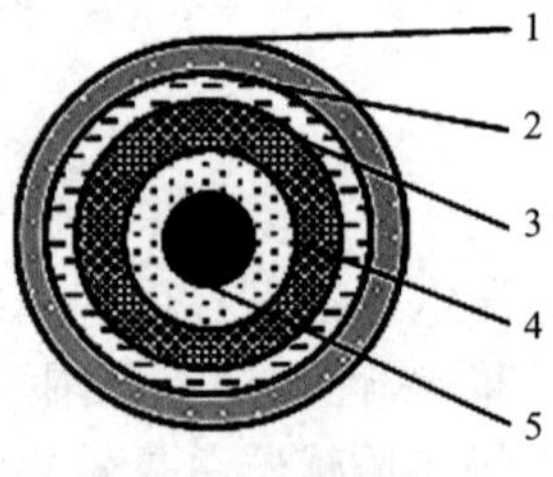

图 4-20　加速度计专用电缆剖面

1—外皮；2—屏蔽层；3—石墨层；4—绝缘层；5—芯线

消除电缆噪声对于高阻抗的压电传感器是十分重要的。除要正确安装传感器和连接电缆,尽可能减少电缆的曲折并使用电缆固定外,一定要使用专用电缆。国产的专用加速度计专用电缆有 STYV-II 低噪声电缆和 SYV-50-I 聚乙烯同轴射频电缆。

4)低频限制。压电加速度计的工作原理是压电效应。压电效应是一种静电现象,产生的电荷量很少。这些静电荷不可避免地要通过压电元件的表面电阻、体积电阻、电缆的绝缘电阻以及放大器的输入电阻等途径泄漏掉。因此,压电加速度计不宜采用静载荷标定,也不适于测量恒定加速度的单向运动以及极低的缓慢变化过程。

5)噪声输出。在大多数情况下,压电加速度计都有噪声输出,特别是放在结构薄弱的地方。这个问题在动力装置振动测量中应予重视,要注意合理地选择测点。

Ⅴ. 压电加速度计的安装

压电加速度计的安装方法有多种,如钢螺栓、绝缘螺栓、云母垫片、永久磁铁、胶黏剂、蜡以及手持探杆等。钢螺栓安装,在测量高频振动和冲击时是比较可靠的。若在加速度计与被测结构之间涂一层硅脂,可以改善冲击、振动测量的高频响应。用螺栓安装时,应注意不要让螺栓完全拧满加速度计的螺孔,避免拧紧操作引起加速度计基座产生变形,从而影响灵敏度。对于需要严格控制接地回路噪声的场合,应使用绝缘螺栓和云母垫片。对于所测加速度不超过 50g、温度不超过 150 ℃的场合,永久磁铁固定是很方便的,而且有较满意的测量结果。用胶黏剂固定时,一般振动频率不能超过 5 kHz;用手持探杆时,可用于对 1 kHz 以下振动进行近似测量。可见,准确的测量与正确地选用安装方式也是密切相关的。

(4)应变式加速度计

应变式加速度计也属于惯性式传感器。它的惯性系统是由一端刚性固定于传感器基座,另一端固定一质量块,按等强度观点设计的应变梁组成的,如图 4-21 所示。

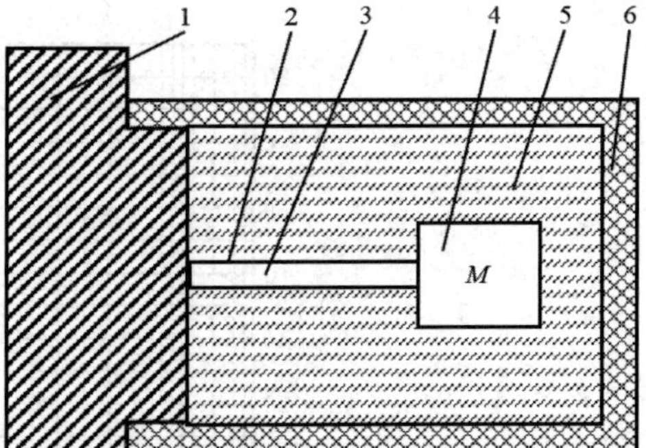

图 4-21　应变式加速度计

1—基座;2—应变片;3—等强度梁;4—质量块;5—硅油;6—外壳

等强度梁 3 上贴有应变片,可以使整个系统置于充满硅油 5 的外壳 6 内,通过调节硅油的黏度等措施使传感器具有合适的阻尼。传感器通过基座 1 固定在被测物体上,一定要使所测振动方向与等强度梁的平面相垂直。例如,要测量垂直方向的振动,就必须使等强度梁处于水平位置。当所测振动频率远低于传感器惯性系统的固有频率时,质量块 4 产生正比于振动加速度的惯性力 P。该力使等强度梁产生正比于振动加速度的应变,再用适当的仪器测量出该应变量。质量块是由高密度合金制成。等强度梁的自重相对于质量块很小,可以忽略不计。应变片 2 以全桥或半桥方式粘贴在等强度梁的上、下两面。应变片把等强度梁上产生的正比于振动加速度的应变转换成电压或电流信号输出。

常用的应变片有金属丝式、箔式,也有半导体应变片。金属丝式和箔式应变片是工程中最常用的应变片。半导体应变片是基于半导体材料压阻效应的敏感元件。半导体应变片的主要优点包括:

1）灵敏系数大，一般比金属丝式和箔式应变片的灵敏系数大 50~100 倍，由于灵敏系数大，其甚至不用应变仪，仅需恒压直流电源供电，即可直接接入表头或记录器读数；

2）电阻值范围大，一般为 60~1 000 Ω；

3）横向效应和机械滞后小。

半导体应变片的主要缺点包括：

1）阻值和灵敏系数的温度稳定性较差；

2）当测量较大应变时，非线性较严重；

3）阻值和灵敏系数的分散度大，使用前要仔细挑选。

由式（4-39）可见，当 $\omega/\omega_n \ll 1, \zeta = c/c_c < 1$ 时，有

$$x_{0m}\omega_n^2 / \ddot{x}_{0b} \approx 1 \tag{4-50}$$

亦即

$$x_{0m} \approx \ddot{x}_{0b} / \omega_n^2 \tag{4-51}$$

可见，提高惯性式传感器的固有频率 ω_n 将导致传感器中质量块 m 相对于基座的位移 x_{0m} 迅速减小，这意味着梁的应变量将减小，传感器的灵敏度也就降低。在设计或选用传感器时，必须兼顾这两个方面。

为了扩展传感器的工作频率范围，选择阻尼比 $\zeta \approx 0.7$ 可有很好的效果。

应变式加速度计的典型频响曲线如图 4-22 所示。可见，它有较好的低频响应，可以从直流信号开始测量。它可以用静态的 90° 翻转法标定，也可以用于测量恒定加速度之类的单向运动。

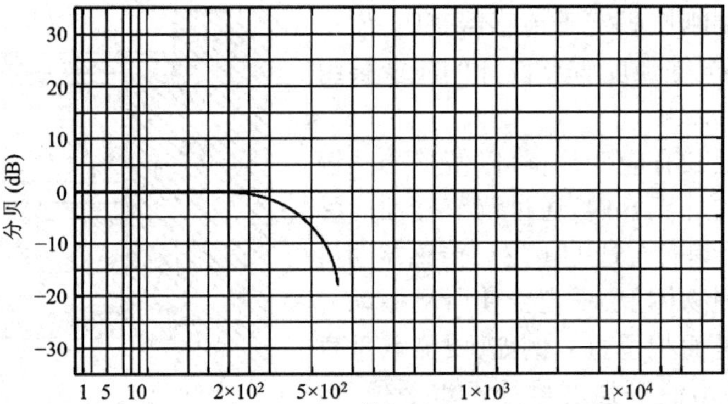

图 4-22　应变式加速度计的频响曲线

4.2.5　扭振测量仪

扭振测量仪分为机械式和电测式两类。电测式扭振测量仪根据扭振引起变化的电参数分为电感式、电容式或电阻式。扭振测量还可以采用应变测量，即在被测物体的轴端上贴电阻应变片，并通过应变仪测得轴端扭振应力。

下面介绍几种常用扭振测量仪的基本原理。

（1）盖格尔扭振仪

盖格尔扭振仪属于机械式测振仪，其优点是性能稳定、可靠且比较准确，尤其适用于测量低、中速内燃机的扭振。对于高速内燃机，可用高速盖格尔扭振仪或电测式测振仪测量其扭振。

图 4-23 所示为盖格尔扭振仪的原理图。其中，质量很轻的铝质量块固结在中心轴的皮带轮 1 上，它通过中心轴及柔度很大的卷弹簧 2 与惯性轮 3 连接。测量时，用伸缩性很小的棉麻织布带作为传动带，将所要测的轴段与皮带轮相连，当轴系回转时，就把轴的回转和扭振都如实地传给皮带轮。由于皮带轮的惯量很小，因而不仅能随轴转动，还能随之一起扭振。而惯性轮的惯性很大且又用卷弹簧与皮带轮相连，因此皮带轮的扭振基本上不能传给惯性轮，惯性轮只随轴系等速回转。于是，皮带轮和惯性轮之间就产生了相对运动，这种相对运动就是轴上被测点的扭振。装于皮带轮和惯性轮之间的一对直角形杠杆将不断地往复运动，记录笔就在移动的记录纸上记录下通过杠杆系统放大的振动波形。

为了能根据记录纸带上记录的扭振波形，计算出系统的扭振频率，扭振仪还带有两个信号装置。在测振时，它们同时在记录纸上分别画出正时信号和时间信号曲线，如图 4-24 所示。图 4-24（a）为所测得的扭振波形。图 4-24（b）是时间信号曲线，这是一个有阻尼自由振动波形，具有固定的振动频率。盖格尔扭振仪的时间信号为每分钟振 3 000 次，若附加一个标准质量块后，可改成每分钟振 1 500 次。它是每当皮带轮转过 10 圈就接通一次，激起自由振动。图 4-24（c）为正时信号曲线，每一个信号的长度 L 表示发动机转一周（二冲程机）或转两周（四冲程机）时记录纸带走过的长度。

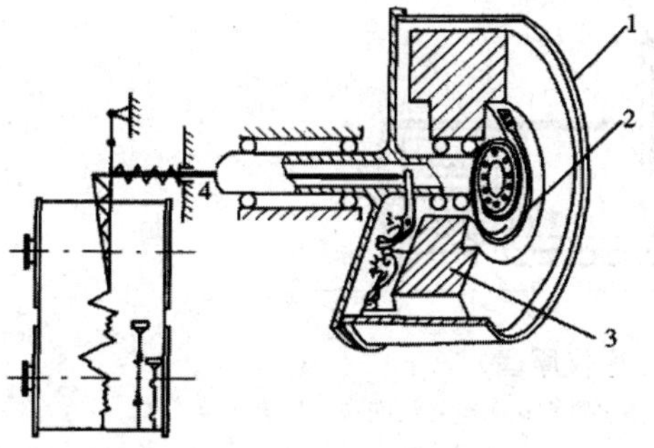

图 4-23　盖格尔扭振仪的原理示意

1—皮带轮；2—卷弹簧；3—惯性轮；4—顶杆

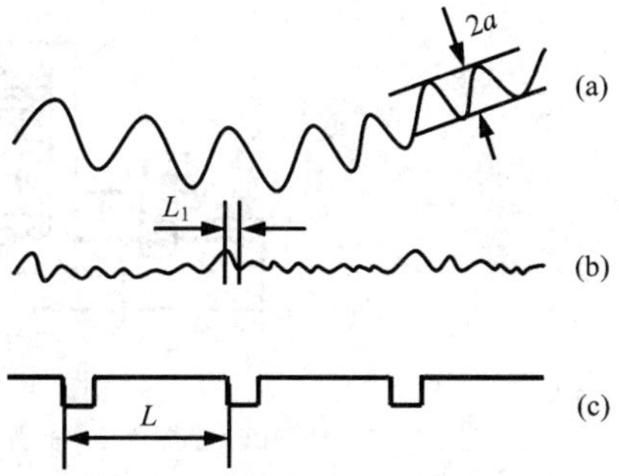

图 4-24　扭振测试纸带记录图

（a）扭振波形　（b）时间信号曲线　（c）正时信号曲线

量出纸带上 L 及 L_1 的长度，就可以求出此时发动机的转速，其计算公式为

$$n = \frac{ZL_1}{L} N_B \quad (\text{r/min}) \tag{4-52}$$

式中：N_B 为时间振子的振动频率，即 3 000 次/分或 1 500 次/分；Z 为纸带上长度 L 的曲线内，曲轴转过的转数，四冲程机的 Z=2，二冲程机的 Z=1。

将扭振波形与正时信号相比，数出曲轴每转一周扭振的波数，即谐次 ν 值，由此可求得轴系的振动频率为

$$N = \nu n \quad (\text{次/分}) \tag{4-53}$$

为了保证由式(4-52)算出的转速准确,在测量前应对扭振仪的时间振子进行校准。还可以用其他仪器(如转速仪等)直接测量发动机的转速并记录在纸带上,以便与时间信号算出的转速相校核。

从纸带上量出所测波形的总高度 $2a$(图 4-24),进而算出振幅值,其计算公式为

$$A=\pm\frac{2a}{mD}\ \text{(rad)} \tag{4-54}$$

式中:m 为测量时画笔所用的放大比例,一般 m 值有 3、6、12 三种,调节杠杆系统可以得到不同的放大倍数;D 为所测轴段直径。

根据计算结果,盖格尔扭振仪用皮带传动且能实现比较准确(误差< 20%)测量时的扭振频率范围为 150(次/分)< N <2 000(次/分)。频率更高时,虽能测得扭振频率,但振幅误差将超过 20%,丧失其准确性。所以,在一般使用中,用其测量的扭振频率最大值 N_{max} < 10 000(次/分)。

(2)电感式扭振仪

电感式扭振仪的原理如图 4-25 所示,其作用原理与机械式扭振仪基本相同。转轴 1 随被测轴系转动,通过摩擦块 2 和软弹簧 3,使惯性块 4 及磁钢 5 按平均角速度转动。当轴系扭振时,固定在转动轴上的电磁线圈 6 与磁钢 5 之间产生相对运动,使磁场的磁力线不断被切割,产生相应的电感变化,通过集流环 7 将其变化规律由导线输出,再经积分放大器,在示波器上显示、记录,或直接由谐波分析仪分析。

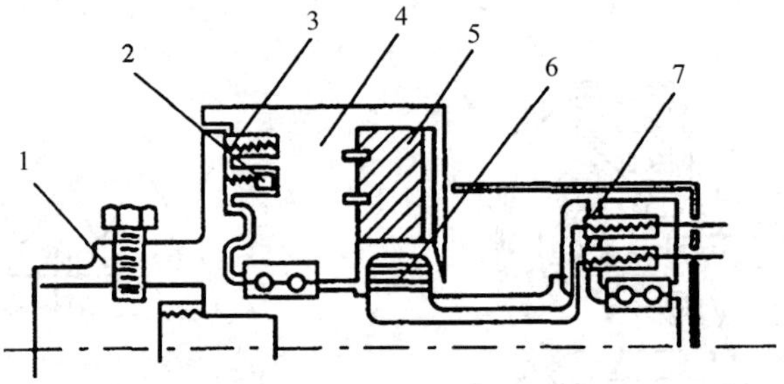

图 4-25　电感式扭振仪原理

1—转轴;2—摩擦块;3—软弹簧;4—惯性块;5—磁钢;6—电磁线圈;7—集流环

(3)非接触式扭振仪

非接触式扭振仪的原理如图 4-26 所示。测试时,在被测内燃机的自由端安装一个齿距均匀的齿轮,齿数一般为 60、120 或 240。用刚性好的支架将磁电式传感器固定在被测内燃机的机体上,将传感器与齿轮间的间隙调整为 1 mm 左右。非接触式扭振仪基于磁电脉冲原理,工作时,齿轮随轴转动,磁电式传感器感应到的脉冲信号通过放大、整形,推动单稳电路工作;当轴匀速转动而无扭振时,脉冲重复频率不变;而轴存在扭振时,发出的单稳脉冲信号的重复频率相应变化,经过低通滤波转换成相应的电压变化波形,再通过电容滤去直流成分,积分后就得到相应于扭振角位移变化的电压波形。

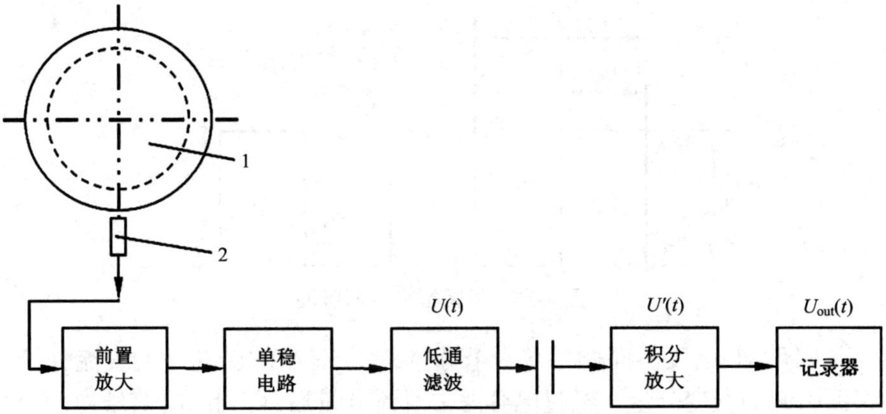

图 4-26　非接触式扭振仪原理

1—齿轮；2—磁电式传感器

若齿轮的齿数为 Z，当轴系的平均转速为 n 时，磁电式传感器感应出的脉冲波重复频率为

$$f_1=\frac{Zn}{60} \tag{4-55}$$

设扭振角位移为

$$\phi=A\sin(\omega t-\psi) \tag{4-56}$$

则角速度为

$$\dot{\phi}=A\omega\cos(\omega t-\psi) \tag{4-57}$$

于是由扭振引起的转速变化为

$$\Delta n=\frac{\dot{\phi}}{2\pi}=\frac{A\omega}{2\pi}\cos(\omega t-\psi) \tag{4-58}$$

因此，当转轴扭振时，磁电式传感器上产生的脉冲重复频率为

$$f=\frac{Z(n+\Delta n)}{60}=\frac{Zn}{60}+\frac{Z\Delta n}{60}=f_1+f_2 \tag{4-59}$$

式中：f_1 为平均转速下频率恒定分量；f_2 为扭振引起的频率变化分量。

脉冲波推动单稳电路工作后，输出恒幅、恒宽的矩形脉冲，如图 4-27 所示。脉冲重复频率仍为 f，再通过低通滤波，把矩形脉冲波平均，其平均电压值为

$$U(t)=\frac{t_0}{T}E_0 \tag{4-60}$$

式中：t_0 为矩形脉冲持续时间；T 为矩形脉冲周期，$T=1/f$；E_0 为矩形脉冲峰值。

于是，式（4-60）可写成

$$\begin{aligned}U(t)&=ft_0E_0=(f_1+f_2)t_0E_0\\&=\frac{Znt_0E_0}{60}+\frac{Z\Delta nt_0E_0}{60}\\&=\frac{Znt_0E_0}{60}+\frac{Zt_0E_0}{60}\left[\frac{A\omega}{2\pi}\cos(\omega t-\psi)\right]\end{aligned} \tag{4-61}$$

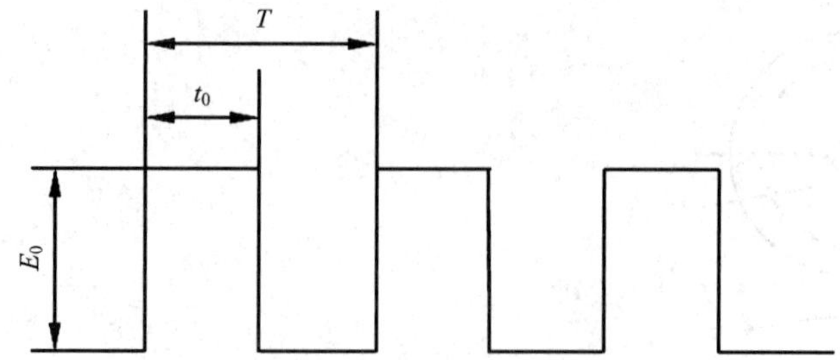

图 4-27　横幅恒宽矩形脉冲

从式(4-61)可知,电压值同样存在两个分量,一个是平均转速下的直流分量,另一个是由于转轴扭振引起的交变分量。经过电容滤去直流分量后,得到的电信号为

$$U'(t)=\frac{Zt_0E_0}{60}\left[\frac{A\omega}{2\pi}\cos(\omega t-\psi)\right]=U_0'\left[\frac{A\omega}{2\pi}\cos(\omega t-\psi)\right] \tag{4-62}$$

通过积分放大器,把信号 $U'(t)$积分并放大后,其输出电压为

$$U_{\text{out}}(t)=U_0\sin(\omega t-\psi) \tag{4-63}$$

可见,输出电压正好反映了扭振情况。实际的扭振波通常为由若干简谐波叠加的复谐波,同样输出电压也是复谐波。

应当指出,设计时必须使 $t_0<T$,否则单稳电路不能正常工作,无法正确反映扭振波形的成分。

非接触式扭振仪的标定可在动态扭振校验台上进行。校验台通过接在轴端法兰上的齿轮向仪器输出一个已知的正弦扭转角度,在仪器输出端测量出相应的电压值,由此得出扭转角与输出电压之间的关系曲线。

4.3　信号采集及处理

4.3.1　信号采集系统

(1)振动测量系统的组成

由于测试技术的发展,对机组进行振动测量的方法和仪器种类繁多。按工作原理,测量方法可分为机械方法、电测方法、光学方法等。机械方法常用于振动频率低、振幅大、精度不高的场合。光学方法主要用于精密测量和振动传感器的标定。电测方法应用最广泛。按振动测量所取的参考坐标,振动测量仪器(简称测振仪器)可分为绝对式和相对式。绝对式仪器测定的是振动体相对于大地或惯性空间坐标系统之间的振动,而相对式仪器测定的是振动体与某一参考坐标物体之间的振动。按测定方式,测振仪器可分为接触式和非接触式。按测定的振动参数,测振仪器可分为测量振动体振动位移、速度、加速度、频率或其他参数等类型。由于测量的功能不同,测振仪器的结构千差万别。但从测量的原理分析,一个完整的振动测量系统都是由图 4-28 所示的 4 个基本部分组成的。下面以电气式测振仪器为例,做简单说明。

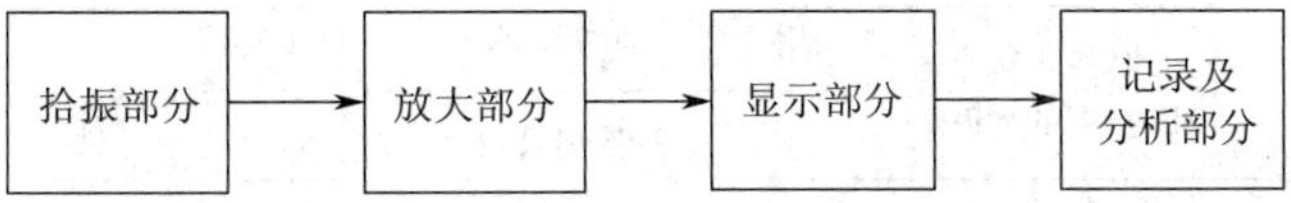

图 4-28　振动测量系统的组成

拾振部分亦称拾振器或测振传感器，作用是正确地感受被测对象的振动，并把所感受到的振动量不失真地转换成电信号输出。为便于使用，在结构上将测振部分制造成一个单独的部件，通过电缆与后续部分相连。测振部分的形式和性能往往决定着整台仪器的工作原理和性能。由于测振部分输出的信号一般很弱，需要通过放大才能驱动显示部分，进而显示出所测振动量的大小。根据所测参数及仪器的功能，放大部分还具有积分、微分及滤波等功能。记录及分析部分对振动信号利用光学的或电磁的原理进行记录，并进行频率分析、随机振动数据处理等，该部分一般都是独立的仪器，可以根据需要组合成振动测量系统。

按照各个组成部分的相互关系，通常把是拾振部分（如测振传感器）称为一次仪表，把放大部分、显示部分称为二次仪表，把记录及分析部分称为三次仪表。

（2）测振仪器的主要技术性能

从正确选择和使用仪器的要求出发，应该掌握的测振仪器主要技术性能如下。

1）灵敏度，指仪器输出量与被测振动量的比值，反映仪器的灵敏程度。

2）测量范围（或称动态线性范围），指在保持输入信号和输出信号线性关系时，输入信号幅值的容许变化范围。

3）频率范围（或称幅频特性），指灵敏度变化不超过允许值时，可使用的频率范围。当仪器在允许的频率范围以外使用时，测量结果将有较大的误差，称为频率失真。这项误差按频响特征曲线进行校正。

4）相位差（或称相频特性），指在使用频率范围内，输出信号相位角与输入信号相位角的差随频率变化而改变。

5）重量，指传感器质量产生的重量。当测振传感器固定在被测对象上时，其产生的重量将会影响被测对象的原始振动状态，因此应根据具体情况尽量选用小而轻的传感器。

4.3.2　信号处理基础

（1）信号分析概述

Ⅰ. 信号与信息的区别

信号（signal）是自然现象的客观反映，仅提供有限的信息；信息（information）是带有情报的信号，可反映运动的特征、规律、原因、程度和大小等。

Ⅱ. 信号的处理过程

图 4-29 所示为信号处理的基本步骤。

Ⅲ. 从模拟信号到数字信号

图 4-30 所示为从模拟信号到数字信号的转换简图。图 4-31 所示为数字信号处理的基本过程。

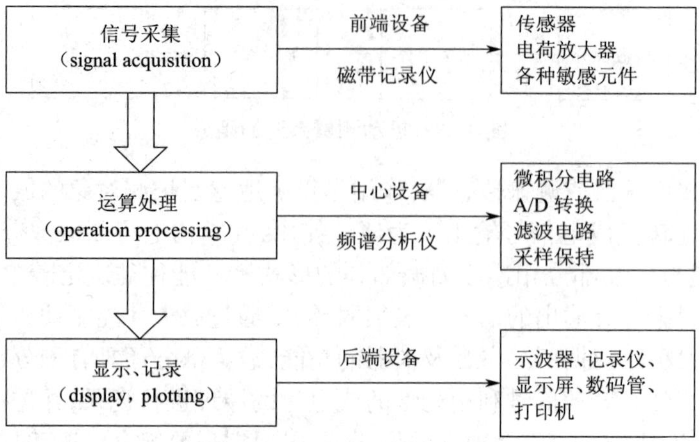

图 4-29　信号处理的基本步骤

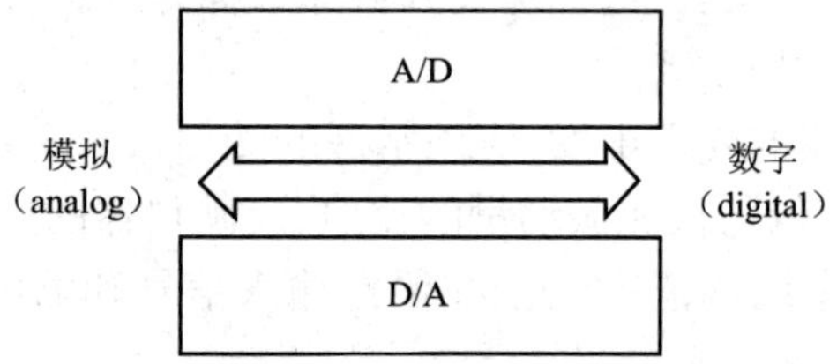

图 4-30　从模拟信号到数字信号的转换简图

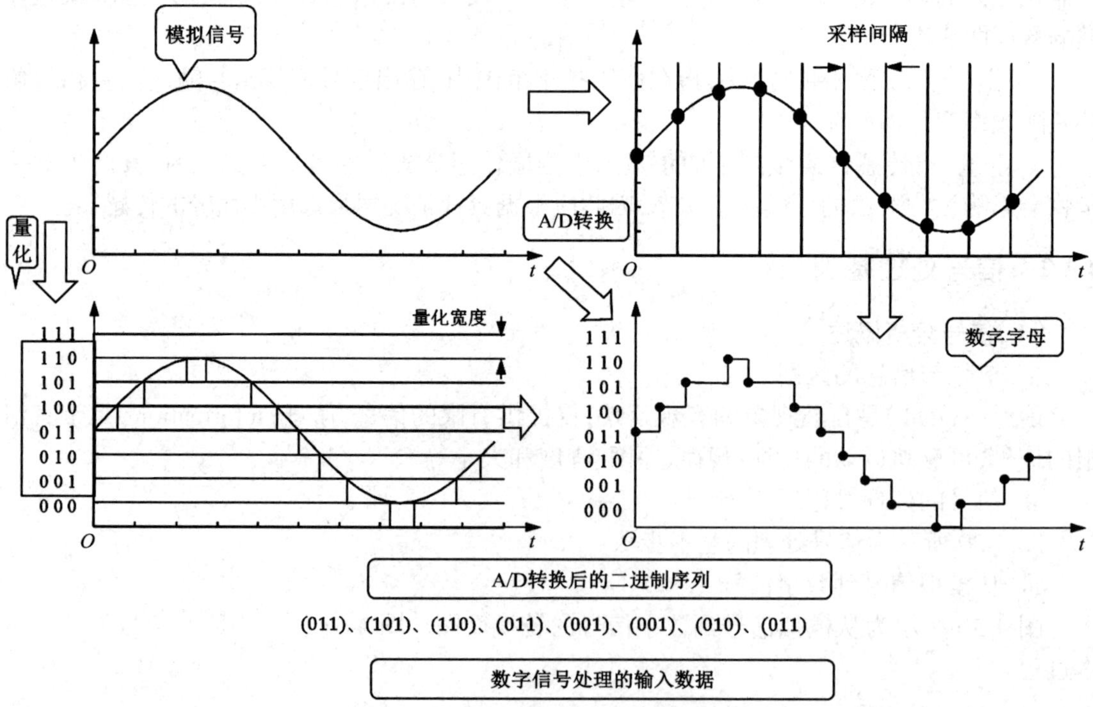

图 4-31　数字信号处理的基本过程

(2)信号的分类

为了深入了解信号的物理实质，对其进行分类是非常必要的。从不同的角度来看待信号，可以将其分为以下几种：①确定性信号与非确定性信号；②能量信号与功率信号；③时限信号与频限信号；④连续时间信号与离散时间信号；⑤物理可实现信号。

图 4-32 所示为一种信号分类法。

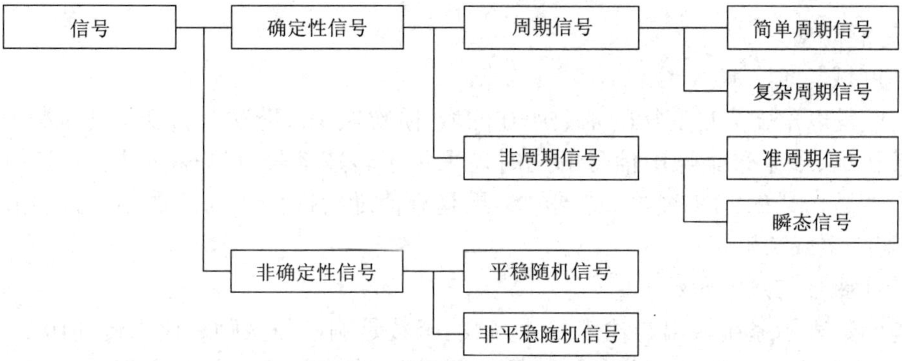

图 4-32　信号的一种分类法

(3)信号分析的基本概念

Ⅰ.基础概念

1)帧长度(frame size)。

由于实际采集的时域信号时间很长，而一次快速傅里叶变换(Fast Fourier Transform, FFT)分析只能分析有限长度的时域信号，因此需要将采样时间很长的时域信号截断成多个时域数据块，这个过程称为信号截断。进行一次 FFT 分析所截取的时域信号的长度，称为 1 帧(s)，也称为 1 个时域数据块。

2)时域数据块(time block)。

1 帧数据所对应的数据点数(样本点)，称为时域数据块大小(time block size)，1 帧时域数据除可用时间长度来描述外，也可用数据点数来描述，它们之间的关系为

$$T = N\Delta t \tag{4-64}$$

式中：T 为时间长度；N 为数据点数；Δt 为时间间隔

3)时间间隔/时间分辨率。

采集到的时域信号是离散的，相邻两个时域数据点的采样时间差，称为时间间隔或时间分辨率，等于采样频率的倒数(s)。时间分辨率越小，采样频率越高，采样越密集，信号越接近于真实信号。

4)频率分辨率 Δf。

与时间分辨率类似，频谱也是离散的，相邻两条谱线的频率差或频率间隔称为频率分辨率。FFT 计算得到的结果只位于频率分辨率的整数倍处，其他地方无结果。

5)最大频率 f_{max} /带宽。

采样频率的一半，称为带宽，或最大分析频率，或奈奎斯特频率。FFT 最终分析出来的所有频率都位于带宽以内。

6）谱线数。

频谱图中谱线总条数，称为谱线数。也可以理解为带宽按频率分辨率进行等分，等分的份数即为谱线数。两个时域数据点能得到一条谱线，N 个时域样本点的数据经 FFT 变换能得到 $N/2$ 条谱线。谱线数与带宽、频率分辨率的关系为

$$\frac{N}{2}=\frac{f_{\max}}{\Delta f} \tag{4-65}$$

Ⅱ. 易混概念

1）角度域与阶次域。

角度域是以角度为自变量的函数所在的域，阶次域是以阶次为自变量的函数所在的域。对于旋转机械，如果采集噪声信号的同时还采集了转速信号，可以将时域信号转换到角度域。对角度域信号做 FFT 变换，得到的结果是幅值随阶次变化的函数，此时信号的横轴是阶次，得到阶次域结果。

2）传递函数与频响函数。

传递函数表示系统输出与输入之比，频响函数是响应与激励之比。传递函数可用于描述任何信号，如电路分析、声学测量、传导性测量等，自变量是实部和虚部；频响函数的自变量仅是虚部，虚部表示的物理量一定是频率，因此频响函数是传递函数的子集。

3）拉普拉斯域与傅里叶域。

实部与虚部为自变量的函数所在的变换域为拉普拉斯域，传递函数的自变量取值是整个复平面。而傅里叶域自变量只包括虚部，即拉普拉斯域沿虚轴的切片，因此傅里叶变换也是拉普拉斯变换的特例。

4）阶次与阶。

常用阶次描述旋转机械的振动噪声，而常用阶描述结构的固有频率或模态。阶次是结构因旋转造成的振动噪声响应特点，这个响应阶次是转速或转频的倍数。阶是结构固有属性的一种描述方式，与外界的激励无关，描述的是结构的固有频率或模态特点。

5）带宽与宽带。

进行 FFT 分析时，信号分析的最大频率范围称为带宽，通常是采样频率的一半；宽带是指信号的频率分布范围广。锤击法就是一种宽带激励技术，这是因为力脉冲对应的力谱是一个连续的宽频信号，能激起很宽频率区间内的模态。

6）宽带与窄带。

与宽带对应的是窄带，假设信号的频率宽度为 B，中心频率为 f_0，通常认为窄带信号满足以下要求：信号的频率宽度 B 远小于中心频率 f_0，$B/f_0 < 0.1$。例如，单频信号属于窄带信号，大多数情况下测量的信号只包含若干个单频成分，这也是窄带信号，对应的频谱称为窄带谱。使用步进正弦信号进行激励时，则这种激励技术是一种窄带激励技术，因为每一时刻只有一个频率成分进行激励。

7）谱线与线谱。

FFT 分析得到的频谱是离散的，相邻两个离散频率点的间距为一个频率分辨率，这些离散的频率点对应谱线。线谱是指信号的频率成分近似为一条直线，如对正弦波做 FFT 分析，信号截断刚好是信号周期的整数倍，得到的频谱结果就是线谱。

8）重叠与步长。

FFT 分析只能对有限长度的时域信号进行变换，当频率分辨率确定以后，每一帧数据的长度是固定的，每一帧数据截取方式包括重叠和步长（时间步长或转速步长）。若采用重叠的方式，用百分比来表示相邻两帧数据之间重叠的比例，如重叠 50%表示第一帧的后 50%作为第二帧的前 50%。若用步长的方式，又分为时间步长和转速步长，相隔固定的时间或转角截取一次数据，截取间隔就是所谓的步长或增量。

9）稳态与跟踪。

FFT 分析时有两种模式：稳态和跟踪。稳态模式得到的结果为所有帧时域数据对应频谱的平均结果，且是一张二维频谱图。但跟踪模式不做平均，分别计算各帧时域数据对应的频谱，将这些频谱按时间或转速先后顺序排列保存起来，每个瞬时频谱也是一张二维频谱图，但如果要显示所有的频谱结果，则需要用瀑布图或渐变颜色图（color map）来显示跟踪模式的结果。

10）自谱与互谱。

自谱是由复数频谱乘它的共轭得到的。自谱是实数，没有相位信息，可以进行线性平均。平方形式的自谱称为自功率谱，平方形式的自谱求平方根为线性形式，称为线性自功率谱。互谱也是通过一个信号的频谱乘以另一个信号的频谱的共轭得到的，它的结果为复数形式，有幅值和相位信息，任一频率下的相位为两个信号的相位差。互谱只有平方形式，无线性形式。

11）自相关与互相关。

自相关函数描述信号某瞬时数值与另一瞬时数值的依赖关系，在 0 时刻有最大值，这个最大值为信号的均方值，它与自谱是一对傅里叶变换对。自相关在时间轴上是偶函数，当取时间正值计算频谱时，得到的频谱称为半谱。自相关可用于检测混淆在无规则信号中的周期信号。

两个信号的互相关函数表示这两个信号之间一般的依赖关系，互相关函数是一个可正可负的函数，不一定在 0 时刻有最大值，也不一定是偶函数，但如果两个信号互换，函数对称于纵轴。互相关与互谱是一对傅里叶变换对。若两个信号是两个相互独立的信号，则它们的互相关函数为零。反之，若互相关函数不等于零，则可用相关函数表述它们的相关性。

12）相关分析与相干分析。

相关分析是一种线性滤波，主要应用于以下几个方面：找出复杂信号中的规律信号；求两个信号之间的关系；测量系统的动态特性；以相关函数为基础，进行 FFT 变换计算自功率谱和互功率谱。相干函数定义为输入和输出信号的互功率谱的平方除以输入信号自功率谱和输出信号自功率谱的乘积。相干分析是频域的分析方式，可用于检验互功率谱和传递函数测量的有效性。二者有一定的联系，即用时域内互相关函数获得的信息，可以用频域的相干函数获得，这是因为相干分析时用到的互功率谱函数可以由时域互相关函数得到。

13）阶次分析与阶次跟踪。

阶次分析是从频域对阶次进行分析，阶次跟踪是从阶次域对阶次进行分析。阶次分析是等时间采样的，阶次跟踪是等角度采样的（变采样频率）；对于高阶次而言，阶次分析效果不如阶次跟踪好；阶次分析时频率分辨率固定不变，阶次跟踪时阶次分辨率固定不变。

Ⅲ. 信号的时域分析

信号的时域分析又称为波形分析或时域统计分析,它是通过信号的时域波形计算信号的均值、均方值、方差等统计学参量。信号的时域分析较为简单,用示波器、万用表等普通仪器就可以进行分析。

1)信号类型。

信号的时域分析(波形分析)的一个重要功能是根据信号的分类和各类信号的特性确定信号的类型。然后再根据信号类型选用合适的信号分析方法。图 4-33 所示为 3 种不同特征的信号。

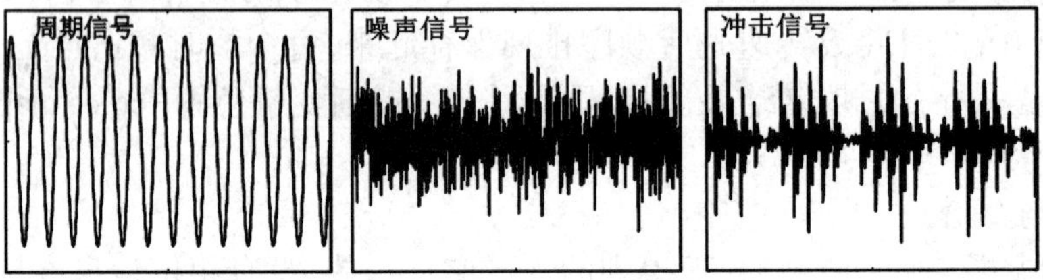

图 4-33　3 种不同特征的信号

2)周期。

对周期信号来说,可以用时域分析来确定信号的周期,也就是计算相邻的两个信号波峰的时间差,如图 4-34 所示。

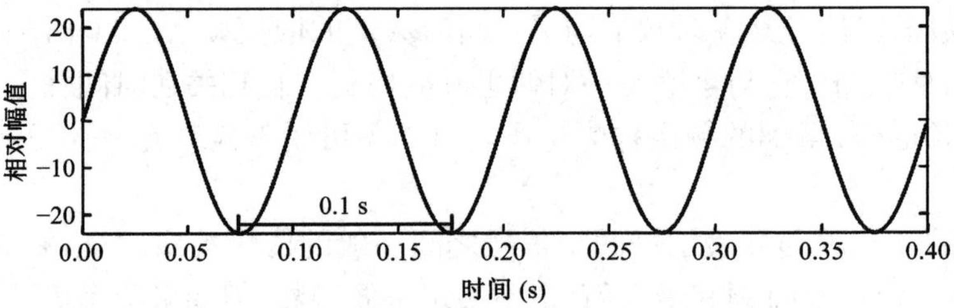

图 4-34　信号周期的测量

3)均值。

均值 $E[x(t)]$表示集合平均值或数学期望。基于随机过程的各态历经性,可用时间间隔 T 内的幅值平均表示均值,其表达式为

$$\mu_x = E\left[x(t)\right] = \frac{1}{T}\int_0^T x(t)\,\mathrm{d}t \tag{4-66}$$

均值表达了信号变化的中心趋势,或称为直流分量。图 4-35 所示为零均值和非零均值信号的示例。

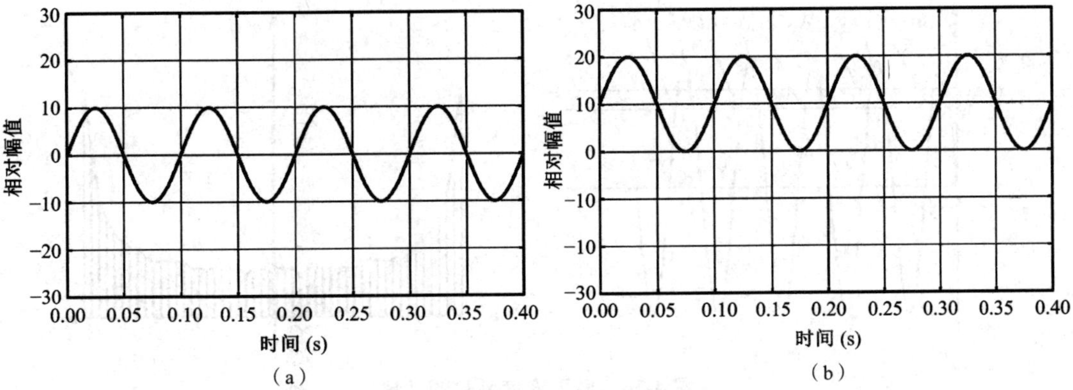

图 4-35　零均值和非零均值信号

(a)零均值信号　(b)非零均值信号

4)均方值。

信号 $x(t)$的均方值 $E[x^2(t)]$,又称为平均功率,其表达式为

$$\psi_x^2 = E\left[x^2(t)\right] = \lim_{T\to+\infty}\frac{1}{T}\int_0^T x^2(t)\mathrm{d}t \tag{4-67}$$

该值表达了信号的强度,其正平方根值又称为有效值,也是信号的平均能量的一种表示。在工程信号测量中,一般仪器的表头示值显示的就是信号的均方值。

5)方差。

信号 $x(t)$的方差定义为

$$\sigma_x^2 = E\left[(x(t) - E\left[x(t)\right])^2\right] = \lim_{T\to+\infty}\frac{1}{T}\int_0^T\left[x(t) - \mu_x\right]^2 \mathrm{d}t \tag{4-68}$$

式中: σ_x^2 称为均方差或标准差。

可以证明, $x^2 = \sigma_x^2 + \mu_x^2$,其中 σ_x^2 描述了信号的波动量, μ_x^2 描述了信号的静态量。方差反映了信号绕均值的波动程度。

Ⅳ. 信号的幅值分析

信号的幅值分析包括信号的幅值概率密度函数和幅值概率分布函数,它反映了幅值信号落在不同强度区域的概率情况。

1)概率密度函数。

随机信号的概率密度函数定义为

$$p(x) = \lim_{\Delta x\to 0}\frac{P\left[x\leqslant x(t)\leqslant x + \Delta x\right]}{\Delta x} \tag{4-69}$$

对于各态历经过程 $p(x) = \lim\limits_{\Delta x\to 0}\dfrac{1}{\Delta x}\left[\lim\limits_{T\to+\infty}\dfrac{T_x}{T}\right]$, $P[x < x(t)\leqslant x + \Delta x]$ 表示瞬时落在增量 Δx 范围内可能出现的概率时间,所求得的概率密度函数 $p(x)$是信号 $x(t)$的幅值 x 的函数。

图 4-36 所示为一个样例信号 $x(t)$的波形和 $p(x)$的计算方法。

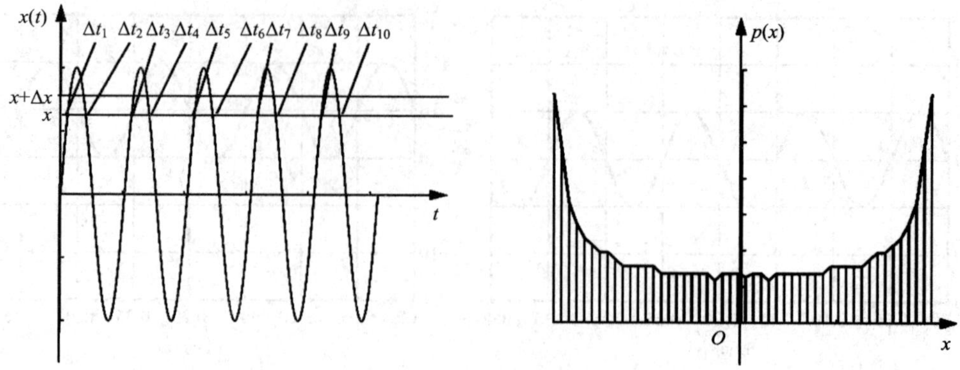

图 4-36 概率密度函数的计算

2)概率分布函数。

概率分布函数又称为累积概率,表示落在某一区间的概率,可写为

$$F(x)=\int_{-\infty}^{R} p(x)\mathrm{d}x \tag{4-70}$$

典型信号的概率密度函数和概率分布函数如图 4-37 所示。

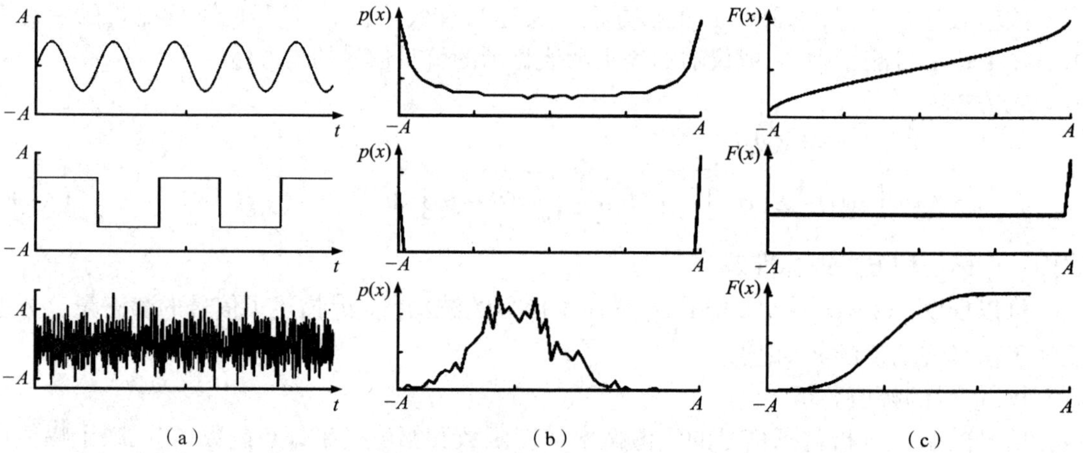

图 4-37 典型信号的概率密度函数和概率分布函数

(a)信号波形 (b)概率密度函数 (c)概率分布函数

V. 信号的频谱分析

1)频谱分析的概念。

信号频谱分析是采用傅里叶变换将时域信号 $x(t)$变换为频域信号 $X(f)$,从而帮助人们从另一个角度了解信号的特征。将时域信号 $x(t)$转换为频域信号 $x(f)$的傅里叶变换为

$$X(f)=\int_{-\infty}^{+\infty} x(t)\mathrm{e}^{-\mathrm{i}2\pi ft}\mathrm{d}t \tag{4-71}$$

式中:$X(f)$为信号的频域表示,又称频谱;$x(t)$为信号的时域表示;f 为频率。

信号的时域描述只能反映信号的幅值随时间的变化情况,除只有一个频率分量的简谐波外,一般很难明确揭示信号的频率组成和各频率分量的大小。例如,图 4-38 所示为一受噪声干扰的多频率成分周期信号，从信号波形很难看出其特征，但从信号的频域图（信号频谱，图 4-38（b））上却可以识别出信号中的四个周期分量及其大小。信号的频谱 $X(f)$代表信号在不同频率分量处信号成分的大小，它能够提供比时域信号波形更直观、更丰富的信息。

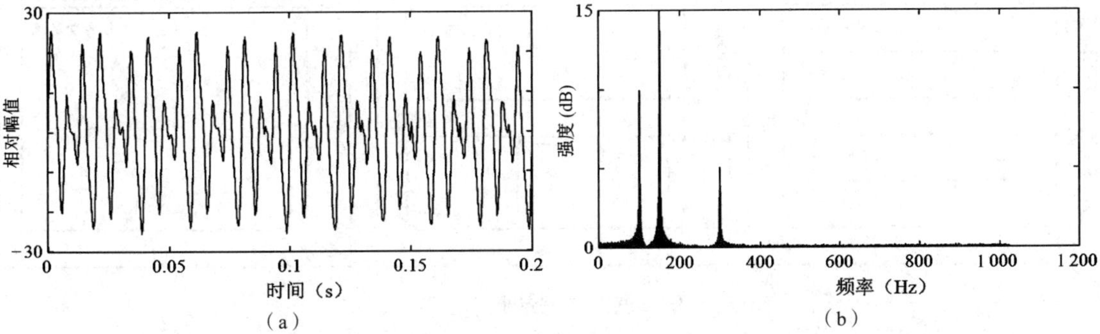

图 4-38　受噪声干扰的多频率成分周期信号波形和频谱

（a）信号波形　（b）信号频谱

在许多场合下，用信号的频率来描述事物的特征更加简洁和明确。

2）傅里叶变换的性质。

信号的傅里叶变换有如下性质。

①奇偶虚实性。实函数 $x(t)$的傅里叶变换 $X(f)$的实部为偶函数，虚部为奇函数；$X(f)$的模为偶函数，相位为奇函数。

②线性叠加性。傅里叶变换是一种线性运算，满足线性叠加性质。若 $x_1(t)\leftrightarrow X_1(f)$，$x_2(t)\leftrightarrow X_2(f)$，则 $c_1x_1(t)+c_2x_2(t)\leftrightarrow c_1X_1(f)+c_2X_2(f)$。

③对称性。若 $x(t)\leftrightarrow X(f)$，则 $x(t)\leftrightarrow X(-f)$。

④时间尺度改变性。若 $x(t)\leftrightarrow X(f)$，则 $x(kt)\leftrightarrow \frac{1}{k}X(\frac{f}{k})$。

⑤时移性。若 $x(t)\leftrightarrow X(f)$，则 $x(t\pm t_0)\leftrightarrow e^{\pm i2\pi ft_0}X(f)$。

⑥频移性。若 $x(t)\leftrightarrow X(f)$，则 $x(t)\cdot e^{\pm i2\pi ft_0}\leftrightarrow X(f-f_0)$，其中 f_0 为常数。

⑦卷积定理。若 $x_1(t)\leftrightarrow X_1(f)$，$x_2(t)\leftrightarrow X_2(f)$，则 $x_1(t)\cdot x_2(t)\leftrightarrow X_1(f)\times X_2(f)$；$x_1(t)\times x_2(t)\leftrightarrow X_1(f)\cdot X_2(f)$。

工程上习惯将计算结果用图形方式表示，以 f_n 为横坐标，a_n、b_n 为纵坐标画图，则称为实频－虚频谱；以 f_n 为横坐标，A_n、φ_n 为纵坐标画图，则称为幅值－相位谱；以 f_n 为横坐标，$(A_n)^2$ 为纵坐标画图，则称为功率谱，如图 4-39 所示。

频谱是构成信号的各频率分量的集合，它完整地表示了信号的频率结构，即信号由哪些谐波组成以及各谐波分量的幅值大小及初始相位，从而揭示了信号的频率信息。对于周期信号来说，信号的谱线只会出现在 $0, f_1, f_2, \cdots, f_n$ 等离散频率点上，这种频谱称为离散谱。

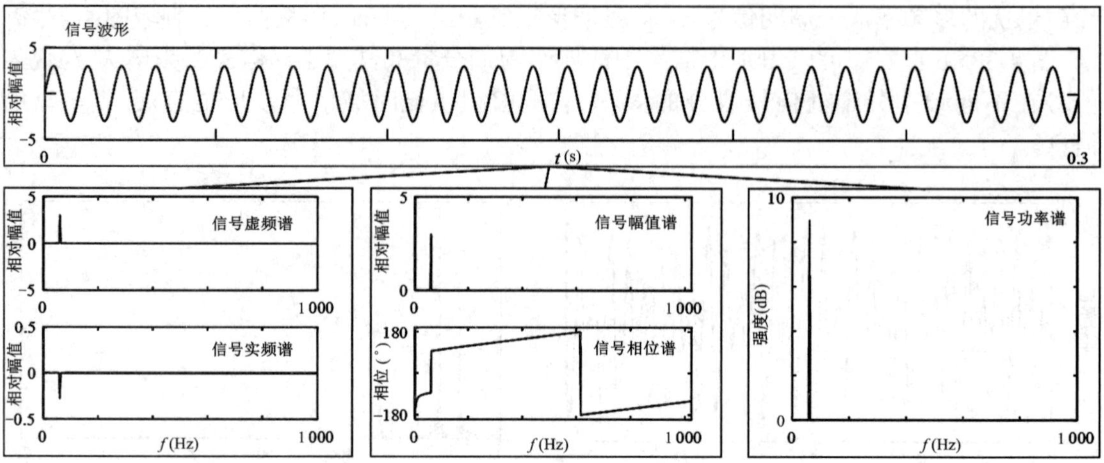

图 4-39　信号的频谱表示

3）非周期信号的频谱分析。

非周期信号是在时间上不会重复出现的信号，一般为时域有限信号，具有收敛可积条件，其能量为有限值。这种信号的频域分析方法是傅里叶变换，其表达式为

$$x(t)=\frac{1}{2\pi}\int_{-\infty}^{+\infty}X(\omega)\mathrm{e}^{\mathrm{i}\omega t}\mathrm{d}\omega \text{ 或 } x(t)=\frac{1}{2\pi}\int_{-\infty}^{+\infty}X(f)\mathrm{e}^{\mathrm{i}2\pi ft}\mathrm{d}f \tag{4-72}$$

$$X(\omega)=\int_{-\infty}^{+\infty}x(t)\mathrm{e}^{-\mathrm{i}\omega t}\mathrm{d}t \text{ 或 } X(f)=\int_{-\infty}^{+\infty}x(t)\mathrm{e}^{-\mathrm{i}2\pi ft}\mathrm{d}t \tag{4-73}$$

非周期信号 $x(t)$ 的傅里叶变换 $X(f)$ 是复数，所以有

$$\left.\begin{aligned}&x(f)=\left|X(f)\right|\mathrm{e}^{\mathrm{i}\varphi(f)}\\&\left|X(f)\right|=\sqrt{\mathrm{Re}^2\left[X(f)\right]+\mathrm{Im}^2\left[X(f)\right]}\\&\varphi(f)=\arctan\frac{\mathrm{Im}\left[X(f)\right]}{\mathrm{Re}\left[X(f)\right]}\end{aligned}\right\} \tag{4-74}$$

式中：$|X(f)|$ 为信号在频率 f 处的幅值谱密度；$\varphi(f)$ 为信号在频率 f 处的相位差。

工程上习惯将计算结果用图形方式表示，以 f 为横坐标，$\mathrm{Re}[X(f)]$、$\mathrm{Im}[X(f)]$ 为纵坐标画图，则称为实频 – 虚频谱；以 f 为横坐标，$|X(f)|$、$\varphi(f)$ 为纵坐标画图，则称为幅值-相位谱；以 f 为横坐标，$|X(f)|^2$ 为纵坐标画图，则称为功率谱，如图 4-40 所示。

与周期信号不同的是，非周期信号的谱线出现在 $(0, f_{\max})$ 的各连续频率值上，这种频谱称为连续频谱。

4）频谱分析中的问题。

频谱分析中的主要问题是泄漏和混叠，下面分别介绍。

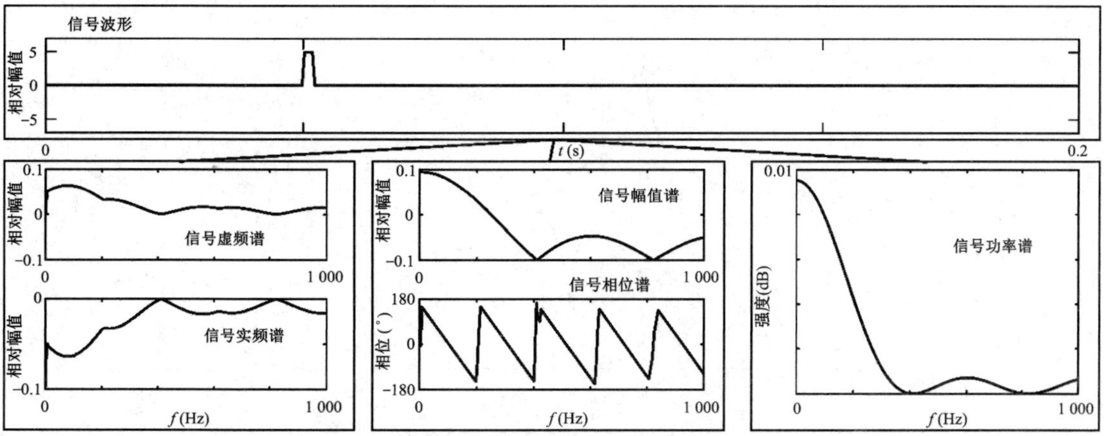

图 4-40　信号的频谱表示

①泄漏。

a. 泄漏的产生。

若信号截断长度不为原始正弦信号周期的整数倍，截断后的信号则具有非周期性，即非周期截断。在实际信号处理中进行 FFT 分析时，绝大多数情况都是非周期截断。

对正弦信号进行非周期截断，截断后的信号起始时刻和结束时刻的幅值明显不等，信号重构时在连接处信号的幅值不连续，出现阶跃，如图 4-41 所示。

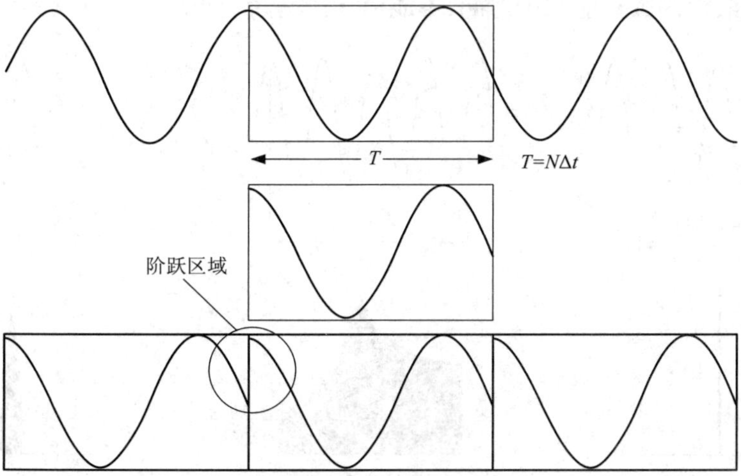

图 4-41　非周期截断

对截断后的信号做 FFT 分析，得到的频谱如图 4-42 所示。这时的 FFT 频谱不是线谱形状（周期截取的频谱），此时频谱在整个频带上发生“拖尾”现象。峰值处的频率和幅值与原始信号的频率和幅值不相等，此幅值为原始信号幅值的 64%（矩形窗的影响），而幅值的其他部分（36%幅值）则分布在整个频带的其他谱线上，频谱在整个频带内发生了拖尾现象。这种误差形式称为泄漏，是数字信号处理所遭遇的最严重误差。

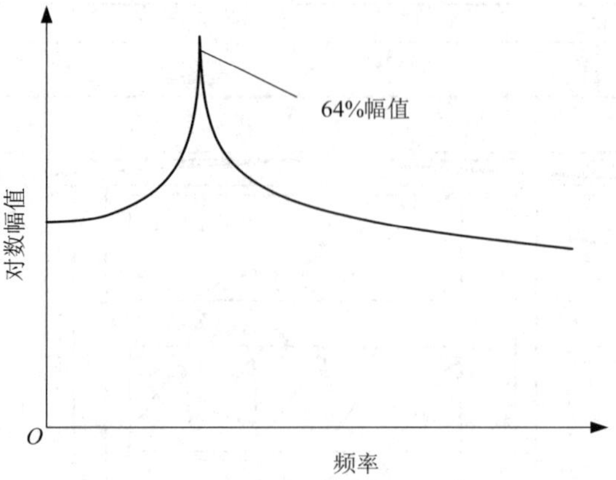

图 4-42　非周期截断后的频谱

b. 减小泄漏的方法。

为了将泄漏误差减小到最低程度，需要使用加权函数，也称窗函数。加窗主要是为了使信号更好地满足 FFT 处理的周期性要求，从而减少泄漏。

如图 4-43 所示，若为周期截断，则 FFT 频谱为单一谱线；若为非周期截断，则 FFT 频谱出现拖尾。为了减少泄漏，给信号加一个窗函数，原始截断后的信号与这个窗函数相乘。可以看出，加窗后信号起始时刻和结束时刻幅值都为 0，在这个时间长度内，信号只包含一个周期的周期信号。对这个信号做 FFT 分析，与未加窗的频谱相比泄漏已明显改善，但并没有完全消除泄漏，窗函数只能减少泄漏，不能消除泄漏。

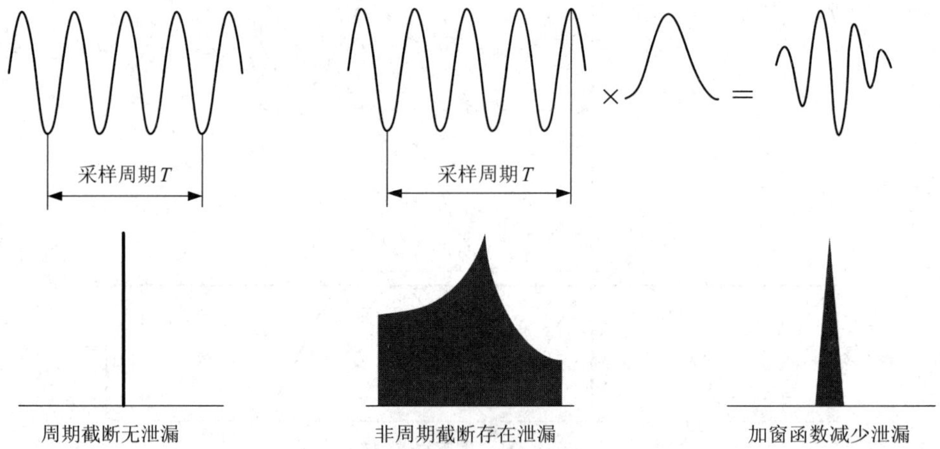

图 4-43　周期信号的泄漏与加窗

加窗的实质是用一个窗函数与原始的时域信号做乘积（加窗也可以在频域进行，但在时域更为普遍），使相乘后的信号更好地满足傅里叶变换的周期性要求。

使用不同的时间窗，它的时域形状和频域特征是不相同的。在这里介绍三种常见的窗函数的时域表达形式，分别是矩形窗、汉宁窗和平顶窗，它们的时域表达形式见表 4-2，并且假设时间窗的范围为 $0 \leqslant t \leqslant T$，如果时间 t 的取值区间不同，窗函数的表达形式也会略有差异。

表 4-2 窗函数的时域表达

窗函数	时域表达式
矩形窗	$w(t)=1$
汉宁窗	$w(t)=\frac{1}{2}\left(1-\cos\frac{2\pi t}{T}\right)$
平顶窗	$w(t)=\frac{1}{4.634}\left(1-1.93\cos\frac{2\pi t}{T}+1.29\cos\frac{4\pi t}{T}-0.388\cos\frac{6\pi t}{T}+0.0322\cos\frac{8\pi t}{T}\right)$

窗函数的典型频谱特征如图 4-44 所示，加窗函数时，应使窗函数频谱的主瓣宽度尽量窄，以获得高的频率分辨能力；旁瓣衰减应尽量大，以减少频谱拖尾，但通常不能同时满足这两个要求。各种窗的差别主要在于集中于主瓣的能量和分散在所有旁瓣的能量之比。

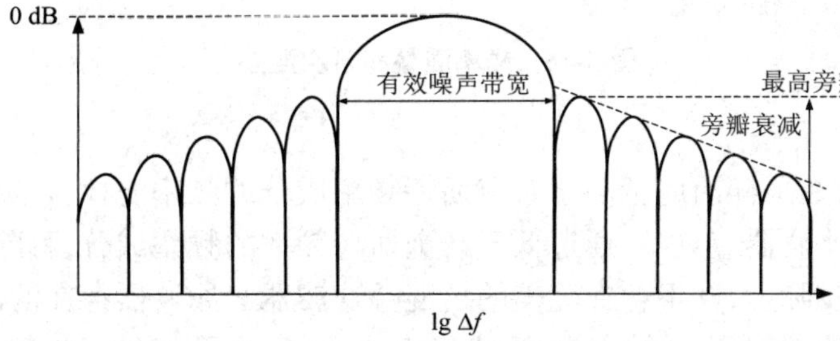

图 4-44 窗函数的典型频谱特征

窗函数的选择取决于分析目的和信号类型。一般来讲，有效噪声带宽越宽，频率分辨能力越差，越难以分清有相同幅值的邻近频率。选择性（即分辨出强分量频率邻近的弱分量的能力）的提高与旁瓣的衰减率有关。通常，有效噪声带宽窄的窗函数，其旁瓣的衰减率较低，因此窗函数的选择是在二者中折中选取。

②混叠。

a. 混叠的产生。

对连续信号进行等时间采样时，如果采样频率不满足采样定理，采样后的信号频率就会发生混叠，高于奈奎斯特频率（采样频率的一半）的频率成分将被重构成低于奈奎斯特频率的信号。这种频谱的重叠导致的失真称为混叠，也就是高频信号被混叠成了低频信号，如图 4-45 所示。

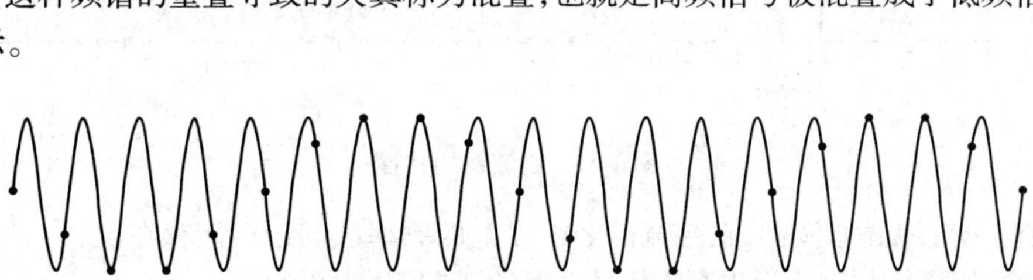

图 4-45 对高频信号进行低频采样

除频率混叠外，还存在阶次混叠。由于阶次可以在频域显示，也可以在阶次域显示，阶次混叠存在频域混叠和阶次域混叠两种情况。

当在频域时，阶次是斜线，最大阶次（O_{max}）以上的阶次成分会关于最大阶次线镜像到最大阶次以内；当在阶次域时，阶次垂直于横轴，此时阶次混叠类似于频率混叠，如图 4-46 所示。

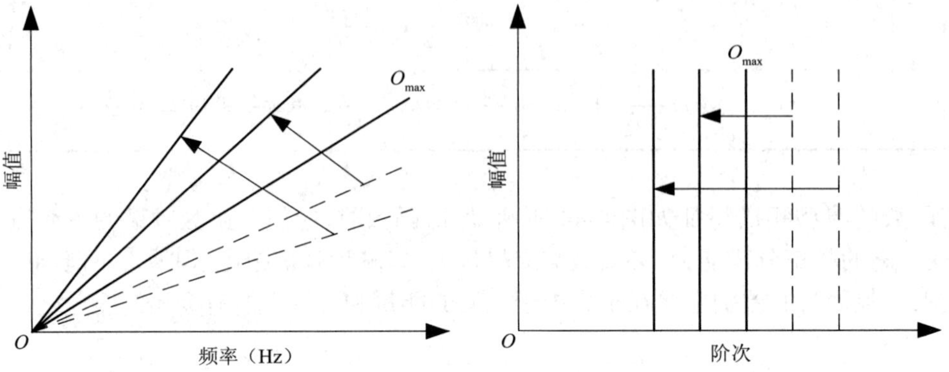

图 4-46　频率混叠和阶次混叠

b. 抗混滤波。

为了避免混叠，在采样前应把高于奈奎斯特频率成分的频率滤掉，这就需要抗混叠滤波器。理想的抗混叠滤波器应具备：通过低于奈奎斯特频率的频率成分，移除高于奈奎斯特频率的频率成分。但实际上，并不存在完美的抗混叠滤波器。滤波器存在滤波陡度，在滤波截止频率（奈奎斯特频率）以上的一些区域仍存在混叠的可能性，这个区域对应带宽的 80%~100%区域。如图 4-47 所示，高于奈奎斯特频率以上的频率成分会关于奈奎斯特频率镜像到带宽的 80%~100%区域，形成混叠，而带宽 80%以内的区域是无混叠的。

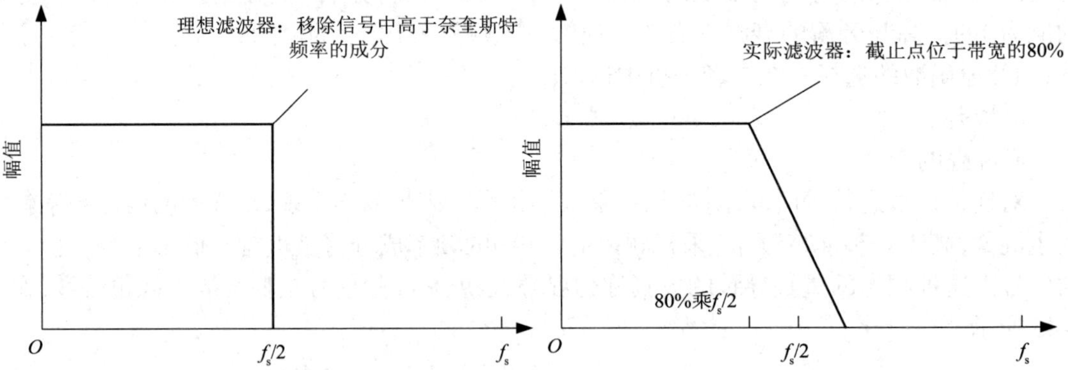

图 4-47　滤波器的特性

即使使用抗混叠滤波器，在带宽的 80%以上的频率区间还可能存在混叠，如要整个频带都无混叠，则采样频率应至少高于信号频率的 2.5 倍以上。

c. 混叠后的频率计算

若不使用抗混叠滤波器，则信号必然存在混叠，可以通过镜像法或公式法得到混叠后的频率成分。

假设信号的频率 f_a 大于采样频率 f_s，采样后必然存在混叠。信号频率将会关于离它最近的整数倍的奈奎斯特频率镜像，如果镜像后的频率位于观测带宽以内，则是混叠后的频率。如果镜像后的频率不位于观测的带宽以内，则会关于下一个更小的整数倍的奈奎斯特频率镜像，直到镜像到带宽以内为止。

对于混叠现象，也可以通过公式法得到混叠后的频率 f_d，其计算公式为

$$f_d = |f_a - Kf_s| \tag{4-75}$$

式中：K 是非负整数，适当的取值应使 $|f_a - Kf_s|$ 最小。

因而，混叠后频率也可表示为

$$f_d = \min_{k=0\sim+\infty} |f_a - Kf_s| \tag{4-76}$$

Ⅵ. 其他信号分析方法

时域分析是从波形的角度分析信号的特征，频谱分析则从频率的角度分析信号的构成。对于旋转机械工作时产生的周而复始的且频率成分确定的周期信号，时域分析或频谱分析是可行的，但对旋转机械启/停机过程等信号频率成分不断变化的过程，单独使用这两种方法难以满足需求，必须将二者结合起进行分析。

谱阵分析是最常用的一种时域－频域联合分析方法，它将一个长的变化信号分为若干个时间段，每个时间段计算一个信号频谱，然后堆叠显示，从而展示信号频率成分随时间的变化情况。

4.3.3 非平稳信号处理方法

（1）经验模态分解（Empirical Mode Decomposition，EMD）

Huang 等在定义 EMD 算法之前首先给出了瞬时频域具有物理意义的本征模态分量（Intrinsic Mode Function，IMF）的必要条件，并假设多分量信号都是由若干个 IMF 组成的，且每个 IMF 之间都是彼此独立的，最后在以上假设的基础上提出了 EMD 算法。

给定多分量信号 $x(t)$，EMD 的具体步骤如下。

步骤 1：确定 $x(t)$ 的局部极值点，利用三次样条插值对获取上、下包络线，将上、下包络线的平均值作为均值曲线 $m(t)$。

步骤 2：从 $x(t)$ 中减去 $m(t)$，得到

$$h_1(t) = x(t) - m(t) \tag{4-77}$$

步骤 3：如果 $h_1(t)$ 满足 IMF 判据，将其记为 $c_1(t)$，转至步骤 4；否则，将 $h_1(t)$ 当作 $x(t)$ 并重复以上步骤。严格地执行 Huang 等定义的 IMF 判据往往会使迭代次数过多，最终导致 IMF 失去物理意义。所以，在实际应用中，EMD 算法通常采用相邻两次迭代结果的标准差作为 IMF 判据。

$$S_d = \sum_{t=0}^{T} \frac{|h_{k-1}(t) - h_k(t)|^2}{h_k^2(t)} < \varepsilon \tag{4-78}$$

式中：T 为时间长度；ε 的取值通常大于 0.2 且小于 0.3。

步骤 4：从 $x(t)$ 中减去 $c_1(t)$，得到残差信号 $u_1(t)$，即

$$u_1(t) = x(t) - c_1(t) \tag{4-79}$$

步骤 5:将 $u_1(t)$作为 $x(t)$,重复以上步骤,直到 $u_N(t)$为单调函数。最终,原多分量信号 $x(t)$被分解为 N 个 IMF 和残差信号 $u_N(t)$,即

$$x(t) = \sum_{i=1}^{N} IMF_i(t) + u_N(t) \tag{4-80}$$

(2)局部平均数分解(Local Mean Decomposition,LMD)

LMD 方法最早被用于处理脑电波信号,后来被引入转子系统和柴油机故障的诊断。

给定多分量信号 $x(t)$,LMD 的具体步骤如下。

步骤 1:确定 $x(t)$的局部极值点 n_i,进而计算局部均值 m_i 和局部包络 a_i,其计算公式为

$$m_i = \frac{n_i + n_{i+1}}{2} \tag{4-81}$$

$$a_i = \frac{|n_i - n_{i+1}|}{2} \tag{4-82}$$

采用滑动平均算法获取局部均值函数 $m_{11}(t)$和局部包络函数 $a_{11}(t)$。

步骤 2:从 $x(t)$中减去 $m_{11}(t)$,得到

$$h_{11}(t) = x(t) - m_{11}(t) \tag{4-83}$$

步骤 3:对 $h_{11}(t)$进行解调,即

$$s_{11}(t) = \frac{h_{11}(t)}{a_{11}(t)} \tag{4-84}$$

步骤 4:如果 $s_{11}(t)$满足纯调频信号判据,转至步骤 5;否则,将 $s_{11}(t)$当作 $x(t)$并重复步骤 1 至步骤 3。

步骤 5:计算第一个 PF 分量的包络信号 $a_1(t)$,表示为

$$\left.\begin{aligned} a_1(t) &= a_{11}(t)a_{12}(t) \\ a_{1n}(t) &= \prod_{q=1}^{n} a_{1q}(t) \end{aligned}\right\} \tag{4-85}$$

步骤 6:利用 $s_{1n}(t)$计算瞬时频率,其计算公式为

$$f_1(t) = \frac{1}{2\pi}\frac{\mathrm{d}[\arccos(s_{1n}(t))]}{\mathrm{d}t} \tag{4-86}$$

步骤 7:计算第一阶 PF 分量,其计算公式为

$$PF_1(t) = a_1(t)s_{1n}(t) \tag{4-87}$$

步骤 8:将第一阶 PF 分量从 $x(t)$中去除,获得残差信号 $u_1(t)$,将 $u_1(t)$作为 $x(t)$重复步骤 1 至步骤 7,直到 $u_N(t)$为单调函数。

最终,原多分量信号 $x(t)$被分解为 N 个 PF 分量和残差信号 $u_N(t)$:

$$x(t) = \sum_{i=1}^{N} PF_i(t) + u_N(t) \tag{4-88}$$

(3)本征时间尺度分解(Intrinsic Time-scale Decomposition,ITD)

为了便于描述 ITD 方法的原理,对于任意的多分量信号 X_t,定义基线信号提取算子 L

表示将基线信号从原信号 X_t 中提取出来，剩余信号为固有旋转分量（Proper Rotation Component，PRC）。同时，定义 PRC 提取算子 H，表示从信号中提取 PRC。

信号一次分解表达式为

$$X_t = LX_t + HX_t = L_t + H_t \tag{4-89}$$

式中：$L_t = LX_t$ 是基线信号；$H_t = HX_t$ 是一个 PRC，$H_t = (1-L)HX_t$。

ITD 的具体步骤如下。

步骤 1：找出 X_t 所有的局部极值点 (T_k, X_k)，$k=1,2,\cdots,M$，其中 M 为极值点数目。计算基线控制点：

$$L_{k+1} = a\left[X_k + \frac{T_{k+1}-T_k}{T_{k+2}-T_k}\left(X_{k+2}-X_k\right)\right] + (1-a)X_{k+1} \quad (k=1,2,\cdots,M-2) \tag{4-90}$$

式中：$0<a<1$，通常情况 a 取 1/2。

步骤 2：假设 L_t 在 (T_k, X_k) 上有定义，H_t 在 $[0, T_{k+2}]$ 上有定义，则区间 $[T, T_{k+1}]$ 上的基线信号 LX_t 为

$$LX_t = L_t = L_k + \left(\frac{L_{k+1}-L_k}{X_{k+1}-X_k}\right)(X_t - X_k), \quad t \in T_k, T_{k+1} \tag{4-91}$$

步骤 3：将 L_t 当作 X_t 并重复以上步骤，直至其为单调信号为止。最终，X_t 被分解为

$$\begin{aligned} X_t &= HX_t + LX_t = HX_t + (H+L)LX_t = \left(H + HL + L^2\right)X_t \\ &= \left(H + HL + (H+L)L^2\right)X_t = \left(H + HL + HL^2 + L^3\right)X_t \\ &= \left(H\sum_{k=0}^{p-1} L^k + L^p\right)X_t \end{aligned} \tag{4-92}$$

式中：HL^kX_t 为第 $k+1$ 阶 PRC；L^pX_t 为残差信号。

（4）变分模态分解（Variational Mode Decomposition，VMD）

VMD 相对于其他递归式信号分解方法分解效率更高，数学基础更坚实，同时可以更为准确地分解出相邻频段的信号。VMD 的本质是构造变分问题并进行求解的过程，因此 VMD 分解问题可以分为以下两个步骤。

Ⅰ. 变分问题的构造

假设每个模态都是具有一定中心频率的有限带宽，变分问题就可以被描述为寻求 K 个模态分量 $u_k(t)$，并且能够使每个模态分量的估计带宽之和最小，这样每个模态的带宽收缩在中心频率 ω_k 附近，变分问题的约束条件是模态分量可以重构为原始输入信号。具体构造步骤如下。

1）通过希尔伯特变换获得每个模态函数 $u_k(t)$ 的解析信号及单边频谱，其公式为

$$\left(\delta(t) + \frac{\mathrm{i}}{\pi t}\right)\cdot u_k(t) \tag{4-93}$$

2）将预估中心频率 $\mathrm{e}^{-\mathrm{i}\omega_k t}$ 联合对应模态函数 $u_k(t)$ 的解析信号，从而可以将模态分量 $u_k(t)$ 的频谱转移到基频带，其公式为

$$\left[\delta(t) + \frac{\mathrm{i}}{\pi t}\right]u_k(t)\cdot \mathrm{e}^{-\mathrm{i}\omega_k t} \tag{4-94}$$

3）计算上述解调信号的平方范数，评估各个模态分量的信号带宽，构造变分问题，其公式为

$$\min_{\{u_k\}\{\omega_k\}}\left\{\sum_k\left\|\partial_t\left[(\delta(t)+\frac{i}{\pi t})\cdot u_k(t)\right]\mathrm{e}^{-\mathrm{i}\omega_k t}\right\|_2^2\right\}\quad \text{s.t.}\sum_k u_k=x(t) \tag{4-95}$$

式中：$\{\omega_k\}=(\omega_1,\omega_2,\cdots,\omega_k)$为各个模态分量的中心频率。

Ⅱ. 变分问题的求解

1）引入拉格朗日惩罚算子 λ 和二次罚项 α，将约束性变分问题转化为非约束性变分问题。其中，参数 α 在信号存在高斯噪声时，仍可保证重构的精确度，而 λ 保证约束条件的严格性。增广的拉格朗日表达式为

$$L(\{u_k\},\{\omega_k\},\{\lambda\})=\alpha\sum_k\left\|\partial_t\left[\left(\delta(t)+\frac{\mathrm{i}}{\pi t}\right)u_k(t)\right]\mathrm{e}^{-\mathrm{i}\omega_k t}\right\|_2^2+f(t)-\sum_k u_k(t)_2^2+\left\langle\lambda(t),\ f(t)-\sum_k u_k(t)\right\rangle \tag{4-96}$$

2）VMD 利用交替方向乘子算法（Alternate Direction Method of Multipliers，ADMM）不断更新 u_k^{n+1}、ω_k^{n+1}和λ_k^{n+1}求解以上变分问题，通过交替更新来寻求上述表达式的“鞍点”。相应的变量更新表达式为

$$\hat{u}_k^{n+1}(\omega)=\frac{\hat{f}(\omega)-\sum_{i=1}^{k-1}\hat{u}_i^{n+1}(\omega)-\sum_{i=k+1}^{k}\hat{u}_i^{n}(\omega)+\frac{\hat{\lambda}^n(\omega)}{2}}{1+2\alpha\left(\omega-\omega_k^n\right)^2} \tag{4-97}$$

$$\omega_k^{n+1}=\frac{\int_0^\infty\omega\left|\hat{u}_k^{n+1}(\omega)\right|^2\mathrm{d}\omega}{\int_0^\infty\left|\hat{u}_k^{n+1}(\omega)\right|^2\mathrm{d}\omega} \tag{4-98}$$

$$\hat{\lambda}^{n+1}(\omega)=\hat{\lambda}^n(\omega)+\tau\left(\hat{f}(\omega)-\sum_{k=1}^{k}\hat{u}_k^{n+1}(\omega)\right) \tag{4-99}$$

通过上述理论介绍，总结 VMD 算法的具体步骤如下：

1）对 $\{u_k^1\}$、$\{\omega_k^1\}$、$\hat{\lambda}^1$和$n=0$ 进行初始化设置；

2）增加 n，执行算法求解循环，在此过程中更新 ω_k、$\hat{u}_k$和$\hat{\lambda}$；

3）当 $\sum_k(\|u_k^{n+1}-u_k^n\|_2^2/\|u_k^n\|_2^2)<\varepsilon$时，迭代直至整个循环结束；

4）输出分解结果，得到 K 个模态分量。

4.4 整机振动测试

4.4.1 振动烈度

根据《中小功率柴油机 振动测量及评级》（GB/T 7184—2008），振动烈度（vibration severity）为诸如极大值、平均值、均方根值或其他描述振动的参数中的一个或一组指定值，可适用于瞬时数据或平均后的数据。

4.4.2 测试方法

（1）测量仪器和待测量

GB/T 7184—2008 规定了往复式柴油机振动烈度分级准则，该分级以频率 2 ~1 000 Hz 范围内所测振动速度或位移、速度和加速度的综合值为基础。

往复式柴油机的主激振频率一般在 2~300 Hz 范围内，但是当把辅助设备与柴油机一起按整机考虑时，就应在至少 2~1 000 Hz 范围内描述振动特征。而对特殊用途来说，则可由制造厂与客户商定不同的范围。

振动信号常量一般包括许多主要频率分量，其均方根值（RMS）与峰值之间、峰 – 峰值之间没有简单的数学关系，因而推荐测量系统所测得的位移、速度和加速度的均方根值的准确度在 10~1 000 Hz 范围内应为 ±10%，在 2~10 Hz 范围内应为-20%~+10%。这些数值均可用单个传感器测得，其信号经处理后还可求出非直接测量的量（如加速度计的输出经一次积分可得速度，两次积分可得位移），应该注意确保任何处理过程都不影响测量系统所要求的精度。对于功率小于或等于 100 kW 的往复式柴油机，只要求测量速度的均方根值，该值也可以通过非直接测量经信号处理后得到。

频率响应和所测振动幅值均与传感器的固定方法有关。尤其重要的是，在高振动值时，必须保持传感器与柴油机间的可靠固定。《机械振动与冲击 加速度计的机械安装》（GB/T 14412—2005）推荐了加速度计的安装方法。

（2）测点位置和测量方向

为了确保振动测量的评级尽可能统一，进而可对不同柴油机进行精确比较，推荐的测量位置如图 4-48 至图 4-50 所示。通常必须在这些测点位置与柴油机相关的三个主方向上进行测量。

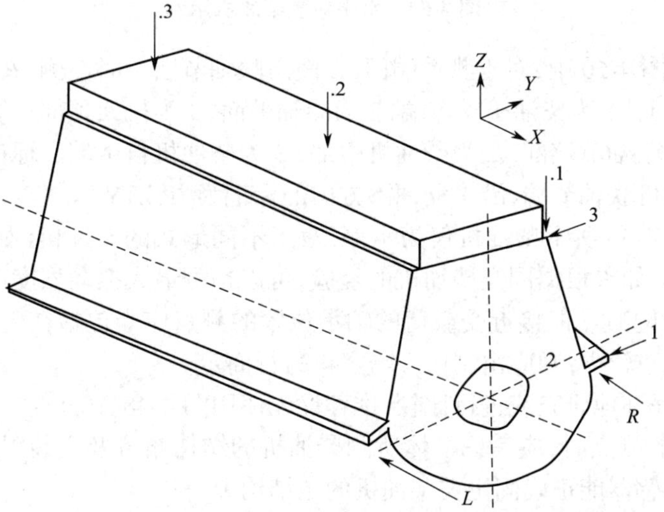

图 4-48 直列式柴油机示例

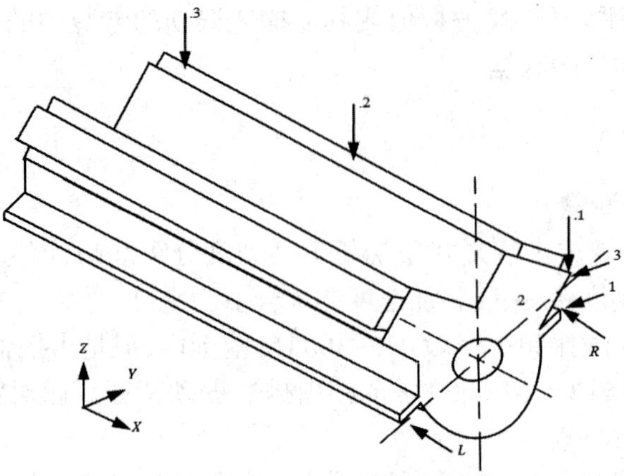

图 4-49　多缸 V 形柴油机示例

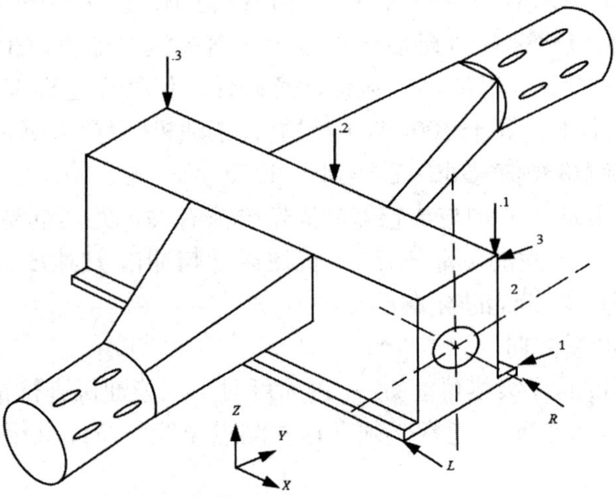

图 4-50　水平对置柴油机示例

在图 4-48 至图 4-50 中，对于测量端面，*L* 面向联轴节法兰时左侧，*R* 面向联轴节法兰时右侧；对于测量平面，1 为柴油机支撑端，2 为曲轴平面，3 为机架顶部边缘；对于沿柴油机长度方向测点，.1 为联轴节端部，.2 为柴油机中部，.3 为柴油机自由端。标记示例：在机架右侧部边缘、靠近柴油机联轴节端、沿 *Y*（水平）方向的标记为“R3.1Y”。

图 4-48 至图 4-50 所示柴油机仅为示例，对于不同形式的柴油机（如星形发动机）都可采用类似的测点。如果根据同类柴油机的经验，可以预测最大振动烈度点的位置，则不必采用图中所规定全部测点，但接近受载荷的轴承位置的测点应当包括在内。而对验收试验来说，如果所用测点数较少，则应由制造厂与客户另行商定。

如果为了更仔细地研究或进行比较，推荐优先使用图 4-48 至图 4-50 中的测点。

在选取合适的测点时，应考虑具体所测柴油机的结构布置及安装限制。所选择的全部测点，应使振动传感器能正确固定在柴油机的主结构上。

测量柴油机所装零部件的振动，可以提供有关失效的有用信息，但是标准中所列指导仪适用于在柴油机主结构上由图 4-48 至图 4-50 所给定的测点位置。

(3)测量工况

测量必须在柴油机处于稳定工况(如运行温度正常)时进行,机械振动烈度必须以正常运行时额定功率和转速范围内发生的最大振动为基础。

4.4.3 振动评级

振动烈度等级用数值表示。为了定量表示,对功率小于或等于 100 kW 的往复式柴油机,只需测量速度在 2~1 000 Hz 范围(宽频带)内的均方根值,并求出柴油机主结构上所测速度最大综合均方根值时的振动烈度等级,以此作为评级;如客户需要,可测量位移和加速度在该频带内的均方根值,仅做参考,不做评级。对功率大于 100 kW 的往复式柴油机,必须测量位移、速度和加速度在 2~1 000 Hz 范围(宽频带)内的综合均方根值,并求出在主结构上所测各位移、速度和加速度最大综合均方根值时的振动烈度等级,这三个等级中的最大值就是评定柴油机振动烈度等级的量标,见表 4-3。

表 4-3 振动烈度等级(2~1 000 Hz)

振动烈度等级	柴油机主结构上所测综合振动限值		
	位移 RMS(μm)	速度 RMS(mm/s)	加速度 RMS(mm/s²)
0.3	≤4.5	≤0.28	≤0.44
0.5	≤7.1	≤0.45	≤0.70
0.7	≤11.3	≤0.71	≤1.11
1.1	≤17.8	≤1.12	≤1.76
1.8	≤28.3	≤1.78	≤2.79
2.8	≤44.8	≤2.82	≤4.42
4.5	≤71.0	≤4.46	≤7.01
7.1	≤113.0	≤7.07	≤11.1
11.0	≤178.0	≤11.2	≤17.6
18.0	≤283.0	≤17.8	≤27.9
28.0	≤448.0	≤28.2	≤44.2
45.0	≤710.0	≤44.6	≤70.1
71.0	≤1 125.0	≤70.7	≤111
112.0	≤1 784.0	≤112	≤176
180.0	>1 784.0	>112	>176

注:表中值根据在 2~1 000 Hz 范围恒位移,在 10~250 Hz 范围恒速度和在 250~1 000 Hz 范围恒加速导出。

表 4-4 中给出的振动值是在柴油机主结构上 R3.1 位置处的测量值。相应于表 4-3 中的振动烈度等级列于方括号内。该柴油机的标定功率大于 100 kW,可以得出柴油机在此位置处的振动烈度等级为 28。同样可以对所有其他位置进行评定,以确定整台柴油机的最大振动烈度等级。

表 4-4 振动值示例

位置	实测振动值		
	位移 RMS(μm)	速度 RMS(mm/s)	加速度 RMS(mm/s^2)
R3.1X	100[等级 7.1]	15[等级 18]	9[等级 7.1]
R3.1Y	150[等级 11]	16[等级 18]	8[等级 7.1]
R3.1Z	250[等级 18]	22[等级 28]	10[等级 7.1]

与某一具体机型相关的振动烈度值取决于它的尺寸、质量、支承系统特性和运行工况等。因此,在应用振动烈度等级时,需要考虑不同的用途和与其有关的环境状况,然后利用在柴油机总长上所测的最大值即可确定振动烈度。

4.5 案例分析:基于振动的故障诊断

柴油机作为通用的动力总成,广泛应用于公路运输、石油矿场、固定发电、铁路牵引、工程机械及船舶等领域。然而,柴油机由五大系统(进气、供油、点火、冷却和润滑)和两大机构(配气机构和曲柄连杆机构)构成,而每个系统或机构都由众多零部件组成。柴油机工作过程复杂,包括进气、压缩、做功、排气 4 个冲程,其中涉及热力学、摩擦学、动力学和化学等多个领域的知识。因此,柴油机难免发生故障,开展柴油机故障诊断技术研究,不仅能够帮助工程师发现故障和防止事故发生,同时能够带来潜在的经济效益和社会效益。

4.5.1 故障分类及典型故障

柴油机结构复杂、工作环境恶劣、故障率高、故障种类多。归纳起来,柴油机有以下几类故障:机械故障、燃油供给系统故障、电控系统故障、润滑系统故障、冷却系统故障及附件故障等。柴油机故障容易引发功率下降、能耗增加和运行不稳,严重时引发机件损伤,损坏发动机。柴油机各类故障的发生比例如图 4-51 所示。

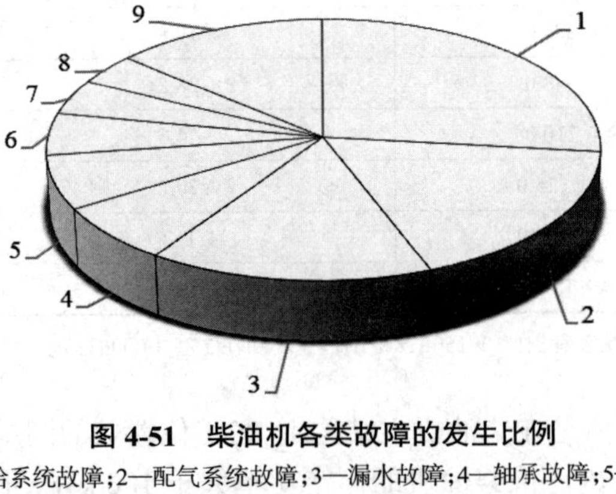

图 4-51 柴油机各类故障的发生比例

1—燃油供给系统故障;2—配气系统故障;3—漏水故障;4—轴承故障;5—活塞组故障;
6—润滑系统故障;7—涡轮增压器故障;8—驱动装置及齿轮故障;9—其他故障

下面分析柴油机典型故障及其成因。

(1)气门间隙异常

气门间隙一般是指在柴油机在冷态且气门关闭时,在气门杆尾端与气门传动机构之间预留的适当间隙。在柴油机运行过程中,配气机构零件的磨损或松动,或气门在工作时因温度升高而膨胀,都会导致原有气门间隙发生变化。气门间隙过小时,柴油机在热态下,气门杆膨胀可能会造成气门漏气,导致功率下降,甚至烧坏气门。气门间隙过大通常是由传动零件之间以及气门与气门座之间的冲撞引发的,会使气门打开时间缩短,进排气不充分,直接影响柴油机正常工作。

(2)进气滤清器堵塞

进气滤清器是柴油机进气系统的主要部件之一。它的作用是滤去空气中的尘埃和杂质,使清洁的空气(或空气与燃油的可燃混合气)进入燃烧室,以减少活塞与气缸套之间、活塞组之间和气门组之间的磨损。当进气滤清器出现堵塞,或因质量问题而造成空气流通阻力增加,将导致柴油机进气不足,使缸内燃油混合不充分,导致缸内燃油燃烧不完全。此时,柴油机会出现动力不足且排气冒黑烟的故障现象。

(3)喷油量不足

柴油机喷油量不足的诱因很多,包括燃油滤清器堵塞、输油泵压力不足、喷油器喷油开启压力不足、出油阀密封不严和供油正时过迟等。严重时,喷油量不足可能会导致某一缸发生断缸失火(某缸不喷油)。轻微地喷油量不足会导致柴油机动力不足、功率下降;断缸失火还会导致柴油机机动不平衡、运行稳定性变差、振动强度变大。

(4)齿轮故障

柴油机内的主要齿轮存在于正时齿轮系,而正时齿轮系是保证柴油机做功时进排气和喷油点火动作在 ECU 设定的逻辑下保持同步进行的关键。正时齿轮故障的诱因包含配合间隙异常、齿轮齿形齿面磨损(划伤、胶合)、齿轮裂纹和断裂等。当发生正时齿轮故障时,柴油机机体表面振动信号的频率变得更加复杂(出现调幅和调频等现象),严重时会发生齿轮轮齿断裂,造成柴油机损坏。

4.5.2 案例一:基于特征提取和机器学习的故障诊断模型

(1)改进 ITD 方法

原 ITD 方法在插值方法、端点效应和终止条件等方面存在不足,本小节介绍一种改进 ITD 方法,适用于振动信号的特征提取。该方法采用分段 Hermite 插值代替原算法中的线性插值对基线信号进行拟合,利用累计方差贡献率作为 PRC 终止判据。此外,采用镜像延拓方法,对极值点序列的端点进行延拓。

改进 ITD 方法的具体步骤如下。

步骤 1:给定多分量信号 $x(t)$,确定信号的所有局部极值点 $(T_k, X_k)(k=1,2,\cdots,M)$,其中 M 为极值点数目。

步骤 2:对于任意连续三个局部极值点 (T_k, X_k)、(T_{k+1}, X_{k+1}) 和 (T_{k+2}, X_{k+2}),对应于 T_{k+1} 时刻的基线控制点 L_{k+1} 可以通过如下双线性变化计算得到,即

$$L_{k+1}=\frac{1}{2}\left\{X_{k+1}+\left[X_k+\frac{T_{k+1}-T_k}{T_{k+2}-T_k}\left(X_{k+2}-X_k\right)\right]\right\} \quad k=1,2,\cdots,M-2 \tag{4-100}$$

式中：大括号中的第二项为局部极值点(T_k, X_k)和(T_{k+2}, X_{k+2})在T_{k+1}时刻的线性插值。

从式(4-100)可以发现，基线控制点L_k值是从2到$M-1$。因此，需要对信号局部极值点序列进行延拓，进而估算出端点附近的基线控制点。

步骤3：利用镜像延拓方法在信号局部极值点序列两端各延拓出两个新的局部极值点(一个局部极大值点和一个局部极小值点)，根据式(4-100)计算基线控制点L_0，L_1，L_M和L_{M+1}。

步骤4：假设基线控制点的时间值为$t_0,\cdots,t_{k-1},t_k,\cdots,t_{M+1}$，相应的幅值为$L_0,\cdots,L_{k-1},L_k,\cdots,L_{M+1}$。区间$[t_0,t_{M+1}]$被$t_1,t_2,\cdots,t_M$分割为$M$+1个子区间$[t_{k-1},t_k]$，子区间端点相应的幅值点为$[L_{k-1},L_k]$。利用分段Hermite插值函数对各子区间进行拟合并依次连接，得到基线信号$L_{11}(t)$。分段Hermite插值函数定义为

$$\left.\begin{aligned}&P(x)=x_{k-1}+a_1(x-x_{k-1})+a_2(x-x_{k-1})^2+a_3(x-x_{k-1})^3\\&a_2=\frac{3(x_k-x_{k-1})}{(t_k-t_{k-1})^2}-\frac{2d_{k-1}+d_k}{t_k-t_{k-1}}\\&a_3=-\frac{2(x_k-x_{k-1})}{(t_k-t_{k-1})^3}+\frac{d_k+d_{k-1}}{(t_k-t_{k-1})^2}\end{aligned}\right\}\tag{4-101}$$

式中：d_{k-1}和d_k为子区间端点的一阶导数，可以通过两个邻近子区间的一阶差商计算得到。

步骤5：将基线信号$L_{11}(t)$从原信号$x(t)$中分离出来，得到残差信号$H_{11}(t)$，即

$$H_{11}(t)=x(t)-L_{11}(t)\tag{4-102}$$

理论上，$H_{11}(t)$可以被视为第一阶PRC，但是对于复杂信号，特别是机械振动信号，单次迭代不能确保得到具有物理意义的PRC。因此，选择在EMD方法中得到广泛应用的SD判据作为PRC判据。

将$H_{11}(t)$视为原信号，重复步骤1至步骤5，直到$H_{1k}(t)$满足SD判据。$H_{1k}(t)$即为第一阶PRC，记为$PRC_1(t)$

步骤6：将$PRC_1(t)$从原信号$x(t)$中分离出来，得到残差信号$u_1(t)$。与$x(t)$相比，$u_1(t)$较为平滑，主要原因是最高频率的冲击成分已经被分离出去。

$$u_1(t)=x(t)-PRC_1(t)\tag{4-103}$$

步骤7：将$u_1(t)$当作原信号重复步骤1至步骤6，直到累计方差贡献率c大于0.99。累计方差贡献率c可以反映已经获得的所有PRC对原信号的贡献程度。

$$c=\frac{\sum_{i=1}^{p}var\left(PRC_i(t)\right)}{\sum_{i=1}^{p}var\left(PRC_i(t)\right)+var\left(u_N(t)\right)}\tag{4-104}$$

最终，信号$x(t)$被分解为

$$x(t)=\sum_{i=1}^{N}PRC_i(t)+u_N(t)\tag{4-105}$$

与ITD方法不同，改进ITD方法采用分段Hermite插值代替ITD方法中的线性插值对

基线控制点进行拟合生成基线信号。因此,改进 ITD 方法所得到的 PRC 有很好的光滑性。与经典的 EMD 方法相比,改进 ITD 方法只采用了一次分段 Hermite 插值,而 EMD 需要利用两三次样条插值分别对上、下包络线进行拟合,存在“过包络”和“欠包络”等问题,并且计算量较大。因此,改进 ITD 方法既有 EMD 方法产生的分量较光滑的特性,又有 ITD 方法计算速度快、没有“过包络”和“欠包络”的优点,是一种非常有前景的自适应时频分析方法。

为了验证改进 ITD 方法的有效性,考察仿真信号:

$$x(t)=x_1(t)+x_2(t)=1+\cos(20\pi t)\sin(200\pi t+300t^2)+\sin(60\pi t+0.25\pi) \tag{4-106}$$

式中:$t\in[0,1]$;$x_1(t)$为调频调幅信号;$x_2(t)$为频率为 30 Hz 的正弦信号。

仿真信号的时域波形如图 4-52 所示。图 4-53 和图 4-54 分别为仿真信号的 ITD 和改进 ITD 分解结果。

由图 4-53 和图 4-54 可以看出,PRC_1 和 PRC_2 分别与 $x_1(t)$和 $x_2(t)$相对应,这说明两种方法基本可以将原信号的真实成分分解出来。此外,ITD 分解结果中出现了两个虚假伪分量 PRC_3 和 PRC_4,而改进 ITD 分解结果中除两个信号的真实分量外只出现了一个残差信号。这一差异说明采用累计方差贡献率作为改进 ITD 分解终止条件可以有效地控制原 ITD 算法过分解产生的虚假分量。

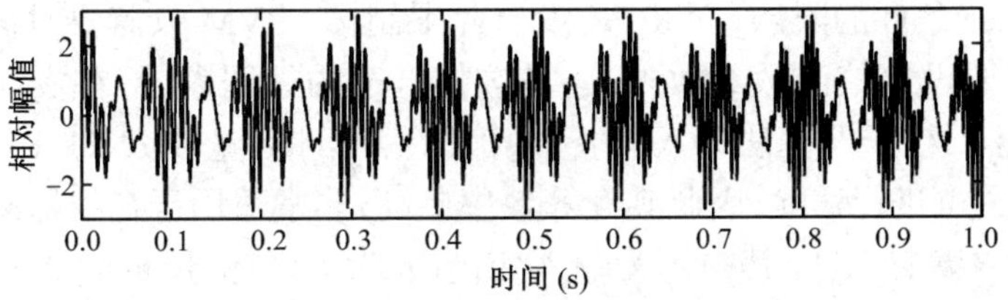

图 4-52　仿真信号 $x(t)$的时域波形

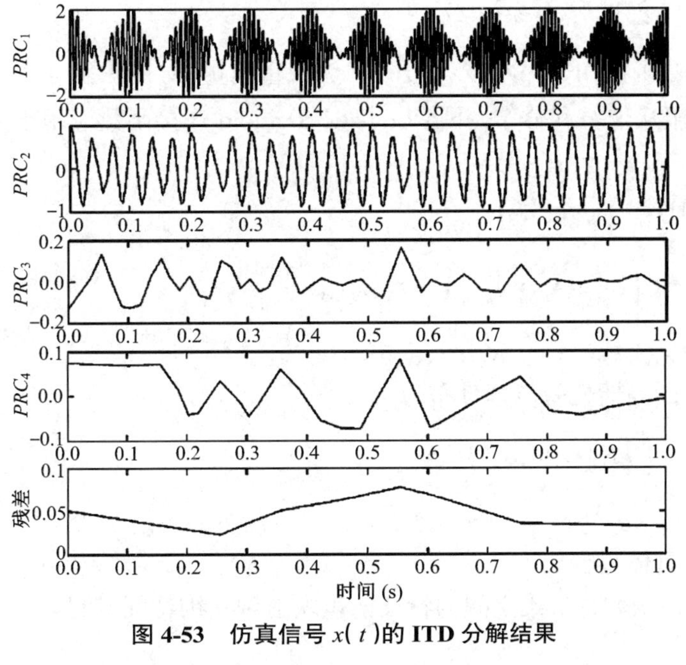

图 4-53　仿真信号 $x(t)$的 ITD 分解结果

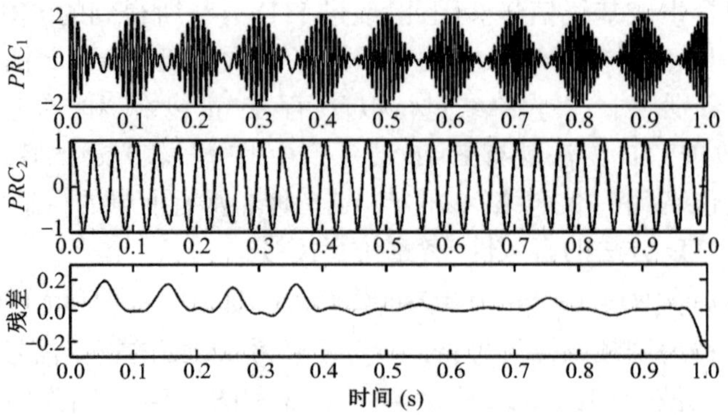

图 4-54　仿真信号 $x(t)$ 的改进 ITD 分解结果

(2)相关向量机(Relevance Vector Machine,RVM)

RVM 是一种有监督的学习方法。RVM 在贝叶斯框架下进行训练,并且在样本数据迭代学习过程中基于模型的先验参数并采用主动相关决策理论对不相关点进行移除,从而使其模型更加稀疏。RVM 与支持向量机(Support Vector Machine, SVM)的主要区别如下:① RVM 给出的是概率性输出,而 SVM 只能回答是否属于某个特定的类别;② SVM 所采用的核函数受 Mercer 条件的限制,而 RVM 没有此限制;③ RVM 只需要对核函数参数进行设置,而 SVM 除需要设定核函数参数外,还需选择合适的惩罚因子,在实际参数选择过程中往往借助遗传算法、粒子群算法等人工智能算法,因此计算量较大;④ RVM 采用主动相关决策理论对不相关点进行移除,因此其计算效率更高,非常适用于在线监测和故障诊断。

已知训练样本集 $\{x_n, t_n\}$,其中 x_n 为输入变量,t_n 为类别标号,n=1,2,…,N 为样本标签。RVM 的决策函数可以定义为

$$f(\boldsymbol{x},\boldsymbol{w}) = \sum_{n=1}^{N} w_n K(\boldsymbol{x}, x_n) + w_0 \tag{4-107}$$

式中:$K(\boldsymbol{x}, x_n)$ 为核函数;$\boldsymbol{w}=(w_1, w_2, \cdots, w_n)^{\mathrm{T}}$ 为权重向量;w_0 为偏置。

假设 $P(t|x)$ 服从伯努利分布,并将 Logistic Sigmoid 连接函数应用于 $y(x)$,最终似然函数为

$$\sigma(y(x)) = 1/\left(1+\mathrm{e}^{-y(x)}\right) \tag{4-108}$$

$$P(\boldsymbol{t}|\boldsymbol{\alpha}) = \prod_{n=1}^{N} \sigma\{y(x_n;\boldsymbol{w})\}^{t_n}\left[1-\sigma\{y(x_n;\boldsymbol{w})\}\right]^{1-t_n} \tag{4-109}$$

式中:$\boldsymbol{t}=(t_1, t_2, \cdots, t_n)^{\mathrm{T}}$;$\boldsymbol{w}=(w_1, w_2, \cdots, w_n)^{\mathrm{T}}$。

定义权值 w_n 的高斯先验概率分布为

$$P(\boldsymbol{w}|\boldsymbol{\alpha}) = \prod_{n=1}^{N} N\left(w_n | 0, \alpha_n^{-1}\right) \tag{4-110}$$

式中:$\boldsymbol{\alpha}=(\alpha_1, \alpha_2, \cdots, \alpha_n)$。

RVM 算法的具体步骤如下。

步骤 1:利用核函数将低维空间的特征向量映射到高维特征空间。

步骤 2：初始化超参数 $\boldsymbol{\alpha}$。

步骤 3：计算 $\boldsymbol{w}_{\mathrm{MAP}}$ 和 Σ。

步骤 4：对超参数 $\boldsymbol{\alpha}$ 进行迭代更新。

步骤 5：重复步骤 3 至步骤 4，直到达到训练终止条件。

步骤 6：将未知样本的特征向量输入训练好的模型便可以得到故障诊断结果。

核函数理论最早起源于 Mercer 定理，1964 年 Aizermann 将其引入机器学习中，1992 年 Vapink 将低维空间样本数据通过核函数映射到高维空间，进而在高维空间进行分类。下面对常用的核函数进行简要介绍。

线性核函数表示为

$$K\left(x,y\right)=\left\langle x,y\right\rangle \tag{4-111}$$

线性核函数形式简单、便于计算，但由于其映射能力有限，不适于处理非线性问题。

Sigmoid 核函数表示为

$$K\left(x,y\right)=\tan h(s\left\langle x,y\right\rangle+c) \tag{4-112}$$

RVM 采用 Sigmoid 核函数后相当于一种多层感知机神经网络，其隐含层节点及相应的权值都是在模型训练过程中自动确定的。理论上，该模型可以收敛于全局最优解。但是，核函数参数 c 的选择受到诸多条件的约束。

多项式核函数表示为

$$K\left(x,y\right)=[\gamma\left\langle x,y\right\rangle+c]^{n} \tag{4-113}$$

多项式核函数属于全局性核函数，所有数据都会对其产生影响。多项式核函数在实际中有一定的应用，但是该核函数参数较多，并且模型易受参数选择的影响，以多项式次数 n 为例，n 越小，模型的映射能力较低，在映射的特征空间内依然很难对样本进行区分；n 越大，模型的映射能力较强，但其计算量也越大，同时分类模型的复杂度也会增大，出现“过学习”，泛化能力降低。

高斯径向基核函数（Radial Basis Function，RBF）表示为

$$K\left(x,y\right)=\exp(-\frac{x-y^{2}}{s^{2}}) \tag{4-114}$$

RBF 核函数收敛域宽，局部学习能力强。虽然对于某一具体问题，RBF 核函数可能不是最优的，但是通常采用 RBF 核函数的分类效果与采用最优核函数的分类效果非常接近。此外，RBF 核函数只受一个参数的影响，复杂度较低，所以其应用较广。

RVM 是针对二分类问题提出的，因此早期只用于处理二分类问题，如判断样品的好坏，判断系统是否正常等。而实际中的模式识别通常为多分类问题，如指纹识别、车牌识别和机械故障诊断等。对于这些问题，无法直接利用二分类 RVM 进行识别。值得庆幸的是，如果任意两类都可分，则可通过一定的多分类策略将二分类器组合为多分类器。常用的多分类策略包括：一对多、一对一、DAG、SDAG 和 PECOC 等。

（3）故障特征的定义

当机械设备发生故障时，其动态过程通常较为复杂，人们很难从观测信号中直接分析机械设备的运行状态。然而，机械设备运行状态的变化可以通过数学模型的参数变化反映出

来。自回归(Autoregression，AR)是一种典型的时间序列分析方法,其自回归参数可以反映系统的动力学特性,对动力系统的状态变化较为敏感,残差方差与动力系统的输出特性相关。所以,AR 模型参数是一种比较理想的故障特征,但 AR 模型只适合于处理平稳信号,而柴油机振动信号属于非平稳、非线性信号,直接对采集到的缸盖振动信号进行 AR 建模,故障诊断结果往往较差。改进 ITD 方法可以将复杂的柴油机振动信号分解为若干个平稳的 PRC,相当于对原信号进行平稳化处理。因此,本小节将改进 ITD 方法和 AR 模型相结合进行特征提取。

建立各 PRC_i 分量的 AR 模型,表示为

$$PRC_i(t) = -\sum_{k=1}^{n} a_{ik} PRC_i(t-k) + e_i(t) \tag{4-115}$$

式中:a_{ik} 和 n 分别为自回归系数和模型阶数;$e_i(t)$为均值为 0、方差为 σ_i^2 的白噪声序列。

AR 模型的阶数采用最终预测误差准则进行确定。

$$FPE(k) = \frac{N+k}{N-k}\sigma_a^2 \tag{4-116}$$

式中:N 为信号的长度;$FPE(k)$将取得极小值时的 k 值定义为最优模型阶数。

(4)基于特征提取和机器学习的故障诊断流程

基于改进 ITD 和 SDAG-RVM 的柴油机配气机构故障诊断方法的流程如下。

步骤 1:采集柴油机配气机构在正常和故障条件下的缸盖振动信号。

步骤 2:利用改进 ITD 方法对每个样本进行分解,得到若干个 PRC 和残差信号。

步骤 3:对每个 PRC 建立 AR 模型,提取 AR 模型的前几阶自回归系数 a_{ik} 和残差方差 σ_i^2 作为故障特征。

步骤 4:将样本划分为训练样本和测试样本。

步骤 5:利用 SDAG 算法构建 RVM 多分类模型。

步骤 6:利用训练样本训练 SDAG-RVM 模型。

步骤 7:将测试样本的故障特征输入训练好的 SDAG-RVM 模型进行故障识别。

基于改进 ITD 和 SDAG-RVM 的故障诊断方法流程如图 4-55 所示。

(5)实验数据分析

选择故障实验数据进行验证。每种工况各取 30 个样本,每个样本包含 4 389 个数据点,对应柴油机一个完整的工作循环。每种工况随机选择 20 个样本(共 120 个样本)作为训练样本,剩余每种工况各 10 个样本(共 60 个样本)作为测试样本。利用改进 ITD 方法对每个样本进行分解,得到若干个 PRC。由于本书篇幅限制,仅给出柴油机气门间隙较大和挺杆弯曲耦合状态振动信号的改进 ITD 分解结果,如图 4-56 所示。

对每个 PRC 建立 AR 模型,由于系统的运行状态主要与前几阶自回归系数和残差方差相关,选择前 4 阶自回归系数和残差方差作为故障特征。将所有故障特征归一化到 0~1,部分故障特征向量如表 4-5 所示。

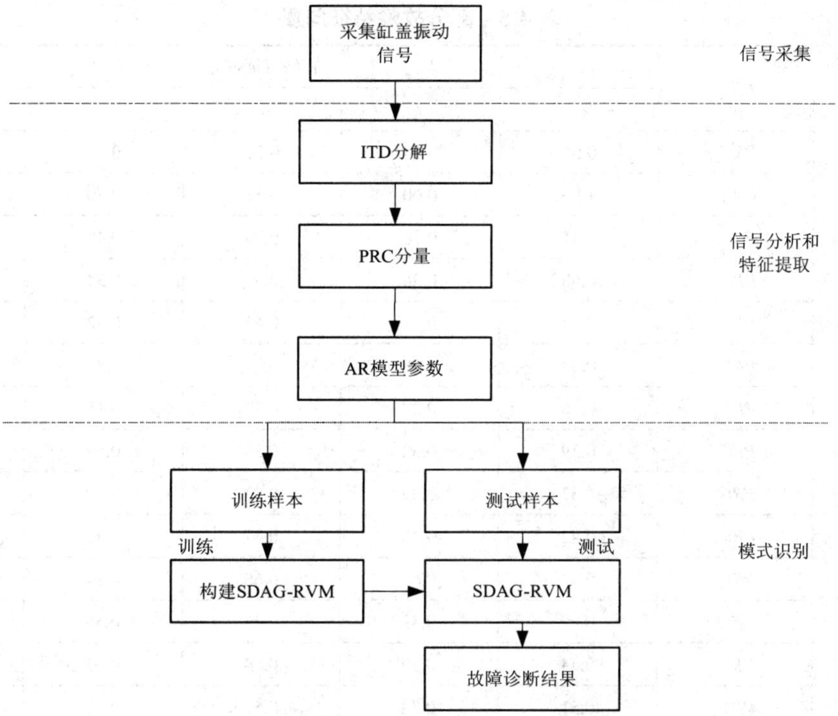

图 4-55　基于改进 ITD 和 SDAG-RVM 的配气机构故障 PRC 诊断方法流程

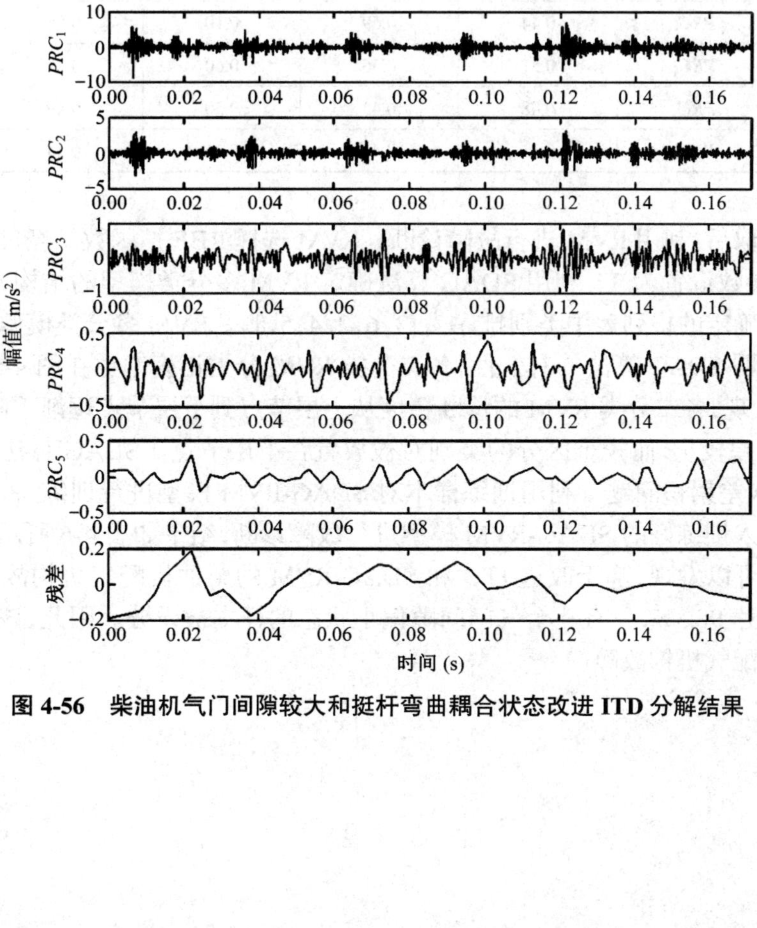

图 4-56　柴油机气门间隙较大和挺杆弯曲耦合状态改进 ITD 分解结果

表 4-5　部分故障特征向量

状态	PRC	故障特征向量				
		a_1	a_2	a_3	a_4	σ
气门间隙较小	PRC_1	0.05	0.94	0.80	0.13	0.18
	PRC_2	1.00	0.00	0.51	0.70	0.41
	PRC_3	0.31	0.70	0.29	0.49	0.17
	PRC_4	0.60	0.36	0.56	0.34	0.21
	PRC_5	0.34	0.51	0.47	0.42	0.10
气门间隙偏小	PRC_1	0.47	0.68	0.25	0.81	0.26
	PRC_2	0.66	0.29	0.77	0.15	0.21
	PRC_3	0.39	0.62	0.24	0.59	0.06
	PRC_4	0.57	0.39	0.53	0.40	0.12
	PRC_5	0.42	0.48	0.47	0.43	0.10
气门间隙较大	PRC_1	0.34	0.61	0.68	0.54	0.07
	PRC_2	0.69	0.33	0.46	0.58	0.10
	PRC_3	0.44	0.59	0.24	0.63	0.01
	PRC_4	0.51	0.38	0.51	0.53	0.00
	PRC_5	0.23	0.54	0.47	0.42	0.02
气门间隙较大和挺杆弯曲耦合故障	PRC_1	0.48	0.13	0.73	0.54	0.88
	PRC_2	0.44	0.69	0.10	0.85	0.72
	PRC_3	0.51	0.35	0.60	0.38	0.43
	PRC_4	0.48	0.45	0.50	0.49	0.45
	PRC_5	0.41	0.48	0.46	0.44	0.52

在特征提取后，利用 RVM 进行故障诊断，RVM 选择 RBF 核函数。经过多次预先实验后，将核函数参数设置为 3。利用 SDAG 算法确定 RVM 多分类模型的结构，其中根据类别间的可分离性确定的根列表中类别排序为{3,6,2,4,5,1}。RVM 多分类模型结构如图 4-57 所示。为了说明 SDAG 算法的有效性，各二分类 RVM 分类正确率也在图 4-57 中给出。由图 4-57 可以发现，各二分类 RVM 的诊断精度从上层节点到下层节点逐渐下降，这说明上层节点的分类误差较小，而较难区分的类别对被放置在下层节点。SDAG 算法很好地解决了 DAG 算法的误差累积问题。利用训练样本对 SDAG-RVM 模型进行训练，将测试样本的故障特征向量输入训练好的 SDAG-RVM 模型进行故障诊断，结果如表 4-6 所示。

由表 4-6 可以发现，基于改进 ITD 和 SDAG-RVM 的柴油机配气机构故障诊断方法总诊断正确率可达 98.3%，只有一个气门间隙偏小状态的样本被误分。因此，该方法可以准确地识别柴油机配气机构故障。

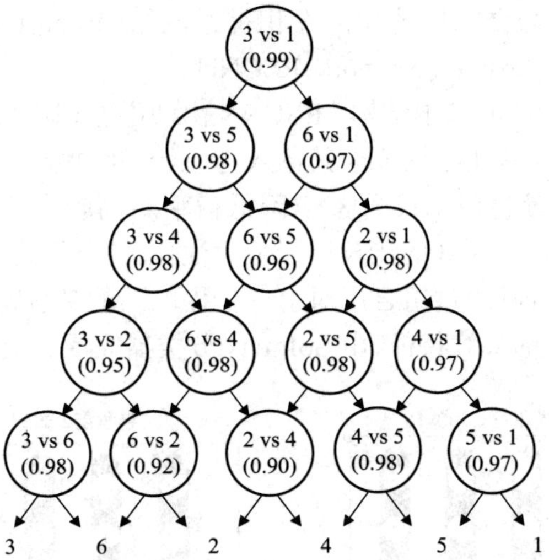

图 4-57　多分类 RVM 结构

表 4-6　故障诊断结果

状态	故障诊断精度
气门间隙较小	100%
气门间隙偏小	90%
正常	100%
气门间隙偏大	100%
气门间隙较大	100%
气门间隙较大和挺杆弯曲耦合故障	100%
所有工作状态	98.3%

4.5.3　案例二:基于深度学习的模式识别模型

深度学习作为当前人工智能的热门技术,被广泛应用于图像识别、目标检测和故障诊断等领域。相比于传统基于特征提取和模式识别算法的故障诊断技术,深度学习能够缩短计算时间,减少人工参与,实现“端对端”的故障诊断。卷积神经网络(Convolutional Neural Network,CNN)是目前被广泛采用的深度学习网络架构。

卷积神经网络一般由数据输入层、卷积层、池化层(也称降采样)、全连接层以及输出层构成。其中,卷积层与池化层一般会视具体问题而取若干个来提取样本的局部特征,卷积层与池化层之间往往会使用激活函数使模型具有提取非线性特征的能力,这些特征随着卷积层与池化层的堆叠而从低级转向高级,然后由全连接层整合这些局部特征,输出层根据这些特征判定样本的类别。尽管 CNN 在训练时有批标准化、随机丢弃等技巧来提高网络训练速度,但其在处理小规模数据集时依然存在收敛速度较慢、容易过拟合等问题。由于存在较大干扰,柴油机振动信号会存在异常峰值,会影响网络的特征提取及识别过程。针对以上问题，提出了基于鲁棒缩放与金字塔池化的卷积神经网络（Robust Scaler and Spatial Pyramid Pooling based Convolutional Neural Network，RSCNN）。

图 4-58 所示为 RSCNN 的基本结构，RSCNN 由两层卷积模块组成，每一个卷积模块又由卷积层、激活层以及最大池化层构成。其输入为原始一维振动信号，第一个卷积层设置规格为 64×1 的卷积核，设置卷积步长为 3，以降低模型对高频噪声的敏感性；然后特征图进入金字塔池化模块，分别以 2、4、8 的步长进行最大池化，并分别进入各自的可分离卷积模块进一步提取多尺度高级特征，通过组合层对上一步提取到的多级特征进行组合；最后由全局平均池化层获取用于分类的最终特征，由 Softmax 分类器完成分类。

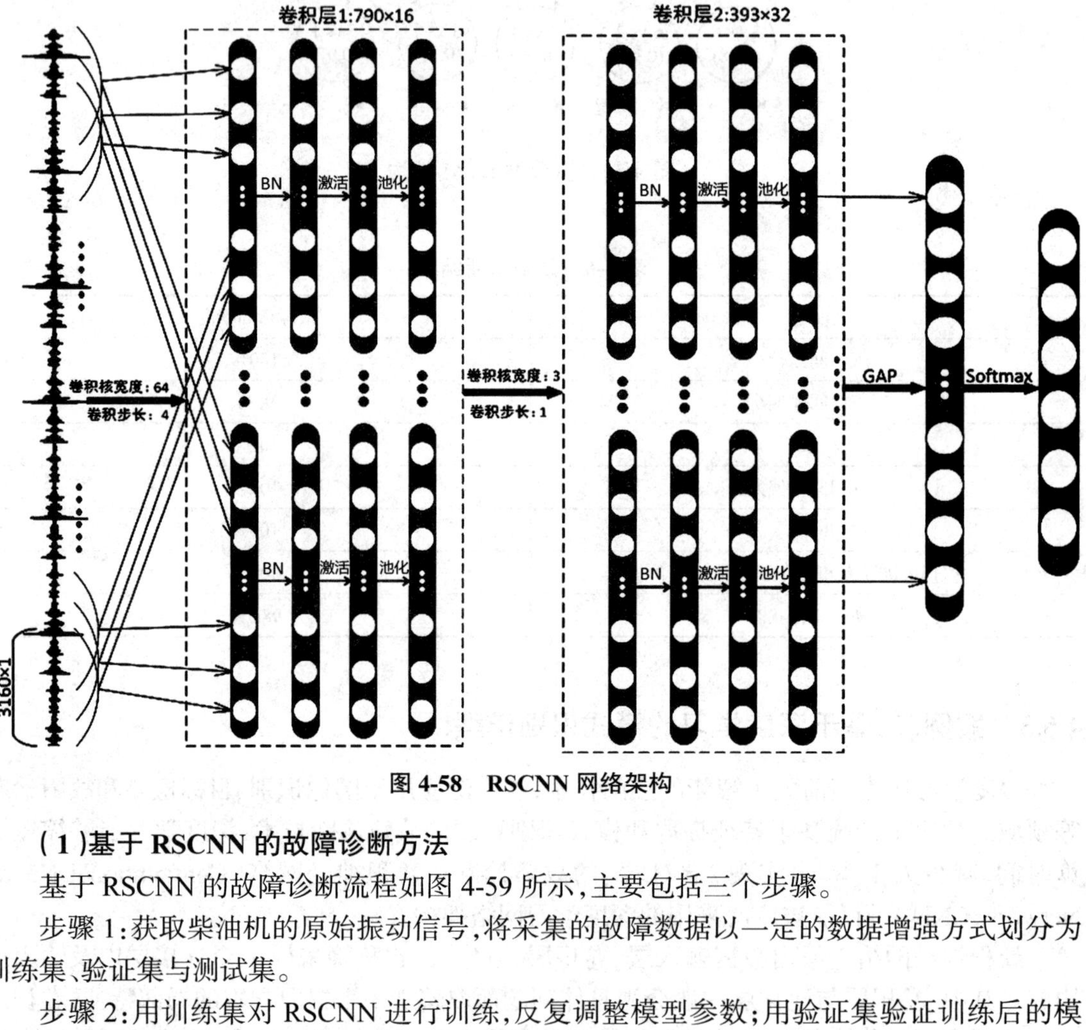

图 4-58　RSCNN 网络架构

（1）基于 RSCNN 的故障诊断方法

基于 RSCNN 的故障诊断流程如图 4-59 所示，主要包括三个步骤。

步骤 1：获取柴油机的原始振动信号，将采集的故障数据以一定的数据增强方式划分为训练集、验证集与测试集。

步骤 2：用训练集对 RSCNN 进行训练，反复调整模型参数；用验证集验证训练后的模型性能，直到符合停止准则，保存此时训练好的模型。

步骤 3：用测试集测试训练好的模型，得到最终诊断结果。

停止准则指的是达到了一定的训练代数或者在连续两代训练时，模型在训练集上的准确率提升不超过 0.001。所有诊断结果均为 20 次测试所得准确率的平均值。

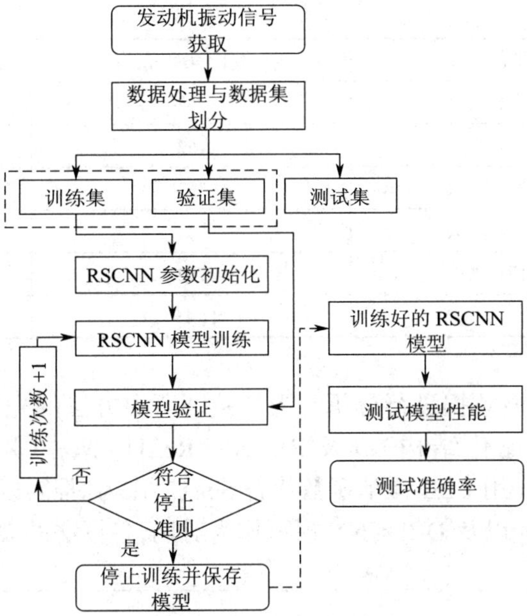

图 4-59　基于 RSCNN 的故障诊断流程

（2）测试数据分析

测试数据来源于某六缸柴油机的声振试验台架。采集不同缸失火和正常状态下（正常、单缸失火和两缸失火，共 15 种状态，见表 4-7）的缸盖振动信号。测试采用的传感器为单向压电加速度传感器，采样频率为 51 200 Hz，采集长度为 768 000 个样本点，采样工况为 1 200 r/min 和 50%负载，故每次发动机循环对应 5 120 个采样点，选择窗口规格为 5 120 × 1。使用滑动步长为 800 截取实验样本，最终获得 14 220 份实验样本（仅四缸缸盖振动数据），按照 8 ∶ 1 ∶ 1 的比例划分训练集、验证集以及测试集，最终获得的训练集、验证集以及测试集的样本数量分别为 11 430、1 395、1 395，具体见表 4-7。

表 4-7　状态设置及数据集划分

序号	状态	训练集数量	验证集、测试集数量
1	正常	762	186
2	第一缸失火	762	186
3	第二缸失火	762	186
4	第三缸失火	762	186
5	第四缸失火	762	186
6	第五缸失火	762	186
7	第六缸失火	762	186
8	第一、六缸失火	762	186
9	第二、六缸失火	762	186
10	第三、六缸失火	762	186

续表

序号	状态	训练集数量	验证测试集数量
11	第四、六缸失火	762	186
12	第五、六缸失火	762	186
13	第二、四缸失火	762	186
14	第二、五缸失火	762	186
15	第三、四缸失火	762	186
总计		11 430	2 790

将上述方法应用于该数据进行分析。为了验证所提方法的先进性，用 RCNN（采用普通卷积层代替金字塔池化结构）以及 RSCNN（ReLU）算法（用 ReLU 激活函数代替 SeLU）、RSCNN（ELU）（用 ELU 激活函数代替 SeLU）作为对照，以上方法其余参数均保持一致，亦采用 1D-CLSTM 以及 DBDCNN 模型作为对比，各算法的表现如图 4-60 所示。

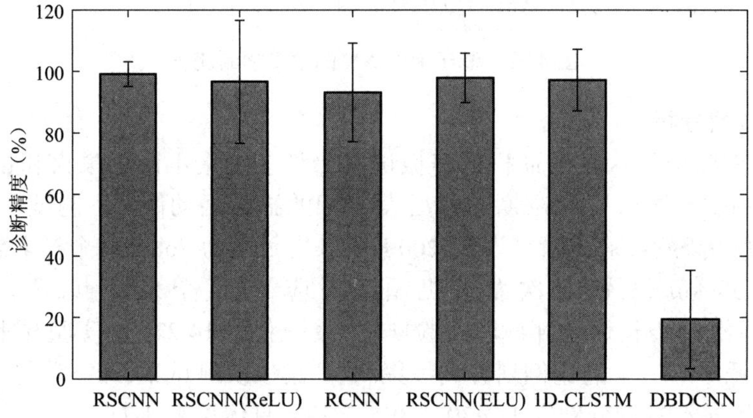

图 4-60　不同模型诊断精度对比

在六种深度学习模型中，DBDCNN 的模型复杂度过高，虽然采用了随机丢弃与批归一化方法来降低过拟合，但其五层卷积网络以及三层全连接层的总可训练参数量达到了近 10 万，使模型在训练集上能达到将近 100%的准确率，而在测试集、验证集上的准确率很低，且模型的稳定性也较低。RCNN 采用普通卷积层代替金字塔池化模块，模型的总体参数量与反向传播速度均小幅度提升，但相比之下其拟合能力与泛化能力均有所下降。1D-CLSTM 方法增加了长短期记忆网络单元（Long Short-Term Memory，LSTM）来提取信号的时序相关性特征，相比传统 CNN 这些特征对柴油机故障敏感性更高，但 LSTM 的缺陷在于其网络复杂度高、参数量过大、训练时间长、收敛速度慢，而且网络训练的准确率波动也较大。用 ReLU 和 ELU 代替 SeLU 作为激活函数时，算法的准确率和模型稳定性均稍有下降。

RSCNN 模型的可训练参数仅为 11 887 个，但在测试集上的准确率达到 99.14%，同时模型体积最小、复杂度最低，在保证良好的拟合性能的同时，可在最大程度上缩短训练时长，模型稳定性也最高。RSCNN 模型对硬件算力的要求更低，因此也更适用于柴油机在线故障诊断系统的研发。

为了清晰地展示 RSCNN 的整个训练过程,导出 1~120 代训练时 RSCNN 模型在验证集上的准确率,并用 RCNN、1D-CLSTM、DBDCNN 算法作为对照,四种方法的具体准确率波动如图 4-61 所示。

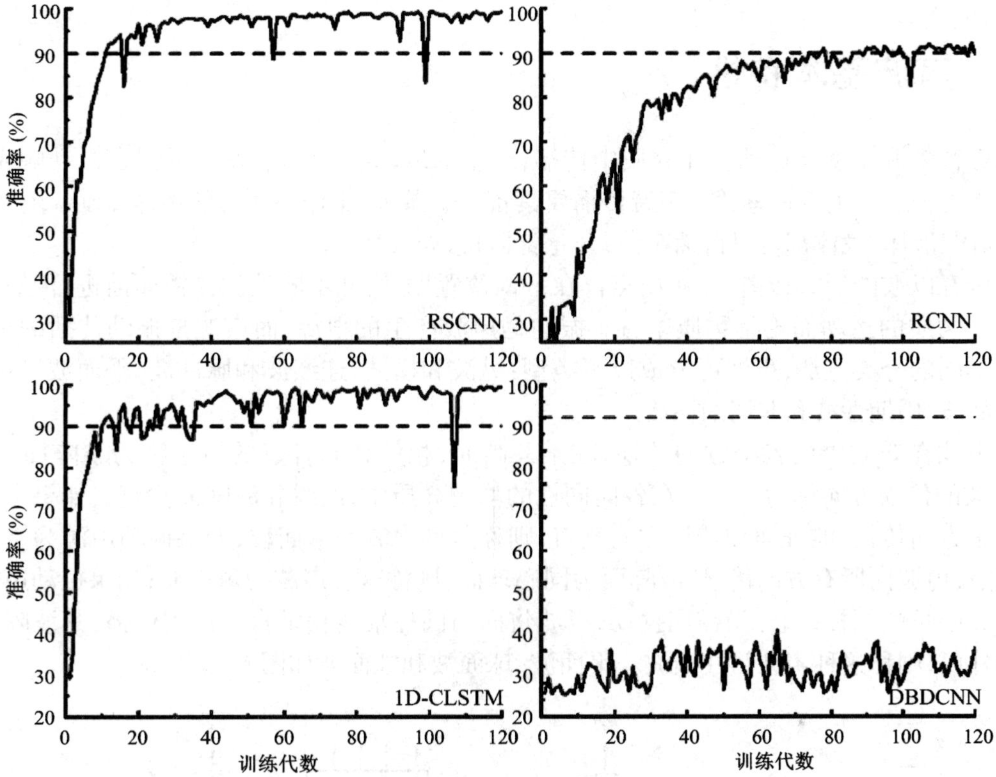

图 4-61　四种模型在验证集的准确率

在这四种方法中,RCNN 模型由于用普通卷积层替代了金字塔池化模块,其特征提取能力明显下降,训练过程中在训练集上的准确率也不停地在 80%~96%以较大幅度波动,出现了欠拟合现象; DBDCNN 在验证集上的诊断精度一直在 30%以下,而其在训练集上的准确率能达到将近 100%,说明其深层卷积架构的学习能力过强,且鲁棒性较差,在验证集、测试集上的表征能力均较差,产生了过拟合现象; 1D-CLSTM 算法能做到较快速收敛,并且没有过拟合或欠拟合产生,但训练过程中其准确率波动明显较大;RSCNN 方法可以快速收敛,前 30 代训练在验证集上的准确率已经达到接近 100%,其模型参数仅为 1D-CLSTM 的十分之一且训练稳定性最高,相比之下其对计算机硬件算力的要求更小,更适合作为在线故障诊断系统的内置算法。

第 5 章　噪声基础

5.1　声波基本特性

声音来源于物质振动并在介质中传播，产生的波动（声波）引发听觉器官振动响应，再通过听觉神经产生声音感觉。声音传播要具备三个条件：①作为声源的物体振动；②传播介质，固体、液体、气体都可以传播声波；③感觉器官，如人耳。

声音以波的形式传播，介质质点仅在平衡位置振动，并不随波的传播而前进，传播出去的只是物质的运动而不是物质本身。振动是声波产生的根源，而声波是振动传播的过程。按照不同的分类方法，声波可分成以下类型：纵波和横波，连续波和脉冲波，平面波、球面波和柱面波，周期性波和非周期性波。

声波在介质中向各个方向传播，在某一瞬时，相位相同各点的轨迹称为波阵面（或波前），波的传播方向称为波线。在各向同性的均匀介质中，波线和波阵面垂直。如果声波只在一个方向传播，波阵面和传播方向垂直，则称这种声波为平面波；如果振动声源为空间中的一点，声波向所有方向传播，波阵面为同心球面，则称这种声波为球面波；如果振动声源为一条无限长的圆柱，圆柱做横向振动，声波将向与圆柱轴线相垂直的四周传播，其波阵面为同轴柱面，则称这种声波为柱面波。平面波、球面波和柱面波如图 5-1 所示。

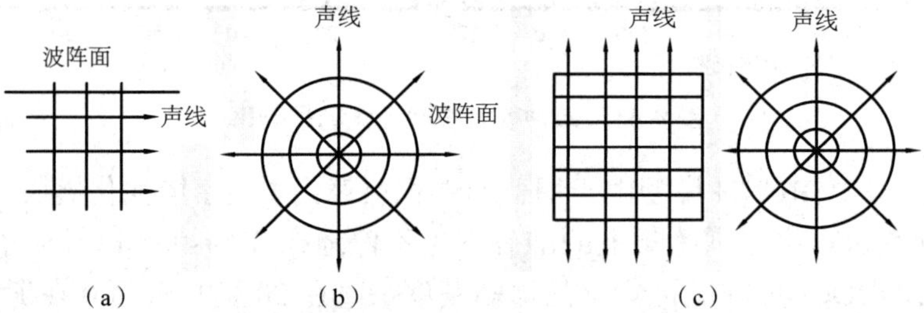

图 5-1　各种声波的波阵面与声线

（a）平面波　（b）球面波　（c）柱面波

噪声泛指妨碍人们学习、工作和休息，并使人产生不舒适感觉的声音。噪声危害的表现包括：①引起耳聋、诱发疾病、导致烦恼、干扰交谈等，影响人们生理、心理健康和日常生活；②诱发结构疲劳破坏等工程失效问题。

5.1.1　声波的波动方程

波动方程是描述声波波动的数学形式，是声波动量（又称声场变量，如声压、质点振动速度等）的控制方程。声波动量是空间位置与时间的函数，知道某一空间区域内的声波方程以及初始条件和边界条件，就可以求出相应空间区域内所关心的声场变量如声压随时间、空间变量变化的规律，从而完全掌握声场特性。

描述声场的基本物理量包括声压 p、质点振动速度 u、密度增量 ρ' 和温度增量 T'。声波传播过程中的假设包括绝热假设、理想流体假设、介质均匀连续假和小振幅假设。因此，在一维情况下，可以得到三个基本方程。

根据介质微元动量关系获得运动方程，其表达式为

$$\rho_0 \frac{\partial u}{\partial t} = -\frac{\partial p}{\partial x} \tag{5-1}$$

式中：ρ_0 为静止状态下介质密度；u 为质点振动速度；p 为声场中压力；x 为一维坐标。

根据介质微元质量守恒关系获得连续性方程，其表达式为

$$-\rho_0 \frac{\partial u}{\partial x} = -\frac{\partial \rho'}{\partial t} \tag{5-2}$$

式中：ρ' 为密度增量；t 为时间。

根据理想气体绝热过程关系 $p / \rho^{\lambda} =$ 常数（λ 为比热容比，是气体定压比热容与定容比热容之比）获得状态方程，其表达式为

$$p = {c_0}^2 \rho' \tag{5-3}$$

式中：c_0 为平衡状态下声波的传播速度。

相对于振动速度 u 和密度增量 ρ'，声压 p 测量容易实现，而通过声压可以间接地求出质点振动速度等其他参数，所以声压成为最常用的基本参数。从以上三个方程中消去 u 和 ρ'，便可得到关于 p 的波动方程。式（5-3）两边对 t 求偏导后代入式（5-2）可消去 ρ'，得到

$$\rho_0 \frac{\partial u}{\partial x} = -\frac{1}{c_0^2} \frac{\partial p}{\partial t} \tag{5-4}$$

式（5-4）两边对 t 求偏导，同时与式（5-1）两边对 x 求偏导后联立，可消去 u，得到

$$\frac{\partial^2 p}{\partial x^2} = \frac{1}{c_0^2} \frac{\partial^2 p}{\partial t^2} \tag{5-5}$$

对于三维情况，波动方程为

$$\frac{\partial^2 p}{\partial x^2} + \frac{\partial^2 p}{\partial y^2} + \frac{\partial^2 p}{\partial z^2} = \frac{1}{c_0^2} \frac{\partial^2 p}{\partial t^2} \tag{5-6}$$

平面波声场就是一维波动方程即式（5-5）的解，设其解的形式为

$$p(x,t) = p(x)\mathrm{e}^{\mathrm{i}\omega t} \tag{5-7}$$

式中：ω 为圆频率（rad/s）。

将式（5-7）代入式（5-5），得出与声压空间分布 $p(x)$ 有关的常微分方程：

$$\frac{\mathrm{d}^2 p}{\mathrm{d}x^2} + k^2 p = 0 \tag{5-8}$$

式中：k 为波数，$k = \omega / c_0 = 2\pi/\lambda$。

于是求得式（5-8）的解为

$$p(x) = p_{\mathrm{A}}\mathrm{e}^{-\mathrm{i}kx} + p_{\mathrm{B}}\mathrm{e}^{\mathrm{i}kx} \tag{5-9}$$

式中：p_{A}、p_{B} 为复常数，由初始条件和边界条件确定。

声波方程的通解为

$$p(x,t)=p_{A}e^{-ikx+i\omega t}+p_{B}e^{ikx+i\omega t} \tag{5-10}$$

式(5-10)右边第一项代表沿 x 轴正方向的行进波,第二项代表沿 x 轴负方向的行进波。在无限介质中的声场,若无障碍物且不存在边界反射,可令 $p_B=0$。因此,平面波声场表达式为

$$p(x,t)=p_{A}e^{-ikx+i\omega t} \tag{5-11}$$

式中:p_A 为由初始条件和声源在 $x=0$ 处的振动速度(即边界条件)决定的复常数,它的模为简谐波的振幅,相位为波的初相位。

5.1.2 声速与声阻抗

声波的传播速度(简称声速)的定义为单位时间内波阵面传播的距离。空气中的声速可以表示为

$$c_0=\sqrt{\frac{\gamma P_0}{\rho}} \tag{5-12}$$

式中:P_0 为大气静压强;ρ 为空气密度;γ 为空气比热容(γ=1.4);c_0 为声速,在室温条件下,空气中的声速大约为 340 m/s。

声速与传播介质有关,由状态方程式(5-3)可知:

$$c_0=\sqrt{\frac{p}{\rho'}}=\sqrt{\frac{dp}{d\rho}} \tag{5-13}$$

如果某种介质(如气体)的可压缩性较大,那么同样的压力变化引起的密度变化大,一个体积元状态的变化需要经过较长时间才能传到周围相邻的体积元,声波传播速度就慢;反之,声波在可压缩性小的介质中传播速度就快。一般来说,固体中的声速>液体中的声速>气体中的声速。表 5-1 中列出了几种媒介中的声速。

表 5-1 几种介质中的声速

介质	温度(℃)	声速(m/s)	介质	温度(℃)	声速(m/s)	介质	温度(℃)	声速(m/s)
空气	0	331.5	水蒸气	100	471.5	钢	—	5 050
水	17	1 430	铸铁	—	3 850	铝	—	5 250

声速还随介质温度 T(K)而改变,由式(5-12),有

$$c_0^t=\sqrt{\frac{\gamma P_0^t}{\rho^t}} \tag{5-14}$$

式中:上标 t 表示介质温度(℃)。

由理想气体状态方程 $P/(\rho T)=R_g$,得

$$c_0^t=\sqrt{\frac{\gamma P_0^t}{\rho^t}}\sqrt{\frac{T}{T_0}}=c_0^0\left(\frac{T}{T_0}\right)^{\frac{1}{2}} \tag{5-15}$$

式中：$c_0^0=331.6$ m/s 是标准大气压下 0 ℃时空气中的声速；$T_0=273$ K；$T=(273+t)$K，其中 t 为介质温度（℃）。

因此，空气中声速随温度变化的表达式为

$$c_0^t=c_0^0\left(1+\frac{t}{273}\right)^{\frac{1}{2}} \tag{5-16}$$

式（5-16）可近似为

$$c_0^t \approx c_0^0+0.61t \tag{5-17}$$

式（5-17）为近似式，适用于-30~+30 ℃的温度范围，表示温度每升高 1 ℃，声速增加 0.61 m/s。对于如内燃机排气管附近的高温声场，应该采用式（5-16）进行准确计算。

声波的传播取决于介质的特性。声阻抗是表示介质特性的一个十分重要的参数，它是声场中声压与体积速度的复数比值，其表达式为

$$Z=\frac{p}{U} \tag{5-18}$$

式中：p 是声压；U 是体积速度，可表示为

$$U=Su \tag{5-19}$$

式中：u 是质点在其所在位置的振动速度；S 是面积。

如果不考虑面积，那么声阻抗就转变成声阻抗率，声阻抗率定义为声场中某位置声压与该位置质点振动速度的比值，即

$$z=\frac{p}{u} \tag{5-20}$$

声阻抗率的单位为 Rayl 或 N· s/m³ 或 Pa· s/m。

对自由声场中的平面波来说，存在一个特殊的声阻抗，称为特性阻抗 z_0，它是某点的介质密度 ρ_0 与声速 c_0 的乘积，表达式为

$$z_0=\rho_0 c_0 \tag{5-21}$$

特性阻抗是介质的一个固有特性，可类比于电学中无限长传输线的特性阻抗。在 0 ℃的空气和一个标准大气压条件下，$\rho_0=1.21$ kg/m³，c_0=343 m/s，z_0=428.5 Pa· s/m。平面波声场中的声阻抗率数值上处处与介质的特性阻抗相等，因此平面波在传播时的形状是不变的。平面波的速度可以用介质中声压和特性阻抗来表示，即

$$u=\frac{p}{z_0}=\frac{p}{\rho_0 c_0} \tag{5-22}$$

5.1.3 声波的反射、透射与折射

声波与其他波一样，也能产生反射、折射、绕射、干涉和共振等现象。声波在声场中传播并非都为自由声。实际上，声波在传播的途径上会遇到各种障碍，如声波从一种介质传播到另一种介质时，在分界面上声波的传播方向会发生改变，产生反射和折射现象。如图 5-2 所示，声波由介质Ⅰ（声阻抗率 $z_1=\rho_1 c_1$）传播到介质Ⅱ（声阻抗率 $z_2=\rho_2 c_2$）时，一部分声波会返回到介质Ⅰ，另一部分声波会穿过两种介质的分界面在介质Ⅱ中继续传播，前者为反射现

象，后者为折射现象。据此，将声波分为入射波、反射波和折射波。声波的反射与折射和光的反射与折射的规律相同。

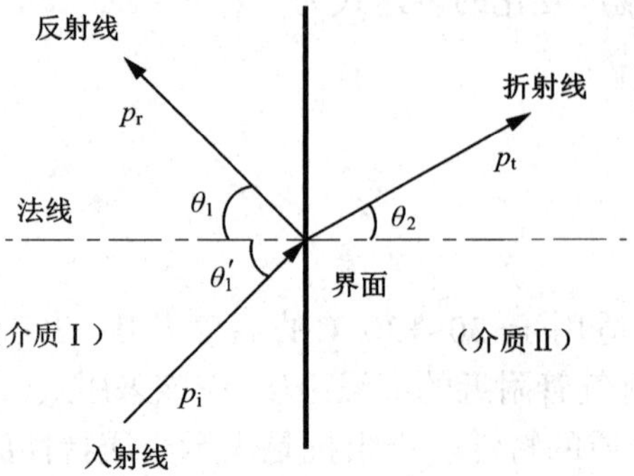

图 5-2　声波的反射与折射

在界面处，反射声波声压 p_{r0}、入射声波声压 p_{i0}、透射声波声压 p_{t0} 满足连续性关系，即

$$p_{i0} + p_{r0} = p_{t0} \tag{5-23}$$

反射声波声压 p_{r0} 与入射声波声压 p_{i0} 之比定义为界面法向的声压反射系数 r_p，透射声波声压 p_{t0} 与入射声波声压 p_{i0} 之比定义为声压透射系数 t_p。反射系数与透射系数的表达式分别为

$$r_p = \frac{p_{r0}}{p_{i0}} = \frac{z_2 - z_1}{z_2 + z_1} \tag{5-24}$$

$$t_p = \frac{p_{t0}}{p_{i0}} = \frac{2z_2}{z_2 + z_1} \tag{5-25}$$

对于 $z_1 \gg z_2$，透射系数接近 0，反射系数接近 1，表示透射声压幅值趋近于 0，反射声压与入射声压幅值相同，在界面上相位相反；声波由水（$z_w = 1.48 \times 10^6$ Pa · s/m）向空气（z_a=415 Pa · s/m）入射就是这种情况。对于 $z_1 \ll z_2$，反射系数趋于 1，透射系数趋于 2，表示反射波声压幅值与入射波相同，且在界面处相位相同，而透射声波的幅值为入射声波幅值的 2 倍。

5.1.4　声波叠加

当空间中有两个独立的声波时，两声波在保持各自特性继续传播的基础上，在声波作用区域的质点的运动形式为两个波的合振动，这就是声波的叠加原理。具体应用叠加原理时，应区别两种不同情况（图 5-3 和图 5-4）：一是两个频率相同、方向相同、相位差恒定和声波的叠加，它们对空间某些地方的相互作用始终加强，而在另一些地方则始终削弱，这种现象称为干涉现象，产生干涉的波称为相干波；二是两个不同频率的声波且其频率之间没有固定联系，它们对某一质点作用时，时而相互加强，时而又相互削弱，则这两个声波称为不相干波。

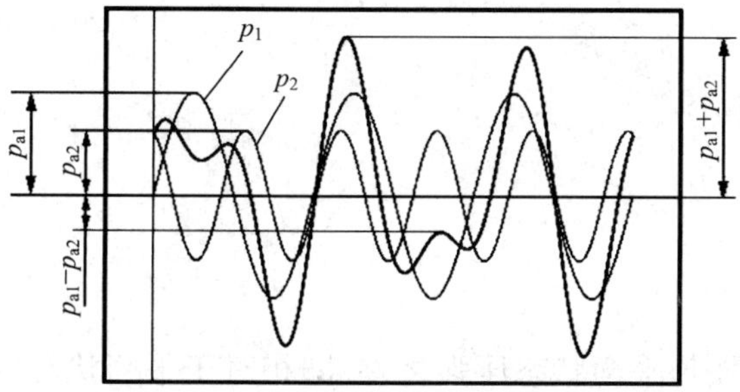

图 5-3　两个不相干波的叠加

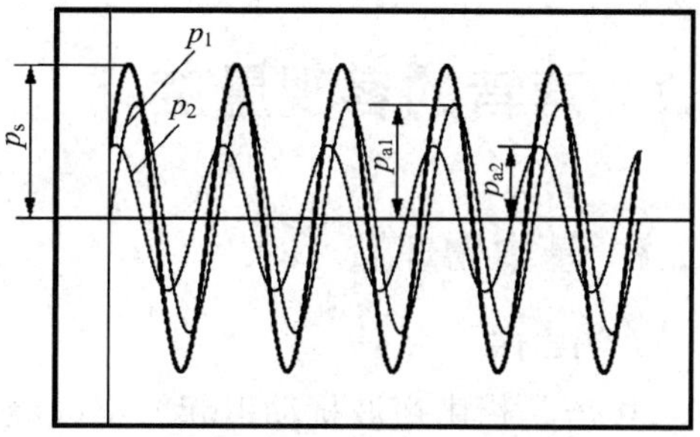

图 5-4　两个相干波的叠加

图 5-3 所示为两个不相干波的叠加，两波的声压为

$$\left.\begin{aligned}p_1 &= p_{a1}\cos(2\pi f_1 t - k_1 x)\\ p_2 &= p_{a2}\cos(2\pi f_2 t - k_2 x)\end{aligned}\right\} \tag{5-26}$$

根据叠加原理，叠加后的声波不再是简谐波，声压为

$$p = p_1 + p_2 = p_{a1}\cos(2\pi f_1 t - k_1 x) + p_{a2}\cos(2\pi f_2 t - k_2 x) \tag{5-27}$$

图 5-4 所示为两个相干波的叠加，两波的声压为

$$\left.\begin{aligned}p_1 &= p_{a1}\cos(2\pi ft - k_1 x)\\ p_2 &= p_{a2}\cos(2\pi ft - k_2 x)\end{aligned}\right\} \tag{5-28}$$

叠加后的瞬时声压为

$$p = p_s\cos(2\pi ft - kx) \tag{5-29}$$

式中：

$$p_s = p_{a1}^2 + p_{a2}^2 + 2p_{a1}p_{a2}\cos[(k_1 - k_2)x] \tag{5-30}$$

$$kx = \arctan\frac{p_{a1}\sin k_1 x + pa_{a2}\sin k_2 x}{p_{a1}\cos k_1 x + pa_{a2}\cos k_2 x} \tag{5-31}$$

当两个振幅和频率均相同的相干波在同一直线上沿相反方向传播时，叠加后产生的波称为驻波。驻波是干涉波的一种特例，其特点是具有固定于空间的波节和波腹。波节是驻波中幅值为零的点，波腹是其幅值最大的点。相邻波节（或波腹）间的距离等于半波长。驻波的形成过程如图 5-5 所示，当两个相干波 $p_1 = p_a\cos(2\pi ft - k_1 x)$ 及 $p_2 = p_a\cos(2\pi ft - k_2 x)$ 的幅值相等（为在图中便于标识，两相干波的幅值略有不同）、频率相同时，两波叠加后的合成波的声压为

$$p_s = 2p_a\cos(kx)\cos(2\pi ft) \tag{5-32}$$

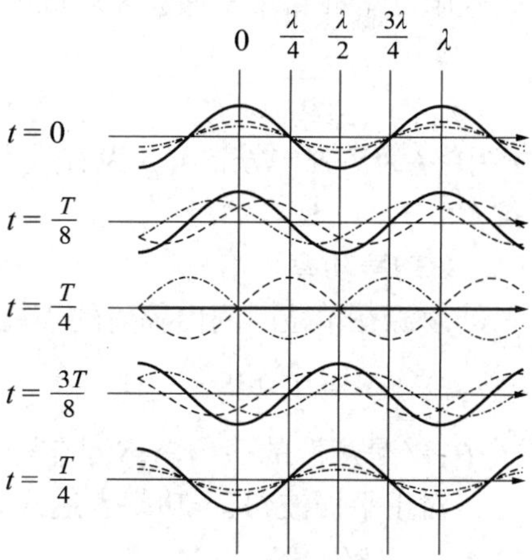

图 5-5　驻波的形成

这一合成声压仍为一频率为 f 的简谐波，振幅是 $|2p_a\cos kx|$，振幅在 $2p_a$ 和 $-2p_a$ 之间随两个相干波的相位差变化。由此可见，驻波实际上就是分段的振动现象。

5.2　声音的客观量度

5.2.1　基本物理量

(1)声压

声压是指由声波扰动引起的空气绝对压强与平衡状态压强之差，即相对于平衡状态压强的波动量。声压通常用 p 表示(Pa)。声压是随时间变化的，但由于每秒钟内波动的次数往往很大，当声波传到人耳时，由于耳膜的惯性作用，人类难以辨别出声压的变化。人们所说的声压一般指有效声压，它是在一定时间间隔内瞬时声压的均方根值，其表达式为

$$p=\sqrt{\frac{1}{T}\int_0^T p^2(t)\mathrm{d}t} \tag{5-33}$$

式中：$p(t)$ 为瞬时声压(Pa)；T 为时间间隔。

由于声压易于用常见的仪器测得，因此是噪声测量中较为重要的一个物理量。

(2)声强

声音具有一定的能量(声能)。声学理论规定，在垂直于声波传播方向的单位面积上，将单位时间内通过的声能称为声强 I($\mathrm{W/m^2}$)。当声强的数值小到一定程度时，人耳就感觉不到了，人耳开始能听到的声波的声强为 $1\times10^{-12}\ \mathrm{W/m^2}$，该数值称为听阈声强。随着声强的增大，人耳对声音感觉愈强烈，在感到疼痛难忍时，声强已达 $1\ \mathrm{W/m^2}$。因此，将 $1\ \mathrm{W/m^2}$ 的声强称为痛阈声强。

声强 I 和声压 p 都可用来表示声音的强度水平，但因声强不易用一般常用仪器测得，而且声音强弱的最终感受者——听觉器官，也是按作用在人耳鼓膜上的压力来衡量声强的。因此，用声压 p 衡量声音的强弱更为直观和方便一些。声强 I 和声压 p 之间有严格的数学关系限定。在自由平面波和球面波的情况下，声波在传播方向上的声强为

$$I=\frac{p^2}{\rho c} \tag{5-34}$$

式中：I 为声强($\mathrm{W/m^2}$)；p 为有效声压；ρ 为介质密度；c 为声速；ρc 为前文中提到的特性阻抗 z。

(3)声功率

声源在单位时间内辐射的声能量称为该声源的声功率 W(W)，它和声强 I 的关系为

$$W=\int_S^R I\mathrm{d}S \tag{5-35}$$

式中：W 是声源的声功率；S 是包围声源曲面的总面积；I 是指定点处的声强。

对于平面波，其声功率表达式为

$$W=IS \tag{5-36}$$

对于球面波，其声功率表达式为

$$W=4\pi r^2 I \tag{5-37}$$

将声源放在具有反射的地面上时，声源只能向半球面空间辐射，此时声功率为

$$W = 2\pi r^2 I \tag{5-38}$$

声功率是表示声源特性的重要物理量，它与声波传播的距离、环境无关，在一定工作条件下是一个不变量，因此用声功率表示声源的一种特性，在任何环境下都可以用。显然，声源声功率一定时，在声场中不同点处的声强是不同的，它与离开声源的距离 r 的平方成反比。

（4）声级和分贝

人的听觉器官——耳朵具有独特的生理机能。人耳由听阈到痛阈声压的绝对值相差100万倍，因此用声压或声强的绝对值来表示声音的强弱是很不方便的（表5-2）。

表5-2　声音的听阈和痛阈

名称	听阈	痛阈	可听范围之比
声强	10^{-12} W/m²	1 W/m²	1 : 10^{12}
声压	2×10^{-5} Pa	20 Pa	1 : 10^{6}
声功率	10^{-12} W	1 W	1 : 10^{12}
声强级	0	120 dB	
声压级	0	120 dB	
声功率级	0	120 dB	

大量研究发现，人耳对声音的感觉和客观物理量（声强或声压）之间的关系近似于对数线性关系，由此将声强、声压和声功率转化为声强级、声压级和声功率级来方便描述，三者的单位均为分贝（dB）。

Ⅰ. 声强级

声强级的定义为

$$L_i = 10\lg\frac{I}{I_0} \tag{5-39}$$

式中：I 为被测声音的声强（W/m²）；I_0 为基准声强（1×10^{-12} W/m²）。

听阈的声强级为0，而痛阈的声强级为120 dB。

Ⅱ. 声压级

由于声压和声强是平方的关系，所以可以从声强级的概念中引出声压级 L_p，有

$$L_i = 10\lg\frac{I}{I_0} = 10\lg\left(\frac{p}{p_0}\right)^2 (\text{dB}) \tag{5-40}$$

$$L_p = 20\lg\frac{p}{p_0} (\text{dB}) \tag{5-41}$$

式中：p 是被测声音的声压；p_0 是基准声压，为 2×10^{-5} Pa，其为听阈声压的大小。

与声强级类似，可求得听阈的声压级仍为0，痛阈的声压级为120 dB。普通对话声的声压级大致为60 dB，路上行驶的载货汽车、摩托车发出声音的声压级为80～90 dB，凿岩机、球磨机产生的噪声的声压级可达120 dB。

若声压变为原来的2倍，则声压级增加6 dB，即

$$L_p' = 20\lg\frac{2p}{p_0} = 20\lg\frac{p}{p_0} + 20\lg 2 \approx L_p + 6 \tag{5-42}$$

类似地，声压级每变化 20 dB，声压的绝对值变化 10 倍。

Ⅲ. 声功率级

声功率级的定义为

$$L_w = 20\lg\frac{W}{W_0} \tag{5-43}$$

式中：W 为被测声音的声功率；W_0 为基准声音的声功率，为 1×10^{-12} W。

在自由声场中，不考虑空气密度和空气中声速变化的影响，可近似认为声压级与声强级相等。而在自由声场中，以球面波向外辐射的声的声功率级与声压级（声强级）的关系为

$$\begin{aligned} L_w &= 10\lg\frac{W}{W_0} = 10\lg\frac{4\pi r^2 I}{10^{-12}} \\ &= 10\lg 4\pi + 10\lg r^2 + 10\lg\frac{I}{I_0} \\ &= L_p + 20\lg r + 11 \end{aligned} \tag{5-44}$$

式中：r 为距声源的距离。

如果声源位于一个光滑的平面上，可认为声波在半自由空间中传播，其声压级和声功率级的关系为

$$L_w = L_p + 20\lg r + 8\ (\text{dB}) \tag{5-45}$$

（5）声压级的合成与分解

在噪声的测量现场，往往不只有一个噪声源，噪声声压级的合成与分解是经常遇到的问题。如两噪声源的声压级分别为 $L_{p\text{-}A}$（dB）和 $L_{p\text{-}B}$（dB），其合成声压级并非各自声压级的算术和。设有两噪声源 A 和 B，声压级相等，均为 L_p，声压均为 p，则合成声压为

$$p_s = \sqrt{2p^2} \tag{5-46}$$

合成噪声的声压级为

$$L_p = 20\lg\frac{p_s}{p_0} = 20\lg\frac{\sqrt{2p^2}}{p_0} = 10\lg\frac{2p^2}{p_0^2} = L_p + 10\lg 2 \approx L_p + 3\ (\text{dB}) \tag{5-47}$$

推而广之，N 个同样分贝值的噪声源同时发声，在离声源等距离的一点上所产生的合成声压级为

$$L_p = 20\lg\frac{p_s}{p_0} = 10\lg\frac{Np^2}{p_0^2} = L_p + 10\lg N\ (\text{dB}) \tag{5-48}$$

由式（5-48）可见，假设 2 台噪声为 95 dB 的内燃机同时运转，这时总噪声的声压级不是 190 dB，而是 95 + 3 = 98 dB；10 台相同内燃机同时运转时，总噪声的声压级是 95 + 10 = 105 dB。

假设噪声源 A、B 的声压级分别为 $L_{p\text{-}A}$ 和 $L_{p\text{-}B}$，且 $L_{p\text{-}A} > L_{p\text{-}B}$，现在需要知道从噪声源 A 的分贝值到合成噪声分贝值的增加值，该增加值为

$$L_{p\text{-}B} - L_{p\text{-}A} = 10\lg\frac{p_B^2}{p_0^2} - 10\lg\frac{p_A^2}{p_0^2} = 10\lg\frac{p_B^2}{p_A^2} \tag{5-49}$$

既然

$$\frac{p_{\mathrm{B}}^{2}}{p_{\mathrm{A}}^{2}}=10^{-(L_{\mathrm{p\text{-}A}}-L_{\mathrm{p\text{-}B}})/10} \tag{5-50}$$

故

$$L_{\mathrm{ps}}=L_{\mathrm{p\text{-}A}}+10\lg\left[1+10^{-(L_{\mathrm{p\text{-}A}}-L_{\mathrm{p\text{-}B}}/10)}\right](\mathrm{dB}) \tag{5-51}$$

分贝和的增值如图 5-6 所示。工程上，两个噪声合成也可通过查表 5-3 获得。

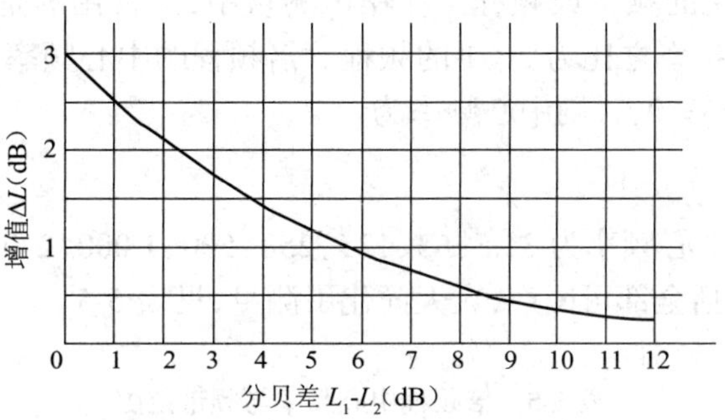

图 5-6　分贝和的增值

表 5-3　分贝和增值

噪声源声级差 $L_{\mathrm{p\text{-}A}}-L_{\mathrm{p\text{-}B}}$（dB）	0	1	2	3	4	5	6	7	8	9	10
合成声级的增值 $L_{\mathrm{ps}}-L_{\mathrm{p\text{-}B}}$（dB）	3.0	2.5	2.1	1.8	1.5	1.2	1.0	0.8	0.6	0.5	0.4

因此，如果有数个不同分贝值的噪声源同时发声，可以首先找出其中最大的两个声压级值用上述办法合成，得到叠加后的分贝值后再和第三个大的声压级值合成求知，依此类推。如果两个噪声分贝值相差 10 dB 以上，可以忽略较低的噪声分贝值。

在噪声测量现场，除噪声级的合成问题外，噪声级的分解（即分贝值相减）也是经常会遇到的问题。严格来说，在被测对象发声之前，测定现场总会有一个难以避免的背景噪声存在，这种背景噪声相对被测噪声而言，称为本底噪声（也有称暗噪声、环境噪声），它的分贝值可以预先测定。被测对象发声后，所测得的分贝值事实上是被测噪声和本底噪声的总和。在有本底噪声存在的现场，被测对象的噪声是无法直接测定的，只能在测得总噪声内减去本底噪声后求得其噪声。与前文中噪声合成的方法类似，噪声分解也必须按能量相减的原则进行。经公式推导可知，被测对象的分贝值等于总噪声减去一个修正值，而该修正值又是总噪声和本底噪声之差的函数，如表 5-4 所示。

表 5-4　分贝差的修正值

总噪声和本底噪声之差（dB）	1	2	3	4	5	6	7	8	9	10
修正值（dB）	6.90	4.40	3.00	2.30	1.70	1.30	0.95	0.75	0.60	0.45

5.2.2 噪声频谱

一般绝大部分声音是复音，由许多强度不同、频率不同的纯音复合而成。动听的音乐和烦躁的噪声都是由不同强度和频率的声音组成的复音。频谱分析是了解噪声特性的有效方法，一般的噪声频谱以频率为横坐标，以声级为纵坐标，在频域上描述了声音强弱的变化规律。

人耳可听频率范围为 20~20 000 Hz，为了分析方便，将这个范围划分为若干小频段，这些小频段就是通常所说的频带或频程。在噪声测量中，最常用的是倍频程和 1/3 倍频程。倍频程是频带上、下限频率之比为 2 : 1 的频程。倍频程的中心频率为 f_c，上、下限频率分别为 f_u 和 f_d，两者关系为 $f_u = 2f_d$，则中心频率为

$$f_c = (f_u f_d)^{1/2} \tag{5-52}$$

目前，通用倍频程中心频率为 31.5、63、125、250、500、1 000、2 000、4 000、8 000、16 000 Hz。这 10 个倍频程包括全部可闻声，大大简化了测量，见表 5-5。

表 5-5 倍频程中心频率与频带范围

中心频率（Hz）	频率范围（Hz）	中心频率（Hz）	频率范围（Hz）
31.5	22.5~45	1 000	710~1 400
63	45~90	2 000	1 400~2 800
125	90~180	4 000	2 800~5 600
250	180~355	8 000	5 600~11 200
500	355~710	16 000	11 200~22 400

为了更详尽地研究噪声频率成分，在噪声分析时，还可采用 1/3 倍频程，即把一个倍频程按等比级数（$2^0 : 2^{1/3} : 2^{2/3} : 2$）分为三份，使频谱更窄。1/3 倍频程的中心频率及频率范围见表 5-6。随着计算机技术的进步，现在有条件采用更窄的频带，如 1/6 倍频程、1/9 倍频程、1/12 倍频程、1/24 倍频程，对于 1/n 倍频程来说，如 1/n 倍频程的中心频率为 f_c，上、下限频率分别为 f_u 和 f_d，则

$$\left.\begin{aligned} f_c &= (f_u f_d)^{1/n} \\ f_u &= 2^{1/n} f_d \end{aligned}\right\} \tag{5-53}$$

表 5-6 1/3 倍频程的中心频率及频率范围

中心频率（Hz）	频率范围（Hz）	中心频率（Hz）	频率范围（Hz）
50	44.7~56.2	1 000	891~1 122
63	56.2~70.8	1 250	1 122~1 413
80	70.8~89.1	1 600	1 413~1 778
100	89.1~112	2 000	1 778~2 239

续表

中心频率(Hz)	频率范围(Hz)	中心频率(Hz)	频率范围(Hz)
125	112~141	2 500	1 400~2 800
160	141~178	3 150	2 239~3 548
200	178~224	4 000	3 548~4 467
250	224~282	5 000	4 467~5 623
315	282~355	6 300	5 623~7 079
400	355~447	8 000	7 079~8 913
500	447~562	10 000	8 913~11 220
633	562~708	12 500	11 220~14 130
800	708~891	16 000	14 130~17 780

5.2.3 其他物理声学参量

(1)峭度和偏度

峭度是描述动力机械噪声信号周期性和随机脉冲特征的物理量,一般用于衡量噪声信号曲线的陡峭或平坦程度,可以描述人耳对声音冲击性的感觉,是一个无量纲参数。峭度的表达式为

$$K_{\mathrm{v}}=\frac{1}{N}\sum_{j=0}^{N}\left(\frac{\left|x_j\right|-\bar{x}}{\sigma}\right)^4 \tag{5-54}$$

式中:N为声音样本采样点的总数量;x_j为声音信号在j点的幅值;$\bar{x}$为声音样本幅值的均值;σ为幅值的标准偏差。

偏度是用来描述动力机械噪声信号上下不对称分布程度的物理量,同样也是一个无量纲参数。声音信号的偏度越接近于零,说明声音信号分布越对称,信号图形和高斯分布也就越接近;偏度的绝对值越大,说明声音信号分布的不对称程度越高,非高斯性也越强。偏度的表达式为

$$S_{\mathrm{v}}=\frac{1}{N}\sum_{j=0}^{N}\left(\frac{x_j-\bar{x}}{\sigma}\right)^3 \tag{5-55}$$

式中:N为声音样本采样点的总数量;x_j为声音信号在j点的幅值;$\bar{x}$为声音样本幅值的均值;σ为幅值的标准偏差。

(2)语音干扰级和语义清晰度

当人在背景噪声下用语言交谈时会出现掩蔽效应,从而使人耳正常交流的阈值提高。语音干扰级(Speech Interference Level, SIL)是描述背景噪声带来负面影响的参量。在语音干扰级的基础上加入优先倍频带,就是目前所广泛使用的优先语音干扰级(Preferred Speech Interference Level, PSIL)。美国国家标准学会(American National Standards Institute, ANSI)对 SIL 进行标准化后,得到了 ANSI-SIL,其中包含 4 kHz 倍频带,一般平均计算下来, AN-

SI-SIL 的计算结果较 SIL 高 1 dB,较 PSIL 低 2.5 dB。

在人们日常生活中,语言交流发声的频率主要集中在 200~5 000 Hz,为了语音干扰级的计算,人们通常求解中心频率为 500、1 000 和 2 000 Hz 这三个频带的声压级的平均值对语音干扰级进行计算,计算公式为

$$PSIL = \frac{L_{p500} + L_{p1\,000} + L_{p2\,000}}{3} \tag{5-56}$$

式中:L_{p500}、$L_{p1\,000}$、$L_{p2\,000}$ 分别为噪声在 500、1 000 和 2 000 Hz 频带的声压级。

一般来说,语音干扰级会被应用在噪声对人正常交谈的清晰度影响的预测中。

语义清晰度指数(Articulation Index, AI)是指在背景噪声环境下人说话的清晰程度, AI 用百分数表示,百分数越大,说明说话声音越清晰。AI 主要受三方面因素影响:一是交流者发出声音的频率,高频率声音比低频率声音的 AI 高;二是交谈者所处的背景噪声环境,背景噪声大,则 AI 低,反之则高;三是两个交谈者之间的距离,距离远,则 AI 低。通常, AI 为 95%的标准状况是指两人在间距 1.5 m、背景噪声的 A 计权声压级为 60 dB 的情况下可以正常交流。

语义清晰度指数(AI)的计算公式为

$$AI = \sum W(f) \cdot D(f) / 30 \tag{5-57}$$

式中: $W(f)$ 是清晰度加权系数; $D(f)$ 的值由背景噪声和交谈声的具体情况确定。

5.3 声音的主观量度

5.3.1 响度级

在 20~20 000 Hz 的可听阈中,人耳对高频声反应敏感,对低频声反应迟钝。因此,为了在噪声测量中将声音物理量与人耳感受相关联,人们提出了等响度级曲线。响度级定义为根据听力正常的听者判断为等响的 1 000 Hz 纯音(来自正前方的平面行波)的声压级(phon)。图 5-7 是 ISO 226—2003(GB/T 4963—2007)推荐的等响度级曲线。等响度级曲线中最靠下的一条表示听阈。听阈的定义为在规定条件下以一规定的信号进行的多次重复实验中,对一定百分数的听者能正确地判别所给信号的最低声压。

等响度级曲线是指典型听者认为响度相同的纯音的声压级与频率的关系曲线。具体来讲,同一条等响度级曲线上的各点虽然声压级不同,但响度级相同,故称等响度级曲线。例如,根据响度级定义,所有频率下听起来与声压级为 80 dB、频率为 1 000 Hz 的基准声音一样响的声音,响度级都是 80 phon。

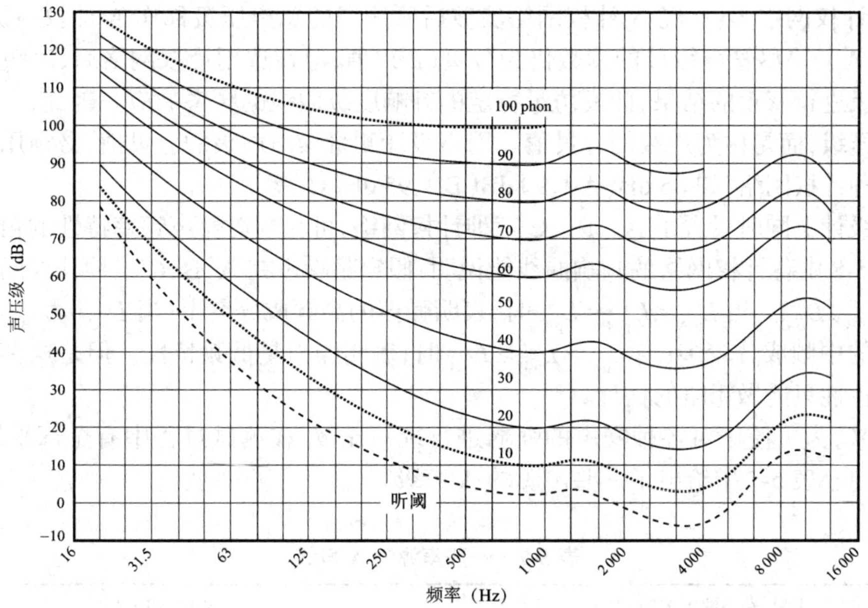

图 5-7　等响度级曲线

5.3.2　声级计权

对于测量声音强弱的仪器（如声级计）而言，不仅要求它可以将所测取的声压结果输出为具有对数关系的声压级，还希望其可以考虑人耳主观感受特性。这就对应声级计的线性挡和 A、B、C 三挡，即 A、B、C 三种计权网络。计权网络是模拟人耳对 40、70 和 100 phon 纯音的响应特性而设计的，使测量时接收到的声信号经网络滤波后按照人耳在不同频率上的敏感程度获得衰减。三种计权网络的频响曲线如图 5-8 所示，频响曲线是依据等响度级曲线生成的。以 A 计权曲线为例，将 40 phon 等响度级曲线的高频部分适当简化后关于 40 dB 水平线对称，并将 40 dB 水平线调整为 0 dB 轴，即可得到计权曲线。A 计权网络的特点是对低频声和中频声有较大的衰减，也就是使测量仪器对高频声敏感，对低频声不敏感，这正与人耳对声音的感觉特性比较接近。目前的实践认为，用 A 声级测量可以较好地反映噪声对人的综合效应，并且易于对不同的测量结果进行比较。B 计权网络使被测的声音通过时在低频段有一定的衰减；C 计权网络则在低频段衰减最小，声压级线和 100 phon 等响度级曲线在较宽的频率范围内基本上是重合的。

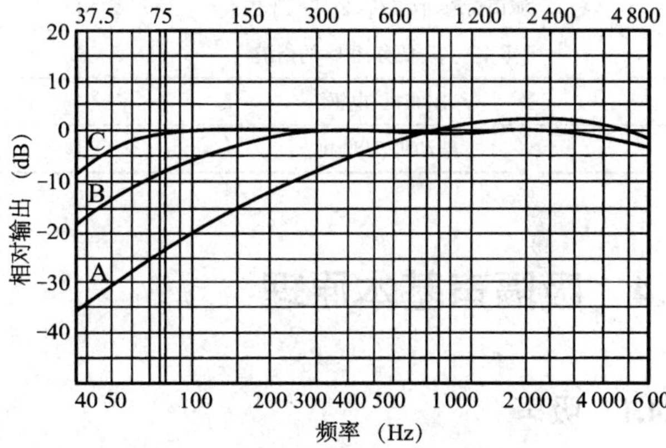

图 5-8　三种计权网络的频响曲线

以 A 计权网络为例，经 A 计权网络滤波后所测得的总声压级称作 A 计权声级，简称 A 声级（dB（A））。尽管声级计的读数仍为分贝（dB）值，但在选用计权网络后，声级计输出的是对声压级进行修正的结果，即模仿了特定的等响度级曲线的频率响应。因此，声级计的读数不是声压级，而是称为声级的分贝值。用声级计测量噪声声级的分贝值，必须用括号标明选用了何种计权网络，如 85 dB（A）、90 dB（B）、95 dB（C）等。

在声级计上同时设置了 A、B、C 三种计权网络，可起到对噪声频率特性的粗略鉴别作用。由图 5-8 中各计权网络的频响曲线能说明：假定某噪声在 A、B、C 三种计权网络下分别为 $L_{p\text{-}A}$、$L_{p\text{-}B}$、$L_{p\text{-}C}$。当 $L_{p\text{-}A}=L_{p\text{-}B}=L_{p\text{-}C}$ 时，表明噪声的高频成分突出；当 $L_{p\text{-}C}=L_{p\text{-}B}>L_{p\text{-}A}$ 时，表明噪声的中频成分较多；当 $L_{p\text{-}C}>L_{p\text{-}B}>L_{p\text{-}A}$ 时，表明噪声是低频特性。但是这种方法对噪声的频率特性只能做粗略的估计。

近年来，为了便于对各种噪声的强弱进行统一比较，在测试过程中有全部采用 A 计权网络的趋向。表 5-7 中给出了一些声源的 A 声级。

表 5-7　一些声源的 A 声级

声源（距声源 1~1.5 m）	A 声级（dB（A））
静夜、消声室内	10~20
轻声耳语、很安静的房间内	20~30
普通室内谈话	40~60
城市街道、收音机、公共汽车内	80
重型汽车、泵房、很吵的街道	90
织布机、电锯	100~110
柴油机、球磨机	110~120

5.4　吸隔声基本原理

5.4.1　吸声

（1）吸声系数

声波在空间中传播，遇到物体表面时会发生反射，经多次反射的声波可能使室内噪声级提高。而通过布置适当的吸声材料或吸声结构，可以消耗声波能量，降低房间内反射，这种控制噪声的方法就是吸声降噪。

用以表征材料或结构吸声能力的基本参数是吸声系数，其表达式为

$$\alpha=\frac{E_0-E_r}{E_0} \tag{5-58}$$

式中：E_0 是入射到材料和结构表面的总声能；E_r 是被材料反射回的声能。

如果 $E_0=E_r$，入射声能全部被反射，吸声系数为 0；如果 $E_r=0$，则入射声能全部被吸收，吸

声系数为 1。对于一般的吸声材料和吸声结构，吸声系数介于 0 和 1 之间，吸声系数越大，表示吸声能力越强。

根据声波入射角度的不同，吸声材料和吸声结构的吸声系数也不同。通常可以用垂直入射吸声系数 α_0 和混响吸声系数 α_T 来描述。垂直入射吸声系数 α_0 的测量采用驻波管法，在驻波管中可以实现相应的入射条件。垂直入射吸声系数的测量较为简单、精确，但是其与实际应用情况不符，多用于材料性质的鉴定和研究。而混响吸声系数 α_T 表示半空间中入射波均匀分布，即在入射角 0°~90° 范围内均匀分布且相位无规律，干涉效应可忽略的"无规入射"条件下的吸声系数。这是一种理想的假设条件，一般在混响室中模拟并测量混响吸声系数。相比之下，α_T 虽然也是基于理想条件的一种吸声系数，但较 α_0 更接近建筑环境，也更多地在实际中应用。考虑到对它的测量较为困难，有时也用 α_0 换算 α_T，但是应当注意，所有的换算关系都有其使用条件，应当谨慎使用。

实际吸声效果除与吸声系数有关外，还与构建尺寸有关，因此定义吸声量 A(m^2)，表达式为

$$A = \alpha S \tag{5-59}$$

式中：α 为吸声系数；S 为围蔽结构的面积(m^2)。

对于房间中的人或物体，难以确定其面积，往往直接使用其吸声量，房间总吸声量为所有物体与墙壁、地面、顶棚吸声量的和。根据房间的总面积，可以计算其平均吸声系数 $\tilde{\alpha}$。

$$\tilde{\alpha} = \frac{A}{S} = \frac{\sum \alpha_i S_i + \sum A_j}{S} \tag{5-60}$$

考虑到材料在不同频率下的吸声系数不同，常通过吸声材料的吸声系数 – 频率曲线来描述其吸声性能。但有时为了更加方便，以单值反映材料的整体吸声性能，也采用材料平均吸声系数 $\tilde{\alpha}$，即材料在 125、250、500、1 000、2 000 和 4 000 Hz 这六个倍频程中心频率的吸声系数的算术平均值。

(2)共振吸声

建筑空间的围蔽结构和空间中的物体，在声波激发下会发生振动。在振动过程中，其自身内摩擦和与空气的摩擦需消耗能量，而所消耗的能量都来自声源。因此，振动结构和物体会消耗声能，产生吸声效果。而当声波频率与结构的固有频率相同时，会发生共振，产生最大的能量消耗和吸声效果。

可用亥姆霍兹共振器原理分析典型的共振吸声结构，如图 5-9 所示。其结构中间封闭有一定体积的空腔，并通过一个小孔和声场空间连通。当孔的深度 t 和孔径 d 比声波波长小得多时，孔中的空气柱的弹性变形很小，可以当作质量块来处理。封闭空腔的体积 V 比孔颈大得多，起空气弹簧的作用，整个系统类似于一个单自由度弹簧系统。当外界入射声波频率和系统固有频率相等时，孔中的空气柱就由于共振而产生剧烈振动，在振动中空气柱和孔的侧壁摩擦而消耗声能。

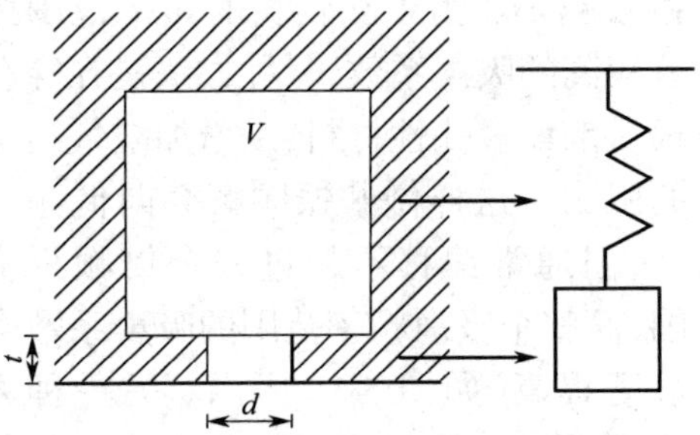

图 5-9　亥姆霍兹共振器及其机械类比系统

亥姆霍兹共振器的共振频率f_0为

$$f_0 = \frac{c}{2\pi}\sqrt{\frac{S}{V(t+\delta)}} \tag{5-61}$$

式中：c为声速，一般取 34 000 cm/s；S为孔的截面面积（cm^2）；V为空腔容积（cm^3）；t为孔的深度（cm）；δ为考虑孔处的空气柱两端附近的空气也参与振动而给出的开口末端修正量（cm），对于直径为d的圆孔，一般取$\delta = 0.8d$。

亥姆霍兹共振器在共振频率附近吸声系数较大，而在共振频率以外的频段，吸声系数下降很快，其吸收频带窄、共振频率较低。因此，对于某些噪声环境，当噪声频谱在低频有十分明显的峰值时，可采用亥姆霍兹共振器组成吸声结构，使其共振频率和噪声峰值频率相同，在此频率产生较大的能量吸收。但对于一般的建筑环境，其应用有较大局限性，很少单独使用。为改善亥姆霍兹共振器的吸声性能，可以在孔口处放上一些多孔材料（如超细玻璃棉、岩棉）或附上一层薄的纺织品，这能使吸收频率范围适当变宽。

穿孔板、狭缝板背后设置空气层，相当于许多并列的亥姆霍兹共振器，也可以形成一种吸声结构。对于穿孔板，其共振频率为

$$f_0 = \frac{c}{2\pi}\sqrt{\frac{P}{L(t+\delta)}} \tag{5-62}$$

式中：c为声速；L为板后空气层的厚度（cm）；t为板厚（cm）；δ为孔口末端修正量（cm）；P为穿孔率，即穿孔面积与总面积之比。

对于正方形排列的圆孔，其穿孔率为

$$P = \frac{\pi}{4}\left(\frac{d}{B}\right)^2 \tag{5-63}$$

式中：d为孔径；B为孔中心距。

对于等边三角形排列的圆孔，其穿孔率为

$$P = \frac{\pi}{2\sqrt{3}}\left(\frac{d}{B}\right)^2 \tag{5-64}$$

穿孔板在共振频率附近处有最大的吸声系数，偏离共振频率越远，吸声系数越小。为了在较宽的频率范围内有较高的吸声系数，一种方法是在穿孔板后铺设多孔性材料，来增加空气运动的阻力。这样做共振频率会向低频移动，但通常偏移不超过一个倍频程范围，而整个吸声频率范围的吸声系数会显著提高，如图 5-10 所示。另一种方法是使穿孔板的孔径很小（小于 1 mm），形成微穿孔板。微穿孔板的孔内空气与孔颈壁摩擦阻力更大，微孔中

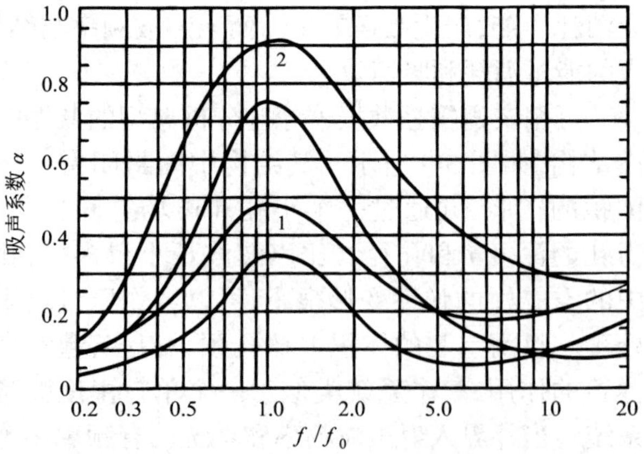

图 5-10　穿孔板共振吸声结构的吸声特性

1—背后空气层内无吸声材料；2—背后空气层内有 25~50 mm 厚的玻璃棉等吸声材料

空气黏滞性损耗也更大。微穿孔板常用薄金属板，一般不再铺设多孔材料，它比未铺吸声材料的一般穿孔板结构具有较好的吸声特性。

(3)多孔材料吸声

多孔材料具有吸声作用的原理在于：当声波入射到多孔材料表面上时，一部分被材料表面反射，另一部分顺着微孔透射进入材料内部，引起空隙中空气的振动，进而由于空气的黏滞阻力、空气与孔壁的摩擦，将声能转化为热能损耗。因此，使多孔材料具有吸声性能需要满足两个条件：一是具有大量的孔隙；二是孔与孔之间要相互连通。特别注意的是，如聚苯和部分聚氯乙烯薄膜塑料、加气混凝土等材料，虽然内部也有大量气孔，但气孔单个闭合、互不连通，仅适合用作隔热保温，吸声效果并不理想。

多孔材料吸声性能主要受材料孔隙率、结构因子、空气流阻等影响。孔隙率指多孔吸声材料中连通空气的体积与材料总体积的比值。结构因子是多孔材料吸声理论中为修正毛细管理论而引入的系数，由材料的结构特性决定，如图 5-11 所示。空气流阻是考虑多孔材料吸声性能最重要的指标，其定义为当稳定气流通过多孔材料时，材料两面的静压差和气流线速度之比，表达式为

$$q = \frac{\Delta p}{v} \tag{5-65}$$

式中：Δp 为材料两面的静压差；v 为气流线速度。

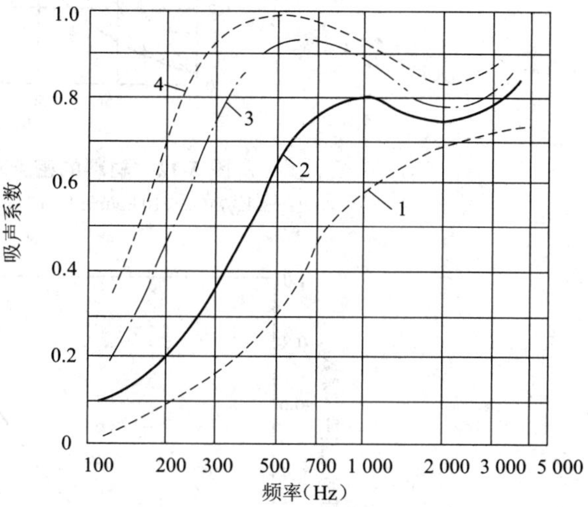

图 5-11　多孔材料吸声特性随厚度变化

1—13 mm；2—25 mm；3—50 mm；4—75 mm

单位厚度材料的流阻称为比流阻。对于厚度不大的材料：比流阻大，说明空气穿透量小，吸声性能较差；比流阻过小，则说明声能因摩擦力、黏滞力而产生损耗的效率比较低，吸声性能不够好。因此，多孔材料存在最佳流阻。对于厚度充分大的材料，比流阻越小，则吸声效果越好。

一般来说，孔隙率和流阻难以测量，实际操作中可以通过密度和厚度考虑材料的吸声性能。一般密实材料的孔隙率低、流阻大，仅低频吸声性能好；而松软材料的孔隙率高，高频吸声性能好。增大材料厚度可以增大吸声系数，尤其是中低频吸声系数。当材料厚度不受限制时，应尽量充分利用空间，使材料尽量松散。而一旦厚度达到极限，继续增加密度，可能会引起流阻增大，降低吸声系数。材料密度和吸声系数的关系如图 5-12 所示。

此外，多孔材料吸声性能还与背后是否留有空气层及空气层的厚度有关。材料后面留有空腔与增大材料厚度的效果一致，有利于提高低频噪声的吸声效果，且随空气层厚度增加，吸声效果也会提高，直到达到某一水平后，提高就不再明显了，如图 5-13 所示。

(4)室内混响和混响时间

声源处在有限空间辐射声所形成的声场称为室内声场。室内吸声结构的设计对声场性能有明显的影响，也正是室内声学设计和室内噪声控制所考虑的内容之一。因此，下面简要

介绍室内声场的重要概念:混响与混响时间。

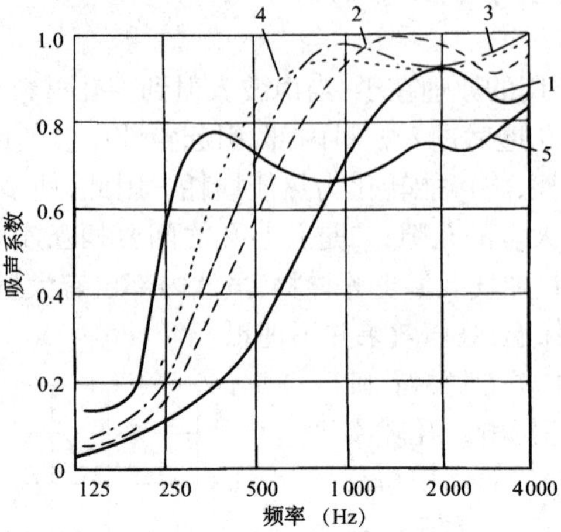

图 5-12 材料的密度对吸声系数的影响

1—5 kg/m³;2—10 kg/m³;3—15 kg/m³;4—20 kg/m³;5—40 kg/m³

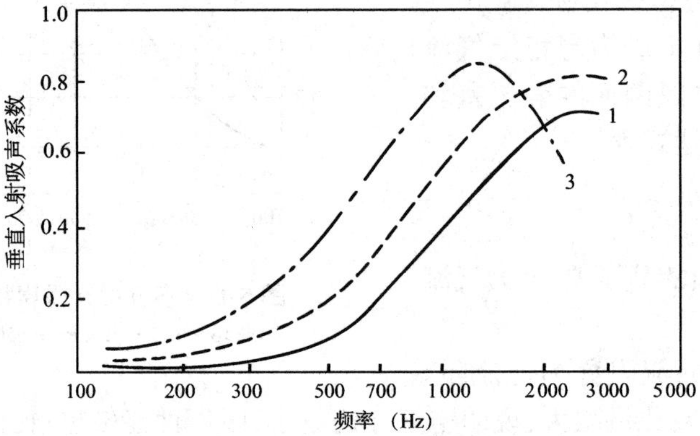

图 5-13 背后空气层厚度对玻璃棉吸声系数的影响

1—0 mm;2—16 mm;3—50 mm

在室内环境中,声源发出的声波除存在直接到达各观察点的直达声外,由于房间壁面的反射和吸收作用,还存在来自壁面的多次反射声,称为混响声。混响声听起来像是直达声的延续,像是同一个声音,此现象称为混响现象。如果直达声和第一次到达的反射声之间的时间间隔大于 50 ms 且反射声足够大,听起来就会像两个声音,称为回声现象。对于音乐厅和会议厅,回声现象的存在会严重影响听音效果,而适当的混响却是必要的。

为了衡量房间的混响特性,引入混响时间这一参数。混响时间定义为房间内声场达到稳态后,突然终止声源发声,从这一刻开始到室内声压级下降 60 dB 所需的时间,记作 T_{60},其表达式为

$$T_{60} = \frac{-0.161V}{S\ln(1-\bar{\alpha})} \tag{5-66}$$

式中:V 为房间总容积(m³);S 为壁面总面积(m²); $\bar{\alpha}$ 为房间平均吸声系数,当 $\bar{\alpha} < 0.2$ 时,式

(5-66)可以近似为

$$T_{60} \approx \frac{-0.161V}{A} \tag{5-67}$$

式(5-67)称为赛宾公式，其中 A 为房间吸声量(m^2)。如果考虑空气对声的吸收作用，则 T_{60} 可表示为

$$T_{60} = \frac{-0.161V}{A+4mV} \tag{5-68}$$

式(5-68)称为赛宾-努特生公式，其中 m 为空气的声强吸声系数。

由于房间用途不同，故对混响时间要求不同。混响时间长，声音听起来浑浊；混响时间短，则声音听起来干涩。一般小的播音室、录音室的混响时间为 0.5 s，会议室、礼堂或电影院的混响时间在 1 s 内，剧院或音乐厅的混响时间为 1.5 s 左右。从式(5-66)可以看出，当平均消声系数 $\bar{\alpha}$ 趋于 1，T_{60} 接近 0 时，就得到理想的消声室；当 $\bar{\alpha}$ 趋于 0，T_{60} 趋于无穷大时，就得到理想的混响室。

对于一个形状不太复杂、体积确定的房间，其处理噪声后的噪声降低值为

$$\Delta L_{\mathrm{p}} = 10\lg\frac{T_1}{T_2} = 10\lg\frac{A_2}{A_1} = 10\lg\frac{\bar{\alpha}_2}{\bar{\alpha}_1} \tag{5-69}$$

式中：T_1、T_2 分别为吸声处理前、后的混响时间；A_1、A_2 分别为吸声处理前、后的吸声量；$\bar{\alpha}_1$、$\bar{\alpha}_2$ 分别为吸声处理前、后的平均吸声系数。

由式(5-69)可以看出，如果把室内平均吸声系数增加一倍，噪声可降低 3 dB。由于达到同样的吸声效果，如降噪量为 3 dB，无论当前房间的吸声系数为多少，都同样需要增大一倍的吸声系数，如使吸声系数从 0.03 增加到 0.06 或从 0.3 提高到 0.6。因此，如果原房间平均吸声系数不大，增加吸声材料会在有限的成本内带来明显效果；但如果原房间的吸声系数就已经很大，通过增加吸声材料的方式获得同样的降噪效果就不够经济了。

5.4.2 隔声

声波在空间中传播，若遇到屏障物，一部分声波被反射，一部分被吸收，只有一部分可以透过屏障物传播到另一空间。利用隔声材料和隔声结构隔离或阻挡声能的传播，把噪声源引起的吵闹环境限制在局部范围内，或在吵闹的环境中隔离出一个安静的场所，降低噪声传递，使吵闹的环境与安静的环境分离隔开，这就是隔声降噪。

声波传播到隔声结构上，如果入射声能为 E_0，透过构件的声能为 E_{r}，定义构件的透射系数 τ 为

$$\tau = \frac{E_{\mathrm{r}}}{E_0} \tag{5-70}$$

工程上，常用构件隔声量 R(dB)表示构件的隔声能力，它与透射系数的关系为

$$R = 10\lg\frac{1}{\tau} \tag{5-71}$$

可见，τ 越大，则 R 越小，构件隔声性能越差；τ 越小，则 R 越大，构件隔声性能越好。

隔声材料主要是隔声板材，包括单层板材(如金属板、塑料板、石膏板等)和双层板材

（如双层金属板、双层铅丝网抹灰板、双层复合板等）。在建筑环境中，隔声材料还包括单层墙体以及双层墙体；隔声结构包括建筑围护隔声结构和轻型隔声结构，如隔声罩、隔声门等。

（1）单层板材隔声

对于单层板材而言，其传声是由于在声波激励下，在板材另一侧产生振动，从而透射发声。因此，单层板材的隔声性能与其振动特性息息相关，主要表现在与入射声波的频率和板材的刚度、质量（面密度）、阻尼等有关。此外，单层板材的吸声十分有限，因此附加吸声材料也会对其隔声性能产生明显影响。

对隔声用单层板材来说，典型的隔声性能曲线如图 5-14 所示。与振动系统类似，以共振频率为界，隔声性能在低频部分由刚度控制，在共振频率附近由阻尼控制，在高频部分由质量控制。按频率范围，隔声性能曲线可分为刚度控制区、阻尼控制区、质量控制区，随后还将出现吻合效应区。在隔声性能曲线的低频部分，隔声量与刚度成正比，与频率成反比；随声波频率增高，隔声量以每倍频带 6 dB 的速度下降。在共振区，由于板材共振，隔声量降至最低。随声波频率增高，板材振动开始受质量或面密度的影响。面密度越大，受声波激振的响应越小，隔声量越大；频率越高，隔声量越大。当频率达到临界频率 f_c 时，发生吻合效应，质量控制区结束，进入吻合效应区。吻合效应是指某一频率的声波以一定角度透射在板材上，入射声波的波长在板上的投影刚好等于板的固有弯曲波波长，即空气中声波在板上的投影与板的弯曲波吻合，从而激发了板材的固有振动，造成隔声性能下降。吻合效应往往发生在轻而薄的、阻尼小的隔声板材上。对于无规则入射的声波，仅一小部分频率区域发生吻合效应，因此吻合低谷并不是非常剧烈，可使隔声性能下降 10~20 dB。

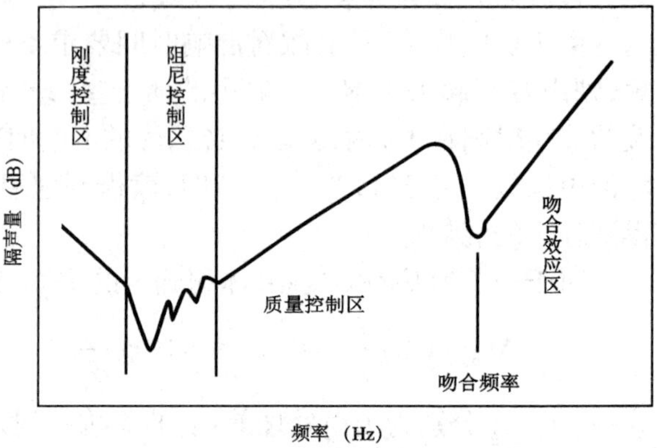

图 5-14　单层板材隔声性能曲线

共振频率与临界频率是板材隔振频率特性中需要特别关注的。对于四边固定的矩形板材或墙板，可通过下式计算共振频率：

$$f_0 = 0.45 C_L t \left[\left(\frac{1}{l_a} \right)^2 + \left(\frac{1}{l_b} \right)^2 \right] \tag{5-72}$$

式中：t 是板厚（m）；l_a 和 l_b 分别是板的长和宽（m）；C_L 是板中纵波的速度，计算公式为

$$C_L = \sqrt{\frac{E}{\rho\left(1+\mu^2\right)}} \tag{5-73}$$

式中：E 是弹性模量（Pa）；ρ 是板材密度（kg/m³）；μ 是泊松比。

对于由土建材料（如砖、钢筋混凝土）构成的重型隔声构件，共振频率一般很低，往往低于听阈，无须考虑共振区的影响。但是对于板材，其共振频率大多分布于很广的听阈范围内，必须仔细考虑共振区的隔声性能。板材的临界频率可通过下式计算：

$$f_c = \frac{c^2}{2\pi} \times \sqrt{\frac{M}{B}} \tag{5-74}$$

式中：M 是板材的面质量（kg/m²）；c 是介质中的声速（m/s）；B 是材料的弯曲刚度（kg·m），对于大多数材料，有

$$B \approx \frac{Eh^2}{12} \tag{5-75}$$

因此，板材的临界频率也可通过下式计算：

$$f_c = \frac{c^2}{1.8h}\sqrt{\frac{\rho}{E}} \tag{5-76}$$

式中：E 为弹性模量（MPa）；ρ 为板材密度（kg/m³）；h 为板材厚度（m）。

20 cm 厚的钢筋混凝土墙，临界频率在 100 Hz 附近；1 cm 厚的胶合板，临界频率在 2 300 Hz 左右。对于厚实的墙等隔声构件，临界频率一般较低；对于轻薄的板材，临界频率较高。

质量对隔声性能的影响遵循质量定律。单一材料构成的无限大隔声板，声波垂直入射时的隔声量可通过下式估计：

$$R_0 \approx 20\lg\frac{\pi Mf}{\rho c} \tag{5-77}$$

式中：M 为板材的面质量（kg/m²）；f 为入射波频率（Hz）；ρ 为空气密度（kg/m³）；c 为声波在空气中的传播速度（m/s）。

式（5-77）表明，频率提高一倍，隔声量增加 6 dB；面质量提高一倍，隔声量增加 6 dB。面质量与隔声量的这一关系称为“质量定律”。在实际工程中，声波往往是无规则入射的，其隔声量可以通过以下经验公式计算：

$$R = 18\lg(Mf) - 44 \tag{5-78}$$

此外，也可以通过查阅特定构件的等隔声列线获得不同质量、不同频率下的单层构件的隔声量。

（2）复合板材隔声

根据质量定律，若想提高单层密实均匀板材的隔声量，可以采用增加面密度或厚度的方法，但同时这往往会耗费大量材料，造成成本增加。通过使用在中间夹有一定厚度空气层的双层板材，可以突破质量定律的限制，在使用同等质量板材的条件下，获得更好的隔声性能。这是因为声波必须依次穿透隔声板、空气层、隔声板，在物理性质不同的物质表面发生多次反射，声强级逐次衰减。双层复合板的隔声量可由以下经验公式计算：

$$R = 13.5\lg(M_A + M_B) + 13 + \Delta L \quad (M_A + M_B) > 100\ \text{kg/m}^2 \tag{5-79a}$$

$$R = 18\lg(M_A + M_B) + 8 + \Delta L \quad (M_A + M_B) \leqslant 100\ \text{kg/m}^2 \tag{5-79b}$$

式中：M_A 和 M_B 分别为双层复合板中 A 板和 B 板的面质量（kg/m²）；ΔL 为空气层附加的隔声量（dB）。

附加隔声量随空气层的厚度增大而增加，但由于空间限制，一般空气层的厚度为 100~150 mm，附加隔声量在 15 dB 以下。

双层复合板的隔声性能同样受固有频率的影响。双层复合板固有频率的计算公式为

$$f_0 = \frac{1}{\pi}\sqrt{\frac{\rho c^2}{(M_A + M_B)b}} \tag{5-80}$$

式中：ρ 为空气密度（kg/m^3）；c 为空气中的声速（m/s）；b 为空气层厚度（cm）。

当入射声波和隔振板固有频率相近时，隔声量会大幅降低。当入射声波比隔振板固有频率低时，两板会像一个整体一样振动，因此与同样质量的单层隔声板相比没有什么区别。一般认为，只有当入射声波的频率比 f_0 的 1.4 倍大时，隔声效果才会有明显提高。对于由于固有频率较高造成低频隔声不良的胶合板或薄钢板，可以在空气层中填塞矿渣棉、玻璃棉等吸声材料，阻碍空气流动、减弱共振影响，进而提升共振区的吸声性能。

（3）波纹板隔声

波纹板具有高比强度、高比刚度的优点，在建筑结构、轨道车辆中均有应用。波纹板隔声量的估计十分复杂，一般来说，与声波的入射角 θ、φ、频率，板材的物理特性（如面质量、弯曲刚度）有关，如图 5-15 所示。总体来说，波纹板的厚度增大，隔声量增加；声波入射角增大，波纹板隔声量减小，小入射角的声波更能被有效阻隔；提高阻尼有助于在广大频率范围内增加隔声量。此外，随入射声波频率的增大，隔声量基本呈增加趋势，然而其同样受到共振频率与吻合效应的影响。此外，波纹板的隔声量一般不如平板的隔声量。图 5-16 所示为实验获取的波纹板隔声量与频率的关系。

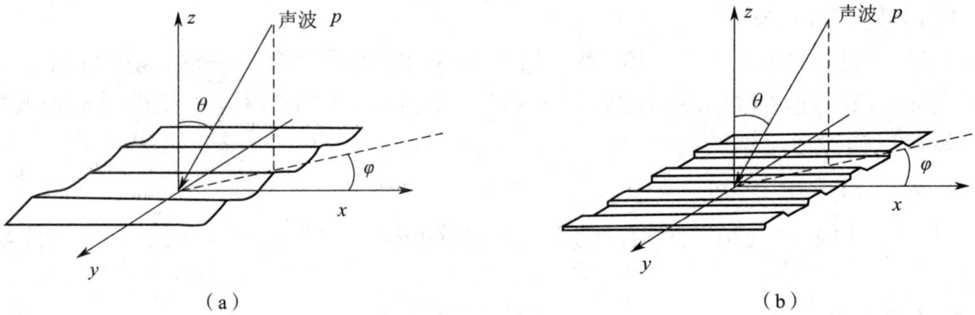

图 5-15　平面波入射到波纹板的情况

（a）正弦式（b）梯形式

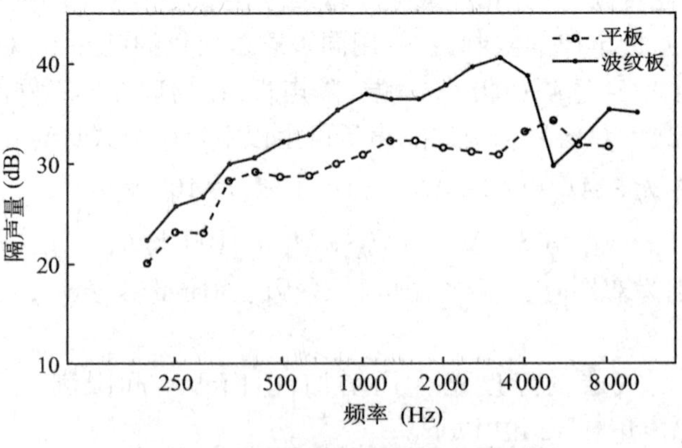

图 5-16　平板和波纹板的隔声量比较

5.4.3 消声器

消声器是噪声控制中的一种常用装置，通常安装在气流通过的管道中或进排气口上，用于控制管道内的空气动力性噪声。良好的消声器要求具有较大的消声量和较宽的消声频率范围，不宜对通过气流产生较大的阻力，还应当满足结构性能上的要求。按照消声原理，消声器可以分为阻性消声器、抗性消声器和阻抗复合消声器。

(1)阻性消声器

利用吸声原理，把吸声材料固定在气流通道内壁，或按一定方式在管道中排列起来，就构成阻性消声器。阻性消声器包括直管式、片式、折板式等，如图 5-17 所示。当声波进入这种消声器时，吸声材料将一部分声能通过摩擦和黏滞阻力转换成热能，达到消声目的。阻性消声器结构简单，对中、高频噪声具有良好的消声效果。

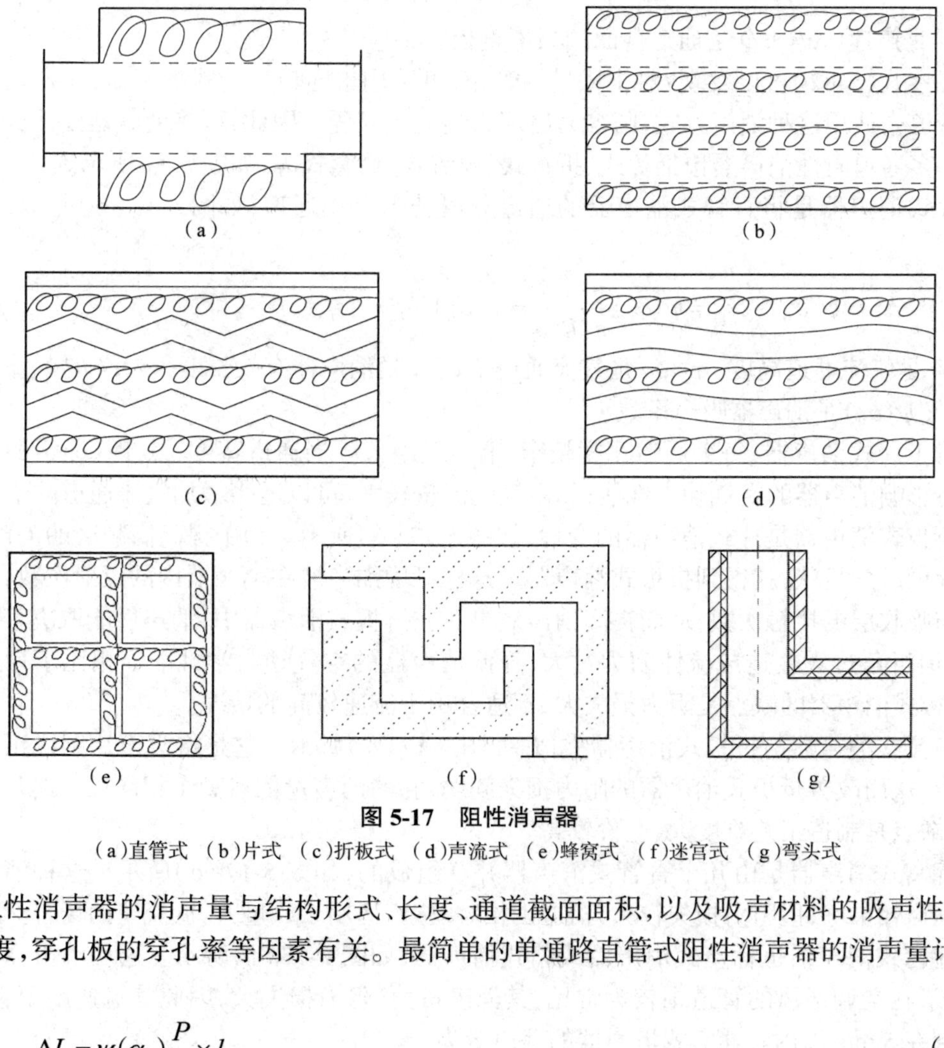

图 5-17　阻性消声器

(a)直管式　(b)片式　(c)折板式　(d)声流式　(e)蜂窝式　(f)迷宫式　(g)弯头式

阻性消声器的消声量与结构形式、长度、通道截面面积，以及吸声材料的吸声性能、密度、厚度，穿孔板的穿孔率等因素有关。最简单的单通路直管式阻性消声器的消声量计算公式为

$$\Delta L=\psi(\alpha_0)\frac{P}{S}\times l \tag{5-81}$$

式中：$\psi(\alpha_0)$是与消声器内材料吸声系数α_0有关的吸声系数(dB)，可以从表 5-8 中查取；P为通道截面的周长(m)；S为通道的截面面积(m^2)；l为消声器的有效长度(m)。

表 5-8　吸声材料吸声系数与阻性消声器吸声系数的关系

α_0	0.10	0.20	0.30	0.40	0.50	0.6~1.0
$\psi(\alpha_0)$	0.11	0.24	0.39	0.55	0.75	1.0~1.5

直管式阻性消声器的结构如图 5-17(a)所示，它对中、高频噪声有较好的消声效果，但就截面一定的消声器来说，当频率高至某一限度后，其消声性能会显著下降，这时的频率称为高频失效频率，高频失效频率的计算公式为

$$f_m = 1.85\frac{c}{D} \tag{5-82}$$

式中：c是声速(m/s)；D是通道截面的当量直径(m)。

观察式(5-82)可以发现：对小风量的管道，可采用单通道直管式消声器，而在风量较大的粗管道中使用这种消声方式，则容易出现高频失效问题。因此，可将消声器设计成多通道形式。多通道阻性消声器包括片式、折板式、声流式、蜂窝式等，如图 5-17 所示。

片式消声器是将直管式消声器的通道分成若干个小通道，如图 5-17(b)所示，其消声量为

$$\Delta L = \psi(\alpha_0)\frac{P}{S}\times l = \psi(\alpha_0)\frac{n\cdot 2hl}{n\cdot h\cdot b} = \psi(\alpha_0)\frac{2l}{b} \tag{5-83}$$

式中：h是气流通道高度(m)；n是气流通道个数；l是消声器有效长度(m)；b是气流通道宽度(m)；$\psi(\alpha_0)$是消声器吸声系数。

对于片式消声器，每个通道宽度越窄，消声量越大。当通道宽度一定时，通道的个数和高度将影响消声器的空气动力性能；如果气流流量较大，可以适当增加气流通道的个数。

折板式消声器是片式消声器的变种，如图 5-17(c)所示。为了提高高频区的消声性能，把直片做成弯折状，就得到折板式消声器。这样可增加声波在消声器内的反射次数，即增加声波与吸收层的接触次数，从而提高消声效果。在折板式消声器中，消声性能取决于折角的大小，但折角过大会造成流体阻力过大，降低消声器的空气动力学性能。相比于片式消声器，折板式消声器的缺点是阻力损失大，不适合用于流速较高的情况。

声流式消声器与折板式消声器类似，如图 5-17(d)所示。它是将吸声片制成正弦波或流线形，从而改善折板式消声器的阻力损失问题，它的消声量依然高于相同尺寸的片式消声器，但缺点是制造工艺难度大、造价较高。

蜂窝式消声器是由几个直管式消声器并联组成的，如图 5-17(e)所示。这种消声器的高频消声效果好，但阻力损失较大，构造也相对复杂，适用于风量大、低流速的场合。

迷宫式消声器也称室式消声器或箱式消声器，如图 5-17(f)所示。这种消声器由吸声砖砌成，在空调通风的管道中较为常见，其消声量大、阻力损失大，因此气流速度不宜过大，应控制在 5 m/s 以内。迷宫式消声器的消声量为

$$\Delta L = 10\lg\frac{\alpha S}{S_e(1-\alpha)} \tag{5-84}$$

式中：α为消声器的内衬吸声材料的吸声系数；S为内衬吸声材料的表面积（m^2）；S_e为消声器进出口的截面积（m^2）。

弯头式消声器是在管道内衬贴吸声材料构成的，如图 5-17（g）所示。弯头式消声器在低频段的消声效果差，在高频段的消声效果好。对于$d/\lambda \geq 0.5$（d为弯头通道宽度，λ为声波波长）的相应频率，消声效果迅速增加。

以上对消声器的讨论不涉及穿过消声器的气流对噪声的影响。气流对消声器声学性能的影响主要表现在以下两个方面：一是气流会引起声波的传播和衰减规律的变化；二是气流在消声器内产生“气流再生噪声”。这两点是同时存在的，但气流再生噪声相对严重。气流再生噪声在很大程度上取决于气流的流速，流速越大，气流再生噪声越大，消声器性能越差。因此，应尽量降低气流的流速，并使气流的流动状态稳定。根据实验和经验，气流再生噪声可由下式计算：

$$L_{OA} = (18 \pm 2) + 60\lg v \tag{5-85}$$

式中：v有为消声器通道内的流速（m/s）。

（2）抗性消声器

抗性消声器不同于阻性消声器，它本身不能吸声，而是利用管道上突变的截面或旁接共振腔，使沿管道传播的某些频率声波，在突变的截面处发生反射、干涉等现象，从而达到消声的目的。抗性消声器有良好的中、低频消声特性，而且能在高温、高速、脉动气流下工作，适用于汽车、拖拉机、空压机等进气口管道的消声。抗性消声器包括扩张室消声器、共振腔消声器和干涉消声器。以下仅介绍扩张室消声器。

单节扩张室消声器是由连接管和扩张室组成的，如图 5-18 所示。它是利用管道截面的突然扩张（或收缩）造成通道内声阻抗突变，使沿管道传播的某些频率的声波不能通过消声器而反射回声源，进而达到消声的目的。

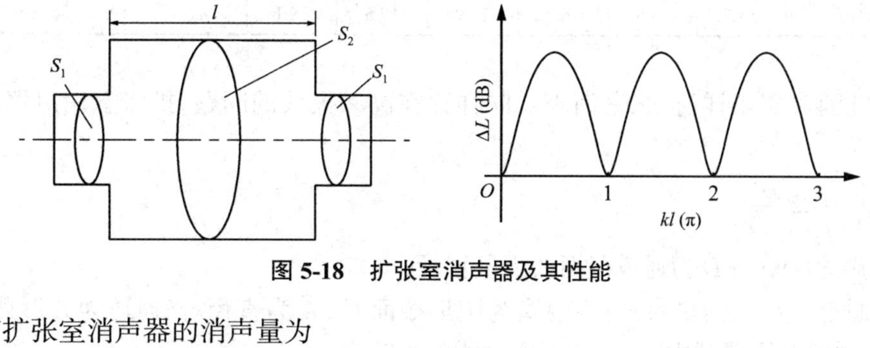

图 5-18　扩张室消声器及其性能

单节扩张室消声器的消声量为

$$\Delta L = 10\lg[1 + \frac{1}{4}(m - \frac{1}{m})^2 \sin^2 kl] \tag{5-86}$$

式中：m为扩张比，即$m = S_2/S_1$，其中S_2为扩张后的面积，S_1为扩张前的面积；l为扩张室消声器的长度（m）；k为波数，与声波频率有关，$k = 2\pi/\lambda = 2\pi f/c$（$m^{-1}$）。

从式（5-86）可以看出，当$\sin^2 kl$取最大值 1 时，消声器的消声量最大；此时，

$kl=(2n+1)\pi/2 \quad (n=1,2,3\cdots)$；由 $k=2\pi/\lambda$，则有 $l=(2n+1)\lambda/4$，即扩张室长度等于 1/4 波长的奇数倍时，消声量最大。当 $\sin^2 kl$ 取 0，$l=n\lambda/2$，即扩张室长度等于 1/4 波长的偶数倍时，消声量为 0。类似地，对于特定长度的消声器，也存在消声量最大的入射声波频率与消声量最小的入射声波频率。图 5-18 表明特定长度消声器的入射声波频率和消声量的周期性关系。具有最大消声量的声波频率为

$$f_{max}=\frac{2n+1}{4}\frac{c}{l} \quad (n=0,1,2,\cdots) \tag{5-87}$$

此时的最大消声量为

$$\Delta L=10\lg[1+\frac{1}{4}(m-\frac{1}{m})^2] \tag{5-88}$$

消声量为 0 的声波频率为

$$f_{min}=\frac{n}{2}\frac{c}{l} \quad (n=1,2,3,\cdots) \tag{5-89}$$

由式（5-87）可以看出，扩张室消声器的频率特性主要受扩张室长度影响。欲提高其低频消声性能，可以采用增加扩张室长度的方法。由式（5-88）可以看出，单节扩张室消声器的消声量主要由扩张比 m 决定，工程中一般取 $9<m<16$，最大不超过 20，最小不小于 5。对于大部分 $m>5$ 的扩张室消声器，可以由下式近似计算最大消声量：

$$\Delta L_{max}=20\lg\frac{m}{2}=20\lg m-6 \tag{5-90}$$

表 5-9 列出了最大消声量与扩张比的关系。

表 5-9　最大消声量与扩张比的关系

m	1	2	3	4	5	6	7	8	9	10
ΔL_{max}（dB）	0	1.9	4.4	6.5	8.5	9.8	11.1	12.2	13.2	14.1
m	11	12	13	14	15	16	17	18	19	20
ΔL_{max}（dB）	15.6	15.6	16.2	16.9	17.5	18.1	18.6	19.1	19.5	20.0

与阻性消声器一样，扩张室消声器同样存在高频失效的问题，扩张室消声器的上限频率为

$$f_{上}=1.22\frac{c}{\bar{D}} \tag{5-91}$$

式中：c 为声速（m/s）；$\bar{D}$ 为通道截面的当量直径（m）。

对于通道截面的当量直径：当通道为圆形截面时，$\bar{D}$ 为直径；当通道为方形截面时，$\bar{D}$ 为边长；当通道为矩形截面时，$\bar{D}$ 为截面面积的平方根。

由式（5-91）可知，扩张室截面面积越大，有效消声的上限频率就越小，消声频率就越窄。因此，增大扩张比 m 虽然有利于提高最大消声量，但不利于增大消声的频率范围。

扩张室消声器除上限频率限制外，还存在下限频率。在低频范围，当波长远大于扩张室或连接管的长度时，扩张室和连接管可以看作由声学元件构成的声振系统，当外来声波在这

个系统的共振频率 f_0 附近时，消声器不但不能消声，反而会对声音产生放大作用，扩张室的有效消声的下限频率为

$$f_{下}=\frac{c}{\pi}\sqrt{\frac{S}{Vl}} \tag{5-92}$$

式中：S 为扩张管的截面面积（m^2）；V 为扩张室的容积（m^3）；l 为连接管的长度（m）；c 为声速（m/s）。

第 6 章　动力机械噪声机理与抑制

6.1　噪声分类与产生机理

根据噪声的传播途径，内燃机噪声可分为两类：气体动力噪声和表面辐射噪声。气体动力噪声由气体压力变化产生，经空气路径传播直达人耳；表面辐射噪声由内燃机缸内燃烧、部件运动等激励产生振动，经结构路径传递至机体表面引发噪声。表面辐射噪声又可以根据激励源分为燃烧噪声和机械噪声，燃烧噪声由缸内燃烧引起，机械噪声由部件运动引起。内燃机噪声分类如图 6-1 所示。

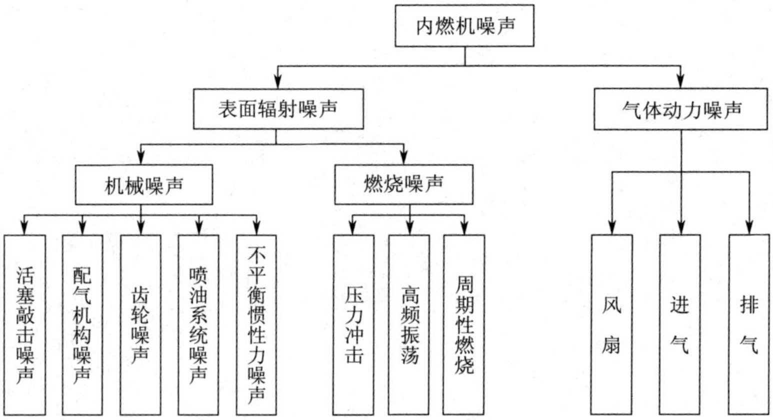

图 6-1　内燃机噪声分类

6.1.1　燃烧噪声

燃烧噪声由缸内爆发压力激发，经缸盖、活塞、连杆、曲轴、主轴承传至机体表面，引起机体表面振动并形成噪声辐射。燃烧噪声的激励主要包括两方面：一是缸内气体压力变化；二是压力波高频振荡。因此，燃烧噪声的大小取决于内燃机的燃烧方式和机体传递损失。如图 6-2 所示，柴油机的燃烧噪声较同排量汽油机大得多，且在总噪声中占很大比例，这是由两种发动机燃烧方式的不同决定的。值得注意的是，在发生爆震燃烧时，其引发的燃烧噪声和振动对汽油机整机噪声和振动有着极为恶劣的影响。

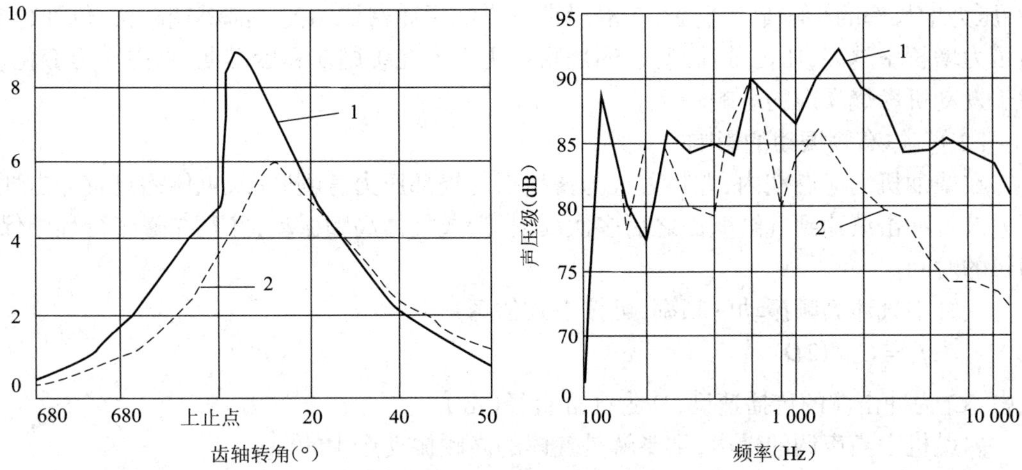

图 6-2　汽/柴油机缸内压力和燃烧噪声对比

1—柴油机;2—汽油机

(1)缸内爆发压力的影响

由缸内压力变化引发的噪声,其强弱程度取决于最高爆发压力和压力增长率。实验得到的燃烧噪声的声强与缸内压力的关系为

$$I \propto \left[p_{\max} \left(\frac{\mathrm{d}p}{\mathrm{d}t} \right)_{\max} \right]^2 \tag{6-1}$$

式中:I 为燃烧噪声的声强;$p_{\max}$ 为缸内压力最大值;$(\mathrm{d}p/\mathrm{d}t)_{\max}$ 为缸内压力增长率的最大值。

燃烧噪声与燃烧进程密切相关。柴油机的燃烧过程分为四个阶段:滞燃期(*AB* 段)、速燃期(*BC* 段)、缓燃期(*CD* 段)和后燃期(*DE* 段),如图 6-3 所示。

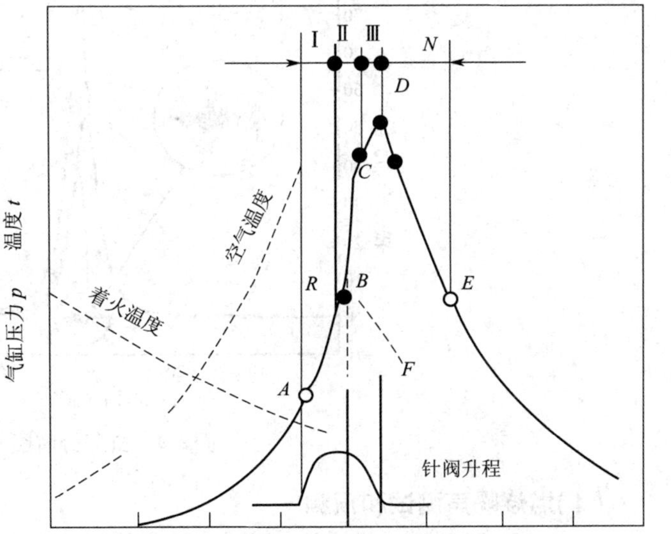

图 6-3　柴油机的燃烧过程示意图

在滞燃期内,活塞处于压缩行程,燃料被喷入缸内,气缸内压力不断升高。虽然此阶段由于燃烧尚未开始,并不会产生明显的燃烧噪声,但此阶段的雾化、吸热、蒸发、扩散、混合等过程决定了即将开始的燃烧过程,因此滞燃期也是燃烧噪声控制需要关注的重点。在速燃期内,燃料剧烈燃烧,缸内压力急剧上升,形成的压力波在气缸内反射及传播,是发动机产生振动和噪声的重要影响因素。其影响的程度可以用压力增长率 $\mathrm{d}p/\mathrm{d}t$、平均压力增长率 $\Delta p/\Delta t$、缸内压力最大值(最高爆发压力)$p_{\max}$ 及压力升高比 $\lambda_p = p_{\max}/p_c$ 分析。其

中，压力增长率的影响最为显著，与滞燃期及供油规律密切相关。滞燃期越长、供油越多，缸内压力增长率越高，压力载荷越大，燃烧噪声更大。在缓燃期和后燃期，缸内压力变化缓慢，对于发动机燃烧噪声的影响较小。

(2)气体高频振动的影响

在柴油机的滞燃期内，燃料着火与传播引起局部压力急剧升高，也传播具有冲击性质的压力波。冲击波达到气缸壁面之后多次反射，形成气体高频振动，并且在膨胀行程中保持相当长的时间。

气缸中气体高频振动的频率，可按下式估算：

$$f_g = C_e / (2D) \tag{6-2}$$

式中：C_e 为冲击波的传播速度；D 为气缸直径（m）。

内燃机中高声调的噪声，主要就是气体的高频振动产生的。

(3)燃烧噪声频谱分析

燃烧噪声受缸内气体压力变化的影响，因此气缸压力的频谱曲线可以在一定程度上反映燃烧噪声的频率特性。缸压包括压缩压力、燃烧爆发压力及气体高频振荡压力三部分，如图 6-4 所示。其中，缸压激励频率按照频段可分为低频段、中频段、高频段，相应频段的能量来源如下：低频段的幅值取决于发动机的最高爆发压力，该段幅值较高，但曲线较为平坦；从中频段开始，压力曲线幅值急剧下降，曲线斜率取决于缸内压力增长率，缸内压力增长率越大则斜率越小，反映燃烧过程的粗暴程度；高频段的频谱呈现非常大的波动和较多的毛刺，主要是由火焰在燃烧过程中从一点传递到另一点的过程中导致的气缸压力高频振荡引起的。

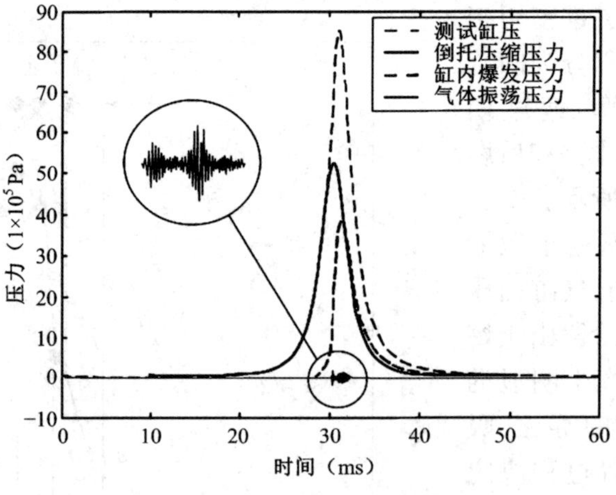

图 6-4　缸压分解图

(4)燃烧噪声测试和预测

在进行缸压和整机噪声测试后，根据整机噪声、机械噪声和燃烧噪声的关系，即可计算该测试工况下的燃烧噪声。但在发动机设计开发阶段，通常不具备整机噪声测试条件，需要设计一种燃烧噪声的预测方法。由于燃烧噪声是缸内压力脉动激励发动机结构件发生振动产生的，燃烧噪声的大小不仅与缸内压力频谱有关，还与发动机的结构特性有关。建立缸压与燃烧噪声之间的传递关系，即可通过缸压测试对发动机在不同工况下的燃烧噪声进行预测。缸压－燃烧噪声的传递关系可通过两种方式进行构建：①基于压力级（缸内压力级和声压级）频谱计算缸压－燃烧噪声的结构衰减特性曲线；②基于能量域频谱计算缸压－燃烧噪声的传递函数。以上两种传递关系的计算原理相同，均有工程应用。

Ⅰ. 基于结构衰减的燃烧噪声预测

如图 6-5 所示，发动机噪声衰减曲线表征了发动机结构在不同频率下对缸内燃烧噪声的衰减量。其中，衰减曲线是 1985 年英国 Lucas 公司通过多台不同机型的发动机所获得的平均传递衰减数据。发动机频率在 1 000 Hz 以下的低频段以及 3 000 Hz 以上的高频段时，对缸内燃烧噪声的衰减量最大；而在 1 000~3 000 Hz 频段内时，对燃烧噪声的衰减量最小。内燃机衰减曲线表明，发动机机体模态频率主要分布在中高频，燃烧噪声的辐射能量集中频段主要分布在 1 000~3 000 Hz 范围内；而在低频段和高频段，由于结构对缸压信号衰减大，不容易激励起振动，使缸内燃烧噪声不能有效地传递出来。

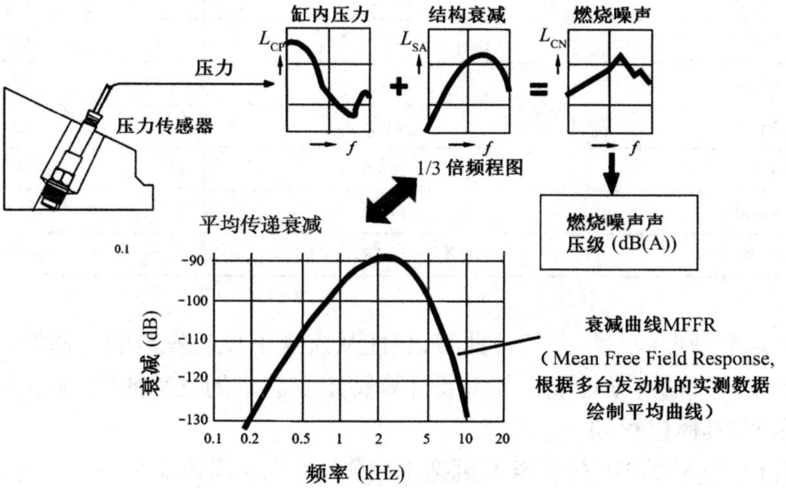

图 6-5　燃烧噪声测试及预测原理图

基于经验衰减曲线和缸压，即可计算内燃机的燃烧噪声，其表达式为

$$L_{CN}=L_{CP}+L_{SA} \quad (dB(A)) \tag{6-3}$$

式中：L_{CN} 为燃烧噪声的 A 计权声压级；L_{CP} 为缸内压力级；L_{SA} 为内燃机结构的衰减值。MFFR 和 A 计权的 1/3 倍频程衰减量见表 6-1。

表 6-1　MFFR 和 A 计权的 1/3 倍频程衰减量（dB（A））

频率（Hz）	MFFR 衰减值（dB）	A 计权衰减值（dB）
100	−143.0	−19.1
125	−137.5	−16.1
160	−132.4	−13.4
200	−127.8	−10.9

续表

频率(Hz)	MFFR 衰减值(dB)	A 计权衰减值(dB)
250	−122.3	−8.6
315	−117.2	−6.6
400	−112.3	−4.8
500	−108.2	−3.2
630	−103.8	−1.9
800	−100.0	−0.8
1 000	−96.5	0.0
1 250	−93.3	0.6
1 600	−90.8	1.0
2 000	−89.7	1.2
2 500	−89.5	1.3
3 150	−90.6	1.2
4 000	−94.2	1.0
5 000	−99.2	0.5
6 300	−105.6	−0.1
8 000	−116.0	−1.1
10 000	−127.8	−2.5

由于传统的衰减曲线是一条统计曲线，只能从宏观上反映噪声的传递特性，不能准确地预测某一特定发动机的声学性能。如果要计算特定发动机的衰减曲线，需要测试缸压、整机噪声和机械噪声，具体过程如下。

1）测试缸压、整机噪声（总噪声）、倒拖工况噪声（机械噪声）。

2）计算燃烧噪声。根据测试总噪声和倒拖工况噪声（机械噪声）的 1/3 倍频程谱，可获得燃烧噪声的频谱。根据基于能量的叠加原理及声功率与声压关系，即声功率正比于声压的平方（$E \propto p^2$），定义能量域和声压级之间的关系式为

$$E(f)=10^{\frac{L(f)}{10}} \tag{6-4}$$

式中：$E(f)$ 是指声压级能量域频谱；$L(f)$ 表示声压级频谱。

燃烧噪声声压级计算方法为

$$\left.\begin{aligned}&E(L_{\mathrm{EN}})_f=E(L_{\mathrm{MN}})_f+E(L_{\mathrm{CN}})_f\\&10^{0.1(L_{\mathrm{EN}})_f}=10^{0.1(L_{\mathrm{MN}})_f}+10^{0.1(L_{\mathrm{CN}})_f}\\&(L_{\mathrm{CN}})_f=10\lg\left(10^{0.1(L_{\mathrm{EN}})_f}-10^{0.1(L_{\mathrm{MN}})_f}\right)\end{aligned}\right\} \tag{6-5}$$

式中：$E(L_{\mathrm{EN}})_f$ 为总噪声能量谱；$E(L_{\mathrm{MN}})_f$ 为机械噪声能量谱；$E(L_{\mathrm{CN}})_f$ 为燃烧噪声能量谱；$(L_{\mathrm{EN}})_f$ 为总噪声声压级频谱；$(L_{\mathrm{MN}})_f$ 为机械噪声声压级频谱；$(L_{\mathrm{CN}})_f$ 为燃烧噪声声压级

频谱。

总噪声、机械噪声及燃烧噪声的曲线如图 6-6 所示。

3）计算内燃机衰减特性曲线。内燃机衰减特性曲线的计算公式为

$$(L_{SA})_f=(L_{CP})_f-(L_{CN})_f \tag{6-6}$$

式中：L_{SA} 为结构衰减特性；L_{CP} 为缸内压力级；L_{CN} 为燃烧噪声声压级。

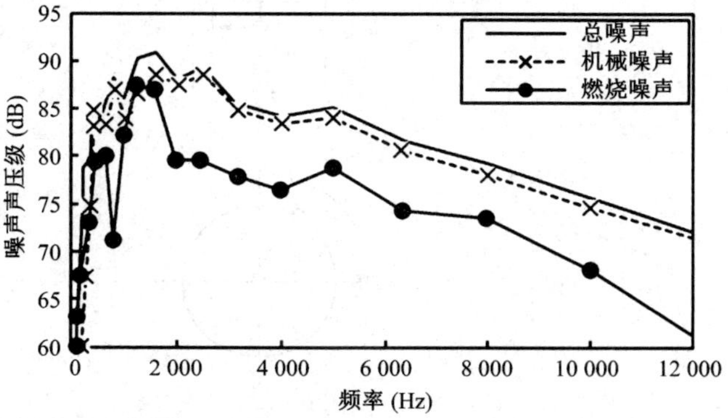

图 6-6　总噪声、机械噪声及燃烧噪声

内燃机的结构衰减特性曲线直接受其结构影响，通过缸内压力级和燃烧噪声声压级进行计算，获得衰减特性曲线后，即可对内燃机全工况的燃烧噪声进行预测。

Ⅱ. 基于传递函数的燃烧噪声预测

燃烧噪声能量谱可表示为缸压能量谱和传递函数的乘积，表达式为

$$\left.\begin{aligned}&E(L_{MN})_f=E(L_{EN})_f+E(L_{CP})_f\cdot H(f)\\&H(f)=\frac{E(L_{MN})_f-E(L_{EN})_f}{E(L_{CP})_f}\end{aligned}\right\} \tag{6-7}$$

衰减特性曲线通过缸内压力级和燃烧噪声的声压级做减法运算获得，反映不同频谱下燃烧噪声的衰减特性。而传递函数计算无须计算燃烧噪声的声压级，只通过整机总噪声和机械噪声获得燃烧噪声能量谱，基于燃烧噪声的能量谱与缸压的能量谱获得传递函数。

6.1.2　机械噪声

机械噪声是指在气体压力和惯性力的作用下，运动部件产生冲击和振动而激发的噪声，主要有活塞敲击噪声、配气机构噪声、齿轮噪声、供油系统噪声、不平衡惯性力引起的噪声、轴承噪声等。在空气动力噪声得到有效控制后，高速运转时的机械噪声是内燃机的主要噪声源，特别是当激振力频率与部件固有频率一致时会引起共振和噪声。

（1）活塞敲击噪声

当活塞在上、下止点附近时，活塞所受侧向力随连杆与气缸中心的相对位置变化而变换方向，如图 6-7 所示。侧向力方向的周期变化导致活塞发生横向运动；与此同时，活塞换向过程中也发生绕活塞销的转动。活塞在这两种运动的共同作用下敲击缸壁，产生活塞敲击噪声。

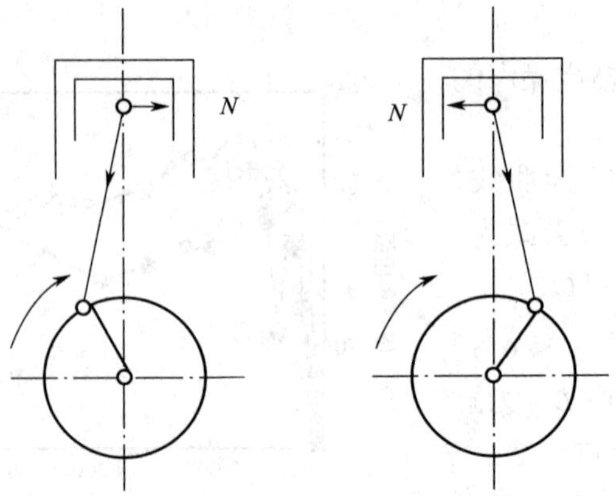

图 6-7　活塞在气缸中横向敲击

（2）配气机构噪声

配气机构包括凸轮轴、挺柱、推杆、摇臂、气门等。配气机构噪声主要由气门与气门座撞击、凸轮与挺柱摩擦、气门挺杆与摇臂撞击等引起。配气机构噪声在低、中速内燃机中并不突出，但在高速内燃机的机械噪声中占一定比例。配气机构噪声一般分布在低、中频率范围内，它的主要低频成分频率为

$$f_i = k\frac{nzM}{60\tau}\text{（Hz）} \tag{6-8}$$

式中：f_i 为低频成分频率，$i=1,2,\cdots$ 表示不同的成分，如主频率、共振频率等；k 为谐波次数，k=1，2，3，⋯；n 为内燃机转速（r/min）；z 为气缸数目；M 为每缸同时工作的气门数；τ 为冲程系数，四冲程内燃机 $\tau=2$，二冲程内燃机 $\tau=1$。

研究发现，在低转速下（或一定转速以下）配气机构噪声主要由气门开、闭时零件之间的撞击以及挺柱和凸轮工作面之间的摩擦振动引起，在高转速下，配气机构噪声主要由气门的不规则运动引起。当转速升高至某一临界值后，配气机构的传动零件会因惯性力过大而出现气门失控“反跳”现象，造成附加的撞击与噪声，该临界转速与配气机构的刚度和凸轮型线设计有关。

（3）齿轮噪声

齿轮传动是内燃机主要机构和附件间的传动方式之一，齿轮啮合噪声也是整机噪声的重要来源。同时，齿轮动载荷会通过轴承传递至壳体，产生振动辐射噪声。齿轮噪声的高频成分主要是齿轮啮合噪声，齿轮啮合每转过一个轮齿就产生一次撞击，即每转一圈撞击的次数与齿轮的齿数相等，其啮合频率为

$$f = N\times\frac{n}{60} \tag{6-9}$$

式中：N 为齿轮的齿数；n 为齿轮的转速（r/min）。

（4）供油系统噪声

供油系统噪声一般出现在几千赫兹以上的高频区域，可分为流体噪声和机械噪声。流体噪声包括泵内压力脉动激发的噪声、油路空穴噪声和喷油系统管道的共振噪声；机械噪声

包括喷油泵凸轮和滚轮体之间的周期性冲击和摩擦引起的噪声，特别是当恢复弹簧的固有频率与这种周期性的冲击频率接近时，会产生共振，使噪声加剧。

（5）不平衡惯性力引起的噪声

在内燃机中，曲柄连杆机构在运转过程中将产生往复运动惯性力和离心惯性力，而前者是一阶、二阶（和高阶）惯性力的总和。各阶往复惯性力作用在气缸中心线上，并随曲柄转角的不同而改变自身的大小和方向。由于各缸的惯性力作用在不同平面上，还会产生惯性力矩。在内燃机运转过程中，这些周期性变化的力和力矩将通过曲轴主轴颈传递给机体及其支承（或动力装置），引起振动和噪声。

（6）轴承噪声

轴承本身的噪声并不大，但它对整机的支承刚度和固有频率有较大影响。轴承的振动会导致轴系共振而产生噪声，其中滑动轴承的噪声比滚动轴承小。对于滑动轴承，当轴承间隙增大时，油膜压力和轴承的轴心轨迹将发生较大的变化，会促使机体振动加剧，噪声增大。

6.1.3 空气动力噪声

（1）进气噪声

进气噪声是由进气门周期性开、闭导致的压力波动形成的，主要包括三种成分：①进气门打开时活塞做变速运动所引起的进气脉动噪声；②进气门关闭时进气管道中的空气柱共振噪声；③气流流经进气门环隙时产生的涡流噪声。

图 6-8 所示是内燃机转速为 1 100 r/min 时，进气门打开和关闭时所产生的压力波形。由图可见，进气门打开时，进气管中产生压力脉冲，并随着活塞运动逐渐衰减；进气门关闭时，同样产生一个持续一定时间的压力脉冲，由此产生周期性的进气噪声，其基频为

$$f_1 = \frac{n}{60} \cdot \frac{z}{\tau} \tag{6-10}$$

式中：n 为内燃机转速（r/min）；z 为气缸数目；τ 为冲程系数，四冲程内燃机 $\tau=2$，二冲程内燃机 $\tau=1$。

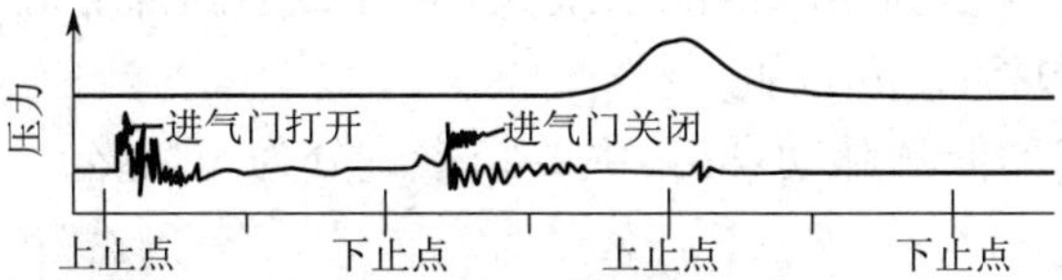

图 6-8　内燃机进气压力波形（n=1 100 r/min）

进气噪声可能还会出现 $2f_1$、$3f_1$ 的高次谐波成分。总体来说，其噪声频率一般处于 500 Hz 以下的低频范围，噪声峰值与进气管的压力脉冲相对应。空气在进气门通过截面处，以高速流入形成涡流，从而产生涡流噪声，由于进气门流通截面面积是变化的，其噪声一般是宽频、连续的高频噪声，主要频率成分在 1 000 Hz 以上，一般为

$$f_2 = \frac{Sr \cdot v}{d} \tag{6-11}$$

式中：Sr 为斯特劳哈尔数，一般为 0.05；v 为进气门处进气截面的气流速度（m/s）；d 为进气

门直径(m)。

进气噪声与进气方式、进气门结构、缸径、凸轮型线等设计因素有关,但在运转过程中,发动机转速的影响最大。图 6-9 所示是在不同进气条件下测得的柴油机进气噪声与转速的关系。可以看出,对同款设计来说,进气噪声级随转速线性增加,而负荷变化对进气噪声的影响较小(图 6-10)。合理地设计进气系统,包括安装合适的空气滤清器、加装空气消声器等,都是降低进气噪声最有效的措施。

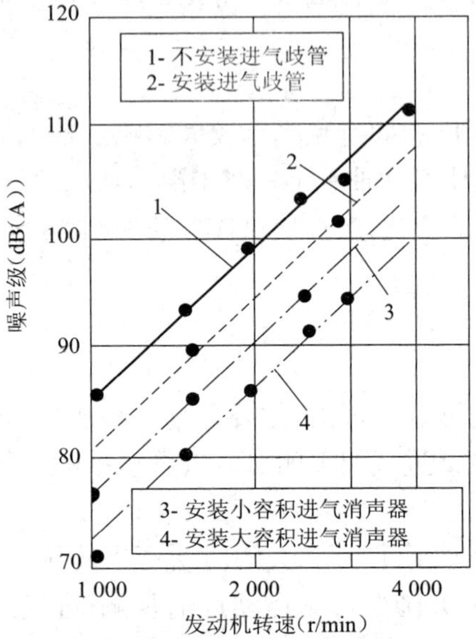

图 6-9 不同进气条件下柴油机进气噪声与转速的关系

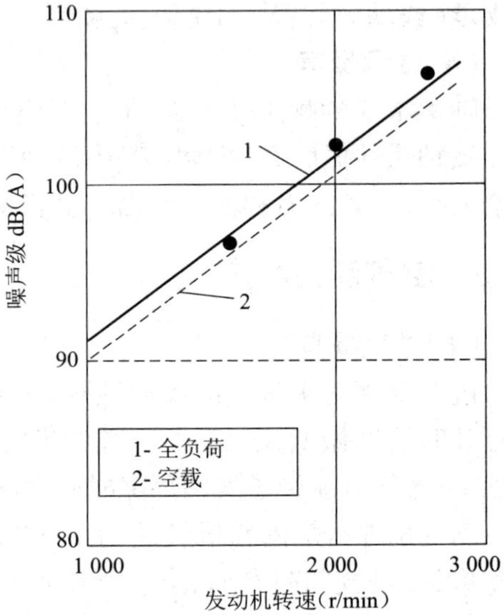

图 6-10 发动机负荷对进气噪声的影响

(2)排气噪声

内燃机的膨胀行程结束时,缸内废气仍保持很高的压力和温度,当排气门打开,高温、高压的废气将以脉冲形式迅速经排气口高速(速度可达到当地声速)冲入排气管或大气,产生排气噪声。排气噪声是内燃机噪声中能量最大、成分最多的部分。它的基频是内燃机的发火频率,噪声成分主要包括以下几种。

1)周期性排气引起的低频脉动噪声,主要频率成分为

$$f_1 = k\frac{nz}{60\tau} \tag{6-12}$$

式中:n 是内燃机的转速(r/min);z 是气缸数目;τ 是冲程系数,四冲程为 2,二冲程为 1;k 是谐波系数。

2)排气管内气柱共振噪声,共振频率为

$$\left.\begin{aligned} f_2 &= (2k-1)c_0/4l \\ c_0 &= c_1 \pm u \end{aligned}\right\} \tag{6-13}$$

式中:l 为管道共振气柱长度,多缸机可取各缸排气管总长的平均长度;c_0 为管道中的波速;c_1 为管道中的声速;u 为管道内的气流速度,当气流方向与声速方向一致(排气)时为正,反之取负;k 为谐波系数。

当$f_2 = f_1$时，气柱共振噪声将显著增强，这时可调整排气管的长度（还可改变转速，但要受其他运转因素制约），使f_2与f_1的大小不一致，以避免发生共振。

3）气缸内亥姆霍兹共振噪声。在单缸机排气噪声中，存在一个和内燃机转速无关的噪声峰值，一般较总声压级低 5 dB 左右，峰值频率不随转速变化，即亥姆霍兹共振噪声，其源于缸内激发的气体共振。若把整个气缸和排气管简化为一个亥姆霍兹共振腔的物理模型（图 6-11），则这一共振腔的共振频谱为

$$f_3 = \frac{c_t}{2\pi}\sqrt{\frac{S}{V_s\left(l+\sqrt{S/2}\right)}} \tag{6-14}$$

式中：c_t是管道中的声速；V_s是气缸工作容积；S是管道截面面积；l是管道长度。

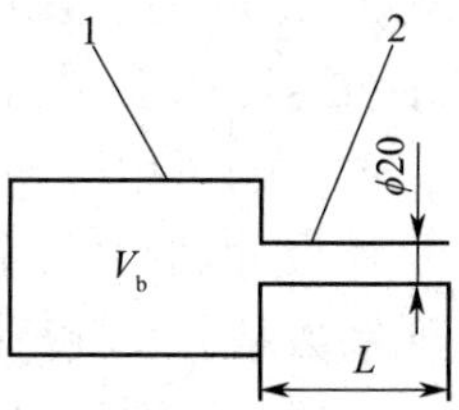

图 6-11　单缸内燃机亥姆霍兹共振腔的物理模型

1—气缸；2—排气管

多缸机也存在亥姆霍兹共振噪声，但由于各缸之间相互干扰，且排气歧管和总管较长，亥姆霍兹共振噪声并不突出。

4）高速气流通过排气门环隙及管道所产生的喷注噪声、涡流噪声以及排气系统在管内压力波激励下产生的噪声，它们形成了连续高频噪声谱，频率均在 1 000 Hz 以上，且频率随气流速度显著提高。喷注噪声和涡流噪声的峰值频率计算公式为

$$f_4 = \frac{Sr \cdot u}{d} \tag{6-15}$$

式中：u是气门流通截面处的流速；d是气门直径；Sr是斯特劳哈尔数，对喷注噪声取 1.5~2.0。

实验表明，排气噪声与内燃机类型、排量、功率、转速、平均有效压力（或者转矩）以及排气口的面积等因素有直接关系。对同一发动机来说，对排气噪声影响最大的因素是发动机的转速和负荷。在相同条件下，柴油机的排气噪声要比汽油机大，二冲程内燃机的排气噪声要比四冲程内燃机大。

（3）风扇噪声

风扇噪声由旋转噪声和涡流噪声组成。水冷发动机的风扇噪声一般小于排气噪声和进气噪声；但风冷发动机的风扇噪声有可能成为整机的主要噪声源。旋转噪声由风扇叶片切割空气产生周期性扰动引起。对于给定空间点，每当叶片通过，气体压力迅速变化一次并产生一个压强脉冲。随着叶片逐个通过，不断产生压强脉冲，并向周围辐射噪声。这种周期性的压力波动可按傅里叶级数分解为一个稳态分量和一系列谐波分量的叠加。稳态分量就是冷却系统所需要的风压，脉动分量将激发出旋转噪声。旋转噪声的基频就是叶片每秒钟打击空气质点的次数，即

$$f_1 = \frac{n_f \cdot i}{60}\ (\mathrm{Hz}) \tag{6-16}$$

式中：n_f为风扇转速；i为风扇叶片数。

涡流噪声又称为湍流噪声，是气流在黏性力作用下与叶片分离时由于滑脱或分裂成一系列的涡流而辐射出的一种非稳定的流动噪声。涡流噪声的主要峰值频率为

$$f_2 = \frac{Sr \cdot u}{d} \tag{6-17}$$

式中：f_2 是涡流噪声主要峰值频率；Sr 是斯特劳哈尔数，取 0.14~0.20；u 是气流与叶片之间的相对速度；d 是叶片在垂直于速度平面上的投影宽度。

影响风扇噪声的因素包括运转参数（如转速、风量、风压、效率等）、结构参数（如叶形、叶片尺寸、叶片数目、叶片材料等）、发动机冷却方式及冷却系统的布置等。风扇材料的损耗系数越大，其噪声越小。

研究表明，风扇的风量 V_f 和声压级 $L_\mathrm{p\text{-}f}$ 与转速 n_f 和直径 D_f 之间关系为

$$V_\mathrm{f} \propto D_\mathrm{f}^3 n_\mathrm{f} \tag{6-18}$$

$$L_\mathrm{p\text{-}f} \propto D_\mathrm{f}^8 n_\mathrm{f}^6 \tag{6-19}$$

由于风扇叶片的形状和尺寸设计对风扇噪声有显著影响，必须综合考虑风量与风扇噪声间的关系，改善气流的流动状况，在保证冷却效率的同时降低噪声。

（4）增压器噪声

涡轮增压器由涡轮机、主轴、压气机组成。随着发动机强化程度的提升，增压器的转速和压气机增压比不断提高，涡轮增压器噪声问题越发突出。涡轮增压器噪声可分为同步噪声、次同步噪声、壳体辐射噪声、叶片通过频率（Blade Passing Frequency，BPF）噪声、叶尖间隙噪声（Tip Clearance Noise，TCN）、瞬态喘振噪声、电锯（Buzz-saw）噪声和气流噪声（Hiss 噪声、Whoose 噪声）等。

1）同步噪声是由叶轮转子自身不平衡产生扰动，引发转子自激振动并产生的噪声。同步噪声频率和增压器转速相关，转速越高，噪声频率越高，一般小于 4 000 Hz。可通过控制中间体的振动峰值的方式改善涡轮增压器同步噪声。

2）次同步噪声主要由滑动轴承油膜振荡和转子转动引起，频率一般为 600~1 000 Hz，主观感受为类似“呜呜”的口哨声。可通过优化轴承间隙、提升润滑油质量，改善涡轮增压器的次同步噪声。

3）壳体辐射噪声是由压气机和涡轮机壳体的振动产生的，频率分布在中低频段，可通过壳体结构优化和采用柔性连接方式改善。

4）BPF 噪声指叶轮扫气产生的气体涡流噪声，气流经过高速旋转的叶轮产生压力差，出现压力脉动导致。也有研究认为 BPF 噪声是由于叶片旋转中表面压力变化对叶轮振动产生较大的激振作用，引起涡轮叶片周期性振动而产生的噪声。BPF 噪声与叶尖与蜗壳的间隙有关，理论上间隙越大，噪声越小，但间隙过大会降低效率。BPF 噪声主要分布在高频段，呈现出强烈的刺耳感，噪声频率计算公式为

$$f_\mathrm{BPF} = i \cdot \frac{n \cdot Z}{60} \tag{6-20}$$

式中：i 为谐波次数；n 为增压器转速；Z 为叶片数目。

5）TCN 是由压气机壳与叶尖间隙的不稳定流动，在叶尖部位形成湍流或涡流产生的，频率约为 BPF 噪声的一半。当叶尖间隙比（叶尖间隙与叶高比值）相对较大，且叶片吸/压力面压差足够大时，TCN 比较突出。可通过改变叶尖间隙方式改善 TCN。

6）瞬态喘振噪声是由喘振现象产生的噪声。发动机的负荷增加，进气量也随之增加，

增压器转速亦随之升高。当增压器的实际供气量大于发动机的需气量时，富裕气体会积聚于增压器压气机与气缸之间并造成堵塞，使压气机出口压力升高，超过临界压力后倒流至压气机；随着堵塞气体从压气机排出，压气机出口压力下降，开始正常供气。上述现象称为喘振，导致的不稳定流动形成喘振噪声，常以低频出现。典型增压器的喘振过程 MAP 如图 6-12 所示。增压器“喘振”经常出现于发动机低速、高负荷工况或瞬态急变工况，会导致发动机转速和扭矩剧烈波动，对发动机和涡轮增压器可靠性产生恶劣影响。

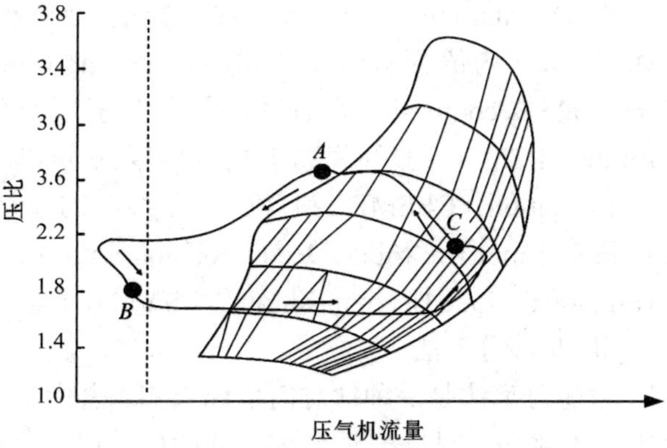

图 6-12　增压器喘振过程 MAP 图

7）气流噪声（Hiss 噪声、Whoose 噪声）是指发动机加速时，低速大扭矩导致的高增压比、低流量使压气机运行接近喘振区域，气体与壁面分离并在压气机进口处产生波动，进而产生“嘶嘶”“呜呜”的气流噪声。可通过优化管路形状和壁厚、优化叶形、优化发动机标定使其远离喘振区域以及设计谐振腔等措施改善气流噪声。

6.2　内燃机噪声源识别

内燃机振动噪声的激励源多、传递路径多、激励之间相互影响，辐射出的声振信号具有很强的非线性和非平稳性，噪声源识别非常具有挑战性。

6.2.1　基于实验的直接识别

基于实验的直接识别主要包括选择运行法和铅覆盖法。

1）选择运行法：在实验过程中，通过中止内燃机部分零部件运行进行该部分零件的噪声识别。

2）铅覆盖法：用内部覆盖吸声材料的铅板将内燃机部分表面覆盖起来，只裸露需要测量的部位，可以认为测量到的噪声即为裸露部分的表面辐射噪声。但铅覆盖法操作烦琐、测量时间长、测试成本较高。

6.2.2　基于信号处理的噪声源识别

相比基于实验的直接识别，基于信号处理的噪声源识别的测试过程简单。这种方法按照原理主要分为三类：时频分析法、盲源分离法、相干分析法。

Ⅰ.时频分析法

时频分析法指利用信号能量的时间/频率分布，即噪声信号时间历程、频谱和时频谱的特征进行噪声源识别。常用的信号处理方法有短时傅里叶变换（Short Time Fourier Transform，STFT）、连续小波变换（Continuous Wavelet Transform，CWT）、魏格纳分布（Wigner-Ville Distribution）、Hilbert-Huang 变换、经验模态分解（Empirical Mode Decomposition，EMD）、局部均值分解（Local Mean Decomposition，LMD）、固有时间尺度分解（Intrinsic Time-scale Decomposition，ITD）、集总平均经验模态分解（Ensemble Empirical Mode Decomposition，EEMD）、互补集总平均经验模态分解（Complementary Ensemble Empirical Mode Decomposition，CEEMD）和自适应白噪声的互补集总平均经验模态分解（Complementary Ensemble Empirical Mode Decomposition with Adaptive Noise，CEEMDAN）、变分模态分解（Variational Mode Decomposition，VMD）等。

Ⅱ. 盲源分离法

盲源分离法是一种针对信号源未知、观测结果已知，依据判断矩阵假设进行信号分离的方法。盲源分离法比较适合识别内燃机噪声，可以分离出被大能量信号掩盖的小能量信号，针对含有背景噪声和回声干扰的内燃机噪声，也可以有效地分离出。但进行盲源分离时，需要同时测取内燃机多个位点的噪声信号，要求识别的噪声源数量小于所测取的信号通道数。

Ⅲ. 相干分析法

相干函数可以描述两个信号在时域内的相关特征，可以分析输入及输出信号的相关情况，以及来源信号对于输出信号的贡献度。相干分析主要分为三种：常相干分析、偏相干分析、重相干分析。常相干分析适用于单输入－单输出或多输入间独立的多输入－单输出系统。偏相干分析（Partial Coherence Analysis，PCA）理论是在常相干理论基础上发展而来的。由于多输入－单输出系统中的多个输入一般不会完全独立，存在耦合关系，因此进行常相干分析时无法区分输入间相干部分对输出的贡献，全部输入的常相干分析之和就会大于 1。而偏相干分析可以剔除输入间相干部分，并分析剔除后的输入信号对输出的贡献度。对于单输入－单输出系统，重相干函数与常相干函数是相同的；对于多输入系统，重相干函数是所有输入与输出相干函数的和。重相干分析可以用来考察全部参与分析的输入信号对输出信号的总贡献水平，也可以用于检查是否有重要信号在分析采用的多输入模型中遗漏，或是测试采集信号的噪声水平。

6.2.3 基于传感技术的噪声源识别

基于传感技术的噪声源识别主要包括声强法、声全息法和声阵列法。声强法是 20 世纪 80 年代发展的声源诊断技术，其通过网格对声源面进行分块，通过声强探头测试各网格节点的声强值，经过插值运算可获得辐射面的声强云图。声全息法利用干涉原理获得被观察声场全部信息（振幅分布和相位分布），一般包括获得声全息图和由声全息图重建物体可见像。声阵列法由一组在空间固定位置分布的传声器组成的阵列对空间声场进行测量，利用声波波束形成原理处理声源信号，在测量噪声信号的声压级的同时，通过“延迟－累加”算法得到信号源的具体位置，从而得到整个测试表面不同发声信号源的位置。

6.3 内燃机噪声抑制

噪声抑制主要通过激励源抑制和传递路径衰减两种方式实现。从控制手段可分为主动控制和被动控制，利用声掩蔽、声波叠加效应进行消声属于主动控制，利用结构设计进行减振、隔振、吸声、隔声属于被动控制。

6.3.1 燃烧噪声控制

降低燃烧噪声的基本思路是控制缸内压力增长率，可以从燃料选取、燃烧过程组织、燃烧室设计和增加机体传递损失等方面考虑。

（1）选用十六烷值高的燃料

十六烷值对柴油机燃料着火延迟期有影响，从而间接影响在着火延迟期内形成的可燃混合气数量，导致缸内压力增长率 $\mathrm{d}p/\mathrm{d}t(\Delta p/\Delta t)$ 降低和燃烧噪声减小；但是在实用上，其燃料品种选择的自由度很小。

（2）合理组织供油过程

供油系统各种参数对燃烧噪声的影响是综合性的，从降低燃烧噪声的目的出发，供油过程应满足下列条件：①在滞燃期内喷入燃烧室的燃料量应尽量少，但能保证稳定地着火；②燃料的大部分应在急燃期内喷入燃烧室；③在缓燃期内不宜喷入太多燃料，否则将使后燃期加长、燃烧恶化，导致油耗率和排气温度增高。

在组织供油的过程中，可调节的主要参数有供油提前角、喷油次数、喷油压力、供油规律等。这些参数的影响和实际效果应当通过综合调试来确定。需要指出的是，在最终确定这些参数时，除应考虑降低噪声要求外，往往还要把经济性、动力性、排放指标放在首要位置。

（3）燃烧室设计

燃烧室的结构形式和尺寸以及燃烧系统的设计对 $\mathrm{d}p/\mathrm{d}t$，p_{max}，$\lambda=p_z/p_c$ 及气缸压力频谱的形状有明显的影响，因此也对燃烧噪声的大小产生影响。在直喷式燃烧系统中，球形燃烧室的燃烧噪声最低，采用分隔式燃烧室（如涡流室或预燃室）也可以获得较低的燃烧噪声，浅盆形燃烧室和 ω 形燃烧室的燃烧噪声均较高。

（4）结构衰减

结构衰减是指从传播途径上增加发动机结构对燃烧噪声的衰减，特别是对中、高频部分的衰减。可采取的结构衰减措施如下：①选用较小的缸径，相应增加缸数或采用较大 S/D 值，以保持输出功率；②减小曲柄连杆机构各部分的间隙，增加油膜厚度；③提高缸套及机体的刚性和采用减振及隔声措施等。可以看出，这些措施应当在发动机总体设计和开发时就进行考虑和研究。

（5）其他措施

其他衰减噪声的措施有提高燃烧室壁温、降低缸内压力增长率。提高燃烧室壁温的方法包括提高冷却水温度、采用铸铁或钢顶的活塞、在活塞顶上镶涂隔热材料等，这些方法有助于改善燃烧过程的柔和性。向缸内喷水也可降低缸内压力增长率。

6.3.2 机械噪声控制

（1）活塞敲击噪声控制

降低活塞敲击噪声，除从传播途径上降低结构对输入的衰减能力（如提高刚度和增大阻尼）外，还需要关注活塞组的设计。通过增大活塞裙部刚度、减小活塞质量、设计合理的活塞型线和配缸间隙，或采取其他措施，降低活塞对缸套的敲击力是降低活塞敲击噪声的关键。

（2）配气机构噪声控制

对于广泛采用的气门机构产生的噪声，在低速条件下主要是由传动零件之间因间隙产生撞击而形成的；在高转速条件下，噪声可能由于气门发生不规则运动产生“反弹”“反跳”而加剧。可以通过采用顶置凸轮，合理设计凸轮型线缓冲曲线段，采用各种不同形式的函数凸轮，采用液力挺柱等方式，减小配气机构噪声。

（3）齿轮噪声控制

根据齿轮传动产生噪声的机理，通常可以考虑采用低噪声齿轮。合理选择齿轮形式，合理确定齿轮参数和加工方法，适当提高齿轮加工精度，都可以降低齿轮工作时的噪声。除此之外，齿轮传动的合理配对、隔离声辐射、消除齿轮传动系统振动等措施都是有效控制齿轮噪声的方法。

（4）供油系统噪声控制

供油系统噪声控制应从零部件单体噪声和系统噪声方面考虑。供油系统噪声的来源主要是燃油泵、燃油箱、燃油管路。为降低燃油泵的单体噪声，可优化燃油泵的振动源——油泵泵芯；同时，采用可变流量燃油泵，以解决大流量下工作噪声大的问题。燃油箱噪声的优化主要包括对燃油箱本体的结构优化和燃油箱减振；对燃油管路噪声的优化包括降低管路内油压脉动和隔振。

（5）不平衡惯性力噪声控制

对于不同发动机而言，曲轴系所受的不平衡惯性力（矩）类型不尽相同，其平衡方法也不相同。平衡旋转惯性力时，只需要在曲轴的相反位置装上平衡重，使该平衡重产生的离心惯性力与原旋转惯性力的合力大小相等、方向相反。对于一阶往复惯性力（矩），可通过在曲拐上添加平衡重的方法，抵消一部分。若想完全消除一阶往复惯性力，还需添加一根平衡轴，采用单轴平衡法或者双轴平衡法。由于二阶往复惯性力（矩）的变化频率是曲轴转速的2倍，故二阶往复惯性力（矩）的平衡只能采用双轴平衡法，通过控制平衡轴的转速，使平衡轴转速达到曲轴转速的2倍，然后准确地调整平衡重相对于曲轴转角的相位，即可达到平衡二阶往复惯性力（矩）的效果。

（6）轴承噪声控制

由于轴承噪声往往和轴承内径成正比关系，因此在满足工作要求的前提下，轴承内径应尽可能得小。提高轴承的制造精度和装配质量，合理选择配合并充分润滑，在轴孔和轴承之间添加阻尼材料，在轴承支撑上安装动力吸振器等方法，都可以对轴承噪声的控制取得较好的效果。

6.3.3 空气动力噪声控制

(1)进气噪声控制

降低进气噪声的措施是设计合适的空气滤清器或采用进气消声器。由于空气滤清器具有一定的空腔容积和过滤材料，本身就具有一定的消声作用。考虑到进气噪声相对较低，为了尽量减小进气阻力、增加进气充量，通常不另加装进气消声器。在设计空气滤清器时，除考虑滤清性能外，还应兼有较好的消声效果，如适当加大空气滤清器的容积。图 6-13 所示为汽油发动机空气滤清器的容积和排量的关系。对于增压柴油机，如果进气噪声太大，就要考虑另外加装进气消声器。

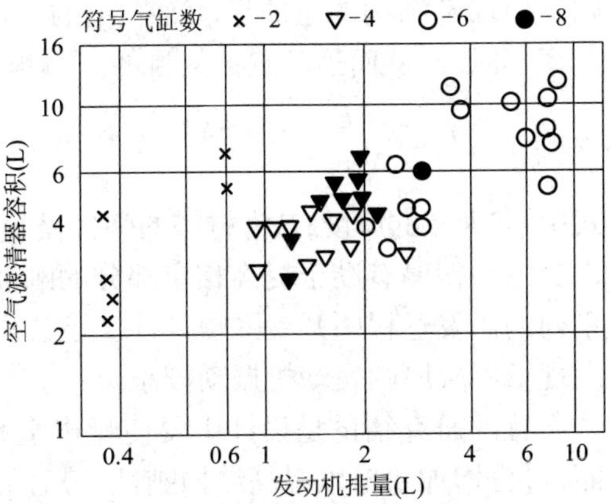

图 6-13 汽油发动机空气滤清器容积与排量的关系

(2)排气噪声控制

排气噪声是发动机空气动力噪声的主要部分，要优先控制。消声器是控制气流噪声的一种基本方法，对以气流噪声为主的噪声，均可在进、排气口安装消声器来降低噪声。消声器广泛应用在各种内燃机、风机、燃气轮机和高速气流排放装置的噪声控制中。利用消声器，可使排气噪声减弱 20~30 dB。

(3)风扇噪声控制

为降低风扇噪声，可以采用以下方法：适当控制风扇转速，采用叶片不均匀分布的风扇，用塑料风扇代替钢板风扇，在车用内燃机上采用风扇自动离合器，合理设计风扇和散热器系统。对于风冷发动机，要更仔细地设计冷却风扇和导风系统，其对节能和降噪有显著影响。

(4)增压器噪声控制

降低增压器噪声的主要方法包括：①双列叶片错开布置；②增加蜗舌与叶轮外径的间距；③增加蜗舌边缘的半径；④在进、出口安装金属网格；⑤采用不规则的叶片间距；⑥使蜗舌边缘和叶轮叶片形成倾斜角；⑦控制压气机噪声。在实际工程中，从传播途径上控制压气机噪声的方法最为有效，主要方法有在压气机入口加装消声器、在蜗壳表面加包络层，这些方法均不改变压气机的运行特性。

6.3.4 其他表面辐射噪声控制方法

(1)合理设计机体缸盖等基本结构

可以证明，表面辐射噪声正比于表面振动速度的平均均方值 $\sum v_i^2/n$ 和辐射表面面积。因此，增加内燃机的结构刚度和表面振动阻尼是减小表面振动速度的基本方法，即在同样的激振力作用下，减小内燃机表面响应就可使噪声降低，同时还应设法将裸露噪声的表面辐射面积尽可能地减至最小。

内燃机中传递振动和构成声辐射表面的主要是由缸盖、缸体曲轴箱、油底壳、齿轮室盖、两侧盖板、气缸盖罩等组成的一种箱式壳体结构。提高其结构刚度和增加表面振动阻尼的主要做法有增加壁厚或局部加肋，选择合理的结构形式和造型。

内燃机的表面辐射噪声，在低频范围内是通过机体的弯曲振动而发出的；在高频范围内则是由局部结构的弯曲振动而发出的。提高结构刚性可以提高其固有频率，使之与激励的频率不匹配，从而达到减振的目的。平板弯曲振动的固有频率为

$$f \propto \delta\sqrt{\frac{E}{\rho}} \tag{6-21}$$

式中：δ为板的厚度；E 为材料的弹性模量；ρ 为材料密度。

增加壁厚有助于提高相应部分的刚度。英国里卡多公司曾在一种重型越野车用柴油机系列的研发过程中开展降噪设计。该公司专门设计出不同壁厚（20 mm、11 mm）的曲轴箱，发现壁厚较厚的发动机振动较小。

总的研究结论是设计中要使噪声水平低，最主要的途径是提高发动机的结构刚性。然而，过分增加壁厚以提高结构刚性，势必导致质量增加，有可能引发其他问题，从总体设计的角度考虑，该方法未必合理。因此，通行的做法是根据计算和实测结果，对刚性小、振幅大的部位进行局部加肋处理，优先加强最薄弱的部位。

（2）结构选型和优化设计优先级

曲轴箱结构形式对噪声也有较大影响。如图 6-14（a）所示，传统结构对降噪是不利的，油底壳固定在曲轴箱底面的部位，该位置恰好是振幅最大的地方，因而油底壳就成了发声面，激发起较强的噪声。如图 6-14（b）所示，将传统结构改为曲架式后，油底壳固定部位的振幅较小，主轴承刚性较好，在油底壳内层涂以阻尼材料，可较大程度地降低噪声。如图 6-14（c）所示，梯架式曲轴箱用刚性很大的板与油底壳相连，可减小振幅和噪声。如图 6-14（d）所示，台板式结构的主轴承，曲轴箱和机体分界面在主轴承中心线处，此处振幅最小，而主轴承刚性最好，因而能有效地降噪。

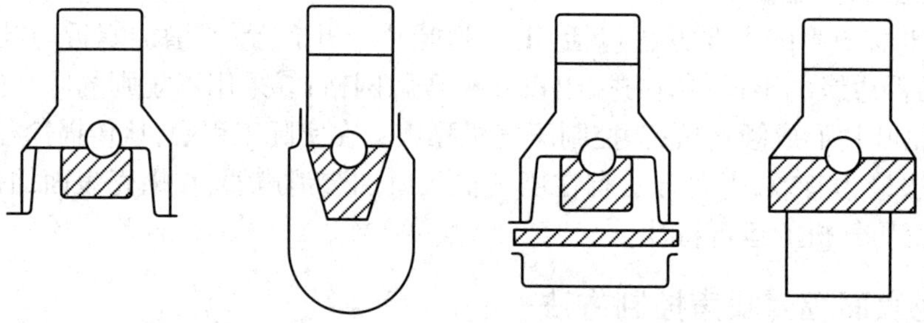

（a）　　（b）　　（c）　　（d）

图 6-14　减小噪声的曲轴箱设计

（a）传统式　（b）曲架式　（c）梯架式　（d）台板式

另外，从减振和降噪的需求出发，希望内燃机的传动齿轮系和附件尽可能安装于飞轮端，因为那里的扭转振动最小，但这要由发动机总体布置来决定。当曲轴扭转振动的频率接近于发动机缸体的固有振动频率时，就发生很大的共振辐射声。因而，现代四缸汽油机多采用五点支承（曲轴全支承方式），这对提高缸体刚度和减小噪声均是有利的。

(3)减小辐射表面面积

实践证明,降低罩壳或盖板的表面辐射噪声要比降低气缸体等基本结构的表面辐射噪声方便和容易得多,所以尽可能减小气缸体等基本结构的辐射表面面积,或者改变设计,将其转化为罩壳或盖板的表面面积,就成为降低表面辐射噪声的另一个有效方法。隔振及隔声设计,除去气缸体、气缸盖等基本辐射表面外,其他盖板和罩壳等的表面辐射面积也占有很大比例。常用的降噪措施包括涂以阻尼材料或采用复合材料、隔振处理等。

Ⅰ.采用阻尼材料

上面谈到的加强刚性的方法,并不能把振动阻尼去掉,而只是把共振频率移向较高的频率区域。如果实际情况允许,采用这种方法是有效的。但是如内燃机这样的复杂振动系统,往往由于移动某一构件的固有频率,将会引起另一构件的严重振动。这时采用涂以阻尼材料的方法效果较好。

阻尼材料(如沥青、橡胶以及某些高分子材料)是一种高内损耗系数的黏滞弹性材料(钢和铸铁内损系数为 10^{-4}~10^{-3},软橡胶内损系数为 10^{-2}~10^{-1}),可以涂在金属表层上,也可以做成夹层结构。当物体产生振动时,由于这种材料的内黏性摩擦,可将部分振动的机械能转为热能,从而达到使振动体减振和减小辐射噪声的目的。

Ⅱ.采用隔振处理

盖板和罩壳应固定在机体等基本结构刚性较大、振动较小的部位,或者将其固定点处的刚性给予局部提高。如果固定点的振动大,亦可采用隔振措施来降低振动能量的传递,对于不传力的固定点可以用橡胶隔振。

Ⅲ.采用遮蔽护罩进行隔声处理

隔声指将声源与受主(听者)完全隔离,也是噪声控制中常用的一种方法。在实用上,可从两方面进行隔声处理:①对物,将内燃机放在隔声机罩内或放在隔声机房内;②对人,使工作间、驾驶室等具有良好的隔声性能。这里仅说明直接装在发动机上并且也作为其零部件的隔声罩,其包括局部隔声罩和整机隔声罩两种。

1)局部隔声罩,在噪声辐射较强的表面(如油底壳、正时齿轮室盖、气门室罩壳等)装隔声罩壳,以进一步隔离表面辐射噪声。隔声罩可用 0.5~1.0 mm 厚的薄钢板制作。钢板离开噪声辐射表面应有 15~50 mm 的距离,且两者之间应采用阻尼弹性减振连接,采用刚性固定方式不会有降噪效果。此外,隔声罩应当仔细加以密封,不大的孔或间隙都会导致隔声性能的降低。

2)整机隔声罩。假如上述各种办法不能满足降噪的要求,则可以把整台发动机完全罩起来。隔声罩用薄钢板制作,若在内面衬以吸声材料,则降噪效果更好。这样可使内燃机的总噪声降低 15~20 dB(A),装车后可使总噪声降低 5~10 dB(A)。整机隔声后,需要解决通风冷却问题,而且对外形尺寸和质量、成本均有较大增加。

6.4 案例分析:噪声源识别

以某型柴油机开发过程中的样机为例,综合考虑运行工况、测点、频段分布等影响因素,进行噪声源识别,具体技术路线如图 6-15 所示。该方法利用变分模态分解(VMD)对整机噪声信号进行分解，基于偏相干分析（PCA）进行辐射噪声和表面振动的相关性分析，基于模糊层次分析（Fuzzy Analytic Hierarchy Process，FAHP）构建模糊一致性矩阵及组合权重矩阵，计算柴油机声源在多工况、多方向、多频段条件下对整机噪声的贡献度，为整机声学开发提供指导。

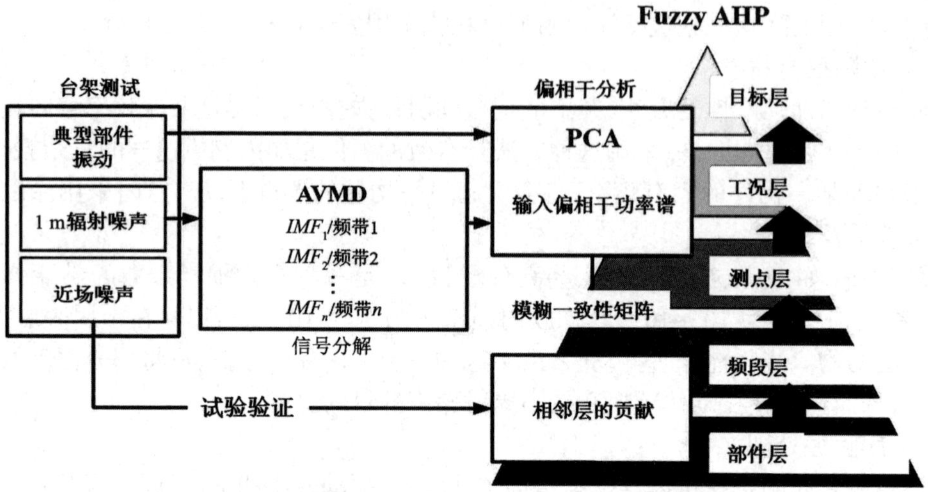

图 6-15　基于模糊综合评价法的柴油机噪声源贡献度分析流程

基于模糊综合评价法的柴油机噪声源贡献度分析的具体步骤如下。

1）声振信号测试：采集柴油机在不同运行工况下典型部件振动和近场噪声信号，同时测试整机 5 点噪声信号。

2）噪声频段划分：对整机 5 点噪声信号进行去趋势、滤波等预处理，采用 VMD 对预处理后的噪声信号进行自适应分解，并对分解的 IMF（多模态分量）进行小波时频分析，对柴油机噪声进行频段划分。

3）声振偏相干分析：对柴油机典型部件振动和不同测点整机噪声信号进行 PCA，根据输入偏相干功率谱幅值，确定不同部件对不同频段噪声的贡献序列。

4）整机噪声层次分析树构建：构建整机噪声的层次分析树，其中第一层为目标层，第二层为工况层，第三层为测点层，第四层为频段层，第五层为部件层。

5）相邻层权重计算：根据步骤 3）中不同部件在不同频段的贡献序列和步骤 4）构建的层次分析树，基于模糊层次分析法计算部件层相对频段层权重。根据不同频段在不同测点噪声能量分布，计算频段层相对测点层的权重。同理，计算测点层相对工况层的权重。根据不同工况在实际工程中的使用率，确定不同工况的重要性序列，计算工况层相对目标层的权重。

6）整机噪声源权重计算：已知部件层相对频段层和频段层相对测点层的权重，构建综合权重矩阵，计算部件层相对测点层的贡献度；同理，构建综合权重矩阵，计算部件层相对工况层、部件层相对目标层的贡献度。

在进行信号分解前，需要对待测噪声信号进行消除趋势项、滑动平均预处理，以还原信号的真实特征。下面以某柴油机的整机噪声为对象，举例说明信号分解和时频特征提取。柴油机的整机噪声可分为 6 个频带：0~500 Hz、500~800 Hz、800~1 200 Hz、1 200~1 800 Hz、1 800~2 500 Hz 和 2 500~4 000 Hz。基于 VMD 分解和时频分析结果构建层次分析树，如图 6-16 所示。层次分析树主要包括五层：第一层是目标层；第二层是转速层，包括怠速、1 400 r/min、1 800 r/min 和 2 200 r/min 四个转速，涵盖柴油机的常用转速范围；第三层是测点层，根据国家噪声测试标准，选择柴油机前、后、左、右、顶 5 个不同的测点；第四层是频段层，根据分解的 IMF 划分为 0~500 Hz、500~800 Hz、800~1 200 Hz、1 200~1 800 Hz、1 800~2 500 Hz 和 2 500~4 000 Hz 共 6 个频带；第五层是方案层，即对柴油机噪声产生主要影响的典型零部件，具体为油底壳、左机体、右机体、齿轮室罩、飞轮壳和气门室罩盖。

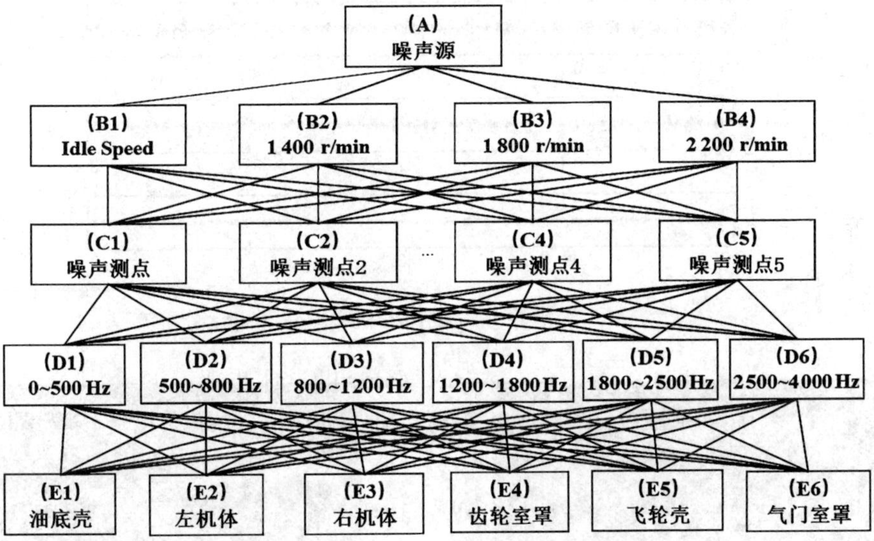

图 6-16　柴油机整机噪声的层次分析树

该机在 1 800 r/min 时机体左侧的噪声信号分解和时频特征提取结果如图 6-17 所示。

联合典型辐射部件与整机噪声的声振耦合关系，分析不同部件在不同频段的输入偏相干功率谱，本实例仅展示不同部件振动与 1 800 r/min(左测点)工况下 0~500 Hz 频带的噪声输入偏相干功率谱结果，如图 6-18 所示。以 0~500 Hz 频带的噪声为例，不同部件的贡献排序如下：齿轮室罩>油底壳>右机体>左机体>飞轮壳>气门室罩盖。

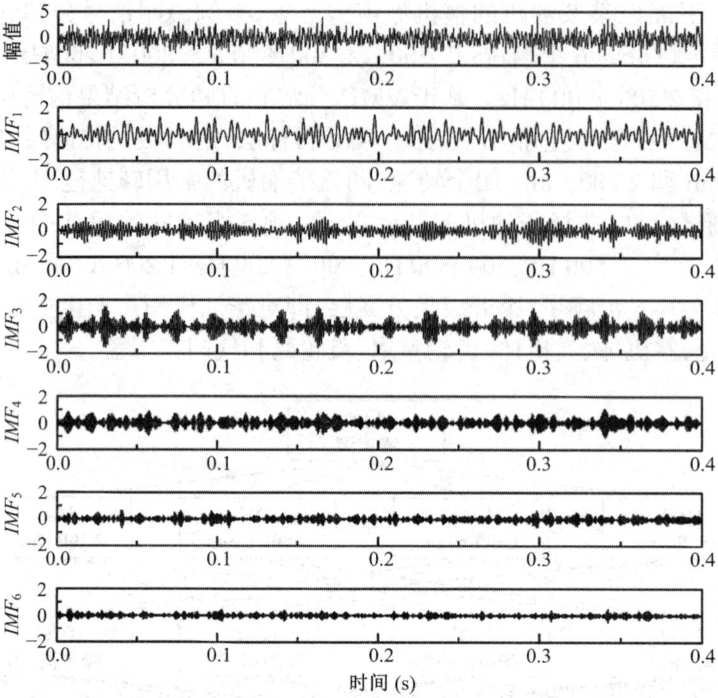

（a）

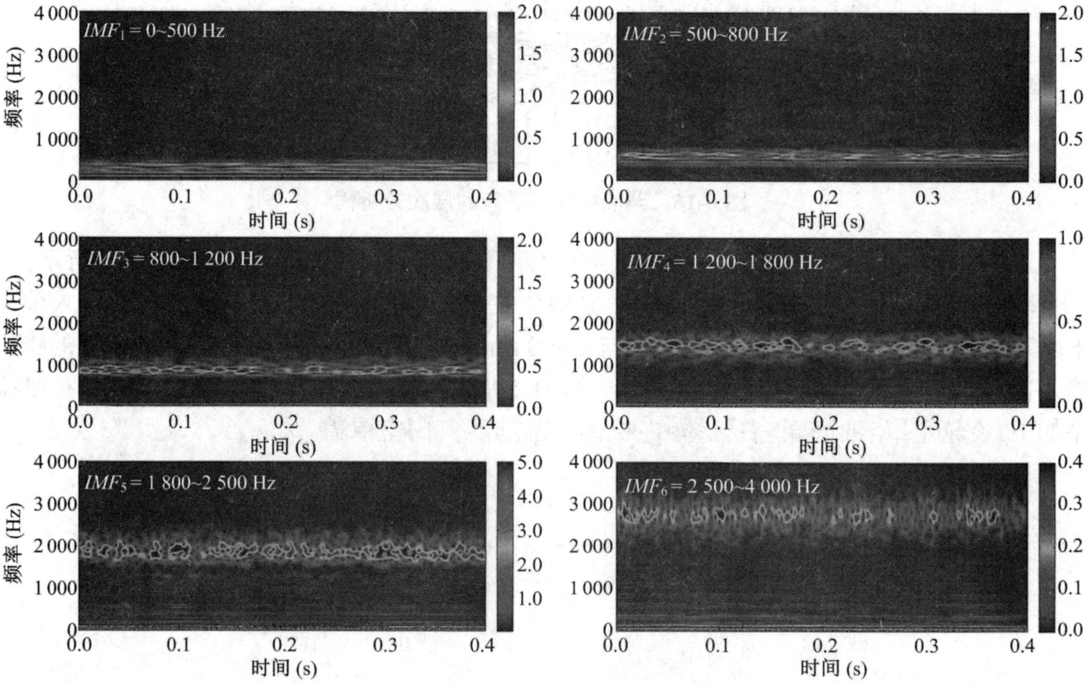

（b）

图 6-17　柴油机在 1 800 r/min 时顶侧噪声信号分解及时频分析

（a）左侧噪声信号及自适应 VMD 分解结果　（b）左侧噪声分解 IMF 时频分析结果

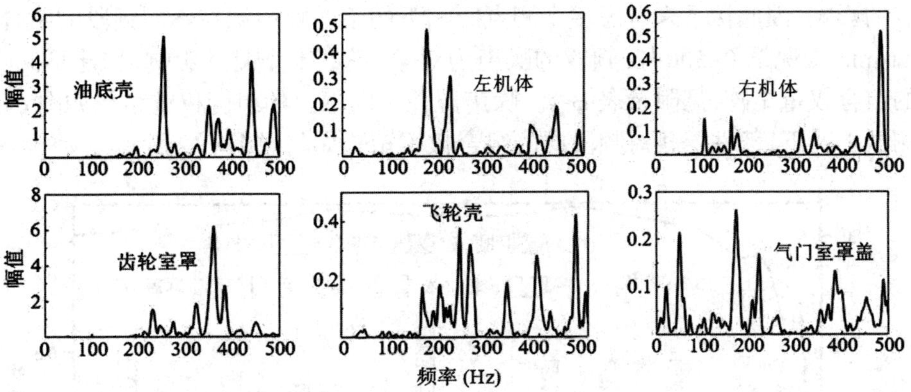

图 6-18　柴油机的不同部件在 0~500 Hz 频带下的输入偏相干功率谱

基于部件层在频段层的贡献序列以及不同测点的噪声频谱结果，基于模糊层次分析法（FAHP）构建模糊一致性矩阵，计算相邻层（部件层对频段层、频段层对测点层、测点层对工况层、工况层对目标层）的权重结果，结果见附录表 A-1。同理，基于相邻层权重结果，可计算跨层的组合权重结果，计算部件层对整机噪声的贡献权重，结果见附录表 A-2。振动辐射噪声不仅与振动本身能量、振动和噪声的相干性有关，还受辐射部件表面积的影响，因此在研究部件层对整机噪声贡献时，需要考虑辐射部件的表面积（简称辐射面积）这一影响因素。将辐射面积归一化处理，并与 A-E 权重进行加权，可获得考虑辐射面积影响的结果。不同噪声源对整机噪声贡献权重见表 6-2，在不考虑辐射面积这个影响因素时，辐射部件噪声贡献序列为油底壳（E1）>齿轮室罩（E4）>左机体（E2）>气门室罩盖（E6）>飞轮壳（E5）>右机体（E3）。考虑辐射面积这个影响因素时，辐射部件对整机噪声贡献序列为油底壳（E1）>左机体（E2）>齿轮室罩（E4）>气门室罩盖（E6）>飞轮壳（E5）>右机体（E3）。

表 6-2　不同噪声源对整机噪声贡献权重

A-E	B1	B2	B3	B4	面积	整机贡献权重	
	0.125	0.375	0.375	0.125		不考虑辐射面积	考虑辐射面积
E1	0.255	0.261	0.263	0.256	0.405	0.260	0.422
E2	0.195	0.19	0.161	0.17	0.196	0.177	0.139
E3	0.136	0.107	0.102	0.105	0.213	0.109	0.092
E4	0.162	0.179	0.215	0.217	0.162	0.195	0.127
E5	0.134	0.115	0.118	0.116	0.202	0.119	0.096
E6	0.118	0.148	0.141	0.136	0.221	0.140	0.124

根据噪声源对整机噪声的贡献序列结果，可以有针对性地对主要辐射源进行控制，提升柴油机的声学水平。而柴油机声学优化方案的提出必须立足于两点：一是明确整机噪声的主要影响频段；二是明确该影响频段的核心辐射源。

在上述实例中，已经获得在单一测点下部件层对频段层的权重，但未综合考虑不同方向多个测点的影响，因此接下来考虑多个测点影响下的不同噪声源在不同频段的组合权重，仍以 1 800 r/min 工况下 0~500 Hz 频段的噪声为对象，考虑 5 个测点影响，构建不同噪声源在该频段的组合权重矩阵，见附录表 B-1。噪声源在不同频段的组合权重结果如图 6-19 所示；在不同测试工况下，部件层相对频段层的组合权重矩阵如附录图 C-2 所示。

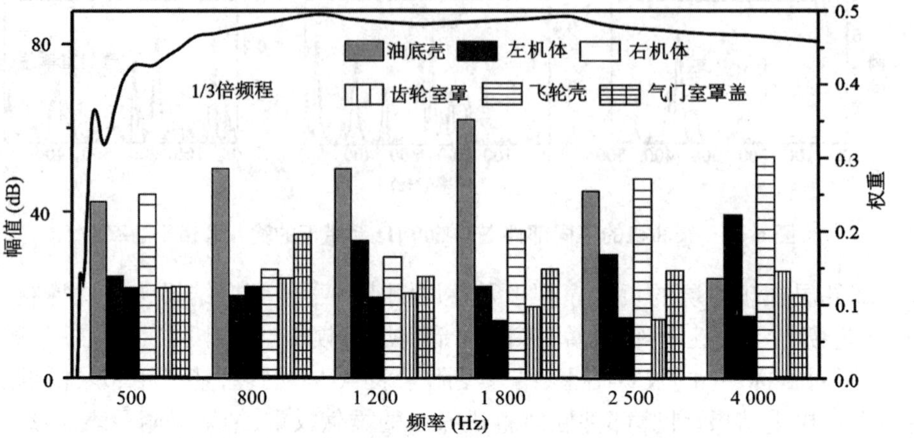

图 6-19　发动机在 1 800 r/min 工况下部件层相对频段层的组合权重

由上述分析可知，不同噪声源对整机辐射噪声的贡献直接与频率、工况相关，虽然不同部件在不同频率、不同工况对整机辐射噪声贡献存在差异性，但仍存在一些共性结论，具体结论如下。

1）油底壳、左机体、齿轮室罩在 0~4 000 Hz 频段下是最主要的噪声源。其中，油底壳在 0~1 800 Hz 频段内的辐射噪声贡献最大；在 0~500 Hz 频段内油底壳的辐射噪声较大，主要和共振有关。由于油底壳直接与曲轴箱刚性相连，在 500~1 800 Hz 频段内的输入激励较大，导致油底壳在该频段内的噪声贡献仍较突出。

2）齿轮室罩在低频段以及 1 800~4 000 Hz 频段内均有较突出的噪声贡献。齿轮室罩的低频辐射噪声主要是由共振引起的。正时齿轮系的动态啮合力可直接传递给齿轮室罩，在中高频段噪声贡献主要和齿轮啮合、冲击相关。

3）左机体在 1 800 Hz 以上的频段对整机辐射噪声贡献较突出，由于高压油泵、空压机直接与左机体刚性连接，同时在 1 800 Hz 以上频段的振动能量较大，因此左机体辐射噪声的主要贡献源是高压油泵、空压机等附件。

4）气门室罩盖对整机辐射噪声仍有重要影响。随着发动机转速的增加，气门室罩盖对整机辐射噪声的贡献先减小后增大，阀系部件的高速运动开始产生较大影响。

第 7 章　声品质评价与预测

7.1　心理声学基本理论

心理声学研究声音事件和其引起的听觉感受之间的关系，其中人的主观因素发挥很大作用，反映人对声音品质的主观感受。为了客观量化测试者对声音的主观评价，研究者提出用心理声学参数描述不同声音信号给测试者带来的主观感受，采用心理声学参数描述噪声信号，可以定量地反映听觉感受的差别，从一定程度上消除个体差异的影响。

7.1.1　掩蔽效应

人耳听觉系统的两个重要特性分别是耳蜗对声音信号的时频响应特性和人耳听觉的掩蔽效应。听觉的掩蔽效应指的是一个较弱的声音（被掩蔽音）引起的听觉感受被另一个强的声音（掩蔽音）影响的现象。在安静的环境中，能被人耳听到的纯音的最小值称为绝对听阈。人耳对声音的感觉主要是由于声音引起基底膜不同部位的振动，所以一个较大声音引起一个位置产生较大振动的同时，会使其前后位置产生相应小的振动。如果另一个声音的频率对应于该位置且强度较弱，则该声音听不到，这就是声音的频域掩蔽。时域掩蔽效应是一个声音的人耳听觉感受被另一个声音（同时或不同时进入人耳）影响的现象。掩蔽效应是听觉系统的一个重要特性，它表明了人的听觉系统对频率和时域分辨力的有限性。

频域掩蔽是声学掩蔽效应的主要方面。纯音间的掩蔽比较简单，一种方法针对中等强度纯音，最有效的掩蔽来自其频率附近的纯音；另一种方法是利用低频的纯音，可以有效地掩蔽高频纯音。噪声对纯音的掩蔽要复杂得多，图 7-1 所示为以白噪声为掩蔽音的实例，图 7-2 所示为以中心频率为 1 kHz、带宽为 160 Hz 的窄带噪声为掩蔽音的实例。

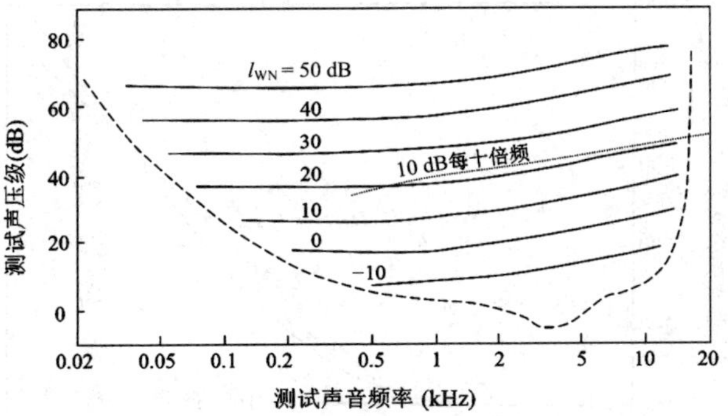

图 7-1　宽带噪声的掩蔽效应

时域掩蔽是指掩蔽效应发生在掩蔽声与被掩蔽声不同时出现时。产生时域掩蔽的主要原因是人的大脑处理信息需要花费一定的时间，时域掩蔽随着时间的推移迅速衰减，是一种弱掩蔽效应。在一般情况下,时域掩蔽的导前掩蔽有 3~20 ms,而滞后掩蔽可持续 50~100 ms。

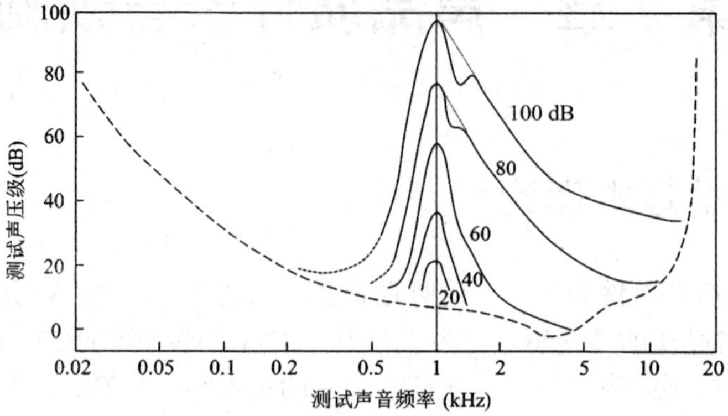

图 7-2　窄带噪声的掩蔽效应

7.1.2　临界频带

为了描述掩蔽效应的效果,Zwicker 等引入了临界带宽的概念。一个纯音可以被以它为中心频率,且具有一定频率带宽的连续噪声所掩蔽,如果在这一频带内噪声功率等于该纯音的功率,这时该纯音处于刚能被听到的临界状态,这一临界频带宽度称为临界频带率,临界频带率用巴克(Bark)表示。可将 20 Hz~16 kHz 范围内的声音信号分为 24 个 Bark,而且临界频带与频率是非线性关系。图 7-3 所示曲线显示出临界频带宽度随频率变化的近似值:在中心频率为 500 Hz 前,临界频带宽度保持不变,约为 100 Hz;中心频率超过 500 Hz 后,临界频带宽度随频率增加而成比例地缓慢增加;而在中心频率为 3 000 Hz 以上时,临界频带宽度的增加速度略微加快。据此可以近似认为,中心频率为 500 Hz 前的临界频带宽度为常数(100 Hz),而中心频率高于 500 Hz 时的临界频带宽度的相对宽度为其中心频率的 20%。而在中心频率高于 500 Hz 时,临界频带宽度和 1/3 倍频程滤波器的特性比较相似。特征频带的具体划分方法见表 7-1。

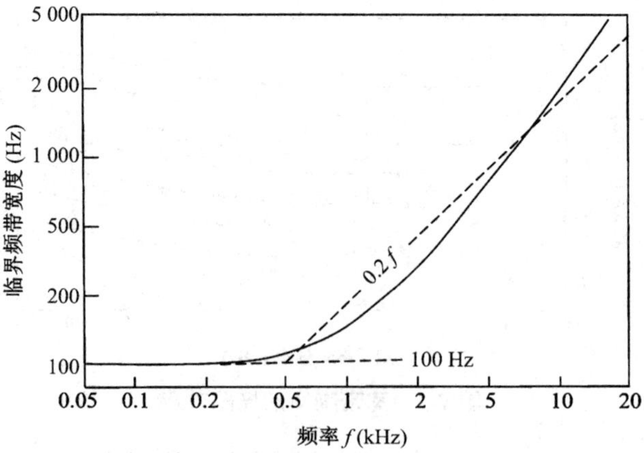

图 7-3　临界频带宽度随频率的变化规律

表 7-1　临界频带值

临界频带率(Bark)	频率(Hz)		
	临界频带上限~临界频带下限	临界频带宽度	中心频率
1	20~100	80	50
2	100~200	100	150
3	200~300	100	250
4	300~400	100	350
5	400~510	110	450
6	510~630	120	570
7	630~770	140	700
8	770~920	150	840
9	920~1 080	160	1 000
10	1 080~1 270	190	1 170
11	1 270~1 480	210	1 370
12	1 480~1 720	240	1 600
13	1 720~2 000	280	1 850
14	2 000~2 320	320	2 150
15	2 320~2 700	380	2 500
16	2 700~3 150	450	2 900
17	3 150~3 700	550	3 400
18	3 700~4 400	700	4 000
19	4 400~5 300	900	4 800
20	5 300~6 400	1 100	5 800
21	6 400~7 700	1 300	7 000
22	7 700~9 500	1 800	8 500
23	9 500~12 000	2 500	10 500
24	12 000~15 500	3 500	13 500

表 7-1 显示了临界频带率 z 与频率 f 的对应关系，在 Zwicker 提出的模型中，整个声频范围内临界频带宽度随中心频率 f_c 的变化规律表达式为

$$\Delta f_G = 25 + 75\left[1 + 1.4\left(\frac{f_c}{1\ 000}\right)^2\right]^{0.69} \tag{7-1}$$

一般将某一频率 f 与相应的特征频带相对应，临界频带率可以按下式计算：

$$z = 13\arctan\left(\frac{0.76f}{1\ 000}\right) + 3.5\arctan\left(\frac{f}{7\ 500}\right)^2 \tag{7-2}$$

临界频带强度 I_G 通过结合临界频带宽度的频率依赖性按下式计算：

$$I_G(f)=\int_{f-0.5\Delta f_G(f)}^{f+0.5\Delta f_G(f)}\frac{dI}{df}\,df \tag{7-3}$$

由于临界频带率 z 和频率 f 间存在明确的函数关系，式(7-3)也可以改用临界频带率的形式表示为

$$I_G(f)=\int_{z-0.5}^{z+0.5}\frac{dI}{dz}dz \tag{7-4}$$

在对数表达式中，以 $I_0=1\times10^{-12}$ W/m² 作为参考值，临界频带级 L_G 定义为

$$L_G=10°\cdot\lg\frac{I_G}{I_0}\,(\mathrm{dB}) \tag{7-5}$$

在多数情况下，将激励级 L_E 定义为

$$L_E=10°\cdot\lg\frac{E}{E_0}\,(\mathrm{dB}) \tag{7-6}$$

激励级是随临界频带率变化的函数，可以首先计算主激励范围内的临界频带级，通过临界频带级简单地得到激励级，在这里激励级和临界频带级是一致的。

7.2 客观心理声学参数

7.2.1 响度(loudness)

响度是最基础的心理声学参数，大部分声学参数都是在响度的基础上发展演变而来的。响度的提出考虑了人耳的掩蔽效应和声音的特征频带分布的综合影响，导致其大小由声波振动幅值和声音频率共同决定。与 A 计权声压级相比，用响度来描述人耳对声音强弱的直观感受更为准确。响度的单位是宋(sone)，定义声压级为 40 dB、频率为 1 000 Hz 的纯音的响度是 1 sone。在扩散场中，响度的大小与声音的激励声强有关，两者的关系式为

$$N_x=b\left(\frac{I_x}{I_0}\right)^a \tag{7-7}$$

式中：N_x 为 1 000 Hz 的纯音的响度；I_x 为纯音的声强，I_0 为声压的基准量(Pa)，$I_0=2\times10^{-5}$ Pa；a 和 b 为系数，当声音为 1 000 Hz 的纯音时，$a=0.3$，$b=1/16$，$I_x/I_0=10^4$，当声音为匀速噪声时，$a=0.23$，$b=2/3$，$I_x/I_0>10^6$。

针对自由声场或混响声场，响度可采用 Zwicker 响度模型(ISO-532B)获得，具体计算过程如下。

1)计算出声音样本的 1/3 倍频程功率谱，并将以线性频率为单位(Hz)的功率谱函数转换成以临界频带为单位(Bark)的函数。

2)考虑人耳的掩蔽效应，计算出以 Bark 为单位的激励级曲线。

3)计算特征响度，其计算公式为

$$N'(z)=0.08\left(\frac{E_{TQ}}{E_Q}\right)^{0.23}\left[\left(0.5+\frac{0.5E}{E_{TQ}}\right)^{0.23}-1\right] \tag{7-8}$$

式中：E_{TQ} 是基准听阈激励；E_Q 是在声强 $I_0 = 1\times10^{-12}$ W/m^2 所对应的激励；E 是目标声强所对应的激励。

4）在 0~24 Bark 上对特征响度值进行积分，即得到全临界频带的总响度，其计算公式为

$$N = \int_0^{24} N'(z)\mathrm{d}z \tag{7-9}$$

响度级（5.3.1 节）与响度的关系为

$$N = 2^{(L_N - 40)/10} \tag{7-10}$$

式中：L_N 为响度级；N 为响度。

7.2.2 尖锐度（sharpness）

尖锐度是量化声音刺耳程度的客观参数，能够反映声音信号中高频和低频成分的相对含量。一般来说，声音信号中高频成分占整体频率成分的比例越高，声音的尖锐度也就越高。由于人耳对高频声音比较敏感，所以尖锐度是影响噪声样本偏好度的重要因素。尖锐度的单位是 acum，规定声压级为 60 dB、中心频率为 1 000 Hz、带宽为 160 Hz 噪声的尖锐度为 1 acum。目前，常用的尖锐度计算模型主要有 Zwicker 模型和 Aures 模型，其原理均是计算声音中、高频带响度与低频带响度之间的比值。

Zwicker 模型的计算公式为

$$S = k\frac{\int_0^{24} zN'(z)g(z)\mathrm{d}z}{\int_0^{24} N'(z)\mathrm{d}z} \tag{7-11}$$

式中：z 为临界频带率；$N'(z)$ 为不同临界频带的特征响度；k 为加权系数，$k = 0.11$；$g(z)$ 为不同特征频带下的附加函数，其表达式为

$$g(z) = \begin{cases} 1 & z \leqslant 16 \\ 0.066\mathrm{e}^{0.171z} & z > 16 \end{cases} \tag{7-12}$$

Aures 模型的计算公式为

$$S = k\frac{\int_0^{24} N'(z)g(z)\mathrm{d}z}{\ln(0.05N + 1)} \tag{7-13}$$

式中：N 为声音的总响度。

7.2.3 调制特性

由于声音信号的调制作用，声音信号在时域上具有起伏变化的特性。抖动度和粗糙度都属于声音的调制特性。人的听力对高频率调制声音的粗糙度敏感，而对低频率调制声音的响度起伏程度敏感。当声音信号的调制频率处在 0.25~20 Hz 区间时，声音的响度随时间上下波动，这时波动速率比较慢，人感觉到这种波动的强度就可以用抖动度（fluctuation strength）来描述；当声音信号的调制频率在 20~200 Hz 时，声音的响度随时间快速上下波动，这时波动速率比较快，人对这种声音响度快速波动的感觉就可以用粗糙度（roughness）描述。

（1）抖动度

抖动度 F 适用于评价调制频率在 20 Hz 以下的声音。抖动度的单位为 vacil，定义频率为 1 000 Hz、声压级为 60 dB，在调制频率为 4 Hz，以 100%幅值调制下的纯音产生的抖动度为 1 vacil。在对 1 000 Hz 的纯音进行 100%幅值调制时，调制频率在 4 Hz 时，人的抖动度感受最为强烈。常用的抖动度计算模型是 Zwicker 和 Fastl 提出的，其表达式为

$$F = \frac{0.008\int_0^{24} \Delta L_{\mathrm{E}} \mathrm{d}z}{\left(\frac{f_{\mathrm{mod}}}{f_0}\right) + \left(\frac{f_0}{f_{\mathrm{mod}}}\right)} \tag{7-14}$$

式中：ΔL_{E} 为调制深度；f_{mod} 为调制频率；f_0 为调制基频，$f_0 = 4\ \mathrm{Hz}$；z 为特征频带数。

（2）粗糙度

粗糙度 R 适用于评价 20~200 Hz 调制频率的声音。声音的调制频率在 70 Hz 时，人所感知到的粗糙度最高。粗糙度的单位为 asper，定义 1 kHz 正弦波纯音信号，调制幅度为 1、调制频率为 70 Hz、声压级为 60 dB 时的粗糙度为 1 asper。粗糙度的计算方法由 Aures 提出，后由 Zwicker 和 Fastl 考虑调制频率的影响并进行了修正，其表达式为

$$R = 0.3 f_{\mathrm{mod}} \int_0^{24} \Delta L_{\mathrm{E}} \mathrm{d}z \tag{7-15}$$

调制深度 ΔL_{E} 难以根据特征频带时域掩蔽效应直接获得，所以在实际运用中，ΔL_{E} 可以由特征响度获得，其计算公式为

$$\Delta L_{\mathrm{E}}(z) = 20\lg \frac{N'_{\max}(z)}{N'_{\min}(z)} \tag{7-16}$$

式中：$N'_{\max}$ 为某特征频带内的最大特征响度值；$N'_{\min}$ 为该特征频带内的最小特征响度值；z 为特征频带数。

7.2.4 音调度（tonality）

音调度是对具有音调特征的噪声中含有单频成分现象的描述。音调度的大小与噪声信号的临界频带分布、噪声频率和声压级有关，通常会随着噪声临界频带分布带宽的增加而减小。音调度的单位为 tu，定义频率为 1 000 Hz、响度为 4 sone 的纯音的音调度为 1 tu。

音调度的计算公式为

$$T = c \cdot W_{\mathrm{T}}^{0.29} \cdot W_{\mathrm{GR}}^{0.79} \tag{7-17}$$

式中：c 为比例因子，定义频率为 1 000 Hz、声压级为 60 dB 的纯音的比例因子为 1；W_{T} 为有调成分的音调计权均方根值；W_{GR} 为有调成分引起总响度的分数计权函数。

W_{T} 的计算公式为

$$W_{\mathrm{T}} = \sqrt{\sum_1^n [W_1(\Delta z_i) W_2(f_i) W_3(\Delta L_i)]^2} \tag{7-18}$$

式中：

$$W_1(\Delta z_i) = \left(\frac{0.13}{\Delta z_i + 0.13}\right)^{\frac{1}{0.29}} \tag{7-19}$$

$$W_2(f_i)=\frac{1}{\sqrt{1+0.2\left(\frac{f_i}{100}+\frac{700}{f_i}\right)^2}} \tag{7-20}$$

$$W_3(\Delta L_i)=1-\mathrm{e}^{-\frac{\Delta L_i}{15}} \tag{7-21}$$

式中：Δz_i 是第 i 个目标频带的带宽；f_i 是第 i 个目标频带的中心频率；ΔL_i 是第 i 个目标频带的过量级。

W_{GR} 的计算公式为

$$W_{\mathrm{GR}}=1-\frac{N_{\mathrm{GR}}}{N} \tag{7-22}$$

式中：N_{GR} 是除掉有调成分后的特征响度；N 是总特征响度。

7.2.5 音噪比（Tone-to-noise Ratio，TNR）

音噪比是一个可有效分析单调声显著性的心理声学指标，该指标可以为异响特征追踪提供指导。根据 ECMA-74：2012 标准，TNR 定义为单调声能量与单调声所处临界频带内其他噪声能量的比值，其他噪声能量即为临界频带的总能量和单调噪声能量的差值，其计算公式为

$$TNR=10\lg\frac{W_{\mathrm{t}}}{W_{\mathrm{n}}}\ (\mathrm{dB}) \tag{7-23}$$

式中：W_{t} 为单调声的能量（Pa^2）；W_{n} 为单调声所在临界带其他噪声能量（Pa^2）。

以某一模拟信号为例，TNR 的定义如图 7-4 所示，其中 Δf_{t}、Δf_{c} 分别表示单调声和临界频带的带宽，f_1 和 f_2 分别表示单调声所在临界频带的上、下限频率（Hz）。

7.2.6 突出比（Prominence Ratio，PR）

与 TNR 类似，突出比也可以表征单调声的显著性，该指标同样可以为异响特征追踪提供指导。根据 ECMA-74：2012，PR 定义为单调声所在临界频带的声音能量与其相邻临界频带平均声音能量的比值，其计算公式为

$$PR=10\lg\frac{W_{\mathrm{M}}}{(W_{\mathrm{L}}+W_{\mathrm{U}})/2} \tag{7-24}$$

式中：W_{M} 为单调声所在临界频带的声能量（Pa^2）；W_{L} 为 W_{M} 相邻低临界频带的声能量（Pa^2）；W_{U} 为 W_{M} 相邻高临界频带的声能量（Pa^2）。

以某一模拟信号为例，PR 的定义如图 7-5 所示，其中 Δf_0 为单调声所在临界频带的带宽（Hz），Δf_{L} 为单调声所在临界频带相邻低临界频带带宽（Hz），Δf_{M} 为单调声所在临界频带相邻高临界频带带宽（Hz）。

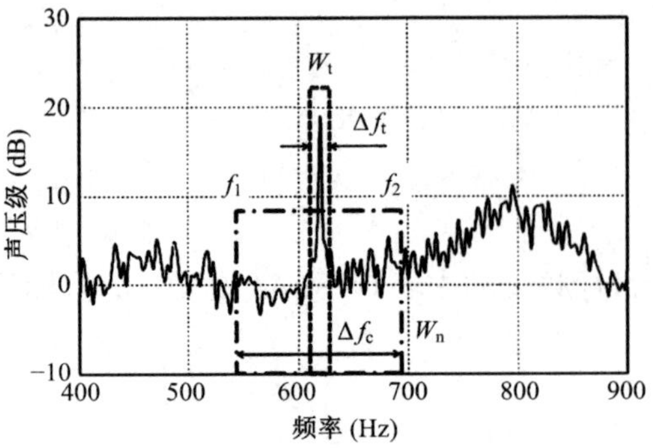

图 7-4 TNR 示意图

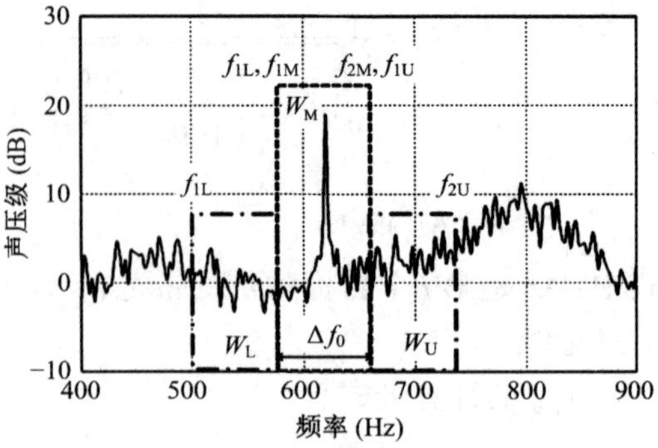

图 7-5 PR 示意图

7.3 主观评价方法

7.3.1 排序法

排序法是主观评价实验中工作量最小、最简捷的一种方法。排序法要求听审人员根据某些评价指标(声音大小、音调高低等)对听审的声音样本进行优劣排序,听审人员可以按任意顺序和次数播放,直至完成对声音样本的排序。这种评价方法的特点是随着声音样本个数的增加,对声音样本进行判断的复杂性会成倍增加,所以通常排序法中使用的声音样本不超过 6 个。这种方法的最大缺点就是不能给出具体的分数信息,即当听审人员确定了样本 A 比样本 B 好时,并不能从该结果知道样本 A 到底比样本 B 好多少。由于存在这个缺点,如果想得到声音的主观感受和客观物理特性的相关性,排序法起不了太大作用,一般不被采用。排序法通常用于仅想知道声音样本相互间的比较关系的情况。

7.3.2 等级评分法

等级评分法是声品质主观评价实验中一种常用的评价方法,其原理是将声品质的某一属性用一系列形容词划分等级,等级所代表的分值即为声品质的评价分值。实验中,评价者可以根据对声音主观感知程度的判断进行打分,当所有评价者评分完毕后,对某声音样本的所有得分取算术平均值,作为该样本的声品质等级。等级评分法操作简单、便于掌握,所得到的声品质评价结果为具体数值,便于后续的分析处理;其缺点是对于未经过训练、没有经验的评价者来说,难以直接给出准确的评分结果。

7.3.3 成对比较法

成对比较法是将所有的声音样本按照排列组合规律分组,每组两个声音样本,将声音样本成对回放,让评价者按照某一属性对每组声音样本进行比较并做出判断。在声品质评价实验中,通常使用的方法是主观感受比较,即要求评价者根据某一评价标准对样本 A 和 B 中做出自己的判断,评价标准可以是满意度、骚扰性、响度或其他声学属性等。例如,评价者感觉“A 优于 B”则给 A 记 2 分、B 记 0 分;“B 优于 A”则给 B 记 2 分、A 记 0 分;“A、B 差不多”则各记 1 分；最后将各样本所得分数汇总，总分越高表明声品质越好。成对比较法对于评价者而言更容易掌握，这种排列组合方式的分组方法提高了测评结果的准确度，对于评价者而言，总数为 n 的声音样本都被评价了 $n-1$ 次。但由于排列组合使样本对数增加到 $n(n-1)/2$ 对，样本的数目 n 过大会使测试时间变得很长，这样就限制了可以使用的样本数目。分组成对比较法可以大大减少测试时间，但需要恰当的选择每对样本，对研究人员的专业技术要求较高，不易获得理想的结果。成对比较法能够通过对评价者的判断进行统计，获得丰富而较为准确的分数信息，可以由此得出物理参数的相关性，并且对评价者的要求也较低。

成对比较法的缺点是比较次数较多，评价者容易产生听觉疲劳，随着评价时间的延长，评价的可信度下降。当样本量足够大时，可先将样本分成若干组，然后对每组样本按成对比较法评分，在每组样本中选择若干关联样本，建立组与组之间的联系，最终对各组的评价结果进行汇总，并统一排序。

7.3.4 语义细分法

语义细分法是指利用多组描述声音属性的形容词（这些形容词满足语义相反的条件）对声音给听者带来的感受进行等级评分，将评分等级划分为几个不同的评价等级，每组两个语义相反的形容词分布在等级两端，且至少使用 8 组形容词进行描述。语义细分法常用到的一些形容词包括安静的/大声的、平滑的/粗糙的、有力的/微弱的等。每对形容词之间有几个评价等级，通常按照奇数进行分级，一般的分级数目有 5、7 或 9 个，评价者从中挑选出合适的等级来评价声音样本的各种属性。图 7-6 所示为一种语义细分法。

图 7-6　语义细分法示例

语义细分法具有简单、易于理解、评分方法客观固定、评价对象属性明确等优点，主观评价实验中只需要评价者根据自身的真实感受给出评价等级，这样就可获得结果。但是，此方法只适合探究比较单纯的声音属性，评价复杂声音的感受时，不宜采用此法。由于大脑对声音存在记忆短暂性，评价者难以对样本总体形成清晰的排序，造成评价过程中不断调整“评价尺度”的问题，使评价结果的离散性较大。为了弥补此缺陷，通常在评价中提供一个固定的样本作为评价的参考样本，以保证评价尺度在评价过程中保持固定，降低评价的难度。

7.3.5 数值估计法

数值估计法是一种让评价者根据声音样本的某种属性对其做出数值上估计的方法。使用数值估计法时，通常对评价者所采用数值范围没有限制，没有复杂、烦琐的操作步骤，可简单、快速地获得评价结果。数值估计法是一种广义上的打分法，去除了评价尺度的限制，自由度较高。但其主要缺点就是评价者可能会采用差别很大的评价尺度，这样在分析数据时比较麻烦。数值估计法比几种打分法对评价者的要求更高，通常需要对评价者进行培训。

理论上，数值估计法有无限个划分的等级，并且可以有绝对零点。但是，此方法中的参考框架和标准音选择所带来的影响是不能忽略的。

7.4 声品质预测

声品质的客观评价指标虽然能够反映声音信号的物理及心理声学特征，但是仅用这些特征对声品质进行评价是不切实际的。而声品质的主观评价以主观偏好度为评价指标，得出的结果能够较好地反映声音信号的声品质，但是这种方法操作起来比价复杂且耗时耗力，由于目前没有可以代替人进行主观评价的机器或设备，所以探索主客观评价指标之间内在的联系，并通过这些指标内在的联系对声音信号进行预测是当前声品质预测研究的主流方法。

7.4.1 多元线性回归

多元线性回归分析是研究变量之间相关关系的一种统计方法。该方法通常采用散点图分析主客观评价之间的相关性，从而判定主观偏好度与心理声学参量之间的关系。设定主观偏好度的值为因变量，客观评价指标（响度、尖锐度、粗糙度、抖动度、语义清晰度及各自的变化率）为自变量，从而建立用于预测车用内燃机噪声的声品质多元回归模型并进行求解。在实际应用中，由于人耳听觉系统具有很高的非线性特性，多元线性回归模型难以准确预测声品质。

7.4.2 人工神经网络

回归分析方法虽然算法简单、预测速度快，但其只是对声品质主观评价这一非线性问题的线性逼近，难以获得令人满意的精度，而且回归模型只能对已有数据进行重复分析，当发现已有回归模型对新增样本数据的预测效果较差时，必须重新进行分析和建模。

人工神经网络（Artificial Neural Network，ANN）是模仿人类大脑的神经系统，并实现某种功能的由人工构造出的神经网络。人工神经网络具有良好的非线性映射能力，可用于解决汽车声品质主观评价这一非线性问题，不仅可以简化建模过程，还能提高模型精度。人工神经网络的另一个重要特征是适应性强，能够对其他车型的新鲜样本进行学习，从而不断修正模型，提高模型的可靠性和推广能力。除此之外，人工神经网络中的信息采用分布式存储，当输入声音样本的物理参数不完整或不准确时，模型仍能给出正确的评价结果，增强了模型的适应性。但是人工神经网络是基于风险最小化原理提出的，因此该预测模型可能会出现拟合及泛化能力不足的问题。

7.4.3 支持向量机

支持向量机（Support Vector Machine，SVM）是根据统计学理论的 VC 维（Vapnik-Chervonenkis Dimension）理论和结构风险最小化原则提出的一种针对有限样本情况的机器学习方法。与传统的机器学习相比，SVM 能够有效解决过学习、欠学习和局部极值等问题。

基于 SVM 的声品质预测模型的建模步骤包括：构建模型训练样本集；选择适当的核函

数及参数，用 SVM 对样本集进行训练，建立相应的 SVM 预测模型；把预测样本的影响噪声声品质的预测因子输入构建好的预测模型，输出即为预测出的车内噪声声品质；选择误差评价指标对预测结果进行评价分析。

基于 SVM 的预测模型比多元线性回归模型具有更高的预测精度，且能缩短建模时间、减少样本数量。由于主动评价过程受样本容量限制，无法获得大量主观评价结果，而人工神经网络在建模过程中需要大量数据样本，不利于解决小样本、非线性、高维数的回归问题，同时人工神经网络中参数对结果影响较大。因此，在内燃机声品质评价领域，SVM 模型获得了更为广泛的应用。

7.5 案例分析：声品质主观评价

前文中已经介绍了声品质评价的主客观评价方法及主观参数预测相关方法，为了让读者进一步了解声品质的主观评价过程，本节以某型柴油机加速噪声的声品质主观偏好度提取为例进行详细介绍。

声品质的主观评价结果不仅会受声音信号本身的物理声学特征和心理声学特征的影响，还受到评价人员的年龄、性别、学历、专业、心情等多方面因素的影响。声音信号的物理和心理声学特征可以通过标准的测量仪器或计算方法得到，所以在声品质的主观评价中，需要对评价人员、评价设备及环境、评价方法进行严谨的控制。

在 7.2 节介绍的主观评价方法中，成对比较法具有操作简单、评价准确度高的优点，所以下面采用成对比较法进行主观评价。主观评价参量是一个能够描述主观评价人员对声音感受的综合心理参量，目前常见的有愉悦度、偏好度、烦躁度、满意度、烦恼度等多种表达方式，本书根据汉语人群听觉喜好特点，选择偏好度作为主观评价参量，评价人员只需在评价过程中考虑更容易接受哪一个声音样本即可。柴油机加速噪声的声品质主观评价流程如图 7-7 所示。

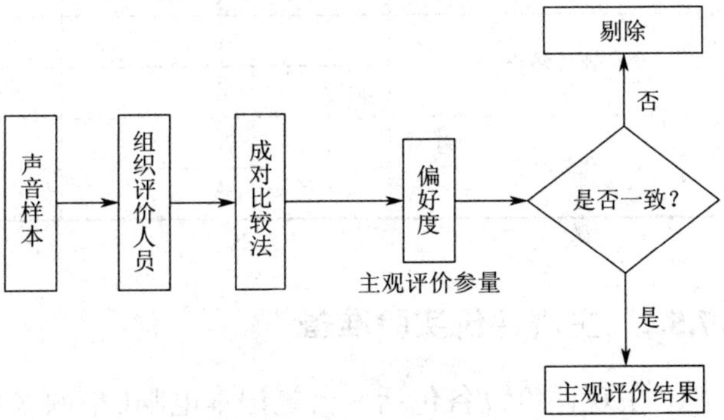

图 7-7 柴油机加速噪声的声品质主观评价流程

7.5.1 主观评价主体

由评价人员组成的评审团队是声品质主观评价的主体，评价主体的选择与评价质量有紧密的联系。组成评审团队的评价人员的属性包括：是否能够理解评价要求，对评价实验原理的认知程度以及是否有过评价经验等。因此，对于评审团队，评价人员的人数、评价人员的组成、对评价人员提前进行评审训练是保证主观评价结果准确、可靠的保证。

柴油机噪声具有烦躁度高、复杂性高等特征，选择非专业人士组成评审团队会导致评价结果前后矛盾，根据国内外实验结果，由非专业人士进行主观评价时，评价结果的一致性低于 0.7。非专业人士对柴油机的了解不足，当随机选择非专业人士组成评审团队时，需要对评价人员进行大量的评价训练，以使其熟悉柴油机噪声并理解评价要求，这必然会增加实验成本。所以，本节选取内燃机行业的专业人员组建评审团队。

受评价方法、声音特性和评价人员情绪等因素的影响，对于一般的心理声学测试，由 20 名左右的评价人员组成的评审团队即可满足要求，过少的评价人员得出的主观评价结果代表性比较弱，更多的评价人员得出的主观评价结果的一致性不会有太大的提高，反而会增加主观评价实验的组织难度。本评审团队的评价人员一共 22 人，其中男性 19 人、女性 3 人，年龄为 22~53 岁；考虑其接触柴油机的情况、相关专业背景及男女比例，对 22 个评价人员随机按字母 A~V 进行编号，具体评审团队情况见表 7-2。

表 7-2　主观评价的评审团队组成

类别	组成	人数	占比
性别	男	19	86.36%
	女	3	13.64%
年龄	18~25 岁	13	59.09%
	26~37 岁	7	31.82%
	38 岁以上	2	9.09%
职业	高校教师	3	13.64%
	博士研究生	8	36.36%
	硕士研究生	11	50.00%
评价经验	有	14	63.64%
	无	8	36.36%
驾驶经验	有	21	95.45%
	无	1	4.55%

7.5.2　主观评价实验准备

主观评价设备包括一台笔记本电脑（华硕 K45D）、一块外接声卡（ICON 6NANO）、一副高解析便携平衡连接头戴式耳机（Audio Technica（铁三角）ATH-MSR7b），其满足评价人员的听审要求。将外置声卡的输入端与笔记本电脑的音频输出端相连，再将耳机连接至外置声卡的输出端。为保证输出声音信号的真实性，不通过电脑对输出的声音信号进行放大或缩小，耳机听到的噪声音量事先通过声卡调节，调节完成后不再对耳机和声卡做信号调节。在整个评价过程中，评价人员只需用鼠标选择声音样本进行播放听审。表 7-3 列出了 6NANO 型外接声卡的相关技术参数；表 7-4 列出了 ATH-MSR7b 型耳机的相关技术参数。

表 7-3　6NANO 型外接声卡的技术参数

端口	频率响应范围(Hz)	信噪比(dB(A))	总谐波失真(%)
输入端	(22~22 000)± 0.1	−100	<0.006 1(90 dB)
输出端	(22~22 000)± 0.1	−90	<0.06(66 dB)

表 7-4　ATH-MSR7b 型耳机的技术参数

发声原理	频响范围(Hz)	灵敏度(dB/mW)	阻抗(Ω)
封闭式动圈	5~50 000	101	36

听音环境要满足以下几点要求:

1)保持相对独立的位置,无人员或物体的运动行为出现,防止干扰分散评价人员的注意力,造成评价效率下降;

2)评价人员在该环境中,身体感官舒适;

3)没有过多的摆设和杂物。

主观评价的场地应选在一个安静的室内,光线明亮、不刺眼,通风良好、无异味,陈设简洁,室内温度控制在 24 ℃左右,相对湿度在 48%左右。

7.5.3　成对比较法实验设计

前文提到本节采用成对比较法进行柴油机加速噪声的声质量的主观评价。评价人员完成所有的听审任务所需要的时间 T 为

$$T=\frac{rtn(n-1)}{2\times 60} \tag{7-25}$$

式中:n 为总样本数,n=39;t 为评价人员每评价一组样本所需的时间,t=13 s;r 为重复听审系数,r≈1.1。

在本主观评价实验中,每个声音样本长度为 5 s,因此计算得到 T = 175 min,约 3 h。为了缩短主观评价时间并保证结果准确性,综合考虑后在 39 个声音样本中随机抽取 5 个声音样本作为预测样本,其余 34 个声音样本构建训练样本集。34 个训练样本编号为 T1~T34, 5 个预测样本编号为 P1~P5。为了尽可能保证主观评价结果的精度,首先完成 34 个训练样本之间的成对比较打分,最后再将 5 个预测样本和 34 个训练样本依次组队进行评价,所需时间略有减少。

为了便于记录评价结果,设计主观评价打分表,见表 7-5。在表 7-5 中,每一个声音样本都会与其他声音样本进行排列组合。例如,若评价人员认为“T1”没有“T2”好听,则点位(T1, T2)的值为 0,而(T2, T1)的值为 2,最后将每一个声音样本的主观得分相加,分值范围为 1~67。

表 7-5　主观评价打分表

类别	编号	T1	T2	T3	T4	T5	…	T30	T31	T32	T33	T34	合计
	T1	1	0	0	0	0		2	0	0	0	0	21
	T2	2	1	1	0	0		0	0	0	0	0	20
	T3	2	1	1	0	0		2	0	0	0	0	18
	T4	2	2	2	1	0		2	0	2	2	0	30
	T5	2	2	2	2	1		2	0	2	2	0	41
训练样本	⋮	⋮	⋮	⋮	⋮	⋮	…	⋮	⋮	⋮	⋮	⋮	⋮
	T30	0	2	0	0	0		1	0	2	0	0	23
	T31	2	2	2	2	2		2	1	2	2	2	60
	T32	2	2	2	0	0		2	0	1	0	0	19
	T33	2	2	2	2	2		2	2	2	1	0	35
	T34	2	2	2	2	2		2	2	2	2	1	63
	P1	2	2	2	0	0		2	0	2	2	0	31
	P2	0	0	2	2	0		2	0	2	0	0	33
预测样本	P3	0	2	0	0	0	…	1	0	0	0	0	13
	P4	2	2	2	2	2		2	2	1	2	2	63
	P5	2	0	2	0	0		2	0	2	0	0	26

7.5.4　主观评价结果分析

完成主观评价以后，对表 7-5 中的结果进行汇总，得到 22 组主观评价结果（表 7-6），其中 A~V 是 22 个评价人员的编号。

表 7-6　主观评价结果汇总

类别	编号	A	B	C	D	…	S	T	U	V
	T1	18	9	12	11		16	10	8	13
	T2	20	19	26	18		14	19	20	17
	T3	18	18	15	16		12	15	18	20
	T4	39	40	34	30		30	44	36	45
	T5	26	24	6	16		16	27	23	20
训练样本	⋮	⋮	⋮	⋮	⋮	…	⋮	⋮	⋮	⋮
	T30	23	24	28	14		25	30	37	32
	T31	47	54	56	62		61	53	58	63
	T32	10	10	12	13		35	11	6	7
	T33	21	28	34	21		56	26	28	32
	T34	30	33	20	31		37	26	34	19

续表

类别	编号	A	B	C	D	…	S	T	U	V
预测样本	P1	31	36	29	38	…	23	34	32	35
	P2	33	45	44	40		47	43	51	42
	P3	13	16	9	12		13	4	14	4
	P4	63	55	60	54		62	50	50	53
	P5	26	29	30	28		33	35	34	26

得到主观评价结果后，对其进行一致性筛选，本节采用的做法是先求出每个声音样本的偏好度平均值，然后剔除两个偏差绝对值最大的数据，最终每个声音样本得到 20 个评价结果。分别计算每个声音样本的一致性，一致性指标用重合度表示，其计算公式为

$$C=\left(1-\frac{P}{Q}\right)\times 100\% \tag{7-26}$$

式中：Q 为偏好度值域，$Q=66$；P 为平均绝对偏差值，其计算公式为

$$P=\frac{\sum_{i=1}^{n}|\alpha_i-\bar{\alpha}|}{n} \tag{7-27}$$

式中：α_i 为声音样本的主观评价偏好度值；$\bar{\alpha}$ 为声音样本的偏好度平均值；n 为每个声音样本的主观评价结果数量，n=20。

将表（7-5）中的数据代入式（7-27），得到每个声音的重合度，见表 7-7。在声品质的主观评价结果中，认为重合度达到 80%以上的声音样本具有较高的可信度，T21 号声音样本的重合度只有 78.732%，说明其一致性较差，应予以剔除。剔除 T21 号声音样本后，在接下来的研究中，训练声音样本的数量为 33，预测样本的数量为 5，这 38 个声音样本的平均重合度为 92.699%，满足一致性要求。最终，38 个声音样本的主观评价结果见表 7-8。

表 7-7　声音样本的重合度

样本编号	重合度（%）	样本编号	重合度（%）	样本编号	重合度（%）
T1	94.242	T14	89.167	T27	92.399
T2	93.485	T15	93.51	T28	88.939
T3	94.621	T16	91.54	T29	91.919
T4	93.813	T17	92.298	T30	93.056
T5	91.995	T18	92.348	T31	92.424
T6	92.601	T19	93.182	T32	95.518
T7	93.939	T20	95.783	T33	90.152
T8	89.495	T21	78.732	T34	92.551
T9	92.02	T22	96.995	P1	95.278
T10	95.884	T23	92.677	P2	93.914

续表

样本编号	重合度(%)	样本编号	重合度(%)	样本编号	重合度(%)
T11	92.172	T24	86.54	P3	94.255
T12	97.096	T25	91.263	P4	92.374
T13	91.288	T26	86.667	P5	95.177

表 7-8　主观评价结果

样本编号	偏好度	样本编号	偏好度	样本编号	偏好度
T1	13	T14	65	T28	39
T2	18	T15	41	T29	54
T3	17	T16	27	T30	11
T4	34	T17	53	T31	55
T5	42	T18	7	T32	8
T6	20	T19	22	T33	34
T7	63	T20	11	T34	29
T8	39	T22	9	P1	34
T9	9	T23	9	P2	45
T10	64	T24	61	P3	11
T11	56	T25	22	P4	58
T12	50	T26	44	P5	27
T13	44	T27	31		

对表 7-8 中的主观评价结果进行简单分析,可以发现得分较低的声音样本如 T1、T9、T18、P3 等样本都属于高转速、大扭矩工况,得分较高的声音样本如 T7、T14、T31、P4 等样本都属于低转速、小扭矩工况。由此可以初步得出转速和输出扭矩对柴油机的声品质有很大的影响,在低转速、小扭矩工况下,柴油机的声品质更好。

7.5.5　声品质预测案例

通过多元线性回归方法建立声品质预测模型,预测模型的输入变量是声音样本的客观评价参量,包括 A 计权声压级 $ASPL$、响度 L、尖锐度 S、粗糙度 R、抖动度 F、信噪比 TNR、突出比 PR、语音干扰级 SIL、语义清晰度 AI、时域 RMS、特征响度 N' 和突出比 PR 的频域峰值,预测模型的输出变量为主观评价结果 SP。样本数据库中包括 27 组声音样本,记作 S1~S27,见表 7-9(全表见附录表 D-1)。随机选取 24 组样本数据作为训练集,用于模型拟合,3 组样本数据作为测试集用于模型检验。

表 7-9　样本数据集

编号	*ASPL*（dB）	*L*（song）	*S*（acum）	…	*N′* 频域峰值（dB）	*PR* 频域峰值	*SP*
S1	57.65	11.2	0.84		2.60	5.40	66.89
S2	58.27	13.10	0.94		2.50	2.90	56.83
S3	66.63	22.52	1.13		2.50	2.80	10.72
⋮	⋮	⋮	⋮		⋮	⋮	⋮
S26	60.35	14.85	1.26		1.30	6.50	11.50
S27	71.70	31.02	1.62		2.10	2.80	1.00

声品质预测模型包括加载数据、模型建立、模型检验、模型测试四部分，利用 MATLAB 软件提供的 regress 函数进行回归并对拟合优度进行检查，可以得出一个合格的多元线性回归预测模型（模型代码见附录 E-4）。得到的多元线性回归模型为

$$Y = 0.485 - 0.097X_1 + 0.326X_2 - 25.833X_3 - 47.384X_4 + 21.534X_5 - 0.085X_6 - 10.298X_7 + 0.473X_8 + 0.698X_9 + 2.460X_{10} + 2.460X_{11} \quad (7\text{-}28)$$

式中：$X_1, X_2, \cdots, X_{11}$ 为因变量，即客观声学参数；Y 为自变量，即主观评价值。

图 7-8（a）所示为预测模型的训练集结果，图 7-8（b）所示为预测模型的测试集结果，通过比较实际值与预测值可以看出该预测模型具有一定的准确性和预测能力。

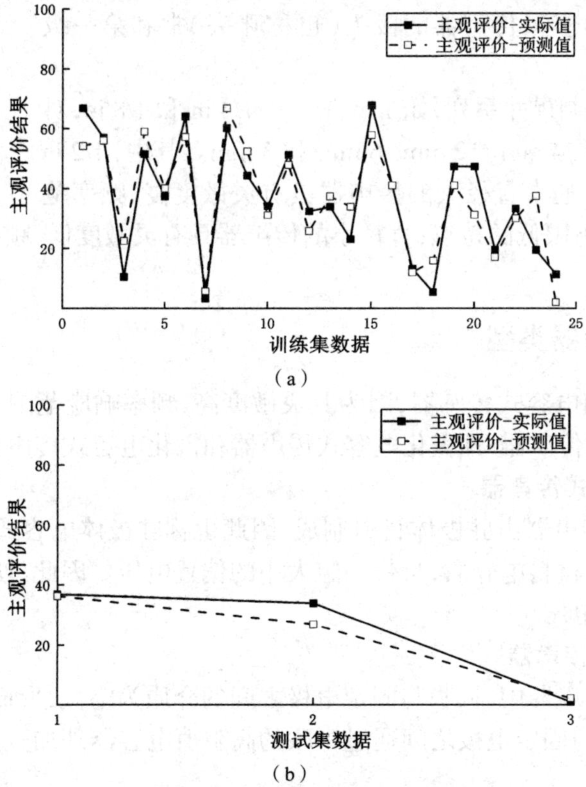

图 7-8　多元线性回归预测结果

（a）训练集结果　（b）测试集结果

第 8 章　噪声测试技术

8.1　传感器

声压与声强是声学测量中常用的测量参数。用于声压测量的传感器称为传声器,用于声强测量的传感器称为声强探头。本节主要介绍测量声压常用的电容式传声器及测量声强的声强探头。

8.1.1　传声器构造

传声器的外形和结构如图 8-1 所示,极薄的振动膜片和紧靠膜片的背板之间存在空气介质,形成电容。当声波到达振膜,振膜与背板间距变化引起电容变化,从而产生交变信号。

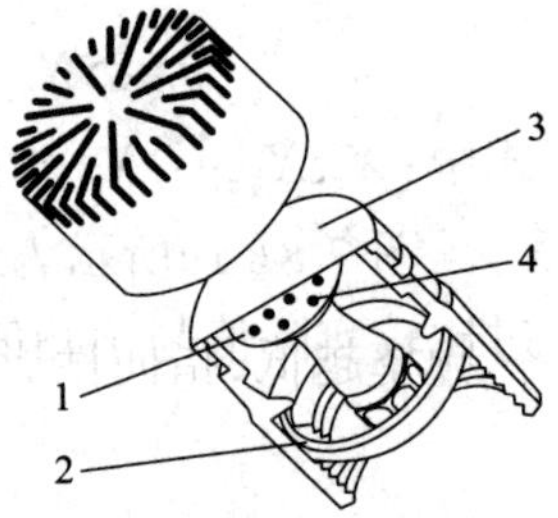

图 8-1　电容式传声器的构造

1—背板;2—绝缘体;3—振膜;4—阻尼孔

当声波作用于振膜时,振膜位移很小,因此电容变化也很小,同时周围气压起伏和电路热敏噪声等都会引起杂散电容。为了提高灵敏度,减小杂散电容,传声器的极头(也称咪头)常和第一级前置放大器紧邻布置。

传声器主要为英制尺寸系列,如 1 in、1/2 in、1/4 in 和 1/8 in,对应的毫米单位规格为 24 mm、12 mm、6 mm 和 3 mm。其中,1/2 in 的传声器最为常用。通常直径大的传声器具有灵敏度高、频率范围窄、可测的声压级下限低的特点;直径小的传声器具有灵敏度低、频率范围宽、可测的声压级下限高的特点。

8.1.2　常见的传声器类型

声学测量常采用电容式传感器,因为其灵敏度高、频率响应范围宽、稳定性好。本小节主要介绍两种电容式传声器:预极化电容式传声器和极化电容式传声器。

(1)预极化电容式传声器

预极化电容式传声器由驻极体材料制成,因此也称驻极体电容式传声器。驻极体是一种永久极化的高分子材料电介质,自带一定大小的偏置电压。因此,使用驻极体制作振膜或背板,无须外加极化电压。

(2)极化电容式传声器

在极化电容式传声器中,振膜与固定电极之间的介质为空气,形成电容。传声器内部装有前置放大器,振膜与固定电极之间通过串联的高阻值电容器外加直流极化电压。

8.1.3 传声器性能指标

传声器的性能指标主要包括灵敏度、灵敏度频率响应、灵敏度指向性、输出阻抗、等效噪声级、动态范围和稳定性等。

(1)灵敏度

灵敏度是传声器输出电压与有效声压之比,即膜片上单位声压作用引起的开路输出电压,灵敏度主要受传声器尺寸和膜片张力的影响。通常大尺寸传声器膜片的张力小、振幅大、灵敏度高;小尺寸传声器膜片的刚度大、灵敏度低。

(2)灵敏度频率响应

当传声器在指定条件下的恒压声场中以给定入射角的声波作用时,其灵敏度和声波频率的关系称为灵敏度频率响应。传声器的频率响应下限截止频率通常由前置放大器的输入电阻决定,下限截止频率越低,则要求输入电阻越大;高频时,灵敏度反比于总电容,任何附加电容都会降低传声器的高频灵敏度。

(3)灵敏度指向性

在某一特定频率下,传声器灵敏度随声波入射方向变化而变化的特性称为灵敏度指向性,通常用灵敏度指向性函数来表征。灵敏度指向性函数为声波以 0° 角入射和轴向入射时传声器灵敏度的比值,灵敏度指向性与声波频率、传声器尺寸有关。当传声器尺寸一定时,频率越低,指向性影响越小;当频率一定时,传声器尺寸越小,指向性影响越小。因此,传声器尺寸越小,可测的频率上限越高。

(4)输出阻抗

传声器咪头和前置放大器的输出阻抗是传声器的交流阻抗,通常在频率为 1 000 Hz、声压为 1 Pa 时测量获得。

(5)等效噪声级

当没有声波作用在传声器上时,周围气压的起伏和电路热敏噪声会导致前置放大器端有一定的噪声电压输出,称为固有噪声。固有噪声的水平决定了传声器所能测量的最低声压级。当某一声波作用在传声器上,若它所引起的输出电压的有效值与固有噪声电压相等,则该声波的声压级就等于传声器的等效噪声级。等效噪声级与灵敏度有关,在固有噪声电压相同的条件下,灵敏度越高,等效噪声级越小。

(6)动态范围

传声器的最高声压级与等效噪声声压级之差称为传声器的动态范围。在强声波作用下,传声器的输出会出现非线性畸变,认为畸变达到 3%时,达到声压级测量上限,而下限就是等效噪声级。动态范围与传声器的灵敏度相关,通常高灵敏度传声器的动态下限低,上限也低;而低灵敏度传声器的动态下限高,上限也高。

(7)稳定性

温度、湿度、气压等大气条件的变化会影响传声器的灵敏度,其中温度影响较为明显。极化电容式传声器的稳定性较好、工作温度范围较宽(-50~150 ℃);而预极化电容式传声器的稳定性较差,通常只能在-30 ~70 ℃下工作。另外,传声器的灵敏度还会随着时间而变化,也会受测量环境中电场和磁场的影响,因此传声器在每次使用前都要进行校准。

8.1.4 传声器声场应用类型

声场包括自由场、压力场和随机场，在不同类型的声场中，应选择合适的传声器。

自由场是最常用的声场类型，当声源位于传声器前方且测量环境较为开阔时，宜选自由场传声器；如声场本身就是自由场，如在消声室测量，则应选用自由场传声器。

压力场传声器用于测量膜片前端表面的声压，典型的应用是在密闭空间内的声场测量，如测量墙体或管壁边界的声压，此时传声器成为墙体或管壁边界的一部分。

随机场也称无规则入射场，当传声器附近存在多个方向入射的声源时，或者存在多个方向的反射声时（如混响室），则宜选用随机场传声器。

8.1.5 测量传声器附件

在声场中进行声压测量，会受到测量环境的影响，如风速较大会增加空气动力噪声，因此常用一些测量附件，以减少测量环境带来的影响。常用的传声器测量附件有风球、鼻锥、防雨罩、三脚架和驱鸟套装等。

当风速大于 5 m/s 时，建议使用风球，它可以减少空气动力噪声，还可以防尘、防雨。风球可有效地减少风速带来的影响，如图 8-2 所示。例如，风在某款风球前端的风速为 10 m/s，当其通过风球后到达传声器前端时则仅有 0.5 m/s。

鼻锥（图 8-3）用于在定向高风速条件下防止空气动力噪声，它对层流流场影响有限，几乎不会引起湍流。在风洞中进行测量时，应在传声器前端加装鼻锥。

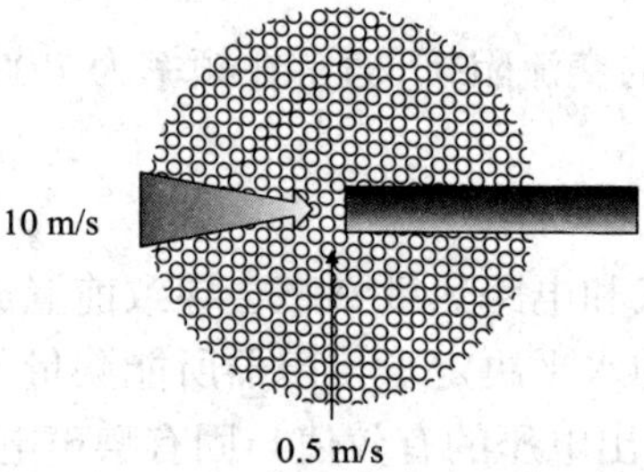

图 8-2 风球减少风速对测量的影响

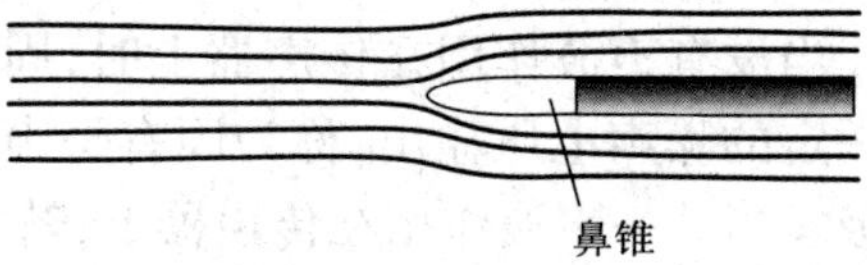

图 8-3 鼻锥

室外雨天进行测量时，可以使用防雨罩。下雨时也可以使用风球，即使风球湿透了，测量也还准确。长时间进行室外测量时，还可以在传声器上加装驱鸟套装。有时为了固定传声器，还会使用高度不同的三脚架。在管道内进行测量时，可以使用湍流罩降低湍流噪声。

8.1.6 传声器的选择

对于声压测量而言，选择传声器应遵循以下原则：

1）根据测量的声场类型来选择合适的传声器；

2）根据测量的声压级上、下限来选择动态范围合适的传声器；

3）根据关心的频率范围来选择合适的传声器；

4）低声压级测量应选择高灵敏度的传声器，高声压级测量应选择低灵敏度的传声器；

5)根据测量环境选择传声器附件,如风球、鼻锥等;

6)如果测量环境的温度太高或太低,宜选用极化电容式传声器。

8.1.7 声强探头

声强是单位时间内通过声波垂直方向的单位面积上的声能(W/m^2)。

声强是矢量,也可以简单地认为某点的声强为该点的瞬时声压与质点瞬时速度的时间平均矢量积,其表达式为

$$I=\overline{p(t)\vec{v}(t)} \tag{8-1}$$

声强测量需要使用声强探头,声强探头有两种:*P-U* 探头(声压 – 粒子速度探头)和 *P-P* 探头(声压 – 声压探头)。两种探头测量声强的基本原理都是声强大小或等于声压与质点速度的乘积,*P-U* 探头由一只声压传感器和一只速度传感器组成,利用测量声压和粒子的振动速度来测量声强,而 *P-P* 探头用测量声压梯度方法测量质点速度,进而测量声强。*P-P* 探头由一对幅值和相位匹配的传声器组成,两个传声器之间存在间距,如图 8-4 所示。探头具有明显的方向性,测量时通常使声音从传声器 1#向传声器 2#传播。这种声强探头由于两个传声器是相向对立的,因此也称为对立式探头。

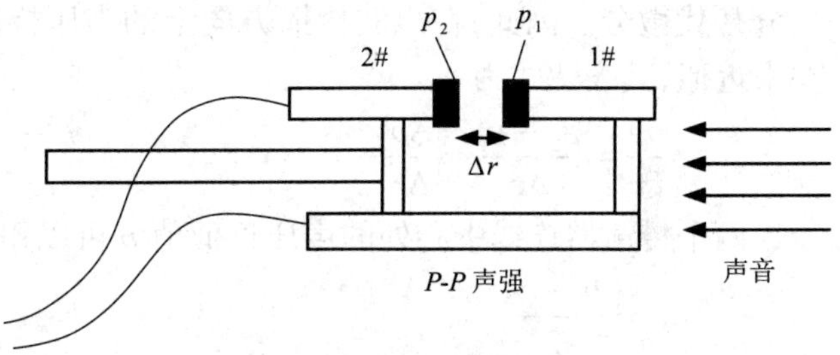

图 8-4 *P-P* 探头结构示意

传声器之间隔离柱的长度(spacer)决定了声强测量的频率范围,通常隔离柱越短,频率范围越宽,但下限频率越高。声强探头隔离柱的长度与对应的频率范围见表 8-1。

表 8-1 隔离柱长度与对应的频率范围

隔离柱长度(mm)	频率范围(Hz)	传声器尺寸(in)
6	250~10 000	1/4
12	125~5 000	1/4 或 1/2
25	63~2 500	1/2
50	31.5~1 250	1/2

注:1 in = 25.4 mm。

声强探头中的两个传声器幅值和相位匹配,但二者的相位差不一定为 0。为了进一步提高测量精度,还需要对声强探头进行相位校准,以便获得两个传声器的相位差曲线,提高测量精度。除对立式声强探头外,还有并列式声强探头,但后者的两个传声器的间距是固定的,一般用于特定情况下的声强测量,如测量路噪。

8.2 测试内容与环境

8.2.1 声强测量

声强测量的基本方法是在空间一点同时测量平均声压和质点速度，然后将两个结果相乘并对时间求平均。当用声压梯度法测量质点速度时，测量两点声压后用积分法从声压梯度中导出质点速度，其表达式为

$$v_i = -\frac{1}{\rho}\int\frac{\partial p}{\partial r}\mathrm{d}t \tag{8-2}$$

式中：ρ 为空气密度。

当两个传声器的距离（隔离柱的长度）Δr 小于被测声波最高频率分量的波长时，可以用差分替代微分。因此，在声波传播方向上的声压梯度可以用两个相距较小的传声器的声压差来近似，其表达式为

$$\frac{\partial p}{\partial r} = \frac{p_2 - p_1}{\Delta r} = \frac{\Delta p}{\Delta r} \tag{8-3}$$

两个传声器连线中心处的声压近似值 p 可以用 p_1 和 p_2 来表示，其表达式为

$$p = \frac{p_1 + p_2}{2} \tag{8-4}$$

则声强沿两个传声器连线方向的近似值为

$$I(t) = \overline{p(t)v(t)} = \frac{p_1 + p_2}{2\rho\Delta r}(p_1 - p_2)\mathrm{d}t \tag{8-5}$$

通过声压梯度来计算质点速度，可以用差分代替微分，但存在频率限制。对于上限频率而言，如果隔离柱的长度远大于声波的波长，则

$$\frac{\partial p}{\partial r} \neq \frac{\Delta p}{\Delta r} \tag{8-6}$$

如图 8-5 所示，如果声波的频率太高，必然导致差分代替微分的误差加大。如果要求精度在 1 dB 以内，则要求 $\lambda > 6\Delta r$。

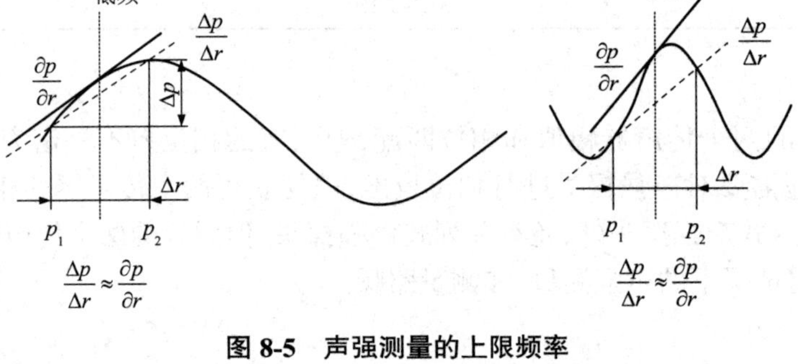

图 8-5 声强测量的上限频率

对于下限频率而言，主要考虑相位匹配。声波通过隔离柱时的相位变化量为

$$\varphi = \frac{360\Delta r}{\lambda} \tag{8-7}$$

可见,在低频段,频率越低,波长越长,而通过隔离柱的声波的相位变化越小,如图 8-6 所示。隔离柱越长,声强测量结果越精确。

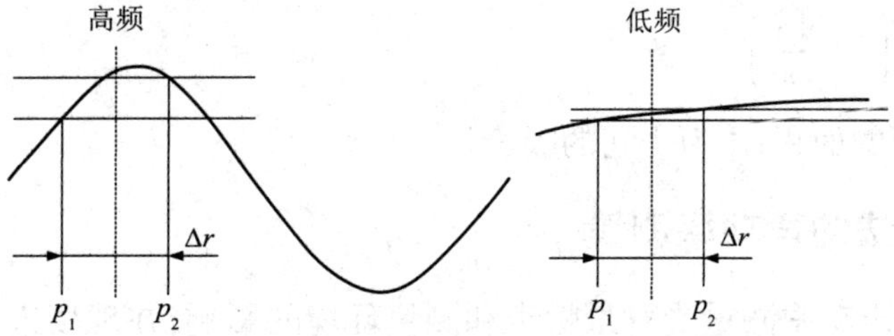

图 8-6　声强测量的下限频率

8.2.2　基于声压法的声功率测量

基于声压法的声功率测量通常要求在特定的声学环境中测量。

(1)自由场法

将机器设备放在自由场中,如空旷无噪声干扰的室外场所和消声室。测量表面采用半球面或六面体面,测量位置位于远场中,测量点的数目不能太少,各测点位置的声压级最大差值不得超过 6 dB,否则应增加测点。在自由场测量时,使用自由场传声器。

(2)混响室法

将机器设备声源放置在混响室内,测量室内平均声压级后,可以求出噪声源声功率级。在混响室内,除非常靠近声源位置外,离开壁面半波长的其他区域的声压级几乎相同。混响室测量声压级使用的传声器类型为随机场传声器。

(3)标准声源法

前述两种方法都要求特定的声学环境,但有时机器设备可能不便于搬运到消声室或混响室,此时可使用标准声源法或现场测量法。

采用一个已知声功率级为 L_{W_r} 的标准声源与被测噪声源相比较,测定机器的声功率。标准声源和待测声源在相同的条件下、同样的测量位置产生的声压级(也可以是平均声压级)分别为 L_{p_r} 和 L_p,则噪声源的声功率级的表达式为

$$L_W = L_{W_r} - L_{p_r} \tag{8-8}$$

(4)现场测量法

当难以找到标准声源并且机器设备难以移动时,要求在现场对机器设备进行声功率测量。现场测量将会受到背景噪声和测量环境的影响,因此需要对这两个影响因素进行修正。在按自由场法得到声功率的基础上,减去两个修正因子,则为现场测量得到的声功率级,其表达式为

$$L_W = \overline{L}_p + 10\lg S - K_1 - K_2 \tag{8-9}$$

式中:K_1 是背景噪声的修正项,当测量得到的表面平均声压级 $\overline{L}_p$ 与背景噪声的声压级差 ΔL

> 15 dB 时，可以不做修正，即 $K_1 = 0$；当二者差值为 6~15 dB 时，必须修正，修正式为

$$K_1 = 10\lg\left(1 - 10^{-0.1\Delta L}\right) \tag{8-10}$$

当二者差值小于 6 dB 时，整个测量（工程法）都是无效的；K_2 是测量环境的修正项，通常可依据房间的吸声量计算，其表达式为

$$K_2 = 10\lg\left(1 + \frac{4S}{A}\right) \tag{8-11}$$

式中：S 为测量表面的面积；A 为房间的吸声量。

8.2.3 基于声强法的声功率测量

基于声压法的声功率测量受背景噪声和测量环境的影响，在现场进行测试时，必须对这两种影响进行修正，而即使修正后，测量结果仍可能偏大。基于声强法的声功率测量则可以剔除背景噪声和测量环境的影响，但要求声源必须是稳态声源。

（1）测量原理

将声强对包络整个待测声源的测量表面面积进行矢量积分（图 8-7），即得到声源的声功率，其表达式为

$$P = \int_S \vec{I}\mathrm{d}\vec{S} = \int_S I\cos\alpha \mathrm{d}S \tag{8-12}$$

如果将测量表面划分为若干个子面，并且测量每个子面的法向声强（图 8-8），那么声功率的表达式为

$$P = \sum_i I_{i,\mathrm{normal}} \Delta S_i \tag{8-13}$$

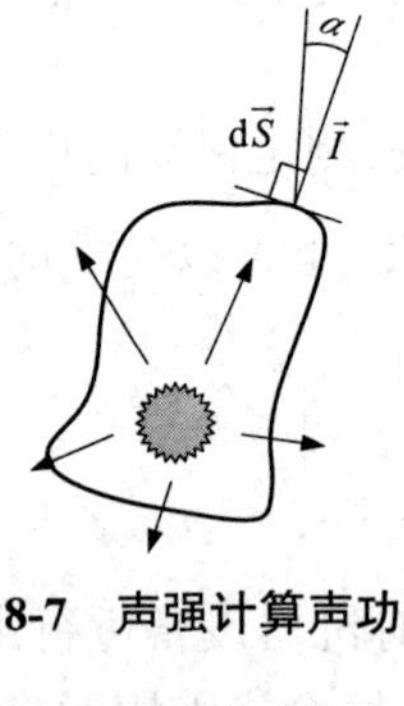

图 8-7　声强计算声功率

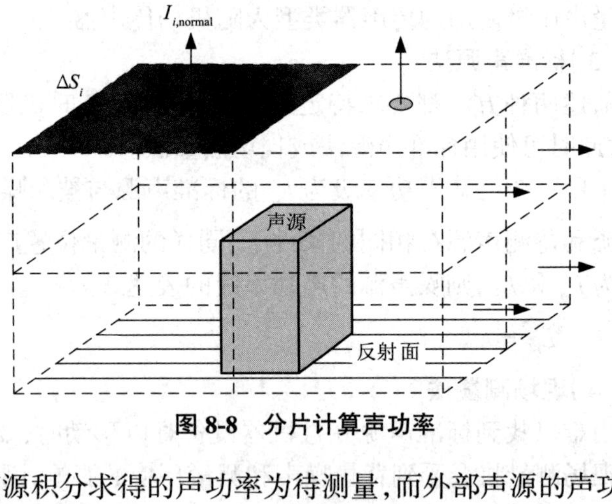

图 8-8　分片计算声功率

如图 8-9 所示，测量表面内部声源积分求得的声功率为待测量，而外部声源的声功率为 0。因此，基于声强法的声功率测量可以在现场进行，不受其他外部噪声的影响。

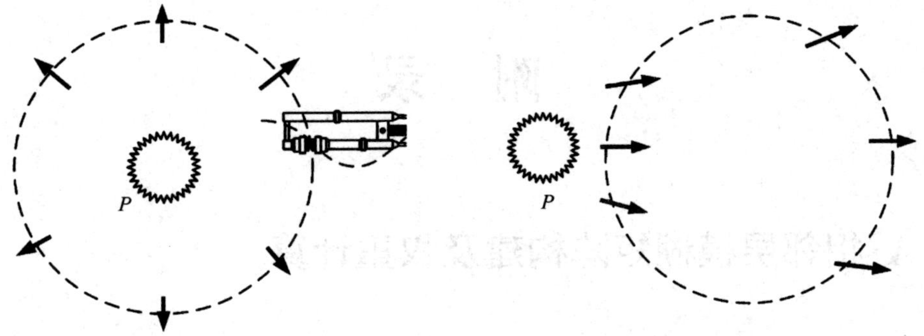

$\int_S \vec{I} d\vec{S} = P$ （a）　　　$\int_S \vec{I} d\vec{S} = 0$ （b）

图 8-9　外部噪声对声强法测量声功率的影响

（a）测量内部声源　（b）屏蔽外部声源

（2）离散点测量法

离散点测量法是指将每个测量面元均匀划分为若干单元，然后逐点测量每个单元中心点的法向声强，如图 8-10 所示；计算一个测量面上各单元的声功率，最后对所有单元的声功率进行叠加，作为该测量面的声功率。

离散点测量法可能受测点数目的影响，对一个校准了的声源进行测量，其声功率级为 75 dB，如图 8-11 所示。使用离散点法测量时，必须划分数目合适的测点，不然将引起明显的测量误差。

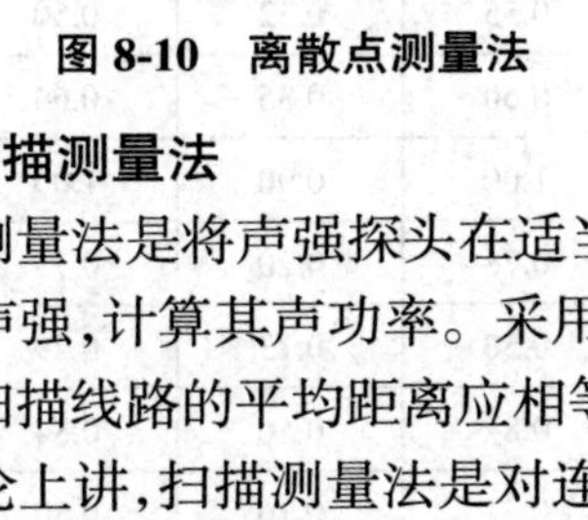

图 8-10　离散点测量法

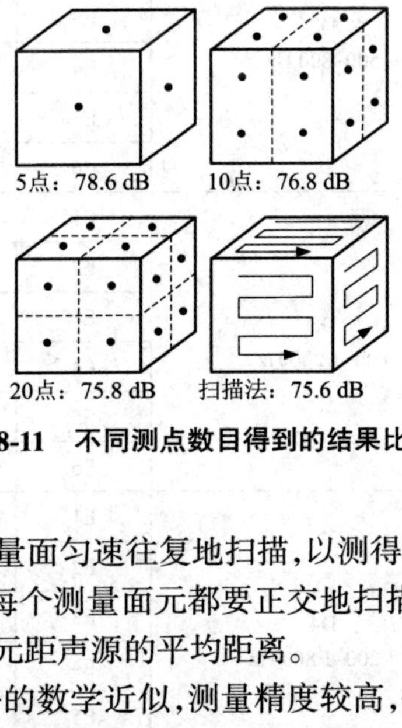

图 8-11　不同测点数目得到的结果比较

（3）扫描测量法

扫描测量法是将声强探头在适当长的时间内，沿测量面匀速往复地扫描，以测得该测量面的平均声强，计算其声功率。采用这种方法时，要求每个测量面元都要正交地扫描两次，相邻两条扫描线路的平均距离应相等，且不超过测量面元距声源的平均距离。

从理论上讲，扫描测量法是对连续空间平均且较好的数学近似，测量精度较高，但是测量时必须注意声强探头应匀速扫描，并且要均匀地覆盖被测量表面，因而测量难度稍大。离散点测量法的精度稍低，但是只要划分好测量单元，测量过程就比较方便，且重复性好，并且可以通过增加测点数目提高测量精度。因此，在实际测量中，应根据不同的测量要求，选择不同的测量方法。

附　录

附录 A：相邻层模糊矩阵构建及权重计算

表 A-1　频段层 D 的模糊判断矩阵

D	E	E1	E2	E3	E4	E5	E6
D1 0~500 Hz	E1	0.50	0.78	0.80	0.40	0.80	0.80
	E2	0.22	0.50	0.52	0.16	0.54	0.58
	E3	0.20	0.48	0.50	0.15	0.53	0.56
	E4	0.60	0.84	0.85	0.50	0.85	0.85
	E5	0.20	0.46	0.47	0.15	0.50	0.54
	E6	0.20	0.42	0.44	0.15	0.46	0.50
D2 500~800 Hz	E1	0.50	0.85	0.85	0.85	0.85	0.78
	E2	0.15	0.50	0.40	0.36	0.33	0.20
	E3	0.15	0.60	0.50	0.40	0.46	0.23
	E4	0.15	0.64	0.60	0.50	0.55	0.30
	E5	0.15	0.67	0.54	0.45	0.50	0.26
	E6	0.22	0.80	0.77	0.70	0.74	0.50
D3 800~1 200 Hz	E1	0.50	0.78	0.90	0.81	0.87	0.84
	E2	0.22	0.50	0.75	0.61	0.71	0.67
	E3	0.10	0.25	0.50	0.30	0.45	0.40
	E4	0.19	0.39	0.70	0.50	0.68	0.65
	E5	0.13	0.29	0.55	0.32	0.50	0.36
	E6	0.16	0.33	0.60	0.35	0.64	0.50
D4 1 200~1 800 Hz	E1	0.50	1.00	1.00	0.90	1.00	1.00
	E2	0.00	0.50	0.78	0.20	0.73	0.30
	E3	0.00	0.22	0.50	0.13	0.29	0.18
	E4	0.10	0.80	0.87	0.50	0.84	0.75
	E5	0.00	0.27	0.71	0.16	0.50	0.25
	E6	0.00	0.70	0.82	0.25	0.75	0.50

续表

D	E	E1	E2	E3	E4	E5	E6
D5 1 800~2 500 Hz	E1	0.50	0.75	1.00	0.40	1.00	0.80
	E2	0.25	0.50	0.85	0.25	0.85	0.60
	E3	0.00	0.15	0.50	0.00	0.55	0.20
	E4	0.60	0.75	1.00	0.50	1.00	0.80
	E5	0.00	0.15	0.45	0.00	0.50	0.20
	E6	0.20	0.40	0.80	0.20	0.80	0.50
D6 2 500~4 000 Hz	E1	0.50	0.18	0.80	0.12	0.45	0.78
	E2	0.82	0.50	1.00	0.20	0.80	1.00
	E3	0.20	0.00	0.50	0.00	0.16	0.45
	E4	0.88	0.80	1.00	0.50	0.85	1.00
	E5	0.55	0.20	0.84	0.15	0.50	0.80
	E6	0.22	0.00	0.55	0.00	0.20	0.50

表 A-2　频段层 D 的模糊一致性矩阵

D	E	E1	E2	E3	E4	E5	E6	权重
D1 0~500 Hz	E1	0.500	0.630	0.638	0.466	0.647	0.659	0.229
	E2	0.370	0.500	0.508	0.336	0.517	0.529	0.134
	E3	0.362	0.492	0.500	0.328	0.508	0.521	0.129
	E4	0.534	0.664	0.672	0.500	0.681	0.693	0.265
	E5	0.363	0.483	0.492	0.319	0.500	0.512	0.125
	E6	0.341	0.471	0.479	0.307	0.488	0.500	0.118
D2 500~800 Hz	E1	0.500	0.728	0.695	0.662	0.676	0.579	0.284
	E2	0.272	0.500	0.467	0.433	0.448	0.351	0.109
	E3	0.305	0.533	0.500	0.467	0.481	0.384	0.125
	E4	0.338	0.567	0.533	0.500	0.514	0.417	0.144
	E5	0.324	0.552	0.519	0.486	0.500	0.403	0.136
	E6	0.421	0.649	0.616	0.583	0.597	0.500	0.202
D3 800~1 200 Hz	E1	0.500	0.603	0.725	0.633	0.713	0.677	0.286
	E2	0.397	0.500	0.622	0.529	0.609	0.573	0.184
	E3	0.275	0.378	0.500	0.408	0.488	0.452	0.112
	E4	0.367	0.471	0.592	0.500	0.580	0.544	0.164
	E5	0.287	0.391	0.512	0.420	0.500	0.464	0.118
	E6	0.323	0.427	0.548	0.456	0.536	0.500	0.136

续表

D	E	E1	E2	E3	E4	E5	E6	权重
D4 1 200~1 800 Hz	E1	0.500	0.741	0.840	0.628	0.792	0.698	0.360
	E2	0.259	0.500	0.599	0.387	0.552	0.458	0.122
	E3	0.160	0.401	0.500	0.288	0.452	0.358	0.078
	E4	0.372	0.613	0.712	0.500	0.664	0.570	0.197
	E5	0.208	0.448	0.548	0.336	0.500	0.406	0.097
	E6	0.302	0.542	0.642	0.430	0.594	0.500	0.146
D5 1 800~2 500 Hz	E1	0.500	0.596	0.754	0.483	0.762	0.629	0.252
	E2	0.404	0.500	0.658	0.387	0.667	0.533	0.166
	E3	0.246	0.342	0.500	0.229	0.508	0.375	0.084
	E4	0.517	0.613	0.771	0.500	0.779	0.646	0.272
	E5	0.238	0.333	0.492	0.221	0.500	0.367	0.081
	E6	0.371	0.467	0.625	0.354	0.633	0.500	0.145
D6 2 500~4 000 Hz	E1	0.500	0.376	0.627	0.317	0.482	0.613	0.138
	E2	0.624	0.500	0.751	0.441	0.607	0.738	0.236
	E3	0.373	0.249	0.500	0.190	0.356	0.487	0.080
	E4	0.683	0.559	0.810	0.500	0.666	0.797	0.313
	E5	0.518	0.393	0.644	0.334	0.500	0.631	0.149
	E6	0.387	0.262	0.513	0.203	0.369	0.500	0.084

表 A-3　频段层 C1 的模糊一致性矩阵

C1	D1	D2	D3	D4	D5	D6	权重
D1	0.500	0.423	0.373	0.345	0.388	0.450	0.114
D2	0.577	0.500	0.450	0.422	0.464	0.527	0.157
D3	0.627	0.550	0.500	0.472	0.514	0.577	0.192
D4	0.655	0.578	0.528	0.500	0.542	0.605	0.215
D5	0.612	0.536	0.486	0.458	0.500	0.562	0.181
D6	0.550	0.473	0.423	0.395	0.438	0.500	0.141

表 A-4　频段层 D 相对测点层 C 的权重

C-D	C1	C2	C3	C4	C5
D1	0.114	0.139	0.125	0.124	0.112
D2	0.157	0.156	0.188	0.159	0.161
D3	0.192	0.184	0.201	0.193	0.201

续表

C-D	C1	C2	C3	C4	C5
D4	0.215	0.192	0.169	0.201	0.210
D5	0.181	0.175	0.161	0.178	0.181
D6	0.141	0.154	0.156	0.145	0.135

表 A-5　工况层 B3 的模糊一致性矩阵

B3	C1	C2	C3	C4	C5	权重
C1	0.500	0.624	0.577	0.638	0.661	0.293
C2	0.376	0.500	0.453	0.514	0.537	0.176
C3	0.423	0.547	0.500	0.561	0.584	0.213
C4	0.362	0.486	0.439	0.500	0.523	0.166
C5	0.339	0.463	0.416	0.477	0.500	0.152

表 A-6　目标层 A 的模糊一致性矩阵

A	B1	B2	B3	B4	权重
B1	0.50	0.25	0.25	0.50	0.125
B2	0.75	0.50	0.50	0.75	0.375
B3	0.75	0.50	0.50	0.75	0.375
B4	0.50	0.25	0.25	0.50	0.125

附录 B:组合权重矩阵构建及计算

表 B-1　左测点(C1)的组合权重矩阵

C1-D-E	D1	D2	D3	D4	D5	D6	权重
	0.114	0.157	0.192	0.215	0.181	0.141	
E1	0.229	0.284	0.286	0.360	0.252	0.138	0.268
E2	0.134	0.109	0.184	0.122	0.166	0.236	0.157
E3	0.129	0.125	0.112	0.078	0.084	0.080	0.099
E4	0.265	0.144	0.164	0.197	0.272	0.313	0.220
E5	0.125	0.136	0.118	0.097	0.081	0.149	0.115
E6	0.118	0.202	0.136	0.146	0.145	0.084	0.141

表 B-2　转速为 1 800 r/min 时(B3)的组合权重矩阵

B3-C-D-E	C1	C2	C3	C4	C5	权重
	0.293	0.176	0.213	0.166	0.152	
E1	0.268	0.259	0.259	0.263	0.266	0.263
E2	0.157	0.163	0.162	0.162	0.161	0.161
E3	0.099	0.104	0.105	0.103	0.102	0.102
E4	0.220	0.215	0.212	0.213	0.212	0.215
E5	0.115	0.119	0.120	0.118	0.117	0.118
E6	0.141	0.140	0.142	0.141	0.142	0.141

表 B-3　部件层 E 相对工况层 B 的权重

B-E	B1	B2	B3	B4
E1	0.255	0.261	0.263	0.256
E2	0.195	0.190	0.161	0.170
E3	0.136	0.107	0.102	0.105
E4	0.162	0.179	0.215	0.217
E5	0.134	0.115	0.118	0.116
E6	0.118	0.148	0.141	0.136

附录 C:多测点影响下部件层对频段层的组合权重

表 C-1　多测点影响下部件层对 0~500 Hz 噪声的组合权重矩阵

D1-C-E	D1-C1	D1-C2	D1-C3	D1-C4	D1-C5	权重
	0.224	0.171	0.244	0.163	0.198	
E1	0.229	0.247	0.243	0.246	0.238	0.240
E2	0.134	0.139	0.141	0.148	0.136	0.139
E3	0.129	0.124	0.121	0.115	0.126	0.123
E4	0.265	0.239	0.248	0.247	0.251	0.251
E5	0.125	0.127	0.119	0.115	0.128	0.123
E6	0.118	0.124	0.128	0.129	0.121	0.124

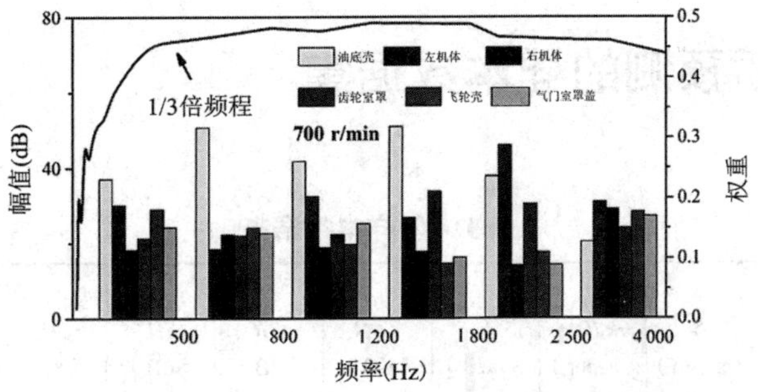

图 C-1　怠速工况（700 r/min）部件层相对频段层的组合权重

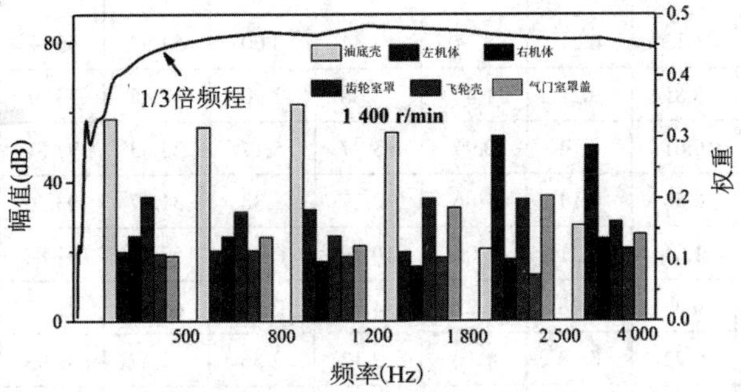

图 C-2　转速为 1 400 r/min 条件下部件层相对频段层的组合权重

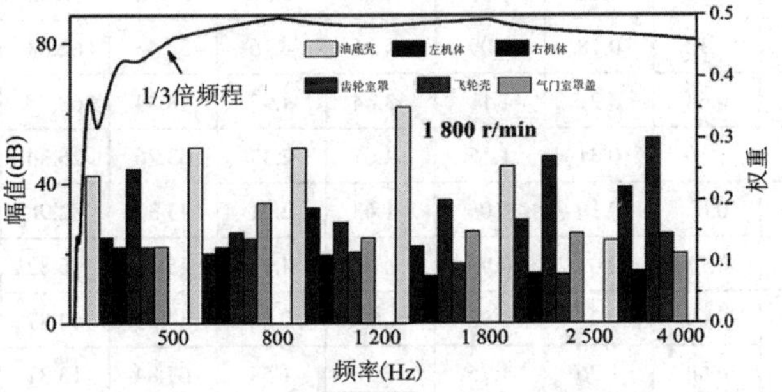

图 C-3　转速为 1 800 r/min 条件下部件层相对频段层的组合权重

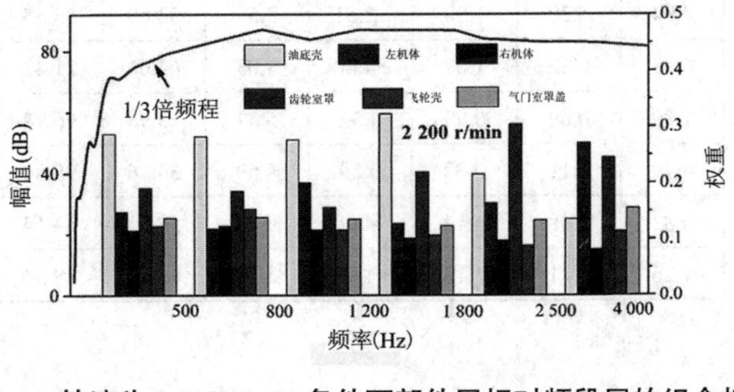

图 C-4　转速为 2 200 r/min 条件下部件层相对频段层的组合权重

附录 D:声品质预测的样本数据集

表 D-1　样本数据集

编号	*ASPL*（dB）	*L*（song）	*S*（acum）	*R*（asper）	*F*（vacil）	*TNR*（dB）	*PR*（dB）	*SIL*（dB）	*AI*（%）	*N′* 频域峰值（song/bark）	*PR* 频域峰值	*SP*
S1	57.65	11.2	0.84	0.32	1.38	−2.37	3.96	40.47	92.57	2.60	5.4	66.89
S2	58.27	13.1	0.94	0.18	1.09	−4.30	2.63	45.55	83.23	2.50	2.9	56.83
S3	66.63	22.52	1.13	0.21	1.14	−4.34	3.60	57.54	45.98	2.50	2.8	10.72
S4	64.81	18.06	0.85	0.21	1.40	−4.08	2.90	47.85	74.01	2.80	3.7	51.44
S5	53.84	8.23	0.61	0.14	0.99	−3.87	5.17	33.63	93.57	2.00	4.1	37.44
S6	54.88	8.16	0.56	0.14	1.06	−2.27	3.38	31.27	93.36	1.90	3.1	64.11
S7	67.49	19.28	1.01	0.21	1.06	10.49	11.96	52.22	61.84	2.40	28.0	3.44
S8	76.85	40.50	0.89	0.48	1.23	−4.73	2.39	63.54	25.32	8.20	2.3	37.00
S9	61.11	14.34	0.72	0.18	1.10	−2.12	2.56	42.67	89.93	3.40	2.4	60.39
S10	66.88	19.15	0.63	0.65	1.62	−5.05	3.18	45.13	80.3	5.10	2.7	44.44
S11	71.02	29.65	0.96	0.23	1.10	−4.09	3.28	58.81	39.47	4.50	2.7	34.17
S12	66.83	24.12	0.98	0.22	1.07	−4.08	2.50	53.52	56.63	5.00	2.8	51.06
S13	61.44	16.78	1.12	0.18	1.09	−4.36	4.16	52.43	62.83	2.20	3.3	32.50
S14	68.33	21.60	0.64	0.21	1.11	−3.64	4.97	48.34	68.77	3.70	4.0	33.94
S15	74.47	40.28	1.10	0.31	1.15	−4.61	2.43	63.26	26.34	6.70	2.2	23.00
S16	63.01	15.16	0.67	0.19	1.06	−1.63	2.91	43.37	82.98	2.90	2.5	67.61
S17	42.47	3.38	0.75	0.09	0.96	1.40	4.17	25.46	96.82	0.60	3.4	40.94
S18	71.97	38.21	0.69	0.25	0.98	4.67	7.66	54.23	54.87	11.00	7.2	33.72
S19	86.31	68.35	0.00	1.76	1.75	−5.36	1.54	67.84	13.31	13.00	1.9	13.22
S20	66.81	22.31	0.75	0.21	1.14	−4.03	3.97	58.41	44.23	2.40	2.9	5.56
S21	73.56	39.05	1.20	0.29	1.04	−3.19	2.86	60.26	35.23	8.30	2.6	47.28
S22	65.71	20.88	0.94	0.20	1.08	−2.51	3.53	53.89	55.55	2.70	2.9	47.11
S23	76.31	46.85	0.99	0.32	1.07	−4.40	3.03	64.61	21.47	2.60	2.6	19.50
S24	40.22	2.91	1.00	0.09	0.93	4.51	5.57	23.98	96.98	0.55	5.9	33.06
S25	48.34	6.05	4.79	0.11	0.82	0.29	4.59	33.16	98.84	0.94	3.7	19.67
S26	60.35	14.85	0.83	0.18	1.13	−4.06	6.78	52.33	64.14	1.30	6.5	11.50
S27	71.7	31.02	1.26	0.21	1.12	−1.71	3.58	65.00	28.54	2.10	2.8	1.00

附录 E:计算程序

E-1:信号分解及时频分析

```
clc;clear;close all;
fs = 10240;
load 1400rpm_top;
xx=Signal.y_values.values;
x=xx(3072:8191,1);
L=length(x);
t=linspace(1/fs,L/fs,L);
t=t';
%% -----------------------------信号去趋势
m=2;
a=polyfit(t,x,m);          % 计算多项式待定系数向量 a
x=x-polyval(a,t);          %用 x 减去多项式系数 a 生成的趋势项
%% -----------------------------VMD 参数设置
alpha = 1500;       % moderate bandwidth constraint
tau = 0;          % noise-tolerance (no strict fidelity enforcement)
K = 6;          % 3 modes
DC = 0;          % no DC part imposedj
init = 1;          % initialize omegas uniformly
tol = 1e-7;
[u, u_hat, omega] = VMD(x, alpha, tau, K, DC, init, tol);
%% -----------------------------IMF 时域结果
figure('Name', 'VMD 分解信号')
for i=1:6
subplot(6,1,i);
plot(t,u(i,:), 'b','linewidth',1.5);
xlim([0 0.5])
end
%% -----------------------------IMF 频域结果
for i=1:6
% nfft=2^nextpow2(L);
nfft=length(x);
ff = fs/2*linspace(0,1,nfft/2+1);          % 频域采样
U(i,:)= fft(u(i,:),nfft)/L;
end
```

```
figure('Name', '振动频域信号')
subplot(231)
plot(ff,2*abs(U(1,1:nfft/2+1)),'k','linewidth',1);legend('IMF1');xlabel('frequency/Hz');ylabel('Amuplitude');
subplot(232)
plot(ff,2*abs(U(2,1:nfft/2+1)),'k','linewidth',1);legend('IMF2');xlabel('frequency/Hz');ylabel('Amuplitude');
subplot(233)
plot(ff,2*abs(U(3,1:nfft/2+1)),'k','linewidth',1);legend('IMF3');xlabel('frequency/Hz');ylabel('Amuplitude');
subplot(234)
plot(ff,2*abs(U(4,1:nfft/2+1)),'k','linewidth',1);legend('IMF4');xlabel('frequency/Hz');ylabel('Amuplitude');
subplot(235)
plot(ff,2*abs(U(5,1:nfft/2+1)),'k','linewidth',1);legend('IMF5');xlabel('frequency/Hz');ylabel('Amuplitude');
subplot(236)
plot(ff,2*abs(U(6,1:nfft/2+1)),'k','linewidth',1);legend('IMF6');xlabel('frequency/Hz');ylabel('Amuplitude');
%%-----------------------------------IMF 小波变换
wavename='cmor3-2';
totalscal=1024;
Fc=centfrq(wavename);          % 小波的中心频率
c=2*Fc*totalscal;
scals=c./(1:totalscal);
f=scal2frq(scals,wavename,1/fs);          % 将尺度转换为频率
for j=1:6
coefs1=cwt(u(j,:),scals,wavename);          % y1 为分量信号,求连续小波系数
figure(3)
subplot(3,2,j)
imagesc(t,f,abs(coefs1));
set(gca, 'Fontsize', 18);
axis([0 0.4 0 4000]);
set(gca,'YDir','normal')
colorbar;
xlabel('t/s');
ylabel('Frequency/Hz');
set(gcf,'color','white')
```

```
hold on;
end
```

E-2:常相干和偏相干分析

```
close all;clc;clear;
load data;
Fs=40960;
x1=data(:,2);x2=data(:,3);x3=data(:,4);x4=data(:,5);x5=data(:,6);x6=data(:,7);
y=data(:,1);
L=length(y);
t=(0:1:L)/Fs;
nfft=2^nextpow2(L);
window=hamming(9500);
noverlap=9000;
p=0.9;
%% ------------------------------------自功率谱
[s11,s11c]=psd(x1,nfft,Fs,window,noverlap,p);
[s22,s22c]=psd(x2,nfft,Fs,window,noverlap,p);
[s33,s33c]=psd(x3,nfft,Fs,window,noverlap,p);
[s44,s44c]=psd(x4,nfft,Fs,window,noverlap,p);
[s55,s55c]=psd(x5,nfft,Fs,window,noverlap,p);
[s66,s66c]=psd(x6,nfft,Fs,window,noverlap,p);
[syy,syyc]=psd(y,nfft,Fs,window,noverlap,p);
index=0:round(nfft/2-1);
f=index*Fs/nfft;
plot_syy=10*log10(syy(index+1));
plot_syyc=10*log10(syyc(index+1));
%% -----------------------------------互功率谱
s1y=csd(x1,y,nfft,Fs,window,noverlap);
s2y=csd(x2,y,nfft,Fs,window,noverlap);
s3y=csd(x3,y,nfft,Fs,window,noverlap);
s4y=csd(x4,y,nfft,Fs,window,noverlap);
s5y=csd(x5,y,nfft,Fs,window,noverlap);
s6y=csd(x6,y,nfft,Fs,window,noverlap);
s12=csd(x1,x2,nfft,Fs,window,noverlap);
s13=csd(x1,x3,nfft,Fs,window,noverlap);
s14=csd(x1,x4,nfft,Fs,window,noverlap);
s15=csd(x1,x5,nfft,Fs,window,noverlap);
s16=csd(x1,x6,nfft,Fs,window,noverlap);
```

```
s23=csd(x2,x3,nfft,Fs,window,noverlap);
s24=csd(x2,x4,nfft,Fs,window,noverlap);
s25=csd(x2,x5,nfft,Fs,window,noverlap);
s26=csd(x2,x6,nfft,Fs,window,noverlap);
s34=csd(x3,x4,nfft,Fs,window,noverlap);
s35=csd(x3,x5,nfft,Fs,window,noverlap);
s36=csd(x3,x6,nfft,Fs,window,noverlap);
s45=csd(x4,x5,nfft,Fs,window,noverlap);
s46=csd(x4,x6,nfft,Fs,window,noverlap);
s56=csd(x5,x6,nfft,Fs,window,noverlap);
%% ---------------------------------共轭复数
sy1=conj(s1y);sy2=conj(s2y);sy3=conj(s3y);sy4=conj(s4y); sy5=conj(s5y);sy6=conj(s6y);
s21=conj(s12);
s31=conj(s13);s32=conj(s23);
s41=conj(s14);s42=conj(s24);s43=conj(s34);
s51=conj(s15);s52=conj(s25);s53=conj(s35);s54=conj(s45);
s61=conj(s16);s62=conj(s26);s63=conj(s36);s64=conj(s46);s65=conj(s56);
%% --------------------------------- y 条件自谱
L1y=s1y./s11;
L12=s12./s11;
s2y1=s2y-L1y.*s21;
s221=s22-L12.*s21;
L2y=s2y1./s221;
L13=s13./s11;
s231=s23-L13.*s21;
s221=s22-L12.*s21;
L23=s231./s221;
syy1=syy-L1y.*sy1;
plot_syy1=10*log10(syy1(index+1));
sy21=sy2-L12.*sy1;
syy21=syy1-L2y.*sy21;
plot_syy21=10*log10(syy21(index+1));
s321=s32-L12.*s31;
s3y1=s3y-L1y.*s31;
s3y21=s3y1-L2y.*s321;
s331=s33-L13.*s31;
s3321=s331-L23.*s321;
L3y=s3y21./s3321;
```

```
sy31=sy3-L13.*sy1;
sy321=sy31-L23.*sy21;
syy321=syy21-L3y.*sy321;
plot_syy321=10*log10(syy321(index+1));
L14=s14./s11;
s241=s24-L14.*s21;
s221=s22-L12.*s21;
L24=s241./s221;
s321=s32-L12.*s31;
s341=s34-L14.*s31;
s3421=s341-L24.*s321;
s3321=s331-L23.*s321;
L34=s3421./s3321;
s421=s42-L12.*s41;
s4y1=s4y-L1y.*s41;
s4y21=s4y1-L2y.*s421;
s421=s42-L12.*s41;
s431=s43-L13.*s41;
s4321=s431-L23.*s421;
s4y321=s4y21-L3y.*s4321;
s421=s42-L12.*s41;
s441=s44-L14.*s41;
s4421=s441-L24.*s421;
s421=s42-L12.*s41;
s431=s43-L13.*s41;
s4321=s431-L23.*s421;
s44321=s4421-L34.*s4321;
L4y=s4y321./s44321;
sy21=sy2-L12.*sy1;
sy41=sy4-L14.*sy1;
sy421=sy41-L24.*sy21;
sy4321=sy421-L34.*sy321;
syy4321=syy321-L4y.*sy4321;
plot_syy4321=10*log10(syy4321(index+1));
L15=s15./s11;
s251=s25-L15.*s21;
s221=s22-L12.*s21;
L25=s251./s221;
```

```
s351=s35-L15.*s31;
s321=s32-L12.*s31;
s3521=s351-L25.*s321;
L35=s3521./s3321;
s451=s45-L15.*s41;
s421=s42-L12.*s41;
s4521=s451-L25.*s421;
s45321=s4521-L35.*s4321;
L45=s45321./s44321;
s531=s53-L13.*s51;
s521=s52-L12.*s51;
s5321=s531-L23.*s521;
s521=s52-L12.*s51;
s5y1=s5y-L1y.*s51;
s5y21=s5y1-L2y.*s521;
s5y321=s5y21-L3y.*s5321;
s521=s52-L12.*s51;
s541=s54-L14.*s51;
s5421=s541-L24.*s521;
s54321=s5421-L34.*s5321;
s5y4321=s5y321-L4y.*s54321;
s551=s55-L15.*s51;
s5521=s551-L25.*s521;
s55321=s5521-L35.*s5321;
s554321=s55321-L45.*s54321;
L5y=s5y4321./s554321;
sy54321=conj(s5y4321);
syy54321=syy4321-L5y.*sy54321;
plot_syy54321=10*log10(syy54321(index+1));
L16=s16./s11;
sy61=sy6-L16.*sy1;
s6y1=conj(sy61);
s261=s26-L16.*s21;
s621=conj(s261);
s361=s36-L16.*s31;
s631=conj(s361);
s461=s46-L16.*s41;
s641=conj(s461);
```

```
s561=s56-L16.*s51;
s651=conj(s561);
s661=s66-L16.*s61;
L26=s261./s221;
sy621=sy61-L26.*sy21;
s6y21=conj(sy621);
s3621=s361-L26.*s321;
s6321=conj(s3621);
s4621=s461-L26.*s421;
s6421=conj(s4621);
s5621=s561-L26.*s521;
s6521=conj(s5621);
s6621=s661-L26.*s621;
L36=s3621./s3321;
sy6321=sy621-L36.*sy321;
s6y321=conj(sy6321);
s46321=s4621-L36.*s4321;
s64321=conj(s46321);
s56321=s5621-L36.*s5321;
s65321=conj(s56321);
s66321=s6621-L36.*s6321;
L46=s46321./s44321;
sy64321=sy6321-L46.*sy4321;
s6y4321=conj(sy64321);
s564321=s56321-L46.*s54321;
s654321=conj(s564321);
s664321=s66321-L46.*s64321;
L56=s564321./s554321;
sy654321=sy64321-L56.*sy54321;
s6y54321=conj(sy654321);
s6654321=s664321-L56.*s654321;
L6y=s6y54321./s6654321;
syy654321=syy54321-L6y.*sy654321;
%% --------------------------------- 输入常相干功率谱
S1=(s1y.*conj(s1y))./syy;
S2=(s2y.*sy2)./syy;
S3=(s3y.*conj(s3y))./syy;
S4=(s4y.*conj(s4y))./syy;
```

```
S5=(s5y.*conj(s5y))./syy;
S6=(s6y.*conj(s6y))./syy;
figure('Name', '常相干输入功率谱')
subplot(231)
plot(f,S1(index+1)); xlim([0 3000])
subplot(232)
plot(f,S2(index+1)); xlim([0 3000])
subplot(233)
plot(f,S3(index+1)); xlim([0 3000])
subplot(234)
plot(f,S4(index+1)); xlim([0 3000])
subplot(235)
plot(f,S5(index+1)); xlim([0 3000])
subplot(236)
plot(f,S6(index+1)); xlim([0 3000])
%% ---------------------------------- 输入偏相干功率谱
S1_PCA=(s1y.*conj(s1y))./syy;
S2_PCA=(s2y1.*sy21)./syy1;
S3_PCA=(s3y21.*conj(s3y21))./syy21;
S4_PCA=(s4y321.*conj(s4y321))./syy321;
S5_PCA=(s5y4321.*conj(s5y4321))./syy4321;
S6_PCA=(s6y54321.*conj(s6y54321))./syy54321;
figure('Name', '偏相干输入功率谱')
subplot(231)
plot(f,S1_PCA(index+1),'b','linewidth',2); xlim([0 3000])
subplot(232)
plot(f,S2_PCA(index+1),'b','linewidth',2); xlim([0 3000])
subplot(233)
plot(f,S3_PCA(index+1),'b','linewidth',2); xlim([0 3000])
subplot(234)
plot(f,S4_PCA(index+1),'b','linewidth',2); xlim([0 3000])
subplot(235)
plot(f,S5_PCA(index+1),'b','linewidth',2); xlim([0 3000])
subplot(236)
plot(f,S6_PCA(index+1),'b','linewidth',2); xlim([0 3000])
```

E-3:模糊层次分析法程序

```
clear;
clc;
```

```
close all;
%% ------------------------------ 构造模糊判断矩阵,附录表 B-1
A1=[0.50 0.78 0.80 0.40 0.80 0.80
0.22 0.50 0.52 0.16 0.54 0.58
0.20 0.48 0.50 0.15 0.53 0.56
0.60 0.84 0.85 0.50 0.85 0.85
0.20 0.46 0.47 0.15 0.50 0.54
0.20 0.42 0.44 0.15 0.46 0.50 ];
N=size(A1);
r1=sum(A1');          %同行相加
%% ------------------------------ 计算模糊一致性矩阵,附录表 B-2
for i=1:N(1)
for j=1:N(2)
R(i,j)=(r1(i)-r1(j))/(2*N(1))+0.5;
end
end
s1=sum(R');
for ii=1:N(1)
W(ii)= 1/N(1)-1/(N(1)-1)+2*s1(ii)/(N(1)*(N(1)-1));
end
W=W';
[m,n]=size(R);
for i=1:m
for j=1:n
E(i,j)=R(i,j)./R(j,i);
end
end
%% ------------------------------ 权重计算
for k=1:1000
if k==1
vk=W;
else
vk=vk1;
end
vk1=E*vk;
for i=1:m
wk1(i)=vk1(i)/sum(vk1);
wk(i)=vk(i)/sum(vk);
```

```
end
if(k>=(m-1))&&(norm(wk1,'inf')-norm(wk,'inf')<=0.0001)
break;
end
end
%% -----------------------------输出最终迭代后的权重
Weight_final=wk1';
```

E-4:利用多元线性回归分析建立声品质预测模型的 MATLAB 代码

```
%% ----------------------------- 加载样本数据集(表 7-9)
close all;
clear;
clc;
load datas-train.mat        %加载训练集数据
%% -----------------------------模型建立
m=11;n=24;        %m 为自变量的数量，n 为样本数量;为保证线性回归的意义,自变量数量应小于样本数量
alpha=0.05;       % alpha 为显著性水平(缺省值为 p=0.05)
for i=1:m
X(:,i)=datas(:,i);y=datas(:,end);        %读取数据
end
x=[ones(size(X(:,1))),X];        %生成自变量矩阵
[b,bint,r,rint,stats]=regress(y,x,alpha);        % 回归法求回归系数，b 为回归系数，bint 为回归系数的区间估计，r 为残差，rint 为置信区间，stats 为用于检验回归模型的统计量;有 4 个数值:判定(决定)系数 r²,统计量观测值 F,检验的 p 值,误差方差的估计为“Y_NiHe”
%% ----------------------------- 模型检验
% 模型检验:利用检验统计量 R、F、p 的值,判断该模型是否可用
% 模型合格的要求:相关系数 R 的绝对值在 0.8~1 范围内
if stats(1,1)<0.81
disp("NO:相关系数<0.81")
end
%% ----------------------------- F>F(m,n−m−1),后者用 finv(p,m,n)计算。
F=finv(alpha,m,n);
if stats(1,2)<F
disp("NO:F<F(m,n-m-1)")
end
% p<alpha
if stats(1,3)>F
disp("NO:p>alpha")
```

```
end
%% -----------------------------模型合格即输出回归系数
if stats(1,1)>0.81&&stats(1,2)>F&&stats(1,3)<F
disp(b')
end
figure(1);
hold on;
plot(y,'mo-');
plot(Y_NiHe,'kx-','LineWidth',1);
xlabel('训练集-实验数据序列','FontSize',18);
ylabel('主观评价结果','FontSize',18);
legend('主观评价-实际值','主观评价-预测值')
%% ----------------------------- 模型测试
load datas-test.mat          % 加载测试集数据
for i=1:m
X1(:,i)=datas(:,i);y=datas(:,end);          % 读取数据
end
Y_NiHe = b(1)+ b(2).* X(:,1)+ b(3).* X(:,2)+ b(4).* X(:,3)+ b(5).* X(:,4)+ b(6).* X(:,5)+
b(7).* X(:,6)+ b(8).* X(:,7)+ b(9).* X(:,8)+ b(10).* X(:,9)+ b(11).* X(:,10)+ b(12).* X(:,11);
figure(2);
hold on;
plot(y,'mo-');
plot(Y_NiHe,'kx-','LineWidth',1);
xlabel('测试集-实验数据序列','FontSize',18);
ylabel('主观评价结果','FontSize',18);
legend('主观评价-实际值','主观评价-预测值')
```